宝玉石矿床与资源

主编　岳素伟

·广州·

内容提要

本书以常见的宝玉石为介绍对象，分宝石篇、玉石篇。宝石篇共16章，收录了钻石、红蓝宝石、祖母绿、金绿宝石、坦桑石、碧玺、尖晶石、橄榄石、石榴子石、黄玉、绿柱石、长石、水晶、锆石、磷灰石、辉石这些常见的宝石品种。玉石篇共10章，收录了翡翠、软玉、岫玉、独山玉、绿松石、欧泊、青金石、鸡血石、碳酸盐玉和孔雀石。本书针对钻石、红蓝宝石、祖母绿、碧玺、橄榄石、绿柱石、翡翠、软玉、欧泊等比较名贵的品种进行了详细介绍，阐述了这些宝石和玉石在世界范围内的资源分布特点，并对部分宝石、玉石的矿床成因进行了详细论述。

本书内容翔实，涵盖了主要的宝石和玉石品种、产地信息，并且融入了最新的国内外研究成果，是目前较为全面介绍宝玉石矿床与资源的教材，适合珠宝相关专业学生、珠宝爱好者、珠宝从业者以及从事宝玉石矿床研究的相关人员学习参考。

图书在版编目(CIP)数据

宝玉石矿床与资源/岳素伟主编．—广州：华南理工大学出版社，2018．8（2023．8 重印）
ISBN 978－7－5623－5495－6

Ⅰ．①宝…　Ⅱ．①岳…　Ⅲ．①宝石－矿床－介绍 ②玉石－矿床－介绍　Ⅳ．①P578 ②TD878

中国版本图书馆 CIP 数据核字(2017)第302508号

宝玉石矿床与资源
岳素伟　主编

出 版 人：柯　宁
出版发行：华南理工大学出版社
（广州五山华南理工大学17号楼，邮编 510640）
http://hg.cb.scut.edu.cn　　E-mail:scutc13@scut.edu.cn
营销部电话：020－87113487　87111048（传真）
责任编辑：欧建岸
印 刷 者：广州小明数码印刷有限公司
开　　本：787mm×1092mm　1/16　插页：6　印张：19　字数：530千
版　　次：2018年8月第1版　2023年8月第3次印刷
印　　数：1501～2000册
定　　价：88.00元

序

宝玉石是珍贵的矿产资源。改革开放以来，人民生活水平不断提高，我国珠宝市场开始快速发展，宝玉石矿产的开发和利用也得到广泛重视。随着经济不断发展，我国已成为世界第二大经济体，珠宝市场日趋完善，人们对宝玉石的需求量越来越大，宝玉石矿产勘查、开采、加工、销售等高速增长。2016年我国珠宝行业零售总额突破6000亿元，一片繁荣景象。

我国宝玉石种类丰富，但高档宝石较为贫乏，尤其是钻石、优质红蓝宝石、祖母绿、金绿宝石等，主要依赖海外进口。与宝石矿产相比，我国玉石矿产特色鲜明，开发经验丰富，具有国际优势，如新疆和青海的软玉(和田玉)、湖北的绿松石、河南的独山玉、辽宁的岫玉，等等。

科学理解宝玉石的地质成因，可以有效指导宝玉石矿床的找矿勘查实践，可以讲好宝玉石前生今世的故事，提升人们对宝玉石的关注程度和兴趣，进而提升宝玉石的鉴赏与收藏价值。因此，宝玉石地质成因已经成为当今科学研究的前沿，特别是钻石、翡翠、祖母绿等的成因。然而，由于宝玉石价格昂贵，获得研究样品的难度偏大，致使宝玉石地质成因研究相对薄弱，取得创新成果的概率更高，值得重视。

我国已有多种珠宝类期刊、书籍和科普读物，内容集中在营销和鉴赏方面，从矿床地质角度介绍宝玉石的书籍较少。1992年邓燕华教授主编并出版的《宝(玉)石矿床》，是国内首部介绍宝玉石矿床的教材。2009年常洪述等编著的《宝玉石矿床地质》，介绍了主要宝玉石矿产的地质特征，更适合地质学科的学生和工作人员参考。这两本书出版时间已久，亦无再版，致使新发现的一些宝玉石矿床不能被涵盖，宝玉石成因研究的最新进展和观点也无法体现。显然，一本能够反映世界宝玉石矿床勘查和研究最新成果，更系统全面地介绍宝玉石矿床的教材，业已成为急需。

《宝玉石矿床与资源》应运而生，弥补了这一欠缺。编者岳素伟博士是宝玉石领域的青年翘楚，长期坚持在宝玉石教学和科研一线；曾编译大量外文文献，熟悉国际宝玉石领域的最新进展和态势。该书是一部关于宝玉石矿床的专业性教材，兼有学术论著特点。该书介绍了名贵宝玉石资源的全球分布，详细介绍了一些著名矿床；针对红蓝宝石、祖母绿等中高档宝石品种，该书进行了矿床成因类型的划分，并对不同产地、不同成因类型的红蓝宝石、祖母绿的宝石学特征进行了详细对比，为追溯宝石产地提供了参考依据。该书还总结了钻石、翡翠成因研究的最新成果和认识。

相信该书出版，将对我国宝玉石矿床教学和科研具有重要促进作用。

2018 年 6 月

前言

兼具美丽、耐久和稀少三大属性的宝玉石是极为珍贵的矿产资源。随着人们生活水平的日益提高，宝玉石的消费不断增长，宝玉石的供需矛盾也逐渐凸显。

1978 年以前，我国对宝玉石的开发及研究工作相当薄弱。而改革开放 40 年来，我国珠宝业蓬勃发展，带动了宝玉石的鉴定研究，但是国内对于宝玉石的矿床学研究一直都很薄弱，这与我国是贫宝石的国家不无关系。

我国名贵宝石的产地稀少，产量不大，主要有山东蒙阴和辽宁瓦房店的钻石，山东昌乐、江苏六安、福建明溪和海南文昌的蓝宝石，云南麻栗坡和新疆塔什库尔干的祖母绿，吉林蛟河和河北大麻坪的橄榄石，新疆富蕴地区的绿柱石、海蓝宝石、黄玉等。然而，我国的玉石产量丰富，四大明玉——软玉、独山玉、岫玉、绿松石，更是闻名遐迩，其他玉石还有鸡血石、寿山石、孔雀石等。国外传统的宝石产地有东南亚各国、斯里兰卡、坦桑尼亚、南非、津巴布韦、赞比亚、莫桑比克、马达加斯加、澳大利亚、巴西、哥伦比亚等等。近年来也有大量新的宝石矿床被发现，同时有一些新的宝石品种被挖掘。

钻石、红蓝宝石、翡翠等的成因是非常重要的前沿科学问题，国外学者做了大量的研究，如翡翠成因与板块构造的关系。随着研究的深入，翡翠不同成因假说也慢慢被交代成因主流认识所取代。钻石的形成作用过程、碳元素循环、内部包裹体携带的地幔信息等地质问题，以及红蓝宝石、祖母绿的矿床成因及其分类，这些科学问题在近年来均有了新的研究进展和突破性成果。

前人对于宝玉石矿床进行过相关的编写工作，如 1992 年邓燕华主编的《宝（玉）石矿床学》、2009 年常洪述等编著的《宝玉石矿床地质》等书。多年来，大量新的宝石产地被发现，新的宝石成因观点被提出，这促使笔者学习国内外学者的最新研究，对宝玉石矿床和资源的分布进行总结，重点阐述关于钻石、红蓝宝石、祖母绿、翡翠等成因的最新观点和研究进展，更加全面和系统地介绍世界宝玉石资源分布，并对不同产地的宝玉石进行成因、宝玉石学特征等对比，为不同宝玉石的产地研究提供参考。

为了介绍世界宝玉石资源分布和矿床成因特点，笔者在编写过程中，搜集了大量国内外研究成果，尤以外文文献为主。大量的图片和文章参阅美国宝石学院(GIA)网站 www. gia. edu 和 Gems & Gemology 杂志，并对不同的观点认识进行了系统总结。与此同时，笔者也与相关文献作者做了书信交流，使其同意笔者使用相关照片和图片。借此机会，对上述专著和文章作者及美国宝石学院表示衷心的感谢。

本书分宝石篇和玉石篇，宝石篇中收录了钻石、红蓝宝石、祖母绿、金绿宝石、坦桑石、碧玺、尖晶石、橄榄石、石榴子石、黄玉、绿柱石、长石、水晶、锆石、磷灰石、辉石等常见的宝石品种。玉石篇中收录了翡翠、软玉、岫玉、独山玉、绿松石、欧泊、青金石、鸡血石、碳酸盐玉和孔雀石。书中对这些宝石和玉石的资源分布特点和矿床成因，进行了详细的有针对性重点阐述。

刘喜锋参与了本书第 1 篇第 1 章钻石第 3 节部分编写，刘晓旭参与了第 1 篇第 6 章碧玺第 4 节、第 16 章辉石第 2 节和第 2 篇第 3 章岫玉第 3 节的编写工作，其余章节由岳素伟编写，最后由岳素伟统稿。

编者希望本书能对广大宝石专业学生和珠宝爱好者了解世界宝玉石资源分布以及宝玉石矿床成因提供帮助。由于时间仓促，涉及大量外文编译工作，虽竭尽全力，本书仍然存在一些错误和大量不足，诚望相关专家学者和读者给予指正，不胜感激。

编　者

2017 年 10 月 21 日

目录

第二篇 玉石

0 绪论

0.1 矿产资源

0.1.1.1 矿产的概念

矿产是自然界产出的有用矿物资源，是金属矿产、非金属矿产和能源矿产的总称。它是一种基本的生产资料(原材料)，是人类赖以生存和发展的重要物质基础(翟裕生等，2011)。

人类社会的发展需要矿产资源，只有对矿产资源进行有效的开发和利用，才能够不断满足人类生存和发展的需要。因此，矿产资源是社会发展的物质基础。在人类社会的发展历程中，经历了石器时代、青铜器时代、铁器时代等早期阶段，这些历史阶段的名称均来自矿产或矿产制品，充分体现了矿产对人类社会发展的重要性。

随着社会生产力的不断发展，人类社会的发展突飞猛进，对于矿产资源的需求也急剧增长。现代社会的大规模生产也需要矿产资源的维持，而且正在消耗巨量的矿产资源。

我国地域辽阔，经历了各个阶段的地质历史，具有有利的成矿条件，矿产资源品种较全，总量也较为丰富。已发现矿产171种，探明储量的有158种。已探明矿产资源总量居世界第3位，但人均拥有量仅为世界人均水平的58%，排名第53位。我国的煤、稀土、钨、锡、钼、锑、铋、钒、钛、铌、锂、钽、锶、萤石、菱镁矿、滑石、石墨、重晶石、膨润土、硅灰石等20余种矿产的储量居世界前列。稀有元素和稀土元素资源丰富。但大宗矿产不足，铁、铜、铝、钾盐等需大量进口。金属矿产中贫矿较多，富矿较少；多组分的伴生、共生矿石多(翟裕生等，2011)。

矿产的分类有多种方式，按产出形式分为气体矿产、液体矿产、固体矿产三种；按矿产的性质及其主要工业用途可分为金属矿产、非金属矿产、能源矿产和地下水资源四类(翟裕生等，2011)。宝玉石属于非金属矿产，包含了工业美术材料矿产。

我国改革开放四十年来，人们生活水平不断提高，物质生活极大丰富，人们对于美的追求也逐渐显现。珠宝首饰则是人们对于美丽这种精神追求的代表，一方面宝玉石可以用来装饰，另一方面宝玉石还存在保值增值的投资价值。因此，在这样的历史背景下，我国的珠宝市场蓬勃发展。虽然我国产出的宝石、玉石品种众多，但是高品质的宝玉石较少，供需矛盾日趋明显。

0.1.1.2 矿床的概念

矿床是矿产在地壳中的集中产地，指在地壳中由地质作用形成的，其所含有用矿物资源的数量和质量在一定的经济技术条件下能被开采利用的综合地质体(翟裕生等，2011)。

宝玉石矿床则是能达到美丽、耐久、稀少的矿物或矿物集合体集中产出的区域。这些晶莹剔透的矿物晶体或美丽坚硬的矿物集合体能够被人类开发和利用。

0.2 成矿作用

0.2.1 元素的富集和成矿

元素在地壳和上地幔中的含量，在地球各种内力或外力的作用下总是处于不断的变化之中。这种不断变化，或导致元素分散，或使元素集中。元素的这种运动变化和迁移过程，称为元素的迁移。当元素在一定的地质作用条件下发生迁移和富集，并且能够达到开发利用的程度，才能成为矿床。换句话说，没有元素的迁移，就没有成矿作用发生；即元素迁移是成矿作用的前提。

在自然界，元素富集形成矿石矿物以及宝玉石的方式多种多样，主要的形成作用有下列几种。

0.2.1.1 结晶作用

结晶作用按性质和特征差异可以分为：

(1)岩浆结晶作用。岩浆大多是以硅酸盐为主的高温熔融体。当岩浆冷凝达到了某矿物的固相线之下时，该矿物就会从岩浆中结晶析出，在矿物高度集中时就会形成矿床。如金刚石、磷灰石、铬铁矿、钛铁矿等矿物就是岩浆结晶作用过程中形成的。

(2)凝华作用。岩浆的热能使一些易挥发物质发生气化，并沿着裂隙逸散，它们沿火山口、喷气孔或者浅成侵入体周围，直接结晶形成凝华物，如火山口附近的自然硫。玛瑙也可通过这种方式形成。

(3)蒸发作用。在天然盐池中，由于海水不断蒸发，盐不断浓缩，并最终结晶出来形成矿床。

0.2.1.2 化学作用

通过化学反应而生成矿石矿物，导致元素集中。主要的作用有：

(1)化合作用。化合作用发生在气体、液体和固体之间。

(2)胶体化作用。如高岭土吸收溶液中的铜，形成硅孔雀石等。

(3)生物化学作用。如礁灰岩就是各种造礁生物通过生物化学作用形成的。

0.2.1.3 交代作用

交代作用也是一种化学作用。但交代作用特指溶液与岩石在接触过程中发生的一些组分代入和另一些组分代出的地球化学作用，在这一过程中完成流体组分和围岩组分的交换。这种作用广泛发生于岩浆岩与围岩相接触的地带。宝玉石中许多矿床的形成与此相关，如矽卡岩型红宝石矿床、矽卡岩型石榴子石矿床、矽卡岩型软玉矿床等。

0.2.1.4　离子交换作用

这种作用在内生和外生作用中均广泛存在，在宝玉石矿床成矿作用中也占显著地位。

0.2.1.5　类质同象置换作用

这种作用指矿物中的一种或多种元素，被性质相同的另一种或多种元素置换，而矿物的结晶学性质并未发生改变，仅某些物理性质发生变化的现象。

类质同象置换作用在宝玉石矿床形成中至关重要，对大多数宝玉石矿床而言，没有类质同象置换，就没有这类矿床的形成。例如红宝石，其中铝被铬类质同象置换而呈现红色。很多宝石的呈色，就是致色离子类质同象替换的结果。

0.2.2　成矿作用

成矿作用是指在地球的演化过程中，使分散在地壳和上地幔中的化学元素，在一定的地质环境中相对富集而形成矿床的作用。它是地质作用的一部分。按作用的性质和能量来源，可将成矿作用划分为内生成矿作用、外生成矿作用和变质成矿作用三大类。

0.2.2.1　内生成矿作用

主要是由地球内部的能量作用导致形成各种矿床的地质作用。地球内部能量的来源有多种方式，如放射性元素蜕变能、岩浆热能、在地球重力场中物质调整过程中释放出的能量等。内生成矿作用按其物理化学条件不同，可分为岩浆成矿作用、伟晶成矿作用、接触交代成矿作用和热液成矿作用等。

0.2.2.2　外生成矿作用

主要是在太阳能影响下，在岩石圈上部、水圈、气圈和生物圈的相互作用过程中导致元素集中而形成矿床的作用。外生成矿作用可分为风化成矿作用和沉积成矿作用两大类。外生成矿作用对宝石矿床而言，意义十分重大，因为很多宝石的次生冲积矿床或玉石都是由外生作用而形成。在次生玉石矿床形成过程中，对于玉石材质有一定的筛选和改造作用，从而使得次生矿床中的玉石品质普遍较高。

0.2.2.3　变质成矿作用

在内生作用和外生作用中形成的岩石或矿床，由于地质环境发生变化，特别是温度、压力的变化，并有其他气液的参加，造成它们的矿物成分、化学成分、物理性质及结构、构造等发生改变，造成元素集中，形成矿床的过程。许多玉石矿床就是变质作用的产物。变质成矿作用按其产生的地质环境不同，可分为接触变质成矿作用、区域变质成矿作用和混合岩化成矿作用等。

0.2.2.4 叠生成矿作用

这是一种复合的成矿作用，在自然界常常发生。即在先形成的矿床或含矿建造基础上，叠加了后期成矿作用，从而形成矿床的过程。叠加过程可使矿床成矿或元素更加富集，也可使原矿床贫化。

0.2.3 矿床的成因分类

矿床成因分类反映人类对矿床成因和成矿过程的认识程度，也是人类对矿床研究成果的高度概括。正确划分矿床成因类型，对于了解成矿作用的本质、指导生产实践均具有重要意义。根据成矿作用的特点，结合前人有关矿床学的研究成果，与宝玉石相关的矿床主要有以下类型，如表0－1所示。

表0－1　宝玉石矿床成因分类

一级分类	二级分类	三级分类	宝玉石品种
内生矿床	岩浆矿床	岩浆分结矿床	磷灰石
		岩浆熔离矿床	
		岩浆爆发矿床	金刚石
	伟晶岩矿床		电气石、黄玉、水晶
	接触交代矿床（矽卡岩型）		石榴子石、软玉
	热液矿床	岩浆热液矿床	水晶
		变质热液矿床	翡翠
		浅成热液矿床	玛瑙
		热卤水	祖母绿
	火山成因矿床	火山岩浆矿床	刚玉
		火山－次火山气液矿床	刚玉
		火山－沉积矿床	梅花玉
外生矿床	风化矿床		孔雀石、绿松石
	沉积矿床		各种宝石的次生砂矿
	生物成因矿床		珊瑚、琥珀
变质矿床	接触变质矿床		红宝石
	区域变质矿床		祖母绿、红－蓝宝石
	混合岩化矿床		红宝石
叠生矿床	层控矿床		祖母绿

0.3 宝玉石矿床的主要类型

0.3.1 岩浆矿床

岩浆矿床是由各类岩浆在地壳深处，经过分异作用和结晶作用，使分散在岩浆中的成矿物质聚集而形成的矿床。岩浆矿床一般具有以下特点：

(1)成矿作用和成岩作用基本同时进行；

(2)矿体主要产于岩浆岩母岩内；

(3)浸染状矿体与母岩一般呈渐变或迅速过渡关系，贯入式矿体与母岩的界线清楚；

(4)矿石的矿物组成与母岩基本相同，且有用矿物明显富集；

(5)成矿温度一般较高。

岩浆矿床的形成和产出需要各种地质条件的结合：

第一，岩浆的形成是岩浆矿床形成的首要条件。岩浆类型决定矿床类型，如金刚石主要与金伯利岩和钾镁煌斑岩有关。

第二，大地构造环境决定岩浆岩类型，并由此决定矿床类型，如金刚石的形成需要较稳定的克拉通环境，因为其深部具有相对高温和还原条件，且长期保持稳定。

第三，岩浆的挥发分作用。挥发分也称矿化剂，对成矿至关重要，许多矿床是在挥发分的直接参与下成矿的。如伟晶岩矿床就是在挥发分的直接参与下形成的。

第四，同化作用。岩浆形成和向上运移过程中，往往裹挟熔化或溶解一些外来物质(如围岩块体)，从而使岩浆成分发生改变，即同化作用。而不完全的同化作用称混染作用。同化作用不但生成一系列不同类型的岩浆岩，而且往往与新的岩浆岩类型相对应，形成一系列不同类型的矿床。

第五，岩浆的多期多次侵入作用对成矿的控制。岩浆作用往往是多期多阶段的活动，而不是一步到位，从目前矿床研究的成矿作用来看，越晚期的岩浆，对成矿越有利。

根据岩浆矿床的形成过程差异可将岩浆矿床分为岩浆分结矿床、岩浆熔离矿床、岩浆爆发矿床。

岩浆中的矿物按顺序进行结晶，并在重力和动力作用下分异和聚集的过程，称为结晶分异作用。由结晶分异作用形成的矿床称为岩浆分结矿床。这类宝石矿床主要有橄榄石矿床等。

在较高温下为一种均匀的岩浆熔融体，当温度和压力降低时，可分离成两种或两种以上不混熔的熔体的作用称为岩浆熔离作用。由岩浆熔离作用形成的矿床称为岩浆熔离矿床，如产在层状基性－超基性岩中的铜镍硫化矿床和铂族元素矿床。

经分异或熔离作用的岩浆，通过爆发的方式到达地表，称岩浆爆发作用。其形成的矿床称岩浆爆发矿床。典型的有产自金伯利岩岩筒中的金刚石矿床等。

宝玉石的岩浆矿床是在岩浆冷却结晶过程中形成的矿物和岩石，或者为岩浆形成过程中捕虏的矿物。这些矿物岩石能够达到宝石和玉石级别，可供人类开发利用。

宝玉石的岩浆矿床主要有金伯利岩产的钻石、镁铝榴石；煌斑岩中的金刚石、蓝宝石；碱性玄武岩中产出的蓝宝石、石榴子石、锆石，以及含有地幔橄榄岩包体的橄榄玄武岩出产的橄榄石；斜长岩、辉长岩中拉长石和变彩拉长石；流纹岩中的月光石和火山玻璃－黑曜岩。

0.3.2 伟晶岩矿床

伟晶岩指由结晶粗大的矿物组成的，具有一定内部构造特征的岩脉、岩墙或透镜体状的地质体(翟裕生等，2011)。当伟晶岩中的有用矿物组分富集并达到工业要求时称为伟晶岩矿床。

伟晶岩矿床产出有40种以上的元素，主要为氧和亲氧元素，稀有、稀土和分散元素，放射性元素和挥发组分。矿物成分丰富多彩，据统计有800多种(翟裕生等，2011)。伟晶岩的巨大矿物晶体可以作为宝石，如水晶、碧玺、黄玉、绿柱石、金绿宝石等。

伟晶岩一般可分为岩浆伟晶岩和变质伟晶岩两大类。岩浆伟晶岩是在岩浆活动的晚期或侵入体冷凝的最后阶段形成，由于侵入体成分的不同，在一定的条件下可以形成相应的伟晶岩，如花岗质和花岗闪长质伟晶岩、碱性花岗质伟晶岩、碱性岩质伟晶岩、基性－超基性岩质伟晶岩等。工业价值高、分布最广的伟晶岩是花岗伟晶岩，其次是碱性伟晶岩。宝石矿床主要与花岗岩浆有关。变质伟晶岩是混合岩化晚期阶段伟晶岩化作用的产物，与变质作用有关。

伟晶岩形成要经历较长的过程，因此矿床形成的早期和晚期温度和压力的变化范围较大，温度一般700～150℃，压力在开始时可能达到800～500MPa，在作用结束时降到200～100MPa(翟裕生等，2011)。

花岗伟晶岩是重要的宝玉石产出矿床类型之一，主要有碧玺、黄玉、绿柱石、石榴子石、刚玉、锂辉石、金绿宝石、磷灰石、天河石、冰长石、拉长石、水晶等等。

巴西伟晶岩宝石矿床产出的蓝宝石占世界70%，托帕石占95%，彩色碧玺为50%～70%，以及大部分的石英质宝石(常洪述等，2009)。

我国新疆阿尔泰的可可托海三号伟晶岩脉是世界著名的伟晶岩矿床，其产出86种稀有矿物，稀有金属占矿山储量的90%以上，蕴藏着稀有金属铍、锂、钽、铌、铯等；有色金属铜、镍、铅、锌、钨、锰、铋、锡等；黑色金属铁等；非金属矿物云母、长石、石英、重晶石、蓝晶石、石灰石、煤、盐、碱等；宝石矿海蓝宝石、黄玉、石榴子石、水晶等。铍资源量居中国首位，铯、锂、钽资源量分别居第五、六、九位。宝石矿物更是有16公斤重的海蓝宝石，17公斤重的黄玉，60公斤重的钽铌单晶，500公斤重的水晶块，12吨重的石榴子石，30吨重的绿柱石晶体，被称为地质学家的“麦加”。

0.3.3 矽卡岩型矿床

矽卡岩型矿床又称为接触交代矿床，主要是在中酸性－中基性侵入体与碳酸盐类岩石（或钙镁质岩石）的接触带或其附近，与含矿气－水溶液进行交代作用而形成的矿床。矽卡岩型矿床具典型的矿物组合（钙铝－钙铁榴石系列；透辉石－钙铁辉石系列），这些矿物组合称矽卡岩组合，由于矿床的形成在时间和成因上与矽卡岩存在密切联系，因而称矽卡岩矿床。

矽卡岩型矿床产出在岩浆岩与围岩的接触带上，并受接触带的明显控制。矿石的矿物成分复杂，但具典型的矽卡岩矿物组合，结构构造多样。由于形成的温度较高，并有大量挥发分参与成矿作用，因此矿石一般为粗粒结构。这也为宝玉石矿物的形成创造了良好的条件。矽卡岩型矿床主要与中酸性岩浆有关，其次为中基性岩浆。其有利围岩主要为各种碳酸盐岩石，如石灰岩或大理岩、白云质岩石、泥灰岩和钙质页岩等，其次为火山岩、安山岩、英安岩和凝灰岩等。

矽卡岩矿物形成温度一般为800～300℃，而金属矿物的形成温度约为500～200℃，形成深度为1～4.5km，压力在3×10^7～3×10^8Pa之间（翟裕生等，2011）。

矽卡岩型矿床出产的宝玉石主要有钙铝石榴子石、钙铁榴石（翠榴石）、镁尖晶石、（紫）水晶、方柱石、透辉石、透闪石、青金石、蔷薇辉石、查罗石等。

0.3.4 热液矿床

热液矿床是指含矿热水溶液在一定的物理化学条件下，在各种有利的构造和岩石中，由充填、交代及沉积等成矿方式形成的有用矿物堆积体。

含矿热液可以有来自深部的岩浆热液，可以是来自火山－次火山系统的热液，也有来自地下的地下水热液和区域变质作用导致的变质热液，还可以是上述热液经过不同的方式运移而发生混合形成的混合热液等。成矿热液的差异主要与构造环境相关，形成的矿床差别也较大。

热液成分复杂的成矿物质和挥发组分，温度因来源不同而差异较大，一般在400℃左右，最高500～600℃，最低在50℃左右。

热液矿床中形成的宝石主要有祖母绿、重晶石、萤石、水晶、明矾石、菱镁矿、冰洲石等。

0.3.5 变质矿床

变质矿床由外生作用或内生作用形成的岩石或矿石，由于地质环境的改变，温度和压力的增加，使它们的矿物成分、化学成分、物理性质以及结构构造等发生变化，同时在变化的过程中还会使原来的物质成分发生强烈的改造或活化转移，并在新的条件下富集。

变质矿床的特点就是岩石或矿床经受变质作用后产生多方面变化。其变化基本上可归纳为以下三方面：

(1)矿物成分和化学成分的变化；

(2)矿石的结构构造的变化；

(3)矿体形状和产状的变化。

根据变质作用形成类型的差异，可以将变质作用矿床分为接触变质矿床、区域变质矿床和混合岩化矿床。

与宝玉石相关的变质矿床主要为：区域变质作用形成的伴有流体交代而形成的翡翠矿床和岫玉矿床、大理岩型红宝石矿床等。

0.3.6 风化矿床

风化作用是指岩石在地表或接近地表的地方，由于温度变化、水及水溶液的作用、大气及生物等的作用发生的机械崩解及化学变化过程。风化作用一般分为物理风化、化学风化和生物风化。由于风化作用过程中发生着水化作用、水解作用、氧化作用、酸的作用、离子交换作用、生物作用等，导致物化部分物质被溶解迁移，部分物质留下而富集。而风化矿床即为陆地表层在风化作用下形成的、质和量都能满足工业要求的有用矿物堆积的地质体。

风化矿床大部分是第三、第四纪的产物，因此一般埋藏浅，便于露天开采。另外，矿床分布与原生岩石或矿体出露的范围一致或相距不远，往往是沿现代丘陵地形覆盖而呈层状分布。

风化矿床一般形成在热带和亚热带，高差不大的山区、丘陵地区。这些地形对风化矿床的形成最为有利。另外，风化矿床形成与地表水和地下水的运动情况以及水的化学类型有关，它们在决定风化矿床的规模和深度方面起着显著的作用。风化矿床一般形成于大气－水的渗透带和地下的流动带，停滞水带不利于形成风化矿床。在地质构造方面，稳定的克拉通地区利于风化作用持续进行而彻底，因此易于形成大型风化矿床，而活动的造山带不利于形成风化矿床。

根据风化矿床的形成差异，可以分为残积及坡积矿床、残余矿床和淋积矿床。这三种矿床在宝玉石矿床中较为多见，如翡翠、软玉的次生矿床(山流水)往往属于残积及坡积矿床，蓝宝石、红宝石等次生矿床往往属于残余矿床，而大量的欧泊矿床则形成于淋积矿床。另外，还有绿松石和孔雀石矿床，往往发育在风化壳或铜矿床的次生富集带。

欧泊矿床是赋存于古风化壳下部黏土岩或铁质岩中，是砂、泥质沉积岩在红土化过程中析出 SiO_2，向下淋滤充填或交代其他物质而形成。

澳大利亚占据世界欧泊产量的90%。绿玉髓矿床因产自澳大利亚而称为澳洲玉、南洋玉。绿玉髓形成于含镍超基性岩古风化壳中，是超基性岩蚀变形成的蛇纹石和 SiO_2 向下淋滤在断裂部位形成脉状绿玉髓。

0.3.7 沉积矿床

地表岩石、矿石在风化作用下被破碎和分解的产物、有机残骸和火山喷发物等，被水、风、冰川、生物等营力搬运到有利沉积的环境中，经过沉积分异作用而沉积下来，形成各种各样的沉积物。当大量的沉积物中其有用部分达到工业要求时，即为沉积矿床。

沉积矿床的矿体常呈层状，产于特定的地层层位，与围岩产状一致，整合接触。矿体规模一般较大，矿层沿走向延伸较广，可达数千公里，面积可达几万甚至几十万平方公里。

根据沉积作用类型，沉积矿床可以分为机械沉积矿床、蒸发沉积矿床、胶体化学沉积矿床和生物－化学沉积矿床四种类型。沉积砂矿与宝玉石密切相关。

机械沉积作用形成的砂矿主要有冰川砂矿和水成砂矿。水成砂矿床主要分为河谷的冲积砂矿和海滨砂矿、古砂矿（新第三纪以前形成的砂矿床）几类。水成砂矿形成的矿物种类很多，如金、铂、金刚石、锡石、金红石、水晶、刚玉、锆石和玉石仔料等。

0.3.8 有机矿床

有机矿床是主要与生物作用有关的矿床类型，是由有用物质或是生物体的组成部分，或是在相关作用参与下形成的以有机质为主要组成的地质体。

有机矿床主要类型有煤、油页岩、石油和天然气。与宝玉石有关的矿床类型有煤精、珊瑚、琥珀等。

0.4 宝玉石资源分布

0.4.1 世界宝玉石资源分布

0.4.1.1 亚洲的宝玉石资源分布

亚洲是世界上优质宝玉石的重要产地，集中在中亚和东南亚地区，自我国沿海，经云南、西藏，到印度、巴基斯坦北部、尼泊尔，以及我国新疆及阿富汗，直至伊朗东北部，形成带状展布的宝玉石矿床富集带。世界范围内形成了阿尔卑斯－喜马拉雅宝玉石聚集带。另外，日本产有硬玉岩，有些能达到宝石级（翡翠），可以用于佩戴或雕刻成艺术品。

亚洲宝玉石的主要产出国有斯里兰卡、印度、阿富汗、伊朗以及巴基斯坦、缅甸、泰国、柬埔寨、越南等。

斯里兰卡在宝玉石界享誉盛名，有“珠宝之岛”的美名。其国土面积约 65610km^2，产出宝玉石品质众多，尤以蓝宝石最为著名。另有红宝石、金绿宝石、猫眼、变石、祖母绿、海蓝宝石、碧玺、锆石、尖晶石、水晶、磷灰石、堇青石、黄玉、橄榄石、月光石等 60 多个品种。

缅甸也是富产宝玉石的国家，产出了世界上最好的“鸽血红”红宝石和“帝王绿”翡翠。宝石级翡翠的产量更是占据世界的 95% 以上，还有蓝宝石、尖晶石、橄榄石、锆石、月光石、水晶等。

越南也有丰富的宝石资源，产出的红宝石可以与抹谷的红宝石相媲美。目前发现了 70 余个矿床，160 余个矿点。宝石品种多样，主要有红宝石、蓝色尖晶石、红色尖晶石、碧玺、橄榄石、石榴子石、海蓝宝石、绿色长石、托帕石、锆石和水晶等。

泰国和柬埔寨以出产红宝石、蓝宝石、锆石、石榴子石而闻名。

印度是世界上最早在砂矿中出产钻石的国家。另外，印度还出产红宝石、蓝宝石、祖母绿、海蓝宝石、石榴子石等，而印控克什米尔的苏姆扎姆是顶级“矢车菊蓝”蓝宝石产地。

阿富汗出产红宝石、海蓝宝石、碧玺、尖晶石、祖母绿、青金石。阿富汗的青金石以品质优、颜色好而闻名于世。

伊朗的尼沙普尔是世界上著名的优质绿松石产地，还产出石榴子石等。

巴基斯坦产红宝石、祖母绿、海蓝宝石、石榴子石、尖晶石、托帕石、翠榴石。白沙瓦东北附近的斯瓦特出产祖母绿；红宝石的颗粒虽然较小，但质量较好。

0.4.1.2 非洲宝玉石资源分布

非洲是世界上最为丰富的宝玉石产区，大多产区位于南非－东非克拉通和东非大裂谷地区，南起南非和马达加斯加，经纳米比亚、博茨瓦纳、津巴布韦、莫桑比克、赞比亚、坦桑尼亚、肯尼亚、尼日利亚，北至埃及。

南非是世界上主要的钻石产地，以产出高品质钻石而著名，因此“南非钻石”也成为优质钻石的代名词。除钻石外，南非也产出红宝石、祖母绿、钙铝榴石、橄榄石。

莱索托位于南非共和国内部，以产出钻石而闻名，其中莱特森钻石矿床尤其以产出大钻石闻名全球。截至目前，世界 20 大钻石中的 6 颗是该矿所产。

近些年来马达加斯加发现了大量的宝石矿床，也越来越受到世人关注。岛上产出近百个宝石矿床(点)，产出的宝石有红宝石、蓝宝石、祖母绿、金绿宝石、翠榴石、碧玺、水晶、黄玉及尖晶石等。另外，马达加斯加首次发现了草莓红绿柱石(高铯绿柱石)，也是目前报道过的世界三个草莓红绿柱石产地中最重要的产地。

博茨瓦纳和安哥拉两国仅仅产出钻石，但两国均是世界上重要的钻石产出国。

纳米比亚主要产碧玺和水晶、石榴石等，尤以碧玺最为丰富。

津巴布韦也以宝石品种丰富著称，有产祖母绿、海蓝宝石、绿柱石、碧玺、托帕石、石榴子石、金绿宝石、紫晶、堇青石、钻石等的矿床。

莫桑比克自 2009 年以来，成为宝石级红宝石的重要产地之一，还产蓝宝石、绿柱石、碧玺、水晶、方柱石、石榴石。

赞比亚有穆萨卡什、卡富布两个世界上重要的祖母绿产区，称为继哥伦比亚后另一个产量丰富且颜色鲜艳的祖母绿产地。另外，还有产绿柱石、碧玺、金绿宝石、硅铍石、水晶的矿床。碧玺中有非常珍贵的黄色碧玺，称为金丝雀黄碧玺。

坦桑尼亚是截至目前世界范围内发现的宝石级坦桑石的唯一产地。除此之外，坦桑尼亚还产钻石、红宝石、蓝宝石、祖母绿、海蓝宝石、碧玺、石榴子石。姆瓦杜伊地区还有大型钻石原生矿，含有丰富的宝石级钻石。

尼日利亚的宝石品种多，有蓝宝石、碧玺、绿柱石、托帕石、硅铍石、水晶、石榴石，尤以碧玺最为丰富，产地分布最多最广。

埃及的西奈半岛的西南部是世界上最重要的绿松石产地；杰别尔盖特是世界上橄榄石主要的供应地之一。

0.4.1.3 美洲宝玉石资源分布

美洲也是世界上重要的宝玉石产区，其中以北美的美国、加拿大，南美的巴西、哥伦比亚为代表。宝石集中在美洲西部科迪勒拉构造带－安第斯山脉一带。另外，美洲的美国加利福尼亚、危地马拉、多米尼加产出硬玉岩，而危地马拉和加州个别产地出产的硬玉可达到玉石级。

巴西是世界上重要的钻石和有色宝石产出基地，出产红宝石、蓝宝石、海蓝宝石、祖母绿、石英质宝玉石、石榴子石、黄玉、碧玺、金绿宝石、钻石等。米拉斯吉拉斯是世界著名的宝石伟晶岩产区，产出集中了世界上70%的海蓝宝石，95%的黄玉(最好的是玫瑰色和蓝色黄玉)，50%～70%的彩色碧玺，80%的水晶类宝石；还产绿柱石宝石，同时也是金绿宝石的主要产地。而帕拉伊巴州则以产出蓝色、蓝绿色碧玺闻名。

哥伦比亚是世界优质祖母绿产地的代名词，以出产顶级祖母绿著名，木佐和奇尔沃是世界上重要的祖母绿成矿区。另外还产蓝宝石和蓝柱石。

墨西哥是世界上重要的蓝珀和火欧泊的著名产地。多米尼加以产出品质好的蓝珀和蓝色针钠钙石(音译：拉利玛)著名。

加拿大西北地区发现了100余个含钻石的金伯利岩岩筒。西部不列颠哥伦比亚省是世界上重要的软玉产地，产出钻石、紫晶、软玉、彩色拉长石、玛瑙、石榴子石等。另外，加拿大阿尔伯塔省南部也是目前世界上彩色菊石(斑彩石)的唯一产地。

美国产出的宝玉石品种众多，有红宝石、蓝宝石、海蓝宝石、祖母绿、石榴子石、黄玉、碧玺、绿柱石、绿松石、软玉、石英质宝玉石、翡翠等。西部加利福尼亚州主要产出软玉、翡翠、碧玺；新墨西哥州有世界最大的绿松石矿，俗称“睡美人”；蒙大拿州有大量的蓝宝石原生矿和次生冲积矿床。另外，犹他州还是世界上红色绿柱石的唯一产地。

0.4.1.4 大洋洲宝玉石资源分布

大洋洲的主要宝玉石产自澳大利亚，盛产蓝宝石、欧泊和钻石，这三种宝石的产量均居世界首位。其他宝石还有绿玉髓、祖母绿、锆石、软玉和珍珠等。新西兰以产碧玉闻名。

澳大利亚的阿盖尔是世界最大的粉色钻石矿山，产量居世界首位，也是唯一的钾镁煌斑岩型钻石矿山。

澳大利亚是欧泊主产地，世界95%的欧泊产于澳大利亚，它也是优质欧泊的代名词。欧泊矿床主要集中分布在昆士兰州，另外还有南澳大利亚州的安达穆卡、库伯佩迪、明塔比和兰比纳，以及新南威尔士的白崖、闪电岭。蓝宝石矿床主要在昆士兰州的安纳基，以及新南威尔士的因弗雷尔、格伦因尼斯、宾加拉、亚罗及塔斯马尼亚岛东北部的戈尔兹伯勒等地，其产量曾经约占世界总产量的60%。

澳大利亚的绿玉髓(也称澳洲玉或因卡石)以质量优而举世闻名，主要产地是昆士兰的马力波罗和西澳的卡尔古尔莱。

澳大利亚的红宝石矿床分布于西南威尔士州的东南沿海一带。

0.4.1.5 欧洲宝玉石资源分布

欧洲的宝玉石资源主要集中在西伯利亚和乌拉尔山一带，以及波罗的海沿岸的诸国，出产的宝玉石品种差异较大。

西伯利亚和乌拉尔山一带有3个宝玉石成矿区，11个产区，其中著名的有雅库特、西西伯利亚和阿尔汉格尔斯克地区的钻石，东西伯利亚和帕米尔的青金石，东西伯利亚软玉、哈萨克斯坦的翡翠，中亚的绿松石，乌拉尔的祖母绿、翠榴石、变石、查罗石等。

波罗的海沿岸国家挪威、芬兰、波兰、罗马尼亚等国，产出世界优质的琥珀。

意大利产有翠榴石、橄榄石、海蓝宝石和蛇纹石玉等。奥地利、保加利亚、挪威和西班牙均产有祖母绿，而格陵兰岛产有红宝石。

0.4.2 我国宝玉石资源分布

我国宝玉石矿产资源品种丰富，现有宝玉石矿床(点)几百处，遍布全国各地。宝石品种有钻石、蓝宝石、红宝石、锆石、石榴子石、海蓝宝石、碧玺、橄榄石、黄玉等。玉石有岫玉、独山玉、绿松石、孔雀石、石英质玉等。较为珍贵的祖母绿、金绿宝石、欧泊、翡翠等较为匮乏。虽然有报道，如新疆的塔什库尔干产的祖母绿，但是尚未发现有利用价值的矿床，而云南麻栗坡产的祖母绿也多为观赏晶体，能作为刻面宝石的极少。我国宝玉石矿床的特点是分布较散，品种多，富矿少；高品质的红宝石、蓝宝石、祖母绿尚未发现。总体来说，我国是个贫宝玉石的国家。

我国宝玉石矿床全国各地均有分布，主要可以分为以下六个成矿带，分别是东部沿海宝石成矿带、西北新疆地区的天山－阿尔泰宝石成矿带、内蒙古和河北北部的阴山及边缘地区宝石成矿带、新疆南部和甘肃－青海西北部的昆仑－祁连山宝石成矿带、中国西南部的喜马拉雅宝石成矿带和横跨陕西－湖北－河南的秦岭宝石成矿带。

0.4.2.1 东部沿海宝石成矿带

东部沿海宝石成矿带北起黑龙江省，沿我国东部郯庐断裂带，南至海南岛，是我国宝玉石集中分布的地区。如分布在辽宁复县、山东蒙阴、湖南沅江一带的钻石矿床。主要有辽宁岫岩县岫岩玉、辽东金刚石，山东蒙阴金刚石原生矿、山东昌乐蓝晶石，江苏东海水晶、云母、红宝石、金红石、蛇纹石矿。另外，黑龙江穆棱、辽宁宽甸、山东昌乐、江苏六合、福建明溪、海南蓬莱也有蓝宝石、锆石、尖晶石等矿床。

0.4.2.2 天山－阿尔泰宝石成矿带

天山－阿尔泰宝石成矿带是我国重要的宝玉石成矿带，宝石主要产在伟晶岩中。最著名的是新疆阿尔泰富蕴县境内的伟晶岩宝石矿床——可可托海，它是目前我国发现的最大的伟晶岩型稀有金属－宝石矿床，以盛产海蓝宝石、彩色碧玺、黄玉、水晶闻名。

0.4.2.3 阴山及边缘地区宝石成矿带

东西向的阴山及边缘地区宝石成矿带也是宝石分布地区。宝石主要产在花岗伟晶岩、石英脉及热液蚀变带中。特别是内蒙古的角力格太伟晶岩中有海蓝宝石、石榴子石、绿色碧玺、水晶等，乌拉山的芙蓉石、紫晶、水晶等，巴林右旗的鸡血石。

0.4.2.4 昆仑－祁连山宝石成矿带

昆仑－祁连山宝石成矿带分布在昆仑山和祁连山，主要的宝玉石矿床有著名的新疆和田玉及甘肃祁连岫玉(又名酒泉玉)矿床。

0.4.2.5 喜马拉雅宝石成矿带

喜马拉雅宝石成矿带分布在我国西南地区，主要发现于云南。目前，在云南省发现许多宝玉石，如托帕石、海蓝宝石、祖母绿、红宝石、锡石等。云南是我国重要的宝石产地和贸易区之一。

0.4.2.6 秦岭宝石成矿带

秦岭造山带是我国的“金腰带”，同样也盛产宝玉石。东部主要分布有河南南阳独山玉、新密的密玉(石英岩玉)，中西部有湖北竹山、郧阳地区的绿松石，这是我国的四大名玉之一，也是世界著名的玉石品种。另外，湖北铜绿山盛产的孔雀石也久负盛名。

第一篇　宝石

1　钻石

钻石一词出自希腊语“Adamas”，意思是坚硬、不可驯服。钻石号称“宝石之王”，是世界上公认的最珍贵的宝石，也是最受人喜爱的宝石之一。“钻石恒久远，一颗永流传”，这一句广告语更是深入人心，钻石也成为年轻人结婚的必需品。另外，钻石是四月的生辰石，也是结婚60周年的纪念石。

1.1　钻石的宝石学特征

钻石的矿物学名称为金刚石，属金刚石族。钻石的主要成分是C，其质量分数可达99.95%，还含有N、B、H、Si、Ca、Mg、Mn、Ti、Cr、S，以及惰性气体和稀有元素。钻石的颜色和物理性质均是由这些微量元素决定，而钻石类型的划分也是依据这些微量元素。

钻石是等轴晶系，常为单晶，单形有立方体 a，八面体 o 和菱形十二面体 d，有时也呈聚形，如图1-1-1所示。

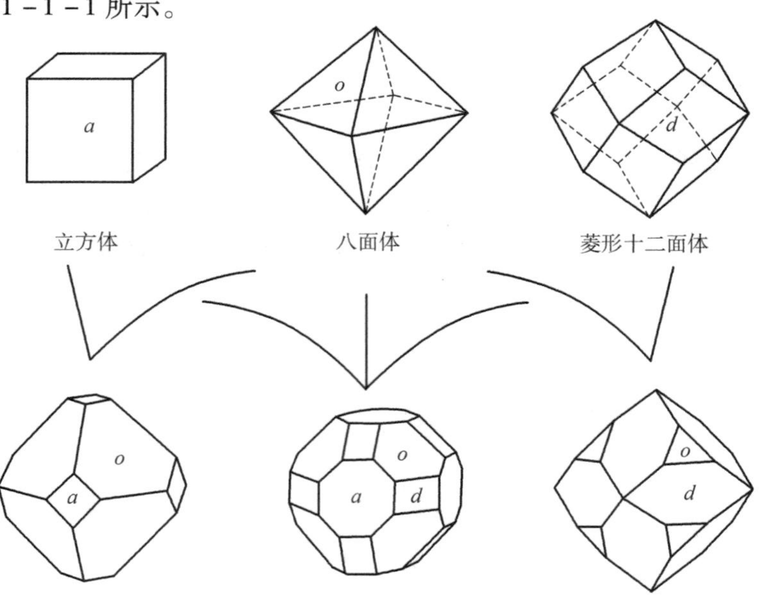

图1-1-1　钻石的晶体示意图(据张蓓莉等，2006)
立方体 $a\{100\}$；八面体 $o\{111\}$；菱形十二面体 $d\{110\}$

钻石晶体通常由于溶蚀作用使晶面、晶棱弯曲(图1-1-2)，晶面常留下蚀象，且不同单形晶面上的蚀象不同，八面体晶面上可见倒三角形凹坑(图1-1-2)，立方体晶面上可见四边形凹坑，菱形十二面体晶面上可见线理和显微圆盘状花纹。

图1-1-2 钻石八面体原石

钻石原石的八面体晶体，15.96ct自形八面体(左)和4.82ct圆形熔融的八面体(右)

(据Steven et al.，2013)

根据颜色差异，钻石可分成无色至浅黄(褐、灰)色系列和彩色系列。前者称无色系列，包括近无色和微黄、微褐、微灰色。彩色系列包括黄色、褐色、红色、粉红色、蓝色、绿色、紫罗兰等。

钻石具有金刚光泽，金刚光泽是透明矿物中最强的光泽。纯净的钻石应该是透明的，但由于微量元素进入晶格或存在包裹体，钻石可呈现半透明，甚至不透明。钻石折射率为2.417，是透明矿物中折射率最大的矿物。钻石具{111}中等解理及{110}不完全解理。钻石是目前发现的自然界最硬的矿物，莫氏硬度为10，钻石的密度为3.521g/cm^3。

1.2 钻石的品种划分

钻石最常见的次要组分是N元素，N以类质同象替代C而进入晶格。氮原子的含量和存在形式对钻石的性质有重要影响。根据钻石内氮原子在晶格中存在的不同形式及特征，可将钻石划分为如下不同类型(图1-1-3、表1-1-1)。

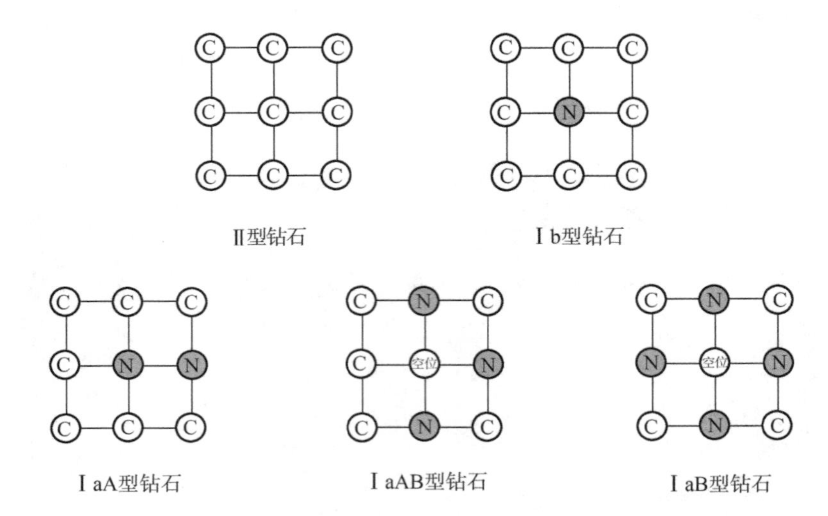

图1－1－3　钻石类型划分(据张蓓莉等，2006)

表1－1－1　钻石分类及颜色特征

类型	氮原子存在的形式	颜色特征	放射处理
Ⅰa	碳原子被氮取代，氮在晶格中呈聚全状不纯物存在	无色—黄色(一般天然黄色钻石均属此类型)	形成蓝色—绿色
Ⅰb	碳原子被氮取代，氮在金刚石内呈单独不纯物存在	无色—黄色、棕色(所有全成钻石及少量天然钻石)	形成蓝色—绿色
Ⅱa	不含氮，碳原子因位置错移造成缺陷	无色—棕色、粉红色(极稀少)	形成蓝色—绿色
Ⅱb	含少量硼元素	蓝色(极稀少)	形成蓝色—绿色

Ⅰ型钻石含氮，根据N在晶格中的存在方式，Ⅰ型钻石又可分为Ⅰa型和Ⅰb型。Ⅰa型钻石内氮呈有规律的聚合状态，以2个N(ⅠaA型)、3个N(ⅠaAB型)、4～9个N甚至聚合成N的片状物又称为ⅠaB型。Ⅰb型钻石内氮以原子状态存在于晶格中。在一定的温度、压力及长时间的作用下，Ⅰb型钻石可转换为Ⅰa型。Ⅰa型在1000℃～1400℃的上地幔中可保存较长时间。而在相同的条件下，Ⅰb型钻石保留时间不超过50年，即将发生向Ⅰa型转化的过程。因此，天然钻石以Ⅰa型为主。

Ⅱa型钻石内可因碳原子位错而造成缺陷，Ⅱb型钻石可含有少量的硼。

1.3　钻石产地及资源分布

截至目前，世界上已有20多个国家发现了金刚石。金刚石主要分布在澳大利亚、非洲西部和南部、俄罗斯的亚洲部分和加拿大(图1－1－4)。

世界主要金刚石产出国有俄罗斯、南非、博茨瓦纳、加拿大、刚果(金)、澳大利亚、安哥拉和纳米比亚，其金刚石产量之和占世界总产量的90%。其他产出国还有莱索托、中非共和国、加纳、塞拉利昂、几内亚、科特迪瓦、利比里亚、坦桑尼亚、巴西、委内瑞拉、中国等。

1.3.1　澳大利亚

澳大利亚早在1851年就发现了金刚石。目前主要的金刚石矿床分布在西澳大利亚州库努纳拉以南120km的阿盖尔，发现于20世纪70年代末。含金刚石的AK－1号火山岩筒是钾镁煌斑岩筒，岩筒北边的斯摩克河和东南边的上莱姆斯通河上都有富集金刚石的冲积砂矿。

阿盖尔是澳大利亚最大的金刚石矿床，澳大利亚的金刚石几乎都产自阿盖尔矿山。阿盖尔钻石矿床所产金刚石的颗粒较小，多为褐色，不规则形状。而该矿床产出了全球近90%的粉红色钻石。因其产出钾镁煌斑岩和粉色钻石，得到地质学家和国际钻石市场的高度关注。

另外，1994年发现的梅林矿床是澳大利亚第二大金刚石矿床。

1.3.2　非洲

从古至今，非洲一直都是世界上主要的钻石产地。非洲金刚石储量和产量均占世界的一半以上，有十几个国家出产金刚石。

1.3.2.1　南非

提到钻石，人们立刻会想到南非。南非几乎成了优质钻石的代名词。之所以如此，是因为：

(1)目前发现的世界上最重的库里南钻石(3106ct)产自南非；

(2)赋存金刚石的角砾云母橄榄岩首先在南非金伯利市附近发现，因此被命名为“金伯利岩”；

(3)控制南非及其他非洲一些金刚石产出国金刚石开采、加工、分级、定价、销售的戴比尔斯联合矿业有限公司总部设在南非。

南非生产金刚石已有100多年的历史，含金刚石的金伯利岩管(筒)有150余个，集中分布在金伯利市与亚赫斯卡坦之间，以及比勒陀利亚、里赫腾堡、纳马卡兰德。冲积金刚石砂矿主要分布在瓦尔河、奥伦治河以及开普高地。主要的矿山有金伯利尔、科费贺特印、法因茨、纳马卡兰德、普列米尔。南非年产金刚石超过1000万ct，其中宝石级占25%，近宝石级占37%，工业级占38%。南非出产的金刚石不仅颗粒大，而且色泽美丽多样，从无色到红、黄、蓝、褐、墨绿、金黄等。

1.3.2.2 刚果民主共和国

刚果(金)的钻石矿床类型主要是侏罗纪的金伯利岩筒和三叠纪的含金刚石沙砾岩系。另外，河床冲积金刚石砂矿——阶地砂矿、河漫滩砂矿矿床也有发现。钻石分布于刚果(金)中南部的姆布吉马伊西侧的布希马伊河和开赛河。

1.3.2.3 博茨瓦纳

早在100多年前，博茨瓦纳就已经开采金刚石，而真正大规模勘查始于1955年，迄今共发现200多个金伯利岩筒，钻石的储量高达3亿ct。钻石矿床分布在东部和南部，分别为奥拉帕的莱特拉卡内、帕拉佩和朱瓦能。

1.3.2.4 安哥拉

安哥拉1916年首次发现金刚石，20世纪20年代开始规模化开采。金刚石矿床主要位于东北部的隆达地区，以冲积矿床为主，宝石级占70%。在安哥拉也发现了原生金刚石矿床。安哥拉的钻石矿床主要有栋多、安德拉达、卡丰福、宽果－卢桑巴、卢卡帕和绍里木。

1.3.2.5 纳米比亚

纳米比亚的原生金伯利岩型金刚石矿床分布在南部的斯别尔格贝特，它是南非西部纳马卡兰德金刚石矿床向北延伸的部分。斯别尔格贝特金刚石矿床以出产粗粒宝石级金刚石闻名于世，产品中粗粒宝石级(≥2ct)占25%，细－中粒宝石级占73%，其余2%为工业级。河流－滨海冲积型金刚石砂矿床有三处，分别是奥伦治河至华尔威斯湾沿海地带、埃里扎比次湾和卢德立次湾的近海海底。这三处次生金刚石砂矿产出粗－细粒宝石级的金刚石。纳米比亚年产金刚石超过100万ct，其中宝石级占95%。

1.3.2.6 塞拉利昂

塞拉利昂的钻石矿床以砂矿为主，储量达到2000万ct，产出的金刚石宝石级可达60%以上。其中出产的著名钻石有塞拉里昂之星(968.80ct)和沃耶河(770ct)。

1.3.3 亚洲

1.3.3.1 俄罗斯

俄罗斯是金刚石的资源大国，开采钻石的历史可以追溯到1829年。金刚石矿产分布在西伯利亚的雅库特自治共和国宋塔尔和奥列尼奥克以及扬古迪亚，这些地方共发现500

个金伯利岩筒，其中只有10%含金刚石，包括著名的“黎明”岩筒、“和平”岩筒、“成功”岩筒等。

1.3.3.2　中国

我国钻石矿床包括原生金伯利岩筒和冲积砂矿。金伯利岩型金刚石矿床分布在辽宁省瓦房店市和山东省蒙阴县的西峪和王村；河相冲积金刚石砂矿床主要分布在湖南省西部沅江及其支流流域。我国年产金刚石约10万ct，其中宝石级占20%，近宝石级40%，工业级40%。另外，在我国的贵州、江苏有少量产出，其他省份如新疆、内蒙古、吉林、山西、河南、江西、湖北、安徽、广西、西藏等省区发现了一些金刚石矿化，但未找到具有开发意义的钻石矿床。

1.3.3.3　印度

印度是世界上最早开采和加工金刚石的国家，长期以来，一直是金刚石的主要产地。世界著名的钻石“奥洛夫”“莫卧儿”、蓝色钻石“希望”均产自印度。目前其储量已接近枯竭，孟买附近的浦那金刚石矿床每年的产量只有14000ct左右。

1.3.3.4　印度尼西亚

在印度尼西亚的加里曼丹岛(婆罗洲)产有彩色钻石，为次生砂矿。彩色钻石有红色、蓝色、绿色、粉色、黄色等。

1.3.4　南美洲

南美洲产金刚石的国家有巴西、委内瑞拉、圭亚那、玻利维亚，但矿床规模较小，产量也不大。巴西是南美洲主要金刚石产出国，金伯利岩型金刚石矿床主要分布在巴戈利亚州及米纳斯吉拉斯州，但品位很低，故以开采冲积砂矿床为主。巴西年产金刚石超过60万ct，其中宝石级55%，近宝石级35%，工业级10%。委内瑞拉金刚石采自冲积矿床，年产量约50万ct，但质量较差，其中宝石级29%，近宝石级36%，工业级35%。

1.3.5　加拿大

北美洲加拿大是金伯利岩岩筒分布最多的国家之一，仅在1960～1998年间就发现538处金伯利岩岩筒，其中90%是在20世纪90年代发现的，仅在西北地区就有400余个，且集中于格拉湖(Lac de Gras Lake)地区。这些金伯利岩岩筒有一半以上含有钻石，钻石品位也较高。正是由于20世纪90年代几个大型含钻石的金伯利岩岩筒的发现，使得加拿大成为近年来新的重要的钻石产出国，目前产量全球排名第四(Shigley et al.，2016)。

截至2016年中期，开采的钻石矿床有三个，即西北地区的伊卡蒂和戴维科矿床以及安大略省北部地区的维克多矿床。伊卡蒂矿床是在1998年开始开采，戴维科在2003年底投入生产(图1－1－4)。另外还有两个钻石矿床仍在勘查过程中，分别为西北地区的GahchoKue矿和魁北克省的Renard矿床。

图1－1－4　戴维科矿床于2015年产出的重达187.7 ct的钻石，命名为Diavik Foxfire
(据Shigley et al.，2016)

近年来，加拿大的钻石年产量都在1000万ct以上，产值超过14亿美元(表1－1－2)。

表1－1－2　2004—2016年加拿大钻石产量和产值一览表

年份	产量/ct	产值/美元	年份	产量/ct	产值/美元
2016	13036449.00	1397308511.77	2009	10946098.00	1474944767.60
2015	11677472.00	1675936000.07	2008	14802699.00	2254710603.70
2014	12011619.00	2003267161.44	2007	17007850.00	1657014734.47
2013	10599659.00	1907165516.77	2006	13277703.00	1409657134.75
2012	10450618.00	2007217350.63	2005	12314031.00	1453693321.52
2011	10795259.00	2550875198.62	2004	12679910.00	1644684888.23
2010	11804095.00	2305388014.60			

资料来源：https：//www.kimberleyprocess.com/en/canada。

1.4　钻石矿床

1.4.1　钻石的矿床类型

前人依据钻石的成因将钻石分为岩石圈型、超深型、超高压(UHP)大陆地壳型、陨石撞击型和冲积型。一般钻石矿床根据钻石的产出状态分为原生矿和次生砂矿(砂矿)，再根据钻石的赋矿岩石类型进一步将原生矿床分为金伯利岩型和钾镁煌斑岩型。

金伯利岩中可以有岩石圈型钻石和超深型钻石，次生砂矿(冲积型)可以是金伯利岩或钾镁煌斑岩风化而来。

1.4.1.1　金伯利岩型

金伯利岩型钻石矿床是世界主要钻石原生矿类型。金伯利岩岩筒历经了长达数百万年的风化和剥蚀过程，钻石被搬运沉积下来形成钻石砂矿，而人们常根据砂矿追索到钻石的原生矿金伯利岩岩筒(图 1－1－5)。

图 1－1－5　加拿大伊卡蒂矿钻石金伯利岩岩筒(据 Shor, 2014)

金伯利岩在岩石学上称为角粒云母橄榄岩，是多种结晶矿物的混合体，常具有橄榄石的斑晶和微细粒、玻璃质基质而呈现典型的斑状结构。金伯利岩的形成来源于金伯利岩岩浆(如橄榄石、金云母)，并伴有橄榄岩捕虏体以及来源于上地幔的榴辉岩。金伯利岩是一种超镁铁质、富钾和富挥发分的岩石，在高温高压的地球深部形成。金伯利岩从地幔侵入到地壳，在近地表处形成圆锥状的岩筒。

年代学研究显示，钻石的结晶年龄远远大于金伯利岩的形成年龄，因此钻石是在其形成相当长一段时间之后，被金伯利岩喷发携带出地表而保留下来，形成了富含金刚石的金伯利岩矿床。

1.4.1.2 钾镁煌斑岩型

1979 年在澳大利亚发现的阿盖尔矿床，是含钻石的钾镁煌斑岩岩筒。钾镁煌斑岩以灰色到灰绿色的杂色斑点为特征，岩浆结晶产物主要为橄榄石斑晶或基质。

钾镁煌斑岩是一种超钾富镁火成岩，特征微量元素为 Zr、Nb、Sr、Ba、Ru。钾镁煌斑岩中的 CO_2 含量很低，挥发分 F 含量较多。钾镁煌斑岩 Mg、Fe、Ca 含量较金伯利岩低，但 Si、Al 的含量高于金伯利岩。钾镁煌斑岩岩筒形似香槟酒杯，而不是圆锥形。

1.4.1.3 砂矿

金伯利岩和钾镁煌斑岩极易风化，含钻石的金伯利岩和钾镁煌斑岩遭风化和剥蚀后，被河流、冰川、洪水等地质作用搬运到河床或海滨，在远离原生矿的区域沉积下来，而形成金刚石的次生砂矿。

岩石碎屑在搬运过程中，硬度较小的矿物和低质量的钻石被破碎，而较硬和较坚韧的矿物和高质量的钻石得以保留，在河流的中下游、海滨和近海大陆架富集形成钻石砂矿。

经过自然分选，砂矿中钻石的质量普遍好于原生矿。砂矿也是世界上钻石的主要来源，占世界钻石总储量的 40%，但产量却占总量的 70%。很多原生矿是通过砂矿追溯而得以发现的。

1.4.2 钻石的形成过程

1.4.2.1 钻石形成的地质背景

钻石的主要成分是碳。碳元素以百万分之一甚至更低的浓度广泛溶解于地球的硅酸盐矿物中。碳在地球上的存在形式多样，可以是氧化形式(二氧化碳、碳酸根)，或是还原形式(如金刚石、石墨)或与氢形成甲烷及其他有机分子。

研究表明，钻石形成于高温高压的环境。实验确定钻石稳定的压力大于 4GPa，温度高于 950～1400℃(图 1－1－6)，即钻石生成于地球 120～180km 深度的上地幔，并通过岩浆侵位和火山喷发而被携带至近地表。

钻石能够结晶形成，首先要有足够的碳浓度，即物质供给；其次要有足够高的压力和温度，以及适当的氧逸度等外部物理化学条件。物质供给和外部条件同时满足，两者缺一不可。

在地球内部，温度通常随着深度的增加而增加，形成地温梯度。因此，地球深部的地壳或地幔有钻石结晶形成的压力和温度。在地球内部，由于地壳通常较薄(通常小于40km)，并不能为钻石的稳定生长提供足够高的温度和压力，只有在板块构造运动而引起地壳加厚时，才可能达到钻石形成的温度和压力条件。然而，在地壳下部的地幔，大多数都能够满足钻石形成的温度和压力，但钻石依然十分罕见，主要原因是地幔中碳的丰度低，即物质供给不足。

地质研究显示，钻石被三种类型的岩浆搬运至地表，分别是金伯利岩岩浆、钾镁煌斑岩岩浆和煌斑岩岩浆(Shirey and Shigley, 2013)，并赋存于相应的岩石中，但能够达到宝石级的钻石只赋存于金伯利岩和钾镁煌斑岩中。这三种岩石形成年龄远远小于钻石的形成年龄，说明形成三种岩石的岩浆只是钻石的“搬运工”，或者称为“携带者”。

金伯利岩是最为重要的类型。目前发现了上千个金伯利岩岩筒，富含钻石的金伯利岩也超过几百个，占30%。因此，钻石矿床的寻找，基本都是从寻找金伯利岩开始的。

通常，所有已知的富含金刚石的金伯利岩形成晚于550Ma，大多晚于300Ma。具有大量金伯利岩岩筒的南非，其喷发时间小于120Ma，而北美的金伯利岩形成小于80Ma。当然，正是由于金伯利岩容易风化，形成较晚的金伯利岩保留下来则相对容易，从而使得时代较新的金伯利岩占主导地位。

大多数富含钻石的钾镁煌斑岩规模较小，分布较少，主要有澳大利亚的阿盖尔矿床。

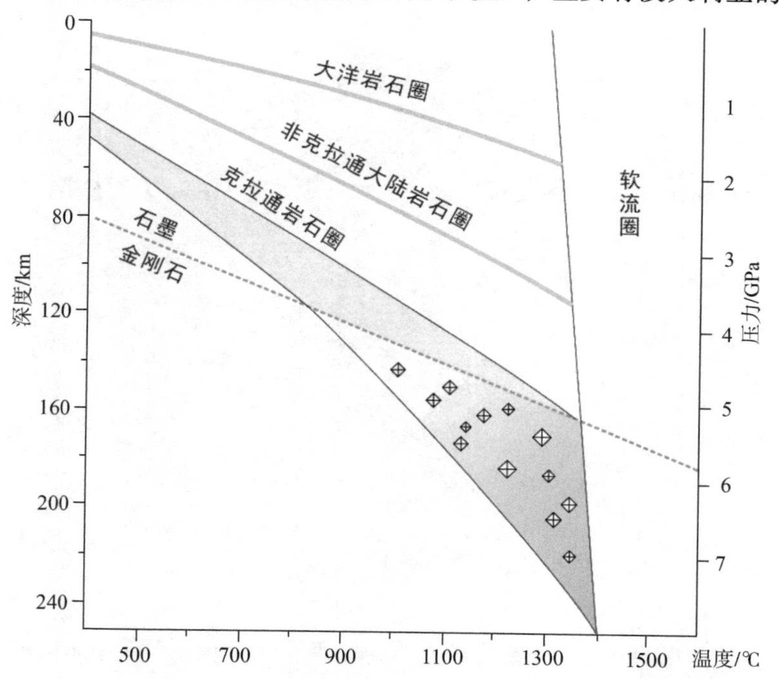

图1-1-6　钻石形成的温度和压力(据 Shirey and Shigley, 2013)

另外，在美国和印度等地也有产出。

富含金刚石的煌斑岩很少，只具有岩石学意义。如加拿大安大略 Wawa 煌斑岩包含了世界上最古老的钻石。

这三种岩浆类型之所以能够携带钻石并使得钻石保存下来，是因为它们存在共同的特征：

①来源于深部地幔的部分熔融，可以达到钻石保存部位。

②富含挥发分，如 H_2O、CO_2、F 或 Cl。

③富含 MgO。

④迅速爆发，并快速上升。

⑤相对于玄武岩岩浆是还原性的，并保持钻石稳定的氧逸度。

截至目前，在地球上发现钻石的构造环境主要有以下几种，分别是稳定的克拉通内部、俯冲带、超高压变质带(造山带)和陨石撞击坑。但是，只有克拉通内部产出的钻石能够达到宝石级，其余几种只具有工业价值或岩石学意义。

首先来看克拉通内部钻石的形成。前人研究发现，长时期构造稳定，没有经历板块构造运动的大陆区域(即克拉通)与钻石的形成密切相关。富含宝石级钻石的金伯利岩产于克拉通内部，这种联系第一次正式由克利福德于 1966 年提出并展示，因此称为“克利福德法则”。换言之，富含钻石的金伯利岩爆发在最古老的太古代克拉通内部。同样，这一关系在卡普瓦尔克拉通表现得特别明显，所有富含钻石的金伯利岩岩筒均分布在克拉通内部或克拉通边缘，而所有在克拉通外部的金伯利岩岩筒则不含钻石(图 1 –1 –7)。

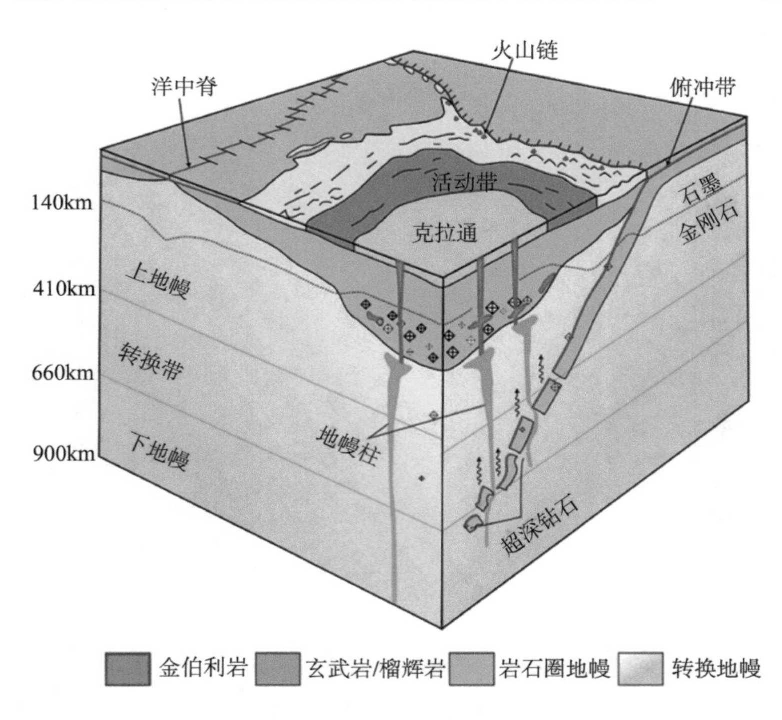

图 1 –1 –7　钻石形成的地质构造模式图(据 Shirey and Shigley, 2013)

究竟是何种原因导致了这种关系的存在呢？克拉通之下的岩石圈地幔可以从约40km延伸至250～300km(图1－1－7、图1－1－8)。克拉通下部的岩石圈地幔呈现向下突出并长期依附于克拉通的底部，这一部分称为地幔龙骨状突起。地幔龙骨状突起为钻石的形成提供了良好的条件，它蕴含了世界上几乎所有宝石级的金刚石。

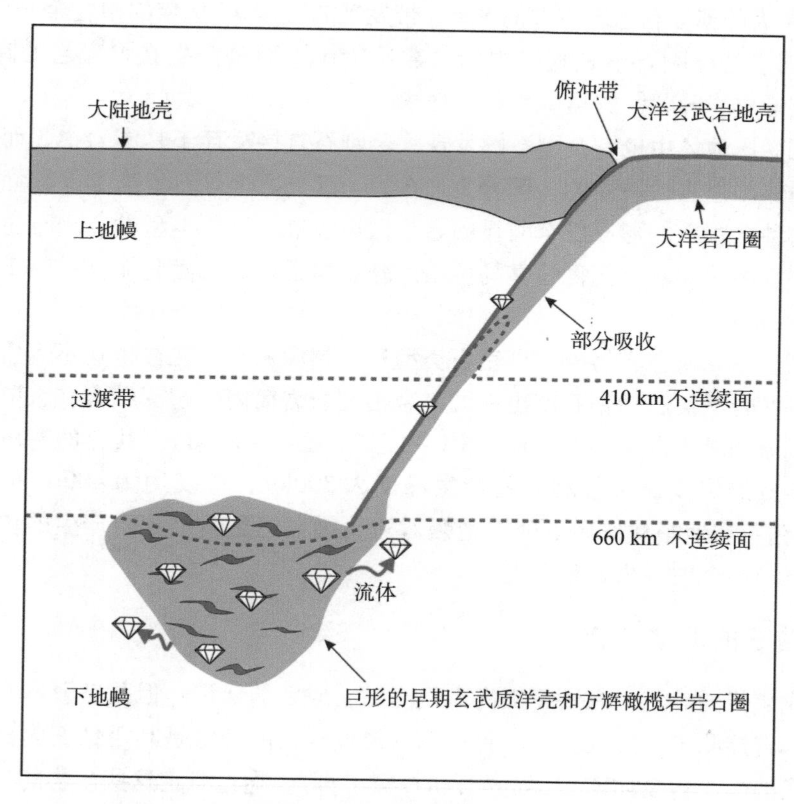

图1－1－8　俯冲型超深钻石的形成模式图(据 Stachel et al.，2005)

金伯利岩岩浆的爆发，将从地幔龙骨状突起中携带早先形成的钻石，同时也会携带地幔岩石捕虏体。地质学家通过放射性元素测量橄榄岩与榴辉岩的年龄，得出地幔龙骨状突起的年龄与上覆地壳的地质年龄相同。地质学家认为，地壳和大陆地幔龙骨状突起是在地壳产生和克拉通化过程中同时形成。因此，当古老大陆地壳区域的地幔龙骨状突起的100km底部，有来自下部的地幔对流带来的饱和碳流体时，钻石就可以结晶。地幔龙骨状突起底部被认为是一个具有高温特质且能够保持钻石稳定的“冰箱”。该区域可以储存几十亿年前形成的钻石，并阻止钻石进入地幔循环。同时钻石也会较为容易地被上升的金伯利岩岩浆捕获、携带。金伯利岩岩浆爆发时携带钻石到达近地表，而形成富含钻石的金伯利岩岩筒。

由于钻石的形成和稳定区间受到温度、压力、氧逸度等条件的严苛限制，因此钻石的保存条件非常苛刻。在相对稳定的克拉通下部就为钻石的形成和保存提供了这样长期稳定的物理化学条件。而在板块构造活动带（如火山作用、造山运动、岩浆侵位），由于不稳定，不能为钻石的稳定保存提供条件，即使早期有钻石，也会导致钻石分解而消失。

虽然克利福德法则论证了古老稳定地幔和金刚石的形成关系，然而在俯冲带发现了非金伯利岩相关的金刚石。如在日本岛弧发现的新形成的微粒金刚石（Mizukami et al.，2008），在加拿大的苏波利尔地质省的 Wawa 带发现的距今 27 亿年的微粒金刚石（Stachel et al.，2006）。两者的金刚石不是直接由俯冲岩浆带出，而是产生在煌斑岩的晚阶段岩浆，这些岩浆侵位形成岩脉状，搬运金刚石到地表。

在超高压变质地体中也有金刚石的发现，金刚石直接赋存于其围岩中，而这些区域经历了大陆造山作用过程。地壳的一部分叠加在另一部分之上导致地壳加厚深埋而形成微粒的金刚石，这种金刚石的形成没有明显的岩浆搬运痕迹。这一类型的金刚石主要发现在塔吉克斯坦北部、中国大别－苏鲁、喜马拉雅山脉、德国和挪威西北部（图 1－1－7、图 1－1－8）。

在金伯利岩中同时存在另外一种钻石类型——超深钻石，往往也达不到宝石级，只是与形成于地幔龙骨状突起的钻石产出在同一金伯利岩岩筒内。超深钻石在大陆岩石圈之下的自由地幔对流的较大深度部位形成（图 1－1－7、图 1－1－8）。共存的高压矿物显示这些超深钻石形成的深度比金伯利岩的产生深度大 300km，深度约为 400 ～ 800km（Harte，2010）。超深钻石在地幔柱作用下随着地幔对流上涌，达到金伯利岩产生的位置，从而在地幔柱诱发下导致金伯利岩岩浆爆发。

1.4.2.2 钻石的形成年代

钻石形成年代的确定，有助于提高人们对钻石成因的认识。但是钻石本身无法利用地质年代学技术直接测定其形成年代。目前钻石形成年代的确定是利用钻石内部一些含有放射性衰变元素的微小包裹体矿物（如辉石和石榴子石），通过测定这些矿物的形成年代来推算钻石的结晶年代。前人针对钻石包裹体定年做过许多尝试性的研究，主要代表性的有硫化物 U－Pb 法（Kramers，1979）、硅酸盐矿物 Sr－Nd 法（Richardson et al.，1984）、硫化物 Re－Os 法（Westerlund et al.，2006；Smit et al.，2010）、钙钛矿 U－Pb 法（Bulanova et al.，2010）。

大量的年代学研究，使人们对于钻石的形成有了以下几点认识：

（1）钻石的形成与地球的演化密切相关，记录了地球演化的历史。钻石的形成年代非常古老，最古老的钻石年龄约 33 亿年，伴随着克拉通和克拉通下部地幔龙骨状突起（mantle keels）的形成而形成（图 1－1－7）。

（2）不同类型钻石的形成年代差异较大。根据含钻石的金伯利岩中捕虏体成分特征分出橄榄岩型钻石和榴辉岩型钻石，前者年龄为 33 亿年，后者为 15.8 亿年至 9.9 亿年。结合前人对钻石碳同位素的研究，两者碳同位素存在明显差异，显示形成的环境不同，前者为大陆克拉通下部地幔龙骨状突起中形成，后者有循环碳加入，为俯冲环境形成（图 1－1－8）。

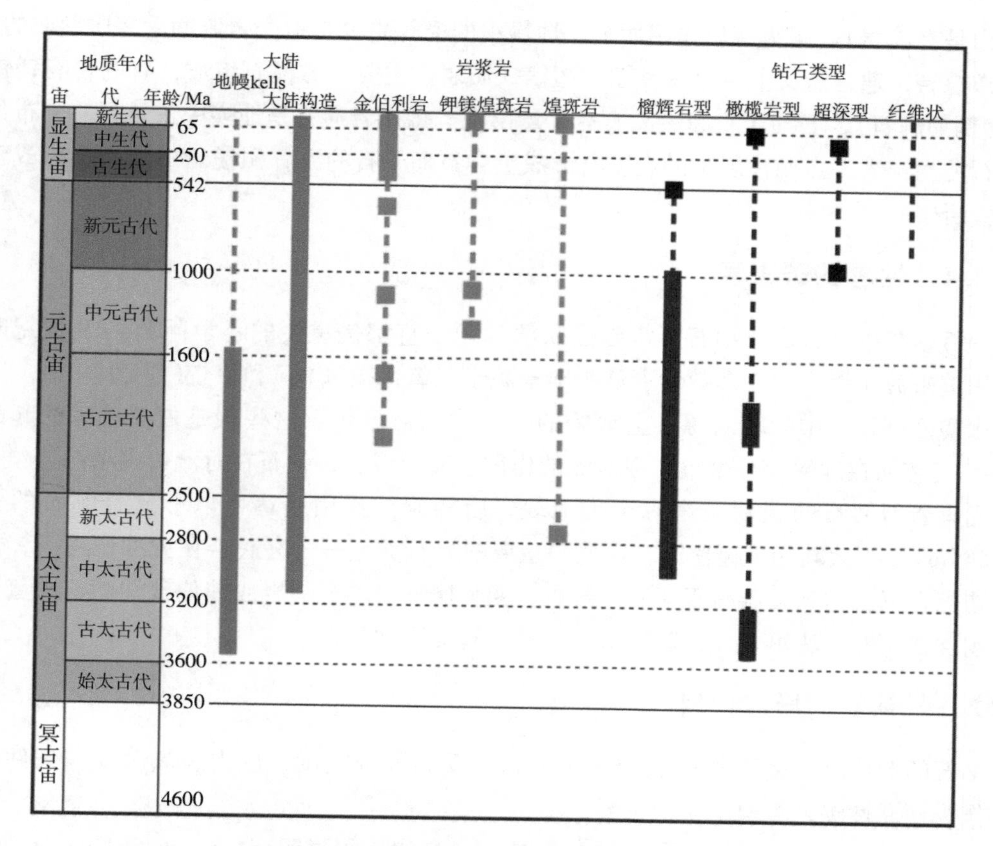

图 1－1－9　钻石和不同地质体的形成年代(据 Shirey and Shigley，2013)

(3)橄榄岩型钻石形成年代大于金伯利岩，而与地幔龙骨状突起的年代相当或稍晚(图 1－1－9)，显示在大陆地壳形成之初便具备了钻石的形成条件。钻石形成后一直被保留在地幔龙骨状突起之中。榴辉岩型钻石稍微早于金伯利岩钻石(图 1－1－9)的形成，远远小于橄榄岩型钻石，显示形成环境为俯冲的超深环境，同样指示了有洋陆俯冲的开始过程。两者均早于金伯利岩，说明在被金伯利岩带到地表之前，钻石已经形成，金伯利岩岩浆只是钻石的搬运载体。

另外，加拿大产出的钻石具有内核和外部纤维状钻石的双层结构，核部形成于太古代，而外部纤维状钻石形成则与太平洋板块俯冲有关，形成年代较晚。

1.4.2.3　形成钻石的岩石

金伯利岩岩浆和钾镁煌斑岩岩浆只是把钻石带到地表的载体，与钻石成因无关。根据科学家对于捕虏体的研究表明，榴辉岩和橄榄岩是目前发现的含钻石的主要捕虏体。

榴辉岩是一种粗粒超镁铁质岩，主要由细粒红石榴子石(铁铝榴石－镁铝榴石)、绿辉石，微量金红石、蓝晶石、刚玉和柯石英组成。榴辉岩指示了高压高温环境(尤其是高压)，金刚石在这种条件下形成。科学地讲，榴辉岩形成于大陆地壳深部变质带，原岩(一般认为是玄武岩)经高级变质作用而成。地幔中的榴辉岩也是地壳岩俯冲后变质形成的。

橄榄岩，通常意义上讲是一种粗粒超镁铁质岩，主要由橄榄石组成，有的含有镁铁质矿物(例如辉石)，石榴子石和尖晶石有少量出现。橄榄岩通常是地幔中最常见、分布最广的岩石类型。大多数橄榄岩型的金刚石形成于含石榴子石的方辉橄榄岩中，少量形成于二辉橄榄岩中。

1.4.2.4 钻石的碳来源

一百多年以来，形成钻石所需碳的来源问题一直都是重要的科学问题。19 世纪时人们认为碳来源于煤，现在多数学者认为碳来源于二氧化碳(CO_2)和甲烷(CH_4)。

橄榄岩型钻石中的碳来源于上地幔的一个均匀对流带。这些碳是古老地球的起源成分，45 亿年前在地幔部分聚集，在对流的作用下充分混合，钻石在对流带内结晶。

榴辉岩型钻石的碳物质来源于近地表，后经俯冲作用到达可以形成金刚石的深度(>150km)。当大陆相互碰撞时，洋盆中主要的岩石类型——玄武岩在俯冲作用下，俯冲到大陆壳之下，达到高温高压变质，最终转变为榴辉岩。石灰岩或其他碳酸盐、碳氢化合物被包含在俯冲板块里，成为碳的来源，最后转变为钻石。

1.4.2.5 钻石的形成作用

钻石的形成除了受到物质成分限制外，还受到外部温度、压力、氧逸度等条件的控制。作为还原性碳，氧逸度尤为重要。

在地球深部地幔，钻石的形成被认为是一个交代作用过程(Haggerty，1999；Stachel et al.，2005)。交代作用最有可能是超临界流体或熔体渗透地幔岩而发生的反应，钻石晶体的形成是不同价态的碳通过氧化或还原反应得到，如：

$$CO_2 = C + O_2 \quad (1)$$

$$CH_4 + O_2 = C + 2H_2O \quad (2)$$

碳从二氧化碳还原或从甲烷中氧化，分离结晶出钻石。因此，这与地幔岩石的氧化还原状态密切相关，而地幔的氧化还原状态主要受到硅酸盐矿物、金属和熔体中 $Fe^0 - Fe^{2+} - Fe^{3+}$ 组分的控制(Rohrbach et al.，2007，2011；Frost and McCammon，2008；Rohrbach and Schmidt，2011)。

大多数钻石形成的克拉通岩石圈的氧逸度受到石榴子石 - 橄榄石 - 斜方辉石和铁橄榄石 - 磁铁矿 - 石英的反应控制：

$$\underset{\text{石榴子石}}{2Fe_3Fe_2Si_3O_{12}} = \underset{\text{橄榄石}}{4Fe_2SiO_4} + \underset{\text{斜方辉石}}{2FeSiO_3} + O_2 \quad (3)$$

$$\underset{\text{铁橄榄石}}{3Fe_2SiO_4} + O_2 = \underset{\text{磁铁矿}}{2Fe_3O_4} + \underset{\text{石英}}{3SiO_2} \quad (4)$$

钻石形成的氧逸度往往在此反应曲线之下的氧逸度条件，而在更低的氧逸度条件下铁 - 镍往往形成合金，因此钻石形成的氧逸度往往在铁 - 方铁矿缓冲剂的反应曲线之上：

$$2Fe + O_2 = 2FeO \tag{5}$$

铁　　　方铁矿

前文提到，钻石根据包裹体不同可以分为橄榄岩型钻石和榴辉岩型钻石，二者形成的条件不同。在橄榄岩中，最高的氧逸度曲线受到顽火辉石－菱镁矿－橄榄石－钻石反应的控制：

$$MgSiO_3 + MgCO_3 = Mg_2SiO_4 + C + O_2 \tag{6}$$

顽火辉石　菱镁矿　橄榄石　钻石

$$C + O_2 = CO_2 \tag{7}$$

在榴辉岩中，氧逸度受到白云石－柯石英－透辉石－钻石反应曲线的控制：

$$CaMg(CO_3)_2 + 2SiO_2 = CaMgSi_2O_6 + 2C + 2O_2 \tag{8}$$

白云石　柯石英　透辉石　钻石

前人实验得知，在富 H_2O 的体系中有助于钻石的成核，而富 H_2 体系会阻碍钻石成核(Sokol et al. 2009)。因此，水的存在对于钻石的形成至关重要。

另外，科学家们在钻石中发现了硫化物矿物包裹体。而在富含挥发分的硅质熔融体与硫化物熔融体不混溶，尽管硫化物熔融体中碳的溶解度小，限制了其在钻石结晶中的搬运和溶解作用，但是实验证明碳饱和的硫化物熔融体有助于钻石的成核和立方－八面体结晶(Pal'yanov et al. 2001, 2006, 2009; Litvin et al. 2002)。在碳酸盐共存的熔融体中硫化物可以降低氧的含量，从而达到形成钻石的氧逸度条件(Luth，2006)。

$$MgCO_3 + MgSiO_3 = Mg_2SiO_4 + C + O_2 \tag{9}$$

$$2FeS + CO_2 = 2FeO + 2S + C \tag{10}$$

当然，在岩石圈下部地幔与上部地幔环境差异较大，控制钻石形成的反应也不尽相同。前人实验研究显示，在等化学体系下，地幔中氧逸度随着深度的降低而降低，从上地幔、转换带到下地幔，含铁矿物中 $Fe^{3+}/\sum Fe$ 的比例会增加。在地幔转换带，主要的组成矿物是瓦兹利石和石榴子石，如果沉淀出铁金属就必须增加含铁矿物的 Fe^{3+} 含量，可能通过下列反应来完成：

$$3FeO = Fe_2O_3 + Fe \tag{11}$$

同样，下地幔中氧逸度降低，钻石的形成受到类似于上地幔顽火辉石－菱镁矿－橄榄石－钻石反应、方镁石－钻石－菱镁矿的反应控制：

$$MgO + C + O_2 = MgCO_3 \tag{12}$$

方镁石　钻石　菱镁矿

前人根据钻石的捕虏体和实验研究得出了相应的推断性结论，地壳下部的岩石圈地幔和岩石圈下部地幔形成钻石的过程也不尽相同，并给出了相应的推测反应公式。但是钻石的形成是一个极其复杂的地质作用过程，需要未来更加细致和深入的研究来解答。

1.4.3 世界著名的钻石矿床(区)

1.4.3.1 南非阿扎尼亚

南非阿扎尼亚是金刚石的最大原生矿区，金伯利岩岩体主要产在非洲地台，特别是南非地台卡鲁台向斜与其他二级构造单元的连接带和卡鲁台向斜内部。比勒陀利亚的普列米尔岩筒到开普敦亚赫斯丰坦岩筒，成带分布。该岩体长1500km，宽250km，北东向分布，由350个岩体组成。南非地台是世界上最古老的地台之一，年龄约30亿～35亿年，卡拉哈里台向斜、卡鲁台向斜、地台型开普褶皱带几个次一级构造单元，主要以向斜为主。地台基地由花岗片麻岩组成，内部沉积盖层厚度不大，很多遭受剥蚀而没有盖层。卡鲁台向斜分布在地台东南缘，由石炭纪、二叠纪、三叠纪、侏罗纪组成，主要为陆相沉积物，局部含煤和白垩纪基性火山岩。

著名的岩筒包括普列米尔、金伯利、伯特丰坦、亚赫斯丰坦。这些岩筒均有封闭的外形，体积不大，平均300m×150m，水平截面上具奇异的外形或圆形或椭圆形状，埋藏深290～822m，均分布在隐伏断裂带之上，或断裂交汇处。这些断裂在深部相连而组成岩墙或岩脉。

岩筒中的岩石是金伯利岩，有角砾岩相、凝灰岩相和致密的斑状金伯利岩。上部角砾岩中，岩浆胶结金伯利岩的碎屑及大量围岩碎屑，甚至完全被围岩碎屑充填。岩筒内部还有煤、硅化木、玄武岩碎块和大块方铅矿。金伯利岩中含有二辉橄榄岩、纯橄榄岩、辉石岩、榴辉岩等深源包体。金刚石储量达2.5亿ct，品位0.34～$3ct/m^3$。其中，普列米尔岩筒金刚石质量较高，宝石级可达55%，也是Ⅱ型钻石的主要产地。目前发现的世界上最大的钻石——库里南就产自该地。

1.4.3.2 俄罗斯雅库特金刚石矿床

俄罗斯西伯利亚雅库特金刚石矿床发现于1954年，1978年产量迅速增加至1200万ct。目前发现450个金伯利岩岩体，以岩筒为主，并且四分之一含有金刚石。其中和平、艾哈尔、成功、二十三大等岩管达到工业生产价值。

雅库特矿床位于地台内部的隆起和凹陷交汇部位。金伯利岩岩体在空间上成群、成带分布，往往形成一些面积100～$500km^2$的金伯利岩区，每个岩区集中分布着10～50个金伯利岩岩体，岩体以北东断续分布在长150km、宽50km区域内。

1.4.3.3 澳大利亚阿盖尔矿床

(1)矿床概况

早在1895年，金矿勘查工作者在西澳大利亚州的纳拉金地区的溪流中发现了次生钻石，随后的几十年在寻找原生矿床上却一直没有取得突破。直到1960年现代地质调查技术和方法的应用，以及含钻石的岩筒的寻找，使得后来对于钻石原生矿床的寻找才有了突破，而且对后来钻石矿床赋矿围岩的认识也产生了天翻地覆的变化，可以说具有里程碑意义。

前文也提到，Clifford(1966)根据南非富含钻石的金伯利岩研究，认为富含钻石的金伯利岩岩筒严格局限于克拉通内部，而且在大地构造上克拉通要稳定至少1500Ma。西澳大利亚的金伯利岩克拉通正与此条件相吻合，西澳大利亚是古老的克拉通稳定区域，于是在20世纪70年代而被选为钻石勘查的远景区。同样，Prider(1960)研究并提出了在澳大利亚的某些区域含钻石的岩石，从岩石学角度来看，应该是钾镁煌斑岩。在纳拉金地区发现冲积钻石和钾镁煌斑岩常常沿着克拉通边缘出现，如金伯利岩克拉通边缘。

次生矿床的陆续发现，更加促进了对于原生钻石矿床的系统性寻找，终于在金伯利岩克拉通中找到近百个金伯利岩和钾镁煌斑岩出露点。到目前为止，仅有少数是富含钻石的，而且只有阿盖尔投产开采。阿盖尔钾镁煌斑岩岩筒AK1发现于1979年，并于20世纪80年代投入生产。

阿盖尔钻石矿床位于澳大利亚西北部，属于西澳大利亚的东北与北领地的西北交界位置，离最近的库努纳拉城120km。

阿盖尔钻石产于AK1岩筒，其地处烟溪的源头小山谷，而风化后形成的冲积矿床分布于烟溪和里姆斯顿河河谷，河流向东北部流进阿盖尔湖。

（2）区域地质与矿床地质

金伯利岩克拉通由基底和盖层组成，基底为晶质火成岩和变质岩，盖层为水平层状沉积岩和火山岩。基底形成于太古代，年龄超过25亿年，盖层形成于1900Ma～1600Ma。太古代基底以东南部的霍尔斯溪活动带和西南部的金－利奥波德活动带为界。富含钻石的金伯利岩产于太古代克拉通内部，而含钻石的钾镁煌斑岩则与活动带相关。

AK1钾镁煌斑岩岩筒位于霍尔斯溪断裂带西南7km处。霍尔斯溪断裂也是霍尔斯活动带的东部边界断裂。霍尔斯活动带出露有变质岩结晶基底，后期侵入了花岗岩(2500Ma～1800Ma)，比中央太古代金伯利岩克拉通基底形成年代晚。霍尔斯溪活动带经历了强烈变形、形成褶皱和断裂构造，地貌上形成较为平坦的区域。活动带的北部部分上覆北倾斜的沉积岩和火山岩，该套地层形成于1500Ma～500Ma。这些地层有些形成了断断续续的山脉，相对高差达450m。阿盖尔岩管沿着断裂侵位在这些较新的地层中，这些坚硬而抗风化的地层包围着钾镁煌斑岩，从而使钻石依旧保存在岩筒里。

AK1钾镁煌斑岩岩筒在形体上呈现“蝌蚪”状，北部较宽，达600m，南部较窄，约150m，总体长约2km，总体面积约50公顷。岩筒边界为角砾岩，并以断裂与外部地层接触。岩性为钾镁煌斑岩成分的喷出岩和侵入岩。AK1岩筒是钾镁煌斑岩岩浆沿着上覆了沉积地层的活动带的薄弱区域向上运移，随后高温的岩浆与渗透性强的沉积岩富含的地下水反应而导致持续性的火山爆发。大量岩浆的喷发，伴随着下部在岩筒内向下的爆炸，产生火山岩的沉积并包裹了沉积岩，从而形成了火山口。火山口又充填了地下水、雨水和火山灰及相关沉积物。

阿盖尔钻石矿床不仅以其产出钾镁煌斑岩而闻名，在宝石界，它以产出大量粉色和少量红色钻石而闻名(图 1－1－10)，是目前世界粉色钻石的主要产出地。从 1985 年开始，每年都有几十颗的粉色钻石进行拍卖。

图 1－1－10　阿盖尔钻石矿床产出的粉色、红色钻石(据 King et al.，2015)

1.4.3.4　加拿大西北地区戴维科矿床

戴维科矿床地处加拿大西北地区格拉湖(64°29′46″ N，110°16′24″ W)。矿床距离耶洛奈夫城有 300km，距离北极圈 220km，距离伊卡蒂矿床 30km。格拉湖地区冬天昼长只有 4 小时，夏天昼长 20 小时，冬天被冰雪覆盖，气候恶劣(图 1－1－11)。

图 1－1－11　俯瞰冰雪覆盖的戴维科矿床(据 Shigley et al.，2016)

戴维科地区勘查始于1992年，并于1994年发现了A21号金伯利岩筒，到1995年又发现了A154和A418号含钻石丰富的岩筒。这些岩筒在勘查时均被湖水覆盖。矿床于2000年开始建设，2003年投产，有资料表明，其将开采至2024年。截至目前，矿床已经产出超过100万ct钻石。

区内金伯利岩岩筒400余个，呈北西向展布，延伸120km。戴维科金伯利岩处于斯拉韦克拉通中部。斯拉韦克拉通是大陆岩石圈板片(加拿大地盾)的一部分，从太古代以来一直保持稳定。区域上有太古代变质火山岩、变质沉积岩和基底片麻岩和花岗岩岩石组合，以及元古代盖层。

矿区周围受到冰川作用的影响，很多金伯利岩岩筒上部被剥蚀。矿床除了有金伯利岩侵位的太古代花岗质围岩外，还有一些稍新的变质沉积岩和一些元古代的基性岩脉穿切太古代地层中的构造薄弱带。

元古代断裂构造分布在该区的西部、东部和东南部，将区内围限。西部沿着Wopmay造山带呈南北向延伸，东部呈北西向延伸，东南部呈北东向展布。

戴维科金伯利岩A154号岩筒的野外地质研究发现，分选差的块状火山碎屑金伯利岩上覆了分选好的火山碎屑金伯利岩，上覆地层包裹了不同比例的固结的泥质物，在顶部是粒序状火山碎屑金伯利岩，Moss(2008)还发现岩筒上部覆盖了冰碛物和薄层的湖泊沉积物及20cm的湖水，并将岩筒的形成划分成六阶段爆发模型：

①初始的金伯利岩喷发，在火山口下形成了垂向的岩筒；

②来自上部的火成碎屑气云的垮塌，来自下部的块状金伯利岩充填于上部；

③来自周围火山口岩壁的碎屑流，进一步充填岩筒，导致形成了层状的金伯利岩；

④地下水循环下渗与下部金伯利岩岩浆相互作用，导致火山口内的岩石发生蚀变；

⑤火山口上部被沉积物覆盖；

⑥来自邻近的火山口中的金伯利岩的爆发，导致火成碎屑金伯利岩继续在火山口内沉积。

在格拉斯地区，冰川作用将金伯利岩岩筒的上部剥蚀，冰川作用后，金伯利岩遭受风化作用而形成洼地，积水而形成湖泊(图1-1-12)。

前人研究显示，矿区金伯利岩代表一种火成碎屑和火山碎屑型火山岩，岩筒侵位年龄为55±5Ma，属于始新世(Graham et al.，1999)。金伯利岩的年龄远远小于周围的太古代围岩，而钻石同位素定年显示其形成年龄为3500Ma～3300Ma(Westerlund et al.，2006；Aulbach et al.，2009)，而且具有阶段性，一直持续至1800Ma。再次证明金伯利岩仅仅是钻石的携带者，将钻石从地幔携带至地表。在稳定的克拉通下部，岩石圈加厚的地幔龙骨状突起(mantle keel)部位具有稳定的低温还原环境(Shirey and Shigley，2013)，非常适合钻石保存。金伯利岩的爆发，携带保存于地幔龙骨状突起部位的钻石，侵位在加拿大西北部地区而形成一系列的富含金伯利岩岩筒。

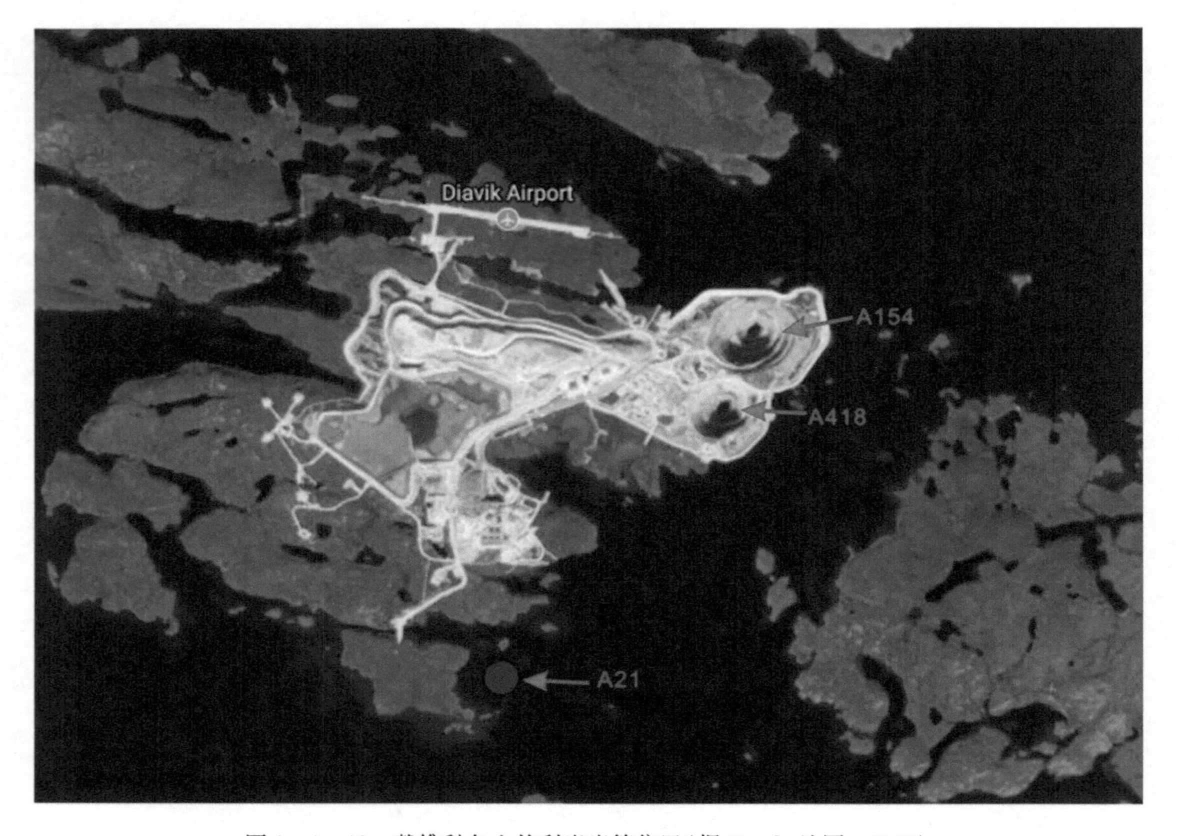

图 1－1－12　戴维科各金伯利岩岩筒位置(据 Google 地图，2017)

戴维科产出的钻石常具有环边结构，在宝石钻石外部生长了一层更新的云雾状钻石"外皮"。这层"外皮"之所以呈现云雾状，是因为内部含有丰富的微小的流体包裹体。这些流体具有高盐度而具有海水的特征，表明钻石在地幔龙骨突起部位再次生长，发生在400Ma～200Ma 之间(Weiss et al.，2015)。这也许与已知的板块构造重建有关。这也为俯冲过程中含有海水的俯冲洋壳将海水加入到克拉通下部地幔龙骨突起部位提供了有力证据，即在距俯冲带 1000km 的东部找到了海水证据。

1.4.3.5　莱索托莱特森钻石矿床

莱索托是被南非包围的国家，目前发现并开采的有四个产钻石的金伯利岩岩筒，分别为莱特森(Letseng)、Mothae、Kao、Liqhobong。莱特森的规模最大(图 1－1－13)。

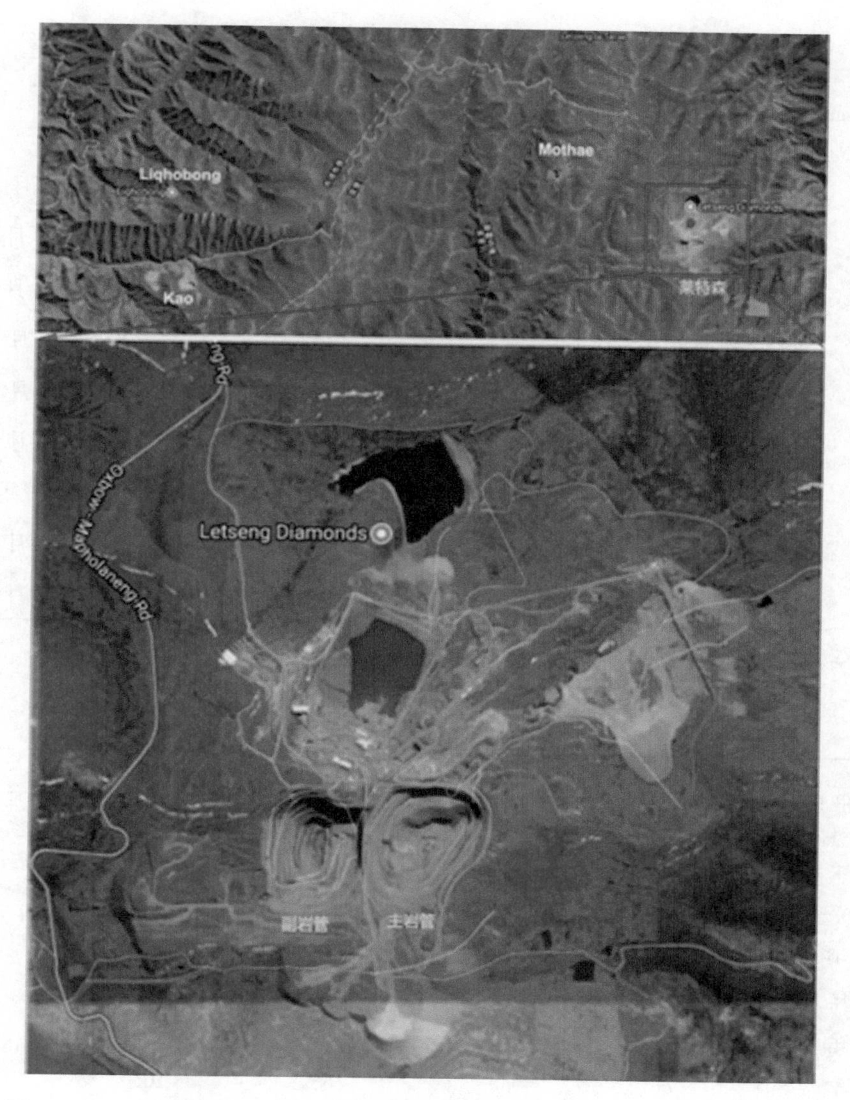

图 1－1－13　莱索托钻石矿床位置与莱特森金伯利岩筒(据 Google 地图，2017)

早在 1947 年，在莱索托马洛蒂山就发现了金伯利岩，但是并没有发现产钻石的金伯利岩岩筒。直到 1957 年才发现了富产钻石的莱特森金伯利岩岩筒。莱特森矿床因产出了 20 粒世界巨型钻石中的 6 颗(表 1－1－3)，及产出Ⅱ型钻石而闻名于世。其中，发现于 2006 年且重量达 603ct 的“莱索托诺言”以 1240 万美元卖给了英国珠宝商劳伦斯格拉夫(图 1－1－14)。大颗粒钻石的发现常常带有偶然性，该矿因其品位问题，也经过多次转手(表 1－1－4)。2006 年至今，由 Gem Diamonds 公司开采，该公司占有 70% 股份，莱索托政府占股 30%。

表 1－1－3　莱特森钻石矿床产出的大颗粒钻石

名　称	重量/ct	发现时间
未命名	527	1965 年
莱索托皇冠 Lesotho Brown	601	1967 年 5 月
莱索托之星 Star of Lesotho	123	2004 年 10 月
莱索托诺言 Lesotho Promise	603	2006 年 10 月
莱特森遗产 Letšeng Legacy	493	2007 年 9 月
莱特森之光 Light of Letšeng	478	2008 年 9 月
莱特森之星 Letšeng Star	550	2011 年 8 月
黄钻 The Yellow Diamond	299	2014 年 12 月
莱特森命运 Letšeng Destiny	314	2015 年 5 月
莱特森王朝 Letšeng Dynasty	357	2015 年 7 月

资料来源：Shor et al.，2015 和 Gem Diamonds。

表 1－1－4　莱特森矿床产出的大颗粒钻石统计

年　份	重量/ct				
	>100	60～100	30～60	20～30	>20
2005 年	6	7	30	49	92
2006 年	5	14	40	47	106
2007 年	5	9	39	65	118
2008 年	7	18	96	108	229
2009 年	6	11	79	111	207
2010 年	7	11	66	101	185
2011 年	6	22	66	121	215
2012 年	3	17	77	121	218
2013 年	6	17	60	82	165
2014 年	9	21	74	123	227
2015 年	11	15	65	126	217
2016 年	5	21	70	83	179

资料来源：Gem Diamonds 公司年度报告。

图 1－1－14　产自莱特森矿床的 603ct“莱索托诺言”（Shor et al.，2015）

在大地构造上，莱特森及周边产钻石的金伯利岩岩筒处于卡普瓦尔克拉通的东南边缘。卡普瓦尔克拉通、津巴布韦克拉通和北部的刚果克拉通属于太古代克拉通（>2500Ma），构成了非洲南部的基底，也是钻石矿床分布的部位。在远离克拉通的位置，比如在克拉通间的变质带形成的金伯利岩往往是不产钻石的。

莱索托分布地层主要是下部克拉通基底和上部盖层，盖层主要是上二叠统－下三叠统博福特群碎屑岩，零星分布于西北部地区，上三叠统斯托姆贝赫群碎屑岩分布于西北部和南部地区，其余大部均为下侏罗统德拉肯斯堡群玄武岩。德拉肯斯堡群是一系列的玄武岩熔岩流，形成于 183 Ma。玄武岩呈现脉状或基石状分布，厚度可达 1600m，呈北西西向展布。玄武岩被发育于中晚白垩世（120Ma～65 Ma，大部分南非金伯利岩。莱索托为 95Ma～85 Ma）的上百个金伯利岩岩筒所侵入。这些金伯利岩集中分布在莱索托的东北部。已知的 39 个岩筒和 23 条大岩脉也呈北西西向侵位于北西西向的细粒玄武岩脉中，有 24 个是富含钻石的。莱特森的金伯利岩的侵位并没有直接测定，根据周围产钻石的岩筒年龄认为形成年代相当，如 Mothae 的锆石年龄为 87Ma（Davis，1977）；采自 Kao、Liqhobong 和 Mothae 的钙钛矿的年龄介于 89Ma～85Ma 之间（Lock and Dawson，2013）。

莱特森矿床有两个金伯利岩岩筒，一个是主岩筒，位于东侧，540m×365m；一个是副岩筒，处于西侧（图 1－1－13、图 1－1－15），425m×130m。岩筒在垂向上呈胡萝卜状，微微倾斜，向北开阔。

简单来说，莱特森岩筒从结构上可以划分为火山口、火山通道和根部带。岩相学研究显示，可识别出火山碎屑岩和浅成金伯利岩。火山碎屑金伯利岩通常出现在火山口，因火

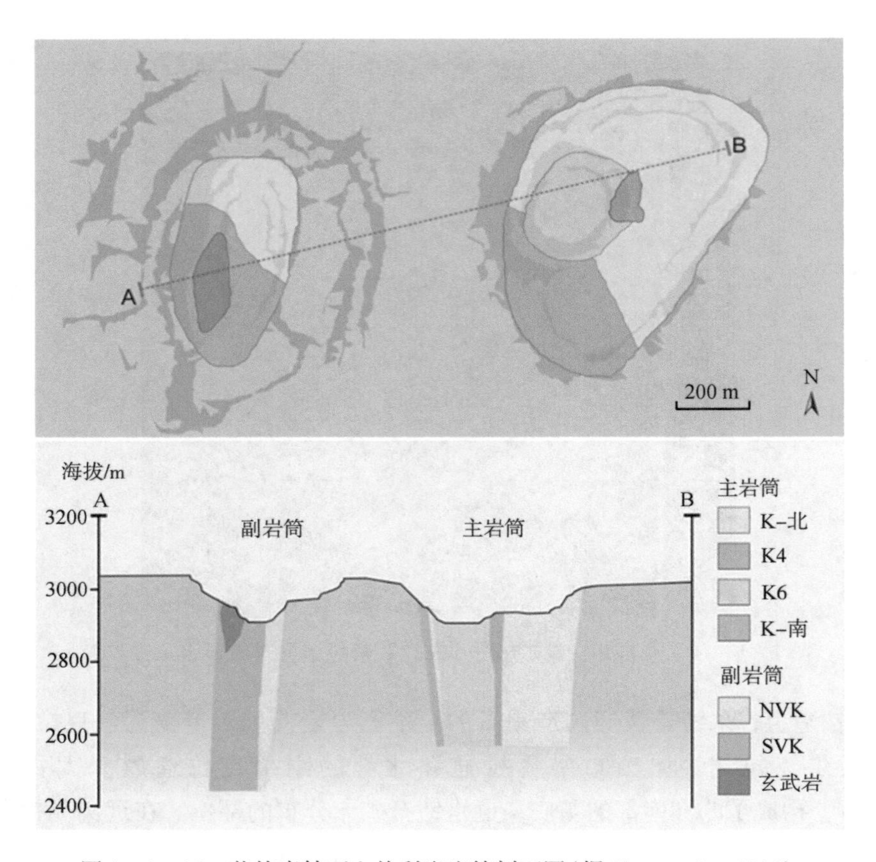

图 1－1－15　莱特森钻石金伯利岩岩筒剖面图(据 Shor et al. , 2015)

山的持续喷发而呈现层状分布，可能存在崩塌再沉积。而崩塌再沉积的碎屑金伯利岩在岩筒中多变成块状，不分层，而常被称为凝灰质金伯利岩角砾。浅成金伯利岩通常是致密的隐晶质，产于岩筒的根部。莱特森金伯利岩包含厘米级大小的橄榄石晶体，而基质为橄榄石、金云母和方解石。橄榄石常蚀变为蛇纹石。在地表的碎石中，偶尔能见到紫色到暗红色的辉石、黑色的钛铁矿、绿色的铬透辉石斑晶。

莱特森金伯利岩筒覆盖约 1m 厚的软泥(主要是在主岩管)，约 2m 厚的碎砾层，5m 厚的棕色玄武岩碎砾(主要是副岩管)，再向下是 1m 厚的“黄地”(氧化的金伯利岩)和 20m 的软金伯利岩“蓝地”和“黄地”。在这些盖层之下是坚硬的金伯利岩，颜色呈蓝灰绿色，延伸至少有 700m(图 1－1－15)。

岩筒内经历多期脉动性的金伯利岩岩浆形成。这造成钻石在形成的年龄上略有不同，更重要的是在规模、成分和钻石质量上的差异。在主岩筒内可以识别出四种不同的金伯利岩，分成四个部分，分别为 K－北、K－南、K6 和 K4。K6 是岩筒内部品位最高的部分，有最高的钻石含量。K6 是较软，而且易碎的部分。绿灰色的岩石可见橄榄石的晶体，偶尔可见斜方辉石包裹在基质中。玄武岩岩浆的捕虏体非常常见，并伴有各种类似的基底片麻岩、角闪岩和超镁铁结状碎块(包括石榴石二辉橄榄岩)。石榴石捕虏晶也非常丰富。副岩筒可以分为两个部分，分别为 NVK、SVK。大量的玄武质的岩石占据了岩筒的上半部分

（图 1－1－15）。

虽然说每个金伯利岩岩筒都有其特殊性，但是莱特森矿床的特殊性更加明显，其产出的钻石缺少八面体晶形，由于高度的溶蚀现象而呈现十二面体的形态（图 1－1－16）。常产出大颗粒的钻石，且有丰富的不含 N 的Ⅱa 型钻石，颜色很多达到 D 色。为什么会形成缺 N 的Ⅱa 型钻石？可能是莱特森金伯利岩地处克拉通边缘，在克拉通边缘形成了贫 N 的成钻流体，而且钻石生长非常缓慢，甚至是停滞的，存在着相当长地质历史时期的间断。

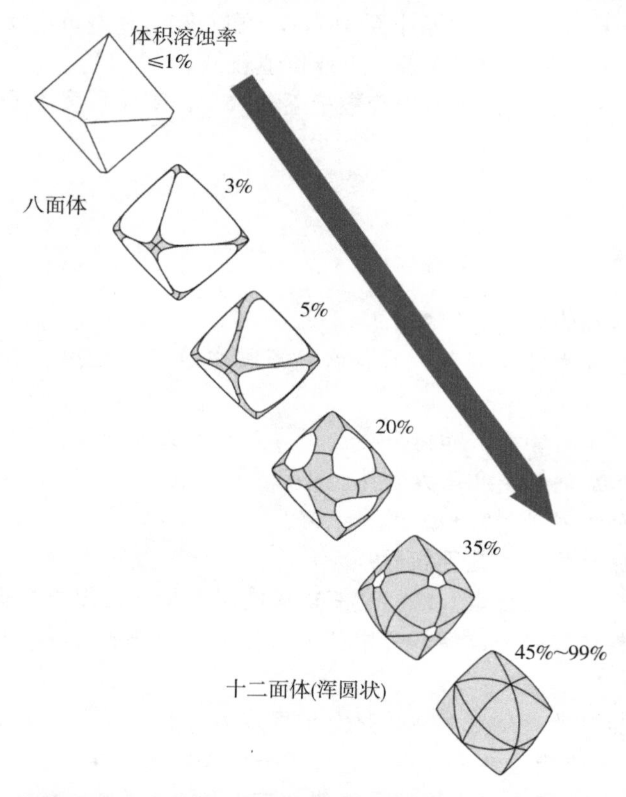

图 1－1－16　莱特森钻石从八面体到十二面体浑圆状溶蚀过程（据 Shor et al.，2015）

1.4.3.6　中国辽宁瓦房店

辽宁瓦房店地区的金刚石矿床是我国重要的金刚石矿集中区，以品质优良、晶型完好、色泽晶莹剔透而闻名。

瓦房店金刚石矿床产于中朝准地台复州－大连凹陷，郯庐断裂东侧，金州断裂以西。钻石母岩为金伯利岩，矿集区分布在瓦房店以西，东西长 28km，南北宽 18km。目前共发现 24 个金伯利岩岩管，88 条岩脉，空间上成群分布。金伯利岩岩管分布于北北东向断裂和北北西向断裂的交汇部位。而金伯利岩岩脉主要受到区内北北东－近东西向密集的构造节理带和构造破碎带的控制。

根据矿体的产出和分布形态，可以划分为三个金伯利岩矿带：Ⅰ号带、Ⅱ号带、Ⅲ号带。

Ⅰ号带位于矿集区北部，东西长20km，南北宽4km。带中金伯利岩较为发育，且连续性较好，含矿性高，主要有14个金伯利岩岩管和67条岩脉。其中达到大型金刚石矿床规模的有42号和30号岩管。

Ⅱ号带位于矿集区中部，延伸约15km，宽3km，带内金伯利岩集中在西段头道沟，有8个金伯利岩岩管和17条金伯利岩岩脉。其中以50号金伯利岩岩管储量最大，属于大型矿床，51号和68号岩管为中型，74号岩管属于小型规模。

Ⅲ号矿带位于南部，延伸长度缩小至10km，宽度变窄为2km，金伯利岩岩管和岩脉的数量也迅速减少，分别为2个和3条，工业价值较低。

矿集区呈现从北向南，金伯利岩岩管数量逐渐减少，矿化程度不断降低，规模逐渐减小的特点。

思考题

1. 世界范围内钻石的分布有何特征？

2. 钻石产出围岩的岩性有哪些？为什么钻石常常赋存在这些岩石中？世界范围内的分布有何差异？

3. 钻石的矿床类型有哪些？如何分类？哪些具有工业价值？

4. 请阐述钻石形成的温度和压力条件。

5. 钻石有哪几种形成机制？形成过程如何？

6. 钻石形成和保存的条件是否相同？为什么？

7. 我国钻石主要分布在哪里？这些钻石矿床类型与钻石的围岩特征如何？

8. 金伯利岩、钾镁煌斑岩、榴辉岩中都可以见到钻石吗？它们和钻石的关系是什么？是钻石产生的母岩吗？

9. 地球上富含钻石的稳定区域在哪里？该区域为什么可以保存大量的钻石？

10. 南非钻石与澳大利亚钻石存在的岩管围岩类型有何差异？

11. 金伯利岩中的钻石与钾镁煌斑岩中的钻石有什么区别？

12. 钻石原石中为什么常常有“磨圆”的棱角？是什么原因造成的？

13. 钻石中是不是南非的钻石最好？为什么？

14. 世界范围内钻石形成的年代如何？

15. 大量的钻石产于金伯利岩中，是不是所有的金伯利岩都含钻石？为什么？

2 刚玉

刚玉的宝石级品种有红宝石、蓝宝石，这是两大珍贵彩色宝石品种。红宝石炽热的红色象征着热情似火，爱情的美好、永恒和坚贞，被誉为“爱情之石”，是七月生辰石。古波斯人认为蓝宝石反射的光彩使天空呈现蔚蓝色，把蓝宝石看作是忠诚和德高望重的象征。蓝宝石是九月生辰石。

2.1 刚玉宝石的宝石学特征

刚玉在矿物学上属刚玉族，成分为 Al_2O_3，可含有不同的微量元素，如 Fe、Ti、Cr、Mn、V 等，这些元素以等价或异价离子形式替代 Al^{3+}，也可以机械混入物存在于晶体中，从而使刚玉的颜色丰富多彩。

刚玉属三方晶系，属复三方偏三角面体晶类，晶体常呈桶状、柱状，少数呈板状或叶片状(图 1－2－1)。

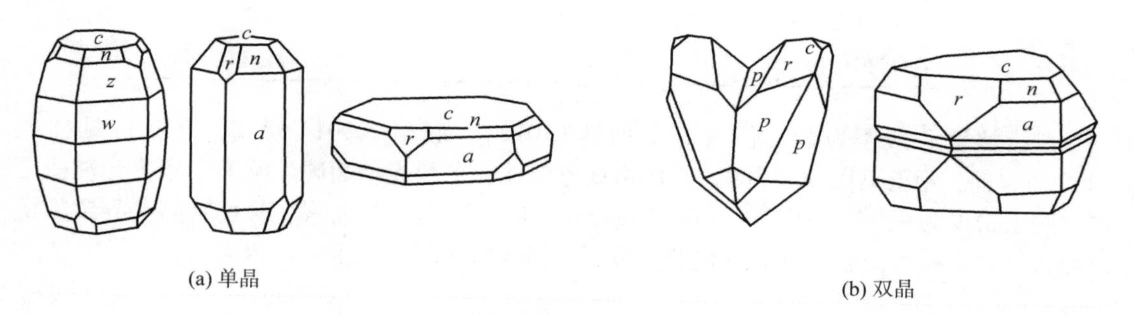

(a) 单晶

(b) 双晶

图 1－2－1　刚玉晶体与双晶示意图(潘兆橹等，1996)

六方柱 $a\{11\bar{2}0\}$；平行双面 $c\{0001\}$；六方双锥 $n\{11\bar{2}1\}$；$z\{22\bar{4}3\}$，$w\{14、14、\bar{28}、3\}$；菱面体 $r\{10\bar{1}1\}$；

刚玉的单晶形态与形成条件有关，板状晶体多产于富硅贫碱的接触变质岩中，而柱状、桶状晶体多产自贫硅富碱的碱性橄榄玄武岩中。刚玉有两种双晶：第一种是在晶体生长过程中形成的，为生长双晶；第二种是在机械作用下滑动形成的，称为机械双晶。

刚玉颜色丰富，包括红、橙、黄、绿、青、蓝、紫、无色。刚玉晶格中含有微量元素时可形成不同的颜色，其中 Cr 主要导致红色，而蓝色是 Ti^{4+} － Fe^{2+}和 Fe^{2+} － Fe^{3+}共同作用的结果(表 1－2－1)。

刚玉的抛光面为强玻璃光泽至亚金刚光泽，透明至不透明。折射率为 1.762 ～ 1.770 (+0.009，－0.005)，双折射率为 0.008 ～ 0.010。

表1-2-1　致色元素与刚玉对应关系(据张蓓莉等，2006)

所含杂质	含量/%	颜色
Cr_2O_3	0.01～0.05	浅红
Cr_2O_3	0.1～0.2	桃红
Cr_2O_3	2～3	深红
Cr_2O_3	0.2～0.5	橙红
NiO	0.5	
TiO_2	0.5	
Fe_2O_3	1.5	紫红
Cr_2O_3	0.1	
TiO_2	0.5	蓝色
Fe_2O_3	1.5	
NiO	0.5	金黄
Cr_2O_3	0.01～0.05	
NiO	0.5～1.0	黄色
Co_2O_3	0.12	
V_2O_5	0.3	绿色
NiO		
V_2O_3 日光灯下		蓝紫
V_2O_3 钨丝白炽灯下		红紫

刚玉解理一般不发育，但常有菱面体{1011}、底面{0001}裂理，有时可见柱面{1120}裂理。刚玉莫氏硬度为9，硬度略具方向性，平行光轴面硬度略大于垂直光轴面硬度。刚玉密度为4.00(+0.10，-0.05)g/cm^3。Cr、Fe等微量元素含量的升高会导致其密度增大。例如我国山东产的深蓝色的蓝宝石，因含铁量较高，密度可达4.17g/cm^3。

2.2　刚玉的品种划分

刚玉的品种划分较为简单，首先根据颜色分为红宝石和蓝宝石，再根据其是否有光学效应可以分为星光红宝石、星光蓝宝石和变色蓝宝石。

2.2.1　红宝石

2.2.1.1　红宝石种类

红色的刚玉宝石包括红色、橙红色、紫红色、褐红色的刚玉宝石。

2.2.1.2　星光红宝石

红、蓝宝石可含丰富的金红石包体，在垂直于 z 轴的平面内沿{1010}或{1120}出溶三组金红石针状包体，互成60°角相交，加工成弧面形宝石后显示六射星线，偶尔也有双星光现象。双星光是由两套成规律排列的包体引起，两套星光互成30°角交叉，构成十二射星线图案。张蓓莉等(2006)指出，引起双星光的包体一套是金红石，另一套是赤铁矿(图1－2－2、图1－2－3)。

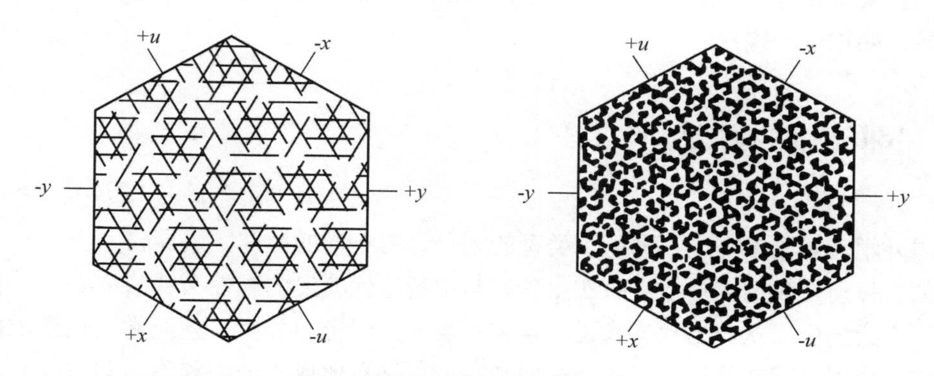

图1－2－2　刚玉宝石内引起双星光的两套包体初溶方向(据张蓓莉等, 2006)

图1－2－3　星光红宝石(据GIA)

2.2.2　蓝宝石

2.2.2.1　蓝宝石种类

除去红宝石以外的所有刚玉宝石均称为蓝宝石，包括蓝色、蓝绿色、绿色、黄色、橙色、粉色、紫色、灰色、黑色、无色。

2.2.2.2 星光蓝宝石

具有星光效应的蓝宝石，成因与星光红宝石相同。星光蓝宝石以蓝色最为常见，另外有一种棕褐色品种，俗称“铜皮蓝宝石”。

2.2.2.3 变色蓝宝石

有些蓝宝石在日光下呈蓝色、灰蓝色，而在灯光下呈暗红色、褐红色。但变色效应一般不明显，颜色也不鲜艳。

2.3 刚玉矿床类型

国内外学者对刚玉类宝石的矿床类型的划分，有不同的标准，差异较大。

比如，目前发现的大量蓝宝石次生砂矿与中新生代喷发的碱性玄武岩有关，并作为捕虏晶产于玄武岩中。从产出状态来说，蓝宝石与玄武岩密切共生，且经常风化变成次生砂矿，但究其成因，其并非从玄武岩结晶而来。如同钻石形成于金伯利岩，钻石并非从金伯利岩中结晶而来。碱性玄武岩也只是作为蓝宝石的“搬运工”，将蓝宝石从深部带到地表。因此，是否应该将“碱性玄武岩型”刚玉矿床单独列为一种类型存在争议。

近些年来，矿床成因类型的划分越来越受到重视，无论是金属矿床，还是宝石矿床，从成因角度去划分，可以为深刻理解红、蓝宝石成因，指导野外工作，为寻找新的红、蓝宝石矿床提供指导和帮助。

本书在参考国内外学者对红、蓝宝石类型划分的基础上，进行总结，同时主要参考 Simonet et al. (2008) 成因类型的划分，首先分为原生矿和次生矿。原生矿根据其成因特征差异又划分为火成岩(岩浆岩)型、变质型两个大类(表 1 -2 -2)。

2.3.1 原生型矿床

2.3.1.1 岩浆岩型

岩浆岩型指刚玉与原岩有直接的成因关系或有间接关系，包含正长岩型、玄武岩型和煌斑岩型三种。正长岩型刚玉矿床是正长岩形成过程中，刚玉从该岩浆结晶析出。玄武岩型和煌斑岩型矿床是相应的岩浆从深部将红、蓝宝石带到近地表，属于捕虏晶。

(1) 正长岩型。正长岩型刚玉矿床中的刚玉类宝石直接从正长岩中结晶而来。此类型的刚玉能达到宝石级较少，前人只报道过肯尼亚的 Garba Tula 矿床。Garba Tula 矿床的正长岩脉垂向分布，侵位于含黑云母角闪石片麻岩中，产出蓝宝石的颜色从暗粉蓝色到金黄色，及各种暗蓝绿色。

表 1-2-2　宝石及刚玉矿床类型划分

	大类	类型	围岩及成因特征亚类	宝石类型	矿床实例
原生矿	岩浆岩型	正长岩	正长岩	蓝宝石	肯尼亚 Garba Tula 蓝宝石矿床
		碱性玄武岩	碱性玄武岩中的捕虏晶	蓝宝石为主，少量红宝石	澳大利亚塔斯马尼亚范迪门蓝宝石矿床，中国福建明溪蓝宝石矿床、江苏六合蓝宝石矿床、海南蓬莱蓝宝石矿床
		煌斑岩	煌斑岩中的捕虏晶	蓝宝石	美国蒙大拿州优哥峡谷蓝宝石矿床
	变质型	变质型	变质大理岩	红宝石	缅甸抹谷、越南陆安、巴基斯坦、塔吉克斯坦、坦桑尼亚、尼泊尔、阿富汗的哲格达列克、巴基斯坦北部的罕萨等
			镁铁质麻粒岩	红宝石、蓝宝石	坦桑尼亚隆吉多地区、马拉维 Chimwadzulu 山
			铝质片麻岩和麻粒岩	红宝石、蓝宝石、尖晶石等	片麻岩：肯尼亚的南部、澳大利亚哈茨红宝石矿床； 麻粒岩：斯里兰卡海兰杂岩中赋存的蓝宝石矿床
		交代型	脱硅伟晶岩		
			脱硅片麻岩		
			刚玉奥长岩及相关岩石	蓝宝石	
			矽卡岩	蓝宝石、红宝石	
		深部重熔型	深熔岩		
次生矿	沉积型		冲洪积、残破积沉积颗粒		斯里兰卡、莫桑比克等

（2）碱性玄武岩型。碱性玄武岩型蓝宝石有很大一部分是与中、新生代碱性玄武岩喷发相关。主要集中在西太平洋沿岸的中、新生代板内玄武岩中。这种类型的矿床分布在澳大利亚东部及塔斯马尼亚、东南亚地区、东亚（含中国东部沿海地区）、俄罗斯远东地区（Graham et al.，2008）。

蓝宝石常呈现蓝色、蓝绿色、绿色或者黄色，甚至有些黑色，也有少量的粉色和淡紫色以及红色的红宝石。包裹体以锆石、钾长石、钠长石、Ti－Nb－Ta 氧化物和 U－Th 矿物最为常见，富含 Cr_2O_3（质量分数达 0.5%）和高 FeO（质量分数达 1.5%），与变质型蓝宝石的低铁、高铬含量明显不同。内部具有清楚的生长环带，晶体常呈现酒桶形。

对碱性玄武岩型蓝宝石形成的机理，学术界存在较大争议。有学者提出了玄武岩中蓝宝石的不同成因模型。刚玉先由伟晶岩热液与碳酸盐岩间相互作用而结晶，后期由于裂谷引发的火山活动将蓝宝石晶体带到地表(Guo et al.，1996)。也有学者提出，蓝宝石是从粗面质或响岩质熔体中结晶而来，而熔体是玄武质岩浆分异的结果(Yui et al.，2003)。

我国东部沿海地区玄武岩以高碱、富钛、贫铝为特征，是世界上碱性较强的玄武岩区之一，形成于第三纪、第四纪。目前，已在海南、福建、江苏、安徽、山东、吉林、辽宁、黑龙江等地发现了蓝宝石的矿床(点)，其中以山东昌乐蓝宝石矿床规模最大，一般有工业价值的蓝宝石均发现在残坡积、冲洪积砂矿中。宝石颜色多样，以蓝宝石为主，表面有溶蚀坑。与蓝宝石共生的常有锆石、铁铝榴石、铁镁尖晶石等。矿床的赋存围岩为碱性玄武岩。山东蓝宝石产自碧玄岩，江苏蓝宝石产自橄榄玄武岩，安徽蓝宝石产于霞石岩、碧玄岩和火山角砾岩中。含蓝宝石的玄武岩常含有较多的深源包体和巨晶，喷出速度也明显大于不含矿者。

(3) 煌斑岩型。蓝宝石作为捕虏晶产于煌斑岩中，该类型蓝宝石矿床目前仅发现于美国的蒙大拿州朱季河上游的优哥峡谷(Yogo Gulch)，矿床位于古老地台近东西向背斜隆起带，区内分布着太古代结晶片岩和片麻岩，元古代、早古生代和泥盆纪黏土页岩和灰岩，早石炭纪灰岩和中晚石炭纪黏土岩，沿东西向深断裂分布许多新生代碱性-基性侵入岩，主要有玄武岩、霞石正长岩、正长岩、煌斑岩等。

蓝宝石呈现浸染状分布于超镁铁质煌斑岩脉体中，含蓝宝石的煌斑岩墙产在早石炭纪灰岩中，岩体蚀变强烈，并含有大量灰岩捕虏体。斑晶是黑云母、浅绿色透辉石和蓝刚玉，基质主要含透辉石、黑云母，蓝宝石晶体在岩石中呈均匀分布。

蓝宝石呈现饱和度较高的蓝色、少量的紫色，具有典型的低铁含量，紫色调由少量的铬引起，晶体常呈现菱面体和扁平状。

2.3.1.2 变质型

变质型刚玉矿床是宝石级刚玉的主要来源。刚玉晶体根据是否有流体或熔体参与又分为区域变质型、交代变质型和深熔型。

区域变质型也称为纯变质型，即单纯的区域变质作用过程中结晶形成的刚玉晶体。刚玉的结晶是在相对封闭的体系，来自贫硅富铝岩石的等化学变质反应。其形成过程没有流体参与，没有明显的组分带入和带出。成矿物质仅依靠原岩，并呈现几百米、上千米的规模。

该类型根据产出的岩石类型可以分为三种：大理岩型刚玉、镁铁质麻粒岩型刚玉、铝质片麻岩和麻粒岩型刚玉。

(1) 大理岩型刚玉

大理岩是由灰岩经历区域变质作用形成。大理岩型刚玉矿床是优质红宝石的主要来源，并以产出“鸽血红”红宝石而闻名。“鸽血红”红宝石鲜亮的颜色与高 Cr_2O_3 含量(质量分数达2.5%)和低铁含量(质量分数低于0.04%)密切相关。

大理岩型红宝石产地分布在中亚和东南亚地区，矿床主要有缅甸抹谷和孟速、越南北部的陆安和安赔、阿富汗哲格达列克、巴基斯坦北部的罕萨和楠玛利、塔吉克斯坦的图拉库鲁马、尼泊尔楚玛尔和我国云南，其中以缅甸抹谷最为著名。这些矿床形成于印度板块向北与欧亚板块在第三纪的碰撞作用过程中。

对于大理岩型红宝石的成因，学术界一直存在争议。争议的焦点在于铝、铬等相关元素的来源和大理岩捕获这些元素的机制。当然，本身贫硅的大理岩为红宝石的结晶提供了有利条件。铝可能来自大理岩中本身富含铝的矿物，或者与岩浆来源相关，再或者是在区域变质作用过程中，在片岩和镁铁质岩石中循环的热液流体溶解了铝与铬、钒、铁这些元素，渗透进入碳酸盐而形成。但是，红宝石的形成机制仍不清楚，前人针对大理岩中红宝石的形成机理，提出了不同的模型：

①红宝石形成于区域变质作用过程中，在富铝而相对贫硅的钙质岩石中形成（Okrusch et al.，1976）；

②在花岗岩和伟晶岩侵位大理岩过程中，一种情况是与花岗岩与伟晶岩的接触变质作用没有直接关系，如抹谷矿区；另外一种是与岩浆有直接的关系，在碱性侵入体侵位于大理岩中，如塔吉克斯坦的红宝石矿床（Terekhov et al.，1999），岩浆热液携带铝与大理岩发生反应；

③高压变质作用过程中来源于蒸发岩系的不纯灰岩（Spiridonov，1998）；

④大理岩中夹层的蒸发岩透镜体的变质，导致形成高温的熔盐与大理岩和不纯的成分（如石墨、多硅白云母）反应，而产生含 $CO_2-H_2S-COS-S_8-AlO(OH)$ 的流体被红宝石捕获（Giuliani et al.，2003）；

⑤Garnier et al.（2008）系统总结了中亚和东南亚地区的大理岩型红宝石矿床，岩相学显示含红宝石大理岩形成于角闪岩相（$T=610\sim790$℃），而流体研究限定阿富汗哲格达列克、巴基斯坦北部的罕萨和缅甸陆安地区红宝石于退变质作用过程中形成，形成温度为620～670℃，压力为260～330MPa。

红宝石是由区域变质形成，证据有：

①红宝石产于很薄、走向稳定且与大理岩呈整合关系的层位中。红宝石及其伴生矿物的大小与大理岩粒度间具有明显正相关关系，当大理岩粒度不均一时，红宝石常分布在粗粒大理岩中。这预示着红宝石的物质来源为灰岩，在变质作用过程中，灰岩变成大理岩而形成红宝石。

②帕米尔杂岩体形成于阿尔卑斯期，晚期侵入的含伟晶岩的大型花岗岩体，没有对发育红宝石矿化的围岩发生重大交代作用。这些岩体周围，接触变质晕表现很微弱，只在极少数情况下，在花岗岩与钙质大理岩接触部位出现的石榴子石－辉石矽卡岩带，与红宝石无关。

③大理岩中的碳酸盐矿物的 C－O 同位素显示，大理岩扮演一个封闭的变质流体体系，并没有外来流体的加入。大理岩中的石墨 C 同位素显示为有机质来源，并在变质作用

过程中与碳酸盐矿物发生了C同位素交换。红宝石O同位素组成显示，其受到大理岩变质脱挥发分释放的CO_2的缓冲作用。云母H同位素与变质水来源的云母同位素一致。含红宝石大理岩相关的矿物C－O－H同位素组成都与假设一致，所含流体包裹体不寻常的化学成分CO_2－H_2S－COS－S_8－AlO(OH)，红宝石形成在第三纪印度－欧亚板块碰撞过程中的620～670℃和260～330MPa的温压条件下，碳酸盐台地经历高温、中亚变质作用，通过有机质而进行的蒸发岩的热还原作用过程中。

碳酸盐富含铝质并含有富Cr的碎屑矿物，如在碳酸盐台地与碳酸盐矿物一起沉积的黏土矿物，并沉积在有机质中。红宝石结晶在退变质过程中，主要通过白云母或尖晶石的分解、碳酸盐的脱挥发分作用，使得变质流体体系中富含CO_2。同时，溶盐(NaCl、KCl、$CaSO_4$)的释放使得流体富含氟、氯和硼，氟、氯也为Al的迁移提供了条件。

同样，帕米尔红宝石矿床和缅甸红宝石矿床的变质作用达到麻粒岩相，但是形成含红宝石的花斑大理岩的变质作用条件较低。前人实验研究显示，形成刚玉的变质作用条件Al_2O_3－H_2O系统中稳定性的下限：

$$2AlO(OH) = Al_2O_3 + H_2O \quad (1)$$

据平衡曲线用水蒸气压力－温度图可知，反应平衡的温度决定于该系统的压力，当水蒸气压200MPa时，形成温度为400℃；压力为500MPa时，温度提高至430℃；压力增高到700MPa时，温度高至455℃。形成含刚玉和珍珠云母的大理岩的温度上限可根据珍珠云母的稳定上限确定：

$$\underset{\text{珍珠云母}}{CaAl_2[Al_2Si_2O_{10}](OH)_2} = \underset{\text{钙长石}}{Ca[Al_2Si_2O_6]} + \underset{\text{刚玉}}{Al_2O_3} + H_2O \quad (2)$$

巴基斯坦罕萨片麻岩中有矽线石出现，大理岩中有珍珠云母。含红宝石大理岩形成温度为600～620℃，水蒸气压600MPa。红宝石之所以产生“溶蚀”外貌，是在蜕化变质某一阶段，刚玉被熔融或再结晶而成。红宝石的指示性矿物是铬云母、铬透辉石、铬角闪石及其他含铬矿物。

(2)镁铁质麻粒岩

镁铁质麻粒岩中产出的红宝石多以工艺品为主，商业上称为“红绿宝”，矿物学上为红宝黝帘石，主要产自坦桑尼亚隆吉多地区，或为红宝绿闪石，产自美国的北卡罗来纳。

由于Cr含量很高，所以此种岩石呈现翠绿色，产出的红宝石也具有较高的Cr_2O_3含量(质量分数达1.7%)，铁含量也较高(质量分数达0.8%)，红宝石呈粉色到暗红色。

红宝石常与韭闪石、铝直闪石、钙长石、尖晶石等共生，有时出现假蓝宝石，显示变质程度较刚玉更高。此类型岩石由富含斜长石的岩石(如斜长岩、橄长岩、苏长岩)在麻粒岩相条件下脱水而来。

除了作为工艺品外，还有少量可以达到宝石级，如坦桑尼亚的洛松诺伊矿床和马拉维的敕哇族鲁山，以及印度卡纳塔克邦迈索尔地区产出的半透明的星光红宝石。

(3)铝质片麻岩和麻粒岩

该类型是重要的红、蓝宝石的来源，另外还有尖晶石、石榴石等富铝宝石。常常在经历了高温、中压角闪岩相－低压麻粒岩相变质过程中，结晶析出刚玉。如斯里兰卡的海兰杂岩有大量的红、蓝宝石矿床，基本都属于此类型。另外，近几年在莫桑比克北部的蒙特普埃兹地区发现的红宝石同样产于角闪岩相片麻岩中。

新疆喀什地区阿克陶县的红宝石矿床，红宝石矿化产在硅线石黑云母二长片麻岩和黑云母斜长变粒岩中，矿石呈斑点状、条带斑点状等，矽线石交代锂云母，刚玉包含其中，局部具有溶蚀现象。

产出于麻粒岩中的刚玉常常为三方双锥，很少有板状或柱状，颜色以蓝色和黄色为主，亦可见其他颜色。

2.3.1.3 交代变质型

刚玉结晶是流体交代作用的结果。交代变质型规模较小，沿接触带呈平面展布。在交代过程中常有富硅、富铝的岩石或流体与贫硅的岩石发生反应，贫硅的岩石有超镁铁岩(如蛇纹岩或菱镁古铜岩)、镁铁质岩石、变质碳酸盐岩，或流体与超镁铁岩的平衡反应。富硅铝质的岩石常常是侵入的花岗岩、伟晶岩，片麻岩或流体与硅质岩石的平衡反应。

在绝大多数情况下，硅铝质成分经历了脱硅作用，通过与贫硅岩石或流体反应而使得硅被脱出。氧化铝的活动性较差，脱硅过程中依旧留在原岩中，再结晶而形成刚玉、尖晶石、蓝晶石和其他富铝的硅酸盐矿物。

根据成因和围岩差异，刚玉结晶分为脱硅伟晶岩或刚玉奥长岩、脱硅片麻岩和矽卡岩。

(1)刚玉奥长伟晶岩

刚玉奥长岩狭义上指的是灰色的含蓝色刚玉，及奥长石、黑云母，现今将此定义扩大为含有碱性长石和其他的矿物的岩石。

伟晶岩侵入超镁铁岩中而发生脱硅反应，脱硅作用导致石英发生反应而消失。这样有助于刚玉在伟晶岩中结晶。超镁铁岩的硅化，沿着伟晶岩接触带形成了由直闪石、金云母组成的黑色接触带。

该类型的蓝宝石矿床有肯尼亚南部的基尼基、克什米尔、坦桑尼亚翁巴等。矿物组合不同，形成的刚玉颜色也存在差异。

坦桑石翁巴塔尔蓝宝石矿床，宝石晶体呈现柱状，色彩丰富，由于 Fe、Ti、Cr、V 等元素含量不同，颜色变化较大，主要颜色有天青色－绿色、天青色－灰色、褐黄色、橘红色和棕色。区内有三种类型的伟晶岩：含钙长石、蛭石和刚玉的奥长伟晶岩，含蛭石和刚玉的伟晶岩和蛭石伟晶岩。伟晶岩分带性明显，从内到外分别为刚玉带－蛭石带－绿泥石带－阳起石带－含铁断层泥带－蛇纹岩、刚玉奥长伟晶岩。

基尼基矿床产出的蓝宝石常为截断的双锥形；克什米尔产出的蓝宝石为双锥型，含有少量的铁(FeO 质量分数 <0.5%)。

红宝石矿床有曼加雷矿床。该矿床与其他矿床均不相同，显示了涉及伟晶岩和超基性岩的更加复杂的脱硅现象。该矿床所产晶体为典型的双锥形，Cr_2O_3 含量较低仅为 0.4%，铁含量也较低，FeO 少于 0.05%(质量分数)。

(2)*脱硅片麻岩*

交代蚀变(包含脱硅反应)可以作用于长英质岩石(如片麻岩或其他石英长石质岩石)与超镁铁岩的构造上接触带上。

这种类型的矿床有格陵兰岛的康尔德卢萨苏克红宝石矿床、新西兰的古铜石红宝石矿床和肯尼亚南部的红、蓝宝石矿床。

(3)*矽卡岩*

矽卡岩因接触交代变质作用形成，红、蓝宝石矿床为伟晶岩与变质泥岩、平衡流体与变质灰岩相互交代而形成的。脱硅反应发生在与贫硅岩石之间，此时的贫硅岩石为碳酸盐。在与碳酸盐的接触带发生双交代，形成一系列的接触交代型矿物组合，即矽卡岩。

矽卡岩型刚玉矿床已在斯里兰卡、东非、马达加斯加安德兰诺丹波地区和印控克什米尔地区发现。

印控克什米尔地区蓝宝石矿床属于矽卡岩型，出产世界上最好的蓝宝石，颜色称为“矢车菊蓝”。矿床位于喜马拉雅桑斯科尔山脉的南坡。

花岗伟晶岩与白云石化灰岩接触发生矽卡岩化，蓝宝石产在伟晶岩内接触带的长石中或阳起石－透闪石带或伟晶岩与云母片麻岩接触带。灰岩在石榴子石－角闪石片麻岩和黑云母片岩中形成一些薄层，伟晶岩和灰岩接触带上有一层很厚的双交代形成的阳起石－透闪石带。蓝宝石晶体可达 5cm，颜色纯净，有天蓝、蓝、紫、绿、橙黄，伴生有红、绿色碧玺及海蓝宝石。

斯里兰卡蓝宝石矿床属于正长岩和大理岩的内接触带。该地区是世界上重要的蓝宝石产地。矿体产在康提城东粗粒白云质大理岩的正长岩体中，大理岩有矽卡岩化，伴生有奥长石－中长石、富钠的方柱石、细纤维状硅线石、金云母、尖晶石等，晶体保存完好，呈蓝色－天蓝绿色。具有工业价值的蓝宝石往往产在冲积砂矿中。

矽卡岩型刚玉晶体常为双锥形。在一些矿床中，有时常与变质型中的大理岩型红宝石共存，产生混淆，应该特别注意。

2.3.1.4 深熔型

深熔作用介于变质作用和岩浆作用之间，变质作用发生过程中发生深部熔融作用，可以形成含刚玉的深熔岩。深熔作用是一个分异过程，可认为是一个脱硅的作用过程。当与变质泥岩熔融时，硅首先进入熔体，导致残留的部分富含铝而贫硅。在初始富铝岩石中，刚玉可能因此形成在深熔作用的残留体中。这种深熔型刚玉矿床曾有文献报道，在坦桑尼亚靠近 Morogoro 地区和苏格拉北部的太古代地层中，属于莫桑比克变质带。这种宝石级刚玉的原生矿床尚未开采，但是，它可能是次生刚玉的重要来源。

2.3.2　次生型矿床

众所周知，红、蓝宝石并没有原生沉积型矿床。红、蓝宝石的次生型矿床是在表生作用条件下，经历风化、搬运、沉积而形成，有冲积、洪积、残破积等成因。次生矿床往往难以追溯原生矿床类型，但其可来源于上述各种类型的原生矿床，也是红、蓝宝石的重要产出类型之一。

次生矿在搬运、沉积作用过程中，一些裂隙发育的红、蓝宝石脆弱而破碎，能够得以保存的常为裂隙较少的高品质品种。因此，次生矿床产出的优质红、蓝宝石常常比原生矿比例高。

红、蓝宝石在上述发育原生矿床地区均有产出。著名的次生蓝宝石矿床地有斯里兰卡、澳大利亚东部、美国蒙大拿州、马达加斯加等，而次生红宝石矿床地有马达加斯加、莫桑比克等。

2.4　刚玉产地及资源分布

红、蓝宝石作为名贵宝石品种，一直深受人们的喜爱。在世界范围内，红、蓝宝石的主要产地有缅甸、泰国、柬埔寨、澳大利亚、斯里兰卡、马达加斯加、莫桑比克、坦桑尼亚、肯尼亚、印度和巴基斯坦的克什米尔地区。不同产地的红蓝宝石的宝石学特征有一定的差异(表1－2－3)。

2.4.1　世界著名的红宝石产地及矿床

红宝石因其艳丽的红色而格外珍贵，著名产地有缅甸抹谷、孟速、南亚色。抹谷以产“鸽血红”红宝石而闻名世界。另外，红宝石的主要产地还有阿富汗、巴基斯坦北部的罕萨、澳大利亚、泰国以及柬埔寨、越南陆安地区、坦桑尼亚的翁巴地区、马达加斯加、莫桑比克等。

马达加斯加为重要的红宝石产地，近几年发现许多优质红宝石矿床，如北部的瓦图曼德里地区、安迪拉梅纳镇等。

我国红宝石资源主要分布在海南文昌、云南哀牢山、山东昌乐、新疆、青海阿尔金山、黑龙江、江苏、安徽霍山等地区。我国的上述红宝石产地，总体来说，价值不高，只有海南省的红宝石矿床实现了规模化开采；新疆部分地区的红宝石易采选，可开采；其他产地由于颗粒小、储量低的原因，开采价值均不高，只是零星开采或者无开采。

2.4.1.1　缅甸

缅甸是一个东南亚国家，西南临安达曼海，西北与印度和孟加拉国为邻，东北与中国毗邻，东南接壤泰国与老挝，以产出顶级“鸽血红”红宝石而闻名于世。缅甸主要的红宝石产地有抹谷、孟速、南亚色、娜雅和萨金。

(1)抹谷红宝石

抹谷地区产有世界级的红宝石、蓝宝石、尖晶石等。抹谷红宝石矿区是缅甸最为重要的红宝石产地，“鸽血红”红宝石的命名就来自抹谷所产红宝石。抹谷红宝石矿床也是缅甸最早发现的红宝石矿床，区内除了产出高质量的红宝石外，还产出质量较高的蓝宝石。在抹谷地区分布了20余个红、蓝宝石矿床。

①区域地质和矿床地质。抹谷变质带是Shan高地的一部分，沿缅甸东部的高山地区分布。抹谷变质带分布的麻粒岩、相片麻岩以及大理岩和片岩的原岩形成于元古代(>750Ma)，上覆二叠到三叠系Chaung Magyi浊积岩和碳酸盐岩。在约150Ma时冈瓦那大陆碎片——缅甸地块碰撞期间，遭受强烈变质作用，并被正长-花岗质岩浆侵位。随后在约50Ma，印度板块开始在始新世碰撞，变质作用持续至20Ma，而侵入作用持续至15Ma(Harlow et al.，2006)。

区内经历多阶段的变质作用，主要由较高级别的变质岩组成。抹谷矿区片麻岩主要为黑云母片麻岩、方柱石片麻岩、矽线石石榴子石片麻岩、麻粒岩。片麻岩中夹有结晶片岩、石英岩，以及厚层大理岩和白云石大理岩等。一些大理岩含有红宝石，一些大理岩含有尖晶石、镁橄榄石、透辉石，也有一些含金云母和石墨而称为金云母-石墨大理岩。

岩浆岩大多数为钠质霞石正长岩和正长伟晶岩、淡色花岗岩，并伴有镁铁-超镁铁岩。黑云母花岗岩广泛出露于Kabaing和Thabeikkyin地区，及近抹谷地区，而一些正长伟晶岩中常常含有蓝宝石。晚期的伟晶岩和细晶岩通常侵入到Kabaing花岗岩和变质沉积岩中。

Kabaing花岗岩的黑云母Ar-Ar年龄为15.8Ma，三个采自变质岩中的黑云母Ar-Ar年龄介于19.5Ma～16.5Ma(Bertrand et al. 2001)。该年龄与红宝石大理岩的金云母Ar-Ar年龄基本一致，为18.7Ma；两个无红宝石大理岩的金云母Ar-Ar年龄为17.9Ma和17.1Ma(Garnier et al. 2006)。这些年龄显示了晚期构造和变质作用而重置改造了较早的年龄。抹谷红宝石中的锆石包裹体U-Pb年龄介于32Ma～31Ma(Zaw et al.，2015)。利用LA-ICP-MS锆石U-Pb测得的淡色花岗岩的年龄介于45Ma～25Ma，表明抹谷变质带经历了多阶段的构造岩浆和变质、抬升作用，可能从侏罗纪初期到现今伴随着变质核杂岩的形成。

抹谷地区发育的红宝石矿床众多，原生矿床类型差异较大，产于淡色花岗岩与金云母大理岩接触带矽卡岩中，形成矽卡岩矿物组合。如Wet Loo矿床中红宝石与硅硼钙铝石、方柱石、尖晶石、电气石、金云母、黄铁矿共生。有的红宝石直接赋存于大理岩中，属于区域变质作用形成，与矽卡岩无关。巨晶大理岩呈透镜状产出于白色致密大理岩与透辉石大理岩的断层中，含矿透镜体一般长数十米，宽数米，沿断裂带断续分布。

(2)红宝石宝石学特征

红宝石的颜色有鲜红色、紫红色，有的属于粉色、粉紫色蓝宝石。红宝石中的矿物包裹体有金红石、石墨、方解石、韭闪石、锆石、榍石、磷灰石、方柱石和尖晶石等。

激光剥蚀等离子质谱测得红宝石和粉色－紫色蓝宝石的 V 和 Cr 含量变化范围较大，分别介于 $92 \times 10^{-6} \sim 5045 \times 10^{-6}$ 和 $28 \times 10^{-6} \sim 3760 \times 10^{-6}$ 之间。

抹谷产出的红宝石具有较高的 V 含量，质量分数可达 0.5% 以上，较其他成因类型的红宝石高很多，同样比孟速红宝石也高出许多(质量分数可达 0.1%)。

2.4.1.2　越南安沛红宝石矿床

越南红宝石有几个不同的产区，红宝石及多种颜色的蓝宝石主要产自北部的安沛省和中部的义安省、广南省。蓝宝石还产于中央高地和南部的林同、多农、平顺、同奈等省份，但安沛仍然是越南最为重要的红宝石和漂亮蓝宝石的主要产区，而南部的蓝宝石呈蓝到暗蓝色。

(1)区域地质与矿床分布

安沛省境内沿红河和斋河两岸发育了大量的红宝石、蓝宝石、尖晶石原石和次生矿床，分为孔松－安富(KA)矿带和新香－特鲁劳(TT)矿带，呈北西向展布。前者发现较早，称为老矿；后者发现较晚，称为新矿。

KA 和 TT 矿带距离 15km，矿床差异较大。KA 矿带分布在罗伽姆变质带，而 TT 矿带分布于日努伊沃伊山脉，两者北西向，走滑断裂相隔，向西北延伸至老街省。日努伊沃伊山脉主要由努伊沃伊组角闪岩、大理岩组成，上覆了恩格吉组片岩、角闪岩和大理岩。两套变质岩被新香岩侵入，岩性有花岗岩、正长岩和伟晶岩，形成年龄为 25Ma ~ 22Ma。

KA 矿带中原生红宝石产在大理岩中，属于变质大理岩型红宝石矿床。红宝石较为集中于陆安地区。陆安地区首次发现红宝石是在 1987 年。红宝石在原生矿中有不同的产出状态，主要有：

①在大理岩中呈浸染状晶体，与金云母、镁电气石、珍珠云母、黄铁矿、金红石、尖晶石、浅闪石和石墨共生，如安富、明田、陆安、孔松地区；

②呈细脉状，与方解石、镁电气石、黄铁矿、珍珠云母和金云母共生，如安富；

③裂开状与石墨、黄铁矿、金云母和珍珠云母共生，如白达兰和明田地区(Long et al., 2013)。

TT 矿带的原生红(蓝)宝石矿床产出状态差别较大，主要有三种不同的类型：

①灰白色到蓝灰色、黄灰色刚玉，嵌入片麻岩中，有特鲁劳的扣曼露头，以及新香地区的可汗、金拉矿点。刚玉大小 1 ~ 3cm，有些细长的超过 10cm。

②暗红色到粉红色中等品质的红宝石，产自片麻岩地层中风化的长石质似伟晶岩的岩石中，晶体长度常为几厘米到几十厘米。产于 Slope 700 露头矿点，以及越南 70 国道沿途

的 Km 13、Km 15、Km 23 等矿点。

③红宝石，产自片麻岩、云母片岩和角闪岩夹层的较大大理岩透镜体中。这种类型显示了高品质特征，但是分布有限。

从宝石特征来说，第一类为典型的蓝宝石，第二类是红宝石和粉色蓝宝石，第三类为红宝石。因此，TT 矿带原生红(蓝)宝石与 KA 赋存于大理岩明显不同。

TT 矿带中含刚玉的岩石显示来源于成分多变的变质细粒沉积岩。在扣曼和金拉的露头上成分变化极大，从 50%～90% 的长石，到 40% 的黑云母，再到 20% 的矽线石。另外，含红宝石的长石质岩石通常由钾长石和黑云母组成。原生矿床风化往往较为严重，从而形成大量的次生矿床。

(2) TT 矿带红宝石宝石学特征

TT 矿带原生矿中产出的有无色、灰色、灰蓝色、紫粉色的蓝宝石，以及暗红色的红宝石，多数为不透明到半透明，少数能达到透明的程度(图 1－2－4)。因此，多作为雕刻或素面宝石，有些具有星光效应。红色到粉红色的半透明到透明样品，多产自于次生矿中。

图 1－2－4　越南安沛省新香－特鲁劳红/蓝宝石特征(据 Khoi et al.，2011)

A. 红宝石产于长英质岩石中，常与黑云母、钾长石共生；B. 紫红色的红宝石原石；
C. 次生矿中产出的红色红宝石，有星光效应；D. 具有生长色带的紫色蓝宝石，有星光效应

TT 矿带原生矿红宝石的相对密度在 3.91～3.99 之间，产于次生矿的密度较高，可达 4.07，可能由于包含有密度较大的矿物所致，如钛铁矿等。原生矿中包裹体常见，有气液两相、固相包裹体。固相包裹体有钛铁矿(图 1－2－5A)、长石、黑云母、白云母、磷灰石(图 1－2－5B、C、D)、锆石、磁铁矿、绿泥石，尤其以铁矿、黑云母和磁铁矿最为常见。次生矿床中的红宝石固相包裹体有金红石、钛铁矿、锆石、磷灰石、尖晶石和硬水铝石，以及长

石、黑云母和白云母。金红石通常呈现短针状，三向分布，具有丝绸状外观特征(图1－2－5C)。另外，还有气液包裹体形成的愈合裂隙而呈现“指纹状”、负晶、羽状裂隙等。

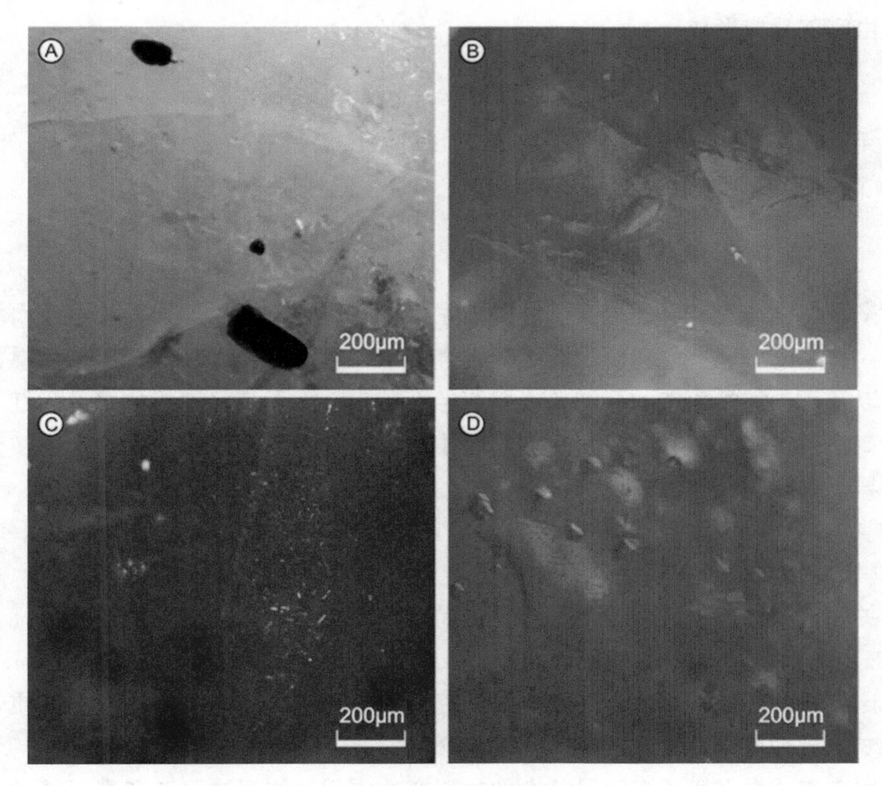

图1－2－5　越南安沛省TT矿带红宝石包裹体特征(据Khoi et al.，2011)

A. 黑色的钛铁矿包裹体；B. 无色到淡色的自形磷灰石；C. 针状金红石；D. 负晶

TT矿带红宝石常具有星光效应、猫眼效应。星光呈现细而清晰的六射星光。内部常具有平直角状生长色带，在多数红宝石中清晰可见。手持分光镜显示吸收光谱在692nm、694nm强吸收，或者693nm单独吸收。紫外－可见光光度计显示在378nm、389nm、456nm处与Fe^{3+}和Fe^{2+}相关的吸收峰，以570nm为中心与$Fe^{2+}-Ti^{4+}$相关的宽吸收带。

成分分析显示，成分与颜色相关性较大，但总体上具有高铁含量特征，特别是蓝灰色的蓝宝石FeO含量为0.15%～1.38%(质量分数，下同)和低于0.04%的Cr_2O_3，粉色蓝宝石的铬含量中等($Cr_2O_3$0.11%～0.44%)，红宝石的铬含量较高。

(3)KA矿带和TT矿带红宝石特征及对比

安沛省产出的顶级红宝石可以跟缅甸抹谷红宝石媲美，但多数质量较差，颜色变化大，只能作为素面宝石。

KA矿带和TT矿带产出的红宝石可以从矿床类型、宝石学特征上进行对比，特点也略有差别。

KA矿带中红宝石主要产出于大理岩中，属于变质型红宝石。而TT矿带产出较为复杂，有的产出自大理岩，有的产自片麻岩，变化多样。

TT 矿带红宝石可见尖晶石的包裹边(Khoi et al.，2011)，这一特征与 KA 矿带红宝石不同。在该结构中，红宝石和尖晶石接触界线较为圆滑，显示两者存在平衡反应，而尖晶石可能是由刚玉反应形成:

$$\underset{\text{刚玉}}{Al_2O_3} + \underset{\text{白云石}}{CaMg(CO_3)_2} \rightarrow \underset{\text{尖晶石}}{Al_2MgO_4} + \underset{\text{方解石}}{CaCO_3} + CO_2$$

微量元素特征对比分析显示，TT 矿带产出的红宝石具有高铁低铬特征。另外，KA 矿带和 TT 矿带在包裹体方面也有一些差异。

2.4.1.3 莫桑比克

近年来，莫桑比克北部的尼亚萨省的国家保护区和德尔加杜角省发现了宝石级红、蓝宝石矿床。其主要矿区有尼亚萨穆萨维泽红宝石矿床、鲁姆贝泽红宝石矿床和恩古马蓝宝石矿床，以及德尔加杜角省的蒙特普埃兹红宝石矿床。除了马鲁帕的鲁姆贝泽红宝石矿床发现已有 20 多年外，其余均在 2008 年以后才发现。这些宝石矿床的发现，也使得莫桑比克成为世界上重要的红宝石产地之一。

蒙特普埃兹红宝石发现于 2009 年，由于它的颜色鲜红，透明度高，接近缅甸红宝石，颗粒较大(未经加热处理的可以达到 3ct)及产量巨大等诸多优点，而迅速走红，并引起人们的密切关注，并迅速占领了泰国红宝石交易市场。

(1)区域地质与矿床地质

莫桑比克东北部处于南北走向的莫桑比克变质带和东西走向的赞比亚河变质带的交汇部位。两变质带均蕴含着丰富的资源，是泛非构造运动形成的新元古代造山带。

莫桑比克变质带经历了多阶段复杂的构造变质作用，如罗迪尼亚和岗瓦纳超级大陆的拼合和裂解过程。岩石组合主要为变质岩，区内经历了两期板块构造事件，分别为莫桑比克造山运动(1100Ma～580Ma)和东非造山运动(800Ma～650Ma)。因这两期构造运动而形成了印度、非洲、马达加斯加和斯里兰卡。

莫桑比克变质带的南部部分主要由中级到高级变质岩组成，其原岩形成于 1150Ma～950Ma 之间。区内主要分为不同的变质岩单元，各单元间被逆冲断裂带和剪切带分隔开来，这些岩石经历强烈的变质作用。杂岩热变形事件为红宝石、石榴子石和其他矿物提供了有利的形成压力和温度。

蒙特普埃兹地区的红宝石矿床位于彭巴市西 150km，蒙特普埃兹市的东南部，距该市区较近，交通较为方便。矿区有次生矿和原生矿，现在主要有穆格洛托、诺托罗、曼宁尼斯和格拉斯四个矿床。曼宁尼斯为原生矿床，其余为次生冲积矿，红宝石分布于古河道中。近来，在蒙特普埃兹至彭巴的公路北侧也有红宝石发现，并有两家公司于 2016 年进行了勘查工作，尚未开采。

红宝石产在蒙特普埃兹变质杂岩中，经历了角闪岩相变质作用，形成压力为 0.4～1.1GPa，温度为 550～750℃，而红宝石形成于较小的温度和压力范围内。杂岩主要有花岗质到角闪岩质岩石，以及石英岩和少量的大理岩透镜体。岩石经历强烈变形而形成不同规模的紧密等斜褶皱，后期被大量的北东－南西走向的韧性剪切带所穿切。

在表层沉积物之下的富含红宝石的角闪岩，由于风化而松散易碎。红宝石与角闪岩中的绿色角闪石（接近韭闪石）、白色长石（钙长石）、云母密切相关。钻孔显示，角闪岩从地表向下延伸可达30m，覆于基底片麻岩之上，而角闪岩整体上呈东西走向。

红宝石主要集中在白色斜长石脉密集分布的角闪岩中，而很多红宝石被白色斜长石包裹而形成包裹边（图1－2－6）。

（2）宝石学特征

蒙特普埃兹红宝石颜色有红色、粉红色和紫粉色（图1－2－6C），有的次生矿产出的颜色偏暗，呈现暗红色（图1－2－6D）。原生矿中的红宝石大多数呈现扁片状六边形，自形程度较好。折射率为N_e＝1.761～1.763，N_o＝1.770～1.771，双折射率介于0.008～0.009，紫外荧光灯长波显示弱到中等红色荧光、中等到强荧光或强荧光，短波总体较弱，个别无荧光。查尔斯滤色镜下呈现红色（Pardieu et al.，2013）。LA－ICP－MS微量元素分析显示，中央矿区次生矿中紫粉色红宝石Cr含量介于874.5～1039.2ppma，Fe为401.6～489.3ppma；格拉斯矿区的粉色红宝石Cr含量介于435.3～654.9ppma，Fe为320.2～377.7ppma；诺托罗矿区红色红宝石Cr含量介于760.7～1062.7ppma，Fe为1358.2～1453.1ppma；曼宁尼斯矿区的紫粉色红宝石Cr含量介于2113.7～2556.8ppma，Fe为246.5～339.5ppma。

图1－2－6　莫桑比克蒙特普埃兹红宝石特征（A据Hsu，2016 GIA；B～D据Chapin et al.，2015）

A，B. 红宝石产于角闪岩中，与角闪石、云母、斜长石共生，并具有斜长石包裹边（B）；C. 曼宁尼斯产出的原生红宝石，颜色鲜亮是由于含铁量少；D. 穆格洛托次生矿产出的红宝石，颜色暗淡是由于稍高的铁含量

原生矿中的红宝石裂隙较多，并以角闪石和云母晶体包裹体为主，另有负晶、黄铜矿等；也有一些红宝石内部洁净，透明度较高。次生矿中产出的红宝石相对原生矿总体较洁净，内部裂隙和包裹体也较少，外部有磨蚀的痕迹。这是由于经过百万年的筛选，裂隙发育的红宝石碰撞分解，残留下来颗粒较大的往往也较为纯净。

该区产出的红宝石不同于市场上常见的产自缅甸孟速和抹谷的大理岩型强荧光(低含铁量)红宝石或者是产自泰国-柬埔寨玄武岩型弱荧光(高铁含量)红宝石。实际上，蒙特普埃兹产出的红宝石是由携带着刚玉的斜长岩或片麻岩经角闪岩相变质作用形成，而可能与交代作用过程有关，岩浆派生的流体在低硅条件下与围岩相互交代结晶而成，与坦桑尼亚温扎地区附近、莫桑比克穆萨维泽地区、马达加斯加迪迪地区附近以及近来发现的三个非洲红宝石成因相似。

该类型矿床中产出的红宝石铁含量常介于较低铁含量的大理岩型红宝石和较高铁含量的泰国-柬埔寨玄武岩型矿床之间。值得一提的是，这种非经典变质岩型红宝石(如角闪岩相变质型)在化学特征和内外部特征上填补了大理岩型和玄武岩型红宝石间的空白。

2.4.1.4 马达加斯加

马达加斯加是世界上重要的宝石产地之一，以拥有丰富刚玉族宝石资源而闻名。马达加斯加岛的刚玉族宝石矿床形成于不同时期的地质构造演化过程，形成环境有着很大的差异。主要有四种已探明的成矿模式，分别为：

①形成于马达加斯加南部前寒武纪基底中的新元古代岩层和安塔那那利佛北部的贝弗纳火山沉积岩系列。在南部地区，赋存于565Ma～490Ma时期的泛非洲造山运动形成的高温(700～800℃)低压麻粒岩中。红宝石矿床的产状包括：与镁铁质和超镁铁质复合岩石伴生(沃希博里群组的红宝石矿床)，安诺斯扬花岗岩和元古代特拉努马鲁群组接触带中的矽卡岩中(特拉努马鲁-安德兰诺丹波地区的蓝宝石矿床)，和特拉努马鲁、武希梅纳安德洛扬变质相系列中贯穿长石片麻岩、堇青石岩和单斜辉石岩的剪切带走廊中(萨汉巴努和扎扎富齐的黑云母片岩矿床，兰卡洛卡和安巴托曼娜的堇青石矿床)。

②刚玉族宝石也产生于伊萨罗群组的三叠纪碎屑岩中，是伊拉卡卡-萨卡拉哈地区的古代冲积矿床。此处的刚玉族宝石来自于马达加斯加南部的变质麻粒岩。

③安布希特拉省安卡拉特拉山(Antsirabe - Antanifotsy 地区)新第三纪-第四纪碱性玄武岩中的刚玉族矿床。其原始矿床较为罕见，仅发现于碱性玄武岩的辉长质和单斜辉石捕虏体中，这些捕虏体可能来自地幔成因的石榴子石橄榄岩。

④富集于第四纪残坡积、冲积层中的次生矿床，例如安迪拉梅纳和瓦图曼德里矿床中的高品质红宝石(Pardieu，2012)。

2.4.1.5 云南红宝石矿床

我国云南省元江、元阳一带是红宝石的重要产地之一，其矿化带地处哀牢山变质带南段，绵延180km，有数十个矿化点和1个砂矿。

矿区地层为前寒武纪片麻岩、结晶片岩及大理岩。该区红宝石产于金云母大理岩中，呈浸染状、板状或集合体状，斑晶粒度在0.5～1.5cm之间。原生矿床类型属于大理岩型，另有残坡积砂矿型。产出的红宝石多为玫瑰红色和紫红色，有些可见色带、色斑和均匀分布的深色麻点，主要的瑕疵是片理化、裂隙、菱面体裂理、矿物包裹体、孔洞和蚀变都比较发育。包裹体一般有短针状金红石、磷灰石、方解石、锆石、黄铁矿、磁黄铁矿等矿物。

2.4.2　世界著名的蓝宝石产地及矿床

蓝宝石的著名产地有印控克什米尔地区、斯里兰卡、澳大利亚新南威尔士州、泰国、柬埔寨、老挝和越南南部地区、美国蒙大拿州、马达加斯加。印控克什米尔地区以产出天鹅绒般的“矢车菊蓝”而闻名，矢车菊蓝是最为珍贵的蓝宝石品种。斯里兰卡以产有多种颜色蓝宝石为主。近些年来斯里兰卡产出一种粉橙色的蓝宝石，称为“帕帕拉恰”(图1-2-7)或“帕德玛”蓝宝石(Padparadscha)，价格昂贵。另外，斯里兰卡还产星光蓝宝石。马达加斯加近些年发现了许多蓝宝石矿床(点)，如中南部的安德兰诺丹波地区、东北部的安齐拉纳纳地区以及伊拉卡卡村等等。

图1-2-7　斯里兰卡产出的天然粉橙色“帕帕拉恰”蓝宝石

(88.11ct，据Shor，2009；Weldon拍摄)

我国蓝宝石主要分布在山东昌乐、海南文昌、福建明溪、江苏六合，上述四地并称为我国的“四大蓝宝石产地”。四个产地特点不同，山东昌乐分布广，储量大；海南文昌主要为次生矿，这两地已实现规模开采。江苏六合储量大，富矿少，福建明溪品质不高，均未实现规模开采，只是民采。另外，在黑龙江、吉林、辽宁、浙江、安徽、新疆、江西等地区也有蓝宝石发现，开采价值尚不确定。

2.4.2.1 美国

蒙大拿州是美国重要的蓝宝石产地，有原生矿床，如优哥峡谷，还有冲积形成的次生砂矿，如密苏里河矿床、岩溪、卡顿伍德溪，储量丰富。蒙大拿州第一次发现蓝宝石是在1865年5月，在密苏里河靠近海伦娜的地方。随后1889年金矿勘探人员在卡顿伍德溪发现了蓝宝石，颜色较差，颜色有绿色、蓝色和黄色等。在1892年又发现了岩溪蓝宝石矿床。这些次生矿床发现的蓝宝石颜色饱和度低。而在1895年发现了饱和度很高的蓝宝石矿床，即优哥峡谷蓝宝石原生矿床。

优哥蓝宝石矿床位于蒙大拿州中部，距刘易斯敦市西南72km。矿床的发现和开采在19世纪末，蓝宝石集中开采在1895年至1929年，到20世纪80年代仍有小规模的开采。优哥蓝宝石矿床由于产出类似克什米尔“矢车菊蓝”蓝宝石而备受关注。另外，该矿床的产出是目前发现的唯一作为煌斑岩捕虏晶产出的蓝宝石矿床。前人针对该矿床地质、蓝宝石成因及来源做了大量研究工作。

(1)矿区地质概况

优哥峡谷地区主要分布地层为米申峡谷组灰岩，上覆基比组页岩和欧特尔组页岩。煌斑岩岩脉呈近平行状分布，侵位于上述地层之中，在岩脉侵位部位有隐伏断裂分布。

区域内侵位的煌斑岩岩脉，分别编号为A、B、C、D、E、F，而B号煌斑岩岩脉贫蓝宝石，蓝宝石主要产自A号煌斑岩岩脉(图1-2-8)。另外，根据产出的煌斑岩岩脉的位置不同分为四个矿床，分别分美国人矿、沃欧泰克斯矿、中间矿和英国人矿(图1-2-8)。

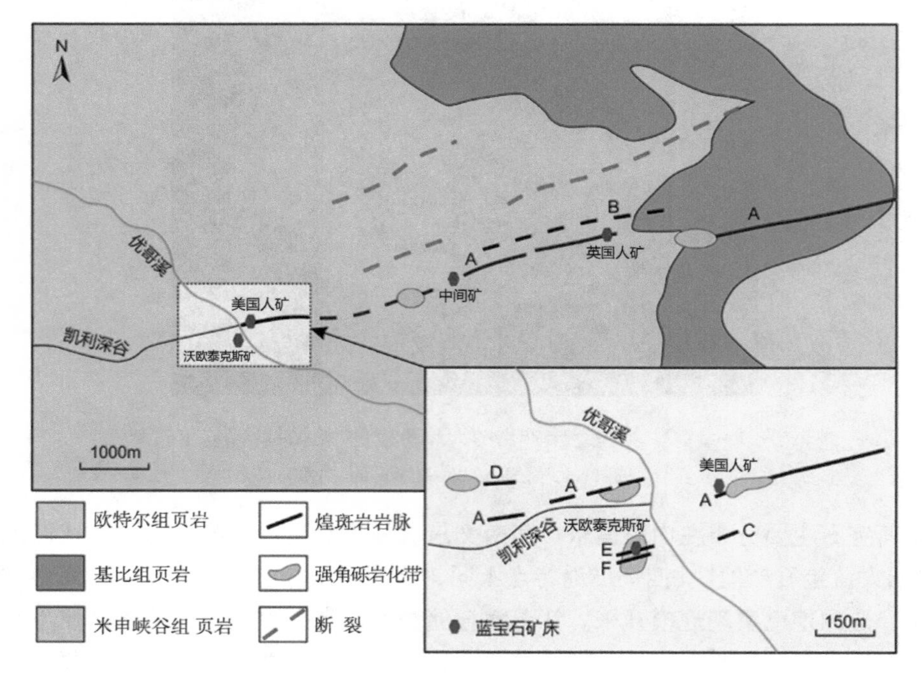

图1-2-8 优哥蓝宝石矿床地质简图(据 Mychaluk，1995)

A 号煌斑岩岩脉产出大量的蓝宝石，岩脉长达 5km，宽度在 1 ～ 6m，平均宽度为 2.4m。岩脉侵位在灰岩和页岩地层中，可能沿早期形成的断裂侵入。在侵位的接触界面，接触变质作用非常有限，因此侵位和冷却是相对快速的。A 号煌斑岩岩脉呈燕裂状分布，呈南西走向。美国人矿、中间矿和英国人矿均产自 A 号煌斑岩岩脉，因此也是区内最大、产量最为丰富的煌斑岩岩脉。

B 号煌斑岩岩脉位于 A 号煌斑岩岩脉北侧 180m 处，两者平行分布，长 1.6km，该岩脉贫蓝宝石。前人认为该岩脉为镁质煌斑岩——云煌岩，因此缺少蓝宝石，但是仍需要进一步研究。

C 号煌斑岩岩脉在 A 号岩岩脉南侧 46m，接近美国人矿。C 号脉体较窄，大多数宽度在 15cm 左右，因此一直没有进行开采。原岩被富含 CO_2 的地下水蚀变为黄色的黏土矿物。

D 号煌斑岩岩脉位于凯利深谷的北界，A 号脉的西北侧，宽度为 0.6 ～ 1.2m，长度 152m。该煌斑岩岩脉同 C 号脉类似，蚀变为黄色的黏土矿物，并没有新鲜的原岩产出。原为沃欧泰克斯矿所在地，现在已经停止开采。

E 号煌斑岩岩脉是沃欧泰克斯新矿所在地，宽度几十厘米，强烈风化为红褐色，深部有煌斑岩的原岩产出，蓝宝石来自角砾岩带。1993 年，在 E 号脉南侧发现了 F 号煌斑岩岩脉，两者大致平行，宽度在 1m 左右。

(2) 蓝宝石宝石学特征

优哥产出的蓝宝石颜色多数为“矢车菊蓝”，少量淡蓝色和紫色，饱和度较高。另外，还有极少量绿色，但是往往颗粒较小，不能切磨成刻面，蓝宝石中的包裹体较少，色带不明显，颜色均匀，可以与克什米尔蓝宝石相媲美。其多色性明显，垂直光轴呈现淡绿色，平行光轴呈现蓝色。一些含铬的蓝宝石具有变色效应，日光灯下呈蓝色，白炽灯下为红色或者紫罗兰色。包裹体较少，有黄铁矿、深色云母、方解石、方沸石、金红石和尖晶石。

原石晶形常为菱面体和平行双面组成的聚形，呈现短菱柱状。在原石中有很多蓝宝石呈现圆形，具有破损、凹坑或者破碎成晶片，显示蓝宝石发生了部分熔融，是由岩浆搬运至地表过程中发生的溶蚀作用。另外，蓝宝石与富铁的岩浆发生反应而形成暗绿色的铁尖晶石的反应边，包裹蓝宝石。原石中还有少部分板片状晶体。

(3) 矿床成因

对于优哥蓝宝石的成因一直存在争议，存在的观点有：

①蓝宝石是煌斑岩的斑晶（Pirsson，1900）。贫硅的煌斑岩在上升时熔融了大量的富铝的页岩，充满铝质成分的岩浆随后结晶析出了蓝宝石；抑或是在煌斑岩岩浆上升过程中同化了含蓝晶石片麻岩而不是页岩（Clabaugh，1952），蓝晶石提供了铝质成分，随后蓝宝石从岩浆中结晶析出，岩浆中有丰富的铝而结晶析出刚玉。Baker（1994）认为后一种观点更为可信，他在蓝宝石中发现了 CO_2 气体和方沸石的包裹体，这只能直接来自优哥岩浆。

②蓝宝石是煌斑岩的捕虏晶。蓝宝石先期赋存于下部变质岩（如片麻岩），这在蒙大拿

州其他区域也存在。煌斑岩岩浆在上升过程中将含有刚玉的片麻岩捕虏，刚玉变成了煌斑岩岩浆的捕虏晶，在此过程中刚玉经历了溶蚀，形成圆形、溶蚀凹坑或在蓝宝石周围形成尖晶石的反应边，同样被岩浆烘烤经历了天然的热处理过程(Dahy，1988)，使得颜色变得均一，同时提高了饱和度。这种观点的证据有，捕虏晶除了刚玉外，还有长石、辉石和尖晶石。另外，刚玉还有溶蚀结构及尖晶石反应边结构。当然，也有学者认为，蓝宝石并不是赋存于下伏的变质岩，而是在早期岩浆中结晶，被随后的煌斑岩岩浆携带向上运移至地表。结晶的岩浆与搬运的岩浆不同，因此也可以认为是捕虏晶。

同样，由于煌斑岩来源较深，可达上地幔，因此也有学者认为蓝宝石是在地幔结晶，再由煌斑岩岩浆捕虏而带至地表(Brownlow and Komorowski，1988)。这种观点得到包裹体研究的支持。Cade and Groat(2006)在优哥产的蓝宝石中发现了石榴石，石榴石呈现红橙色和半自形 - 自形特征。利用电子探针分析显示，石榴石具有贫 Cr(0.02%，质量分数，下同)、低 TiO_2(0.12%)和 NaO(0.02%)特征，MgO、FeO_T、CaO 分别为 10.7%、14.0% 和 11.2%，表明石榴石属于地幔榴辉岩，而蓝宝石应是从地幔中结晶，随后被煌斑岩捕虏而带出地表。

2.4.2.2 斯里兰卡

斯里兰卡是世界上蓝宝石的重要产地，有着两千多年的开发历史。就地质学而言，斯里兰卡非常古老，全岛 90% 的岩石形成于前寒武纪(560Ma ～ 2400Ma)，主要由不同的杂岩和少量的盖层组成。大多数宝石矿床产在海蓝杂岩中或者海蓝杂岩的飞来峰。

斯里兰卡蓝宝石主要矿床类型有次生矿床和原生矿床，并以次生矿床为主。次生矿又分为残积型、残坡积型、冲积型。原生矿发现较少，过去 20 年只发现了 10 ～ 15 个原生蓝宝石矿床，主要发现在拉特纳普勒和埃拉黑拉冲积矿床附近，以及 2012 年初在南部发现的乌沃省塔曼纳瓦蓝宝石矿床。原生蓝宝石主要类型有变质型中的镁铁质麻粒岩、泥质片麻岩和交代型中的矽卡岩型、脱硅伟晶岩型。

原生矿石是砂矿的来源地，但由于原生矿品位低，目前在斯里兰卡发现的红蓝宝石矿床中次生矿床占大多数。

斯里兰卡塔曼纳瓦蓝宝石矿床于 2012 年在修路的时候偶然发现。矿床位于斯里兰卡的最南端城市汉班托特的东北部，属于乌沃省的莫纳勒格勒区，靠近雅拉国家公园。

(1)区域地质

斯里兰卡主要覆盖的地层为元古代的高级变质岩。基于其年龄和构造环境可以将岩石分为三个基本变质杂岩：海蓝杂岩，为麻粒岩相；维贾亚杂岩和万尼杂岩，为角闪岩相。

蓝宝石矿床位于海蓝杂岩中，属于卡特勒格默飞来峰变质杂岩。海蓝杂岩经历了多阶段的变形变质作用。推测初始变质沉积物的年龄大约 20 亿年，随后的变质作用和花岗岩的侵位发生在 1942Ma ～ 665Ma 之间，麻粒岩相变质作用发生在 665Ma ～ 550Ma 之间，导致了紫苏花岗质岩石的形成。因此，通常认为海蓝杂岩跨越了0.67Ga～2Ga。卡特勒格默地区显示了一系列大规模的背斜和向斜构造，呈现东西走向和北东－南西走向，飞来峰周围围是万尼杂岩，之间呈逆冲断层接触(图1－2－9)。

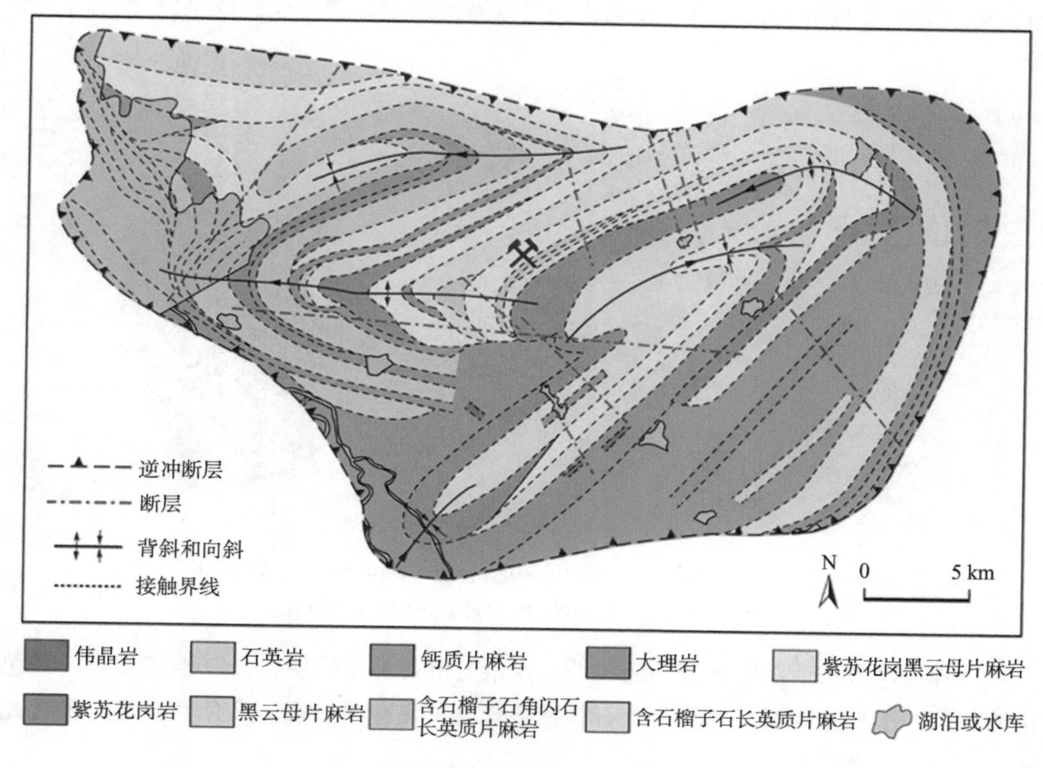

图1－2－9 卡特勒格默飞来峰地质图(据 Dharmaratne et al.，2012)

卡特勒格默飞来峰主要岩石类型是石榴子石、石英斜长片麻岩、角闪岩、大理岩、钙质片麻岩、紫苏花岗岩、紫苏花岗质黑云母片麻岩和少量的带状石英岩(图1－2－20)。晚期的花岗岩和伟晶岩侵入麻粒岩相地体中，大小规模各异，一些穿切主要的地质构造，有些平行围岩地层的层理面。

塔曼纳瓦蓝宝石的形成相对复杂，围岩经历强烈变形，总体上呈现60°走向，倾斜北西，倾角在50°～60°之间。伟晶岩侵入体包含粗粒斜长石和云母，斜长石发生高岭土化，伟晶岩脉被富含云母的岩层包裹，云母层基本平行于伟晶岩脉的接触带。局部存在一些次生的燧石条带。

蓝宝石矿化与伟晶岩侵入体外部的云母层有密切的关系。侵入体的区域和相关含云母带基本沿着围岩叶理方向延伸，厚度大约60m，在富含云母的蚀变带可以观察到少量细小的蓝宝石存在。大的蓝宝石晶体嵌入长石的基质中，并有黑云母的出现。在塔曼纳瓦还出现了绿色碧玺和石榴子石。

(2)宝石学特征

蓝宝石原石呈现双锥状或酒桶状，晶体较完好，多为六方双锥和平行双面组成的聚形，也有三方双锥和菱面体组成的聚形，也有一些搬运破碎形成的碎片(图1-2-10)。在原石中可以看到明显的生长色带，在底面上可以看到三角形的生长线逐渐演化为六边形的台阶。

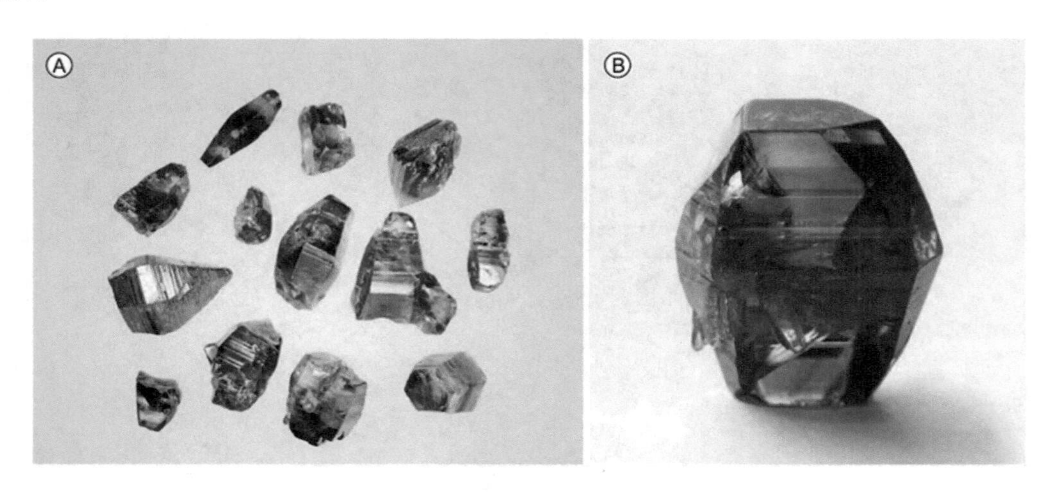

图1-2-10 塔曼纳瓦矿床产出的原石(据 Dharmaratne et al., 2012)
A. 2.04～8.52g 原石；B. 重量4.5g 的蓝宝石原石

除一些暗蓝色和个头较大者不透明外，其余蓝宝石基本透明，伴有玻璃光泽。颜色多为强纯蓝色，这与其他斯里兰卡蓝宝石具有紫蓝色色调有些区别。多色性明显，平行光轴为绿蓝色，垂直光轴为蓝色。

折射率 N_o=1.768～1.770，N_e=1.760～1.762，双折射率为0.008。相对密度3.98～4.02。相对密度3.98是由于负晶较多而引起。紫外荧光，长波下有些样品呈弱红色，无色区域呈弱橙色，短波惰性。手持分光镜显示，450nm 处有铁的强吸收线。

有些晶体具有丝绸状斑块，由短针状金红石引起(图1-2-11A)。也有一些金红石更加密集，粒度也较粗，还有一些细粒片状的，类似钛铁矿或赤铁矿。同样，也有长针状金红石，以及呈现铜红色金属光泽密集排列的金红石针状包裹体(图1-2-11B)，但该矿产出的蓝宝石并没有出现星光效应。包裹体还有液体充填的羽状裂隙、延伸至表面的裂隙以及充填于裂隙中的呈褐色的铁的氧化物或氢氧化物(图1-2-11C，D)，还有肉眼可见的负晶(图1-2-11C，D)。一些微粒状的细小颗粒密集排列形成带状，与无色的部分相间分布。

固相包裹体还有不透明的暗色矿物和深色或无色的晶体，有黑云母，以及类似于沥青铀矿的晶体、黑色的石墨和暗色的尖晶石，并有暗绿色尖晶石和无色锆石晶体等(图1-2-12)(Pardieu et al., 2012)。

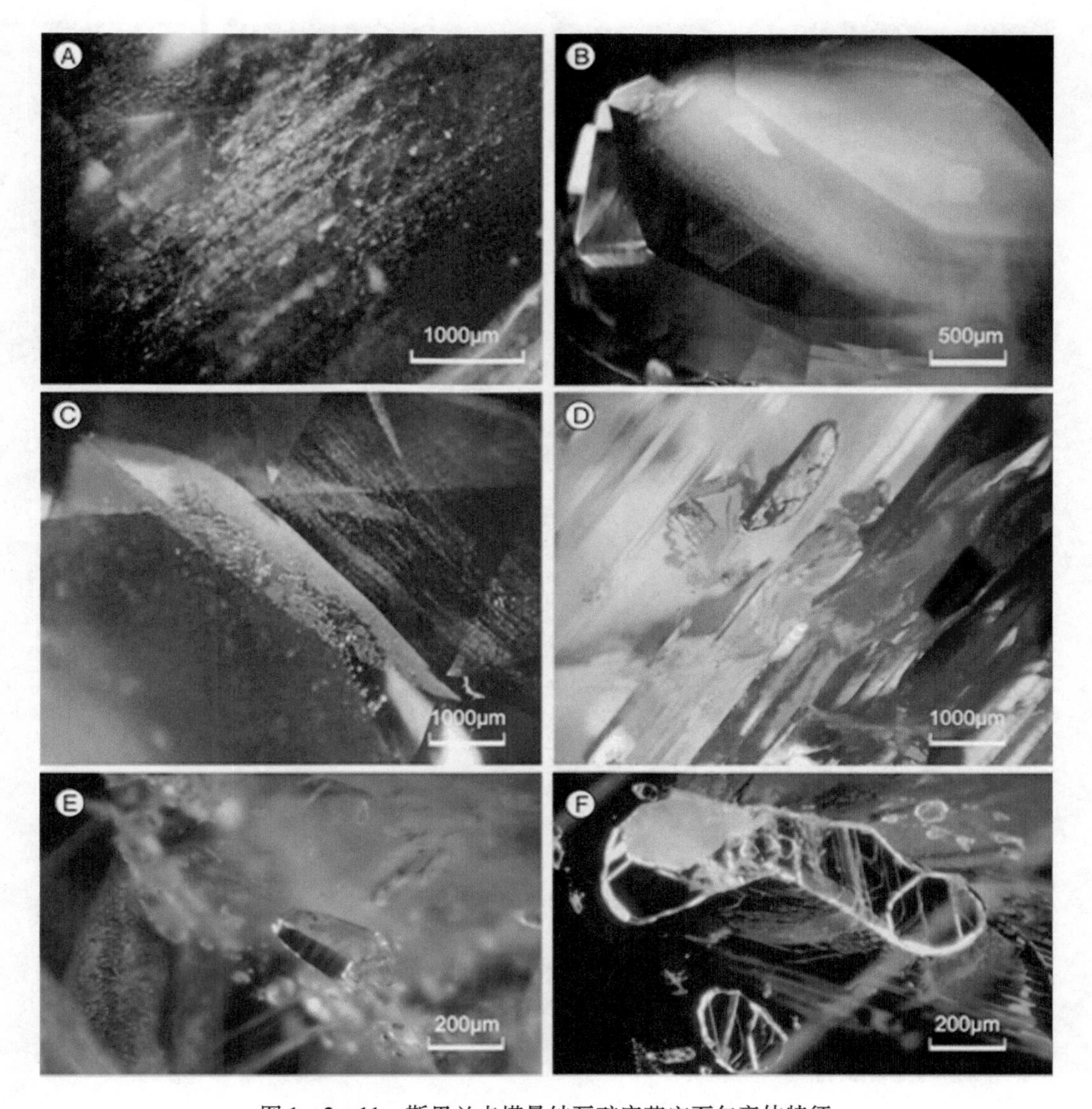

图 1－2－11　斯里兰卡塔曼纳瓦矿床蓝宝石包裹体特征

（A～D：据 Dharmaratne et al.，2012；E～F：据 Pardieu et al.，2012）

A. 蓝宝石中典型的细小的针状金红石平行排列；B. 蓝宝石中密布的细小铜红色金红石，金属光泽；C. 常见的液体充填的羽状裂隙；D. 黄色蓝宝石中定向平行排列的负晶包裹体；E. 负晶和愈合裂隙；F. 负晶和愈合裂隙（指纹状包裹体）

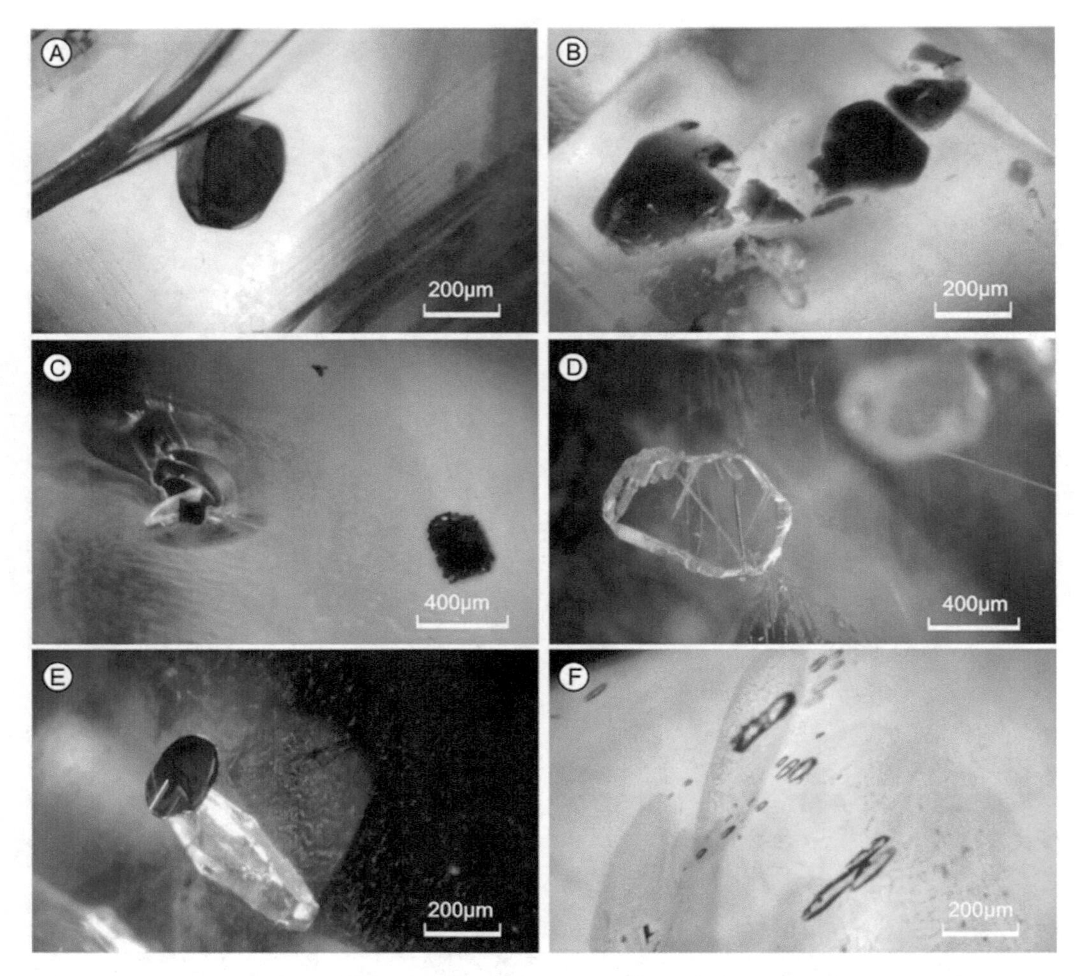

图 1－2－12　斯里兰卡塔曼纳瓦矿床蓝宝石包裹体特征（据 Pardieu et al.，2012）

A. 黑云母；B. 尖晶石；C. 暗色类似沥青铀矿暗色包裹体与张裂隙共存（左），暗色矿物为尖晶石（右）；D. 负晶包裹长针状包裹体（可能为水铝石）；E. 负晶、暗色的片状石墨及微粒和针状包裹体；F. 类似锆石的透明晶体和愈合裂隙（指纹状包裹体）

微量元素特征显示塔曼纳瓦蓝宝石具有中等铁含量，较斯里兰卡其他蓝宝石铁含量高。

该矿床产出的蓝宝石具有它的特殊性，与斯里兰卡其他矿床具有明显差别：

①该矿蓝宝石蓝色纯正，没有其他颜色品种，也没有紫蓝色色调，同样没有发现星光蓝宝石；

②原石晶形完好，磨圆程度低；

③具有强的 450nm 吸收谱线，而其他蓝宝石常为弱到中等吸收线；

④没有典型的色块或者色斑。

(3)矿床成因

该矿床的地质研究相对薄弱，成因尚不清楚。Dharmaratne et al.(2012)认为，蓝宝石的形成与伟晶岩流体和围岩之间经历了交代作用过程，含蓝宝石矿物组合指示是伟晶岩流体活动的结果，个头较大的自形蓝宝石是在交代作用过程中形成的。

Pardieu et al.(2012)野外调查显示，矿床靠近地表有大量的石英或玉髓的硅质细脉，在这些细脉周围有高岭土化的透镜体，伴有石墨，有时也会在透镜体的边部发现细粒的白云母。周围全部为富硅质的岩石，缺少贫硅岩石因而能够发生脱硅作用而形成刚玉。同时还指出，当地的地质调查显示，在研究区南部有贫硅的含辉石镁铁质岩石、紫苏花岗岩，而与这些贫硅岩石相互作用可以脱硅而形成刚玉。Pardieu et al.(2012)认为，刚玉的形成可能与高岭土化透镜体相关，这也同马达加斯加南部的安德兰诺丹波和斯里兰卡靠近阿维萨维拉的蓝宝石矿床有类似之处，但是仍有很大不同。安德兰诺丹波矿床高岭土化透镜体均与辉石和大理岩密切相关，而且具有很厚的辉石、云母蚀变带，并以此作为寻找富含蓝宝石的高岭土化透镜体的标志。但是塔曼纳瓦地区的蓝宝石矿床并没有发现类似的辉石和大理岩，同时高岭土化透镜体的云母蚀变带也较薄，含有的蓝宝石也极少。塔曼纳瓦的蓝宝石包裹体有云母、长石、石墨和绿色尖晶石，显示蓝宝石与这些高岭土化透镜体密切相关，但是刚玉的成因和形成过程仍需进一步做更为详细的研究。

2.4.2.3　马达加斯加

马达加斯加有三分之二的地区出露前寒武纪岩石，位于整个岛屿的东部；剩下西部的三分之一则为晚古生代－第四纪沉积岩和晚新生代火山岩露头。绝大多数刚玉矿床发现于这些有前寒武纪岩石露头的地方，原生矿床的成矿类型可以分为以下三类：

①岩浆活动成因的正长岩、花岗岩和碱性玄武岩；

②变质成因的各种岩石；

③前寒武岩石由于碱性交代作用而形成的片麻岩、酸性－超镁铁质的麻粒岩等。

该区次生矿床由碎屑岩组成。碎屑物的组成有来自于伊胡西西南部的三叠系伊萨洛古代冲积矿和位于安卡拉特拉山中央高原和北部的昂布尔角山附近的火山沉积型矿床以及其他位于安迪拉梅纳和瓦图曼德里未知来源的红宝石砂矿床。

2.4.2.4　缅甸

除了产出优质的红宝石之外，缅甸还产出优质的蓝宝石。尤其是抹谷地区，分布有大量的原生和次生蓝宝石矿床(点)，主要有西部的巴玛、基亚帕亚特、卡邦、瑟琳塔翁和北部的冒吉伊矿床。

2.4.2.5　尼日利亚

尼日利亚蓝宝石虽然来自于不同的玄武岩型矿床，但相对来说都集中在该国的中部和东部地区(Pardieu et al.，2014)。

乔斯市是尼日利亚主要的宝石交易中心。该市附近的吉马地区就有蓝宝石产出(Kanis and Harding，1990)。吉马地区的主要矿床叫作安塔，在过去的二十多年，该地一直是尼日利亚顶级蓝宝石的主要产地。除了安塔蓝宝石矿区，乔斯市的吉丹瓦亚(位于安塔附近)、普拉托州的博斯科、包奇州的博古罗、约贝州的贡达和古尔德、阿达马瓦州的甘耶和塔拉巴州的卡里姆拉米多附近也都有蓝宝石矿床，有的还有进一步开采的潜力。

其蓝宝石矿床均为玄武岩型，蓝宝石虽然颜色饱和度高，但颗粒较小，包裹体丰富，部分蓝宝石颜色过深，属于商业中的中下等品质。近来，人们在曼比拉高原发现一个颗粒稍大、透明度好和颜色较浅的蓝宝石，其品质在以往的尼日利亚蓝宝石中绝无仅有。

2.4.2.6 中国蓝宝石矿床

昌乐产的蓝宝石颜色偏暗，透明度较差，平直角状色带非常发育。矿区位于华北地台鲁西台背斜东北部，昌乐凹陷南端，受郯庐断裂及其次级断裂控制。蓝宝石产于碧玄岩和二辉橄榄岩包裹体中，含量为1%～2%，其直径一般为20～40mm，多呈深蓝色，有的呈浅蓝、棕和黄色。

海南蓬莱刚玉矿床位于文昌市西南方向30km处的蓬莱镇附近，海南岛的东北部。该地区典型的热带潮湿气候使地表岩石接受深度的风化和广泛的蚀变，岩石露头情况较差，因此该地区蓝宝石多发现于稻田的碎屑冲积层和附近的山体坡脚，矿床深度为1.5～3m且分散在多个碎屑层中。通过研究含蓝宝石冲积物的组成成分，地质学家们发现其基本组成为碱性玄武岩，还发现该矿区由10个不同厚度的冲积层构成(史桂花等，1987)。研究还发现，玄武岩形成于新生代，主要由橄榄玄武岩、辉绿岩和火山碎屑岩组成。碎屑物中也含有大量的镁铝榴石、黑尖晶石、辉石、橄榄石和锆石等矿物。该矿区矿床特征与泰国庄他武里蓝宝石矿床相似。蓬莱蓝宝石的颜色主要有暗蓝色、蓝色、绿蓝色、绿色和黄绿色。

思考题

1. 富产红、蓝宝石的主要矿床类型有哪些？如何分类？
2. 红、蓝宝石矿床类型的差异在哪里？
3. 世界上红、蓝宝石的著名产地有哪些？
4. 世界各个著名产地红宝石的内含物有哪些差异？
5. 世界及中国的蓝宝石矿床类型与资源分布有什么特征？
6. 不同产区的红、蓝宝石特征差异及其区分。
7. 试叙述红宝石与蓝宝石的矿床成因与矿床类型差异。
8. 山东蓝宝石的特点是什么？如何进行处理？

9. 世界上最好的红宝石是什么颜色？产地在哪里？属于什么类型的矿床？

10. 世界上最好的蓝宝石是什么颜色？产地在哪里？属于什么类型的矿床？

11. 红宝石和蓝宝石各由什么致色？

12. 红宝石的成因是什么？蓝宝石与红宝石的成矿作用过程有何异同？

13. 在不同类型红宝石矿床中有哪些不同的共生宝石？它们分别是什么，对应什么矿床类型？

14. 在不同类型蓝宝石矿床中有哪些不同的共生宝石？它们分别是什么，对应什么矿床类型？

15. 星光红、蓝宝石的成因是什么？有哪些星光红、蓝宝石？

3　祖母绿

绿色宝石给人以青春、活力、生命和奋发向上的感觉。自古以来，祖母绿青翠欲滴，能够抚慰心灵、激发想象。由于历史文化的差异，东方人爱绿色的翡翠，而西方人则青睐祖母绿。祖母绿是绿柱石族矿物中最为重要和名贵的宝石品种，以其艳丽的翠绿色而享有"绿色宝石之王"的美称，它与钻石、红宝石、蓝宝石、猫眼并列称为"五大宝石"。祖母绿的名字来自古希腊语中的"smaragdus"(绿色)一词。绿色代表着春天般的复苏生长。祖母绿为五月的生辰石，翠绿欲滴，代表着春天来了。同时也是结婚二十周年和三十五周年的纪念石。

3.1　祖母绿的宝石学特征

祖母绿是绿色宝石之王，以饱和的绿色而闻名。祖母绿的矿物名称是绿柱石，在矿物学中属绿柱石族，化学成分为铍铝硅酸盐，化学式为 $Be_3Al_2(Si_2O_6)_3$，含有微量 Cr、Fe、Ti、V 等元素，Cr 的质量分数在 0.3%～1.0% 之间。祖母绿属六方晶系，晶体为六方柱状晶体(图 1－3－1)，柱面发育有平行于 *z* 轴的纵纹，大多数晶体具有完美的形状(图 1－3－2)。

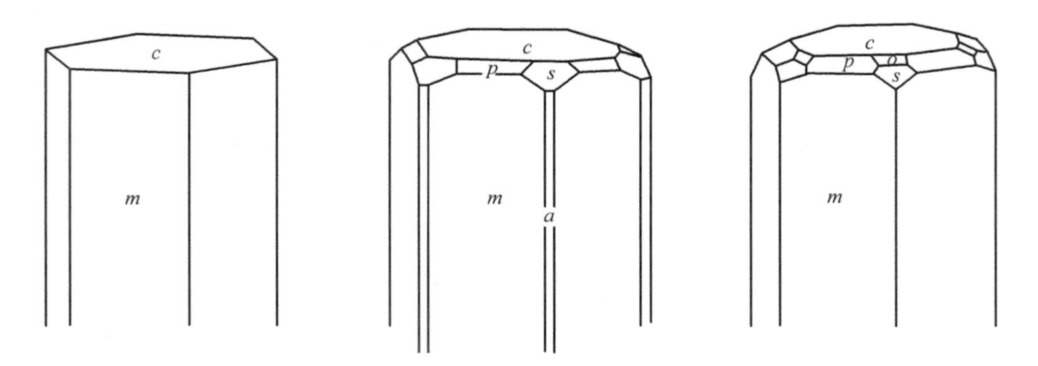

图 1－3－1　祖母绿晶体形态示意图(据潘兆橹等，1996)

六方柱 $m\{10\bar{1}0\}$，$a\{10\bar{2}0\}$；平行双面 $c\{0001\}$；六方双锥 $s\{11\bar{2}1\}$，$p\{10\bar{1}1\}$，$o\{11\bar{2}2\}$

图 1－3－2 祖母绿晶体原石

A. 祖母绿的六方柱晶体；B. 祖母绿与方解石共生，产自哥伦比亚 La Pita 矿区（Photo by Robert Weldon/GIA，洛杉矶自然历史博物馆）. C. 德文郡祖母绿，重 1383.93ct，产自哥伦比亚的穆佐（Muzo）矿，目前收藏于伦敦自然历史博物馆；D. Nsofu 祖母绿晶体，重达 6100 ct，产自赞比亚 Kagem 矿区，小的总重 125 ct（Photo by Robert Weldon/GIA）；E. 三颗形状规整、略有蚀刻、明亮饱和的六边形祖母绿晶体（Photo by Robert Weldon/GIA，由吉姆菲尔兹公司提供）。

祖母绿为 Cr 致色的翠绿色，可略带黄或蓝色色调，其颜色柔和而鲜亮，具丝绒质感，如嫩绿的草坪。由其他元素如 Fe^{2+} 致色的浅绿色、浅黄绿色、暗绿色等绿色的绿柱石，均不能称为祖母绿，而只能叫绿色绿柱石。

祖母绿的翠绿色是由内部的 Cr 或 V 取代晶体结构 $[AlO_6]^{6-}$ 离子团中的 Al 而致色的。Cr、V 含量的多少直接影响着祖母绿绿色的深浅程度，含量越高，绿色越深。一般 Cr_2O_3 含量达到 0.1% 时，手持分光镜就能看到铬吸收线。

祖母绿的光泽通常为玻璃光泽，断口表面为玻璃光泽至树脂光泽；透明到半透明。

祖母绿的折射率为 1.577～1.583（±0.017），随着碱金属含量的增加而增大。双折射率为 0.005～0.009。不同产地的祖母绿双折射率稍有不同。

祖母绿的解理平行{0001}方向具一组不完全解理；断口呈贝壳状至参差状。莫氏硬度为 7.5～8，而密度通常为 2.67～2.90g/cm³，大多为 2.72g/m³，祖母绿的密度大小受碱金属含量大小影响，碱金属含量越高，密度越大，产地不同可稍有差异。

3.2 祖母绿的品种划分

根据特殊光学效应和特殊现象划分，祖母绿可分为下面三个品种。

3.2.0.1 祖母绿猫眼

祖母绿可因内部含有一组平行排列、密集分布的管状包体而产生猫眼效应(图1-3-3)。

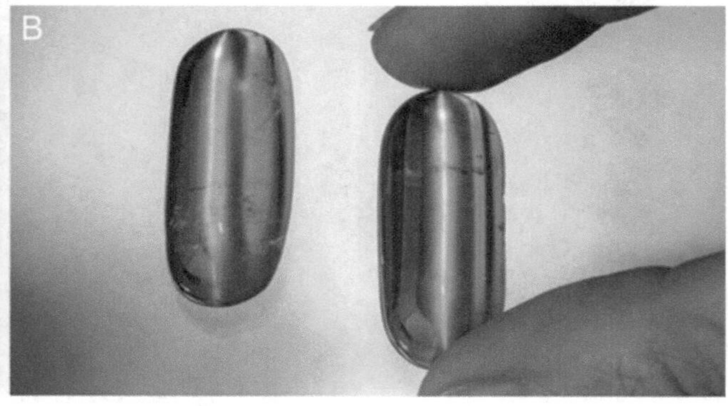

图1-3-3 祖母绿猫眼(据GIA)

3.2.0.2 星光祖母绿

星光祖母绿极为稀少，内部除平行 z 轴的管状包体外，还有两个方向的未知微粒，其一方向垂直 z 轴。

3.2.0.3 达碧兹(Trapiche)

达碧兹是一种特殊类型的祖母绿，产于哥伦比亚穆佐地区和契沃尔地区，具特殊的生长特征(图1-3-4)。穆佐产出的达碧兹在绿色的祖母绿中间有暗色核和放射状的臂，核和臂由碳质包体和钠长石组成，有时有方解石，黄铁矿罕见(图1-3-4A，B，E)。X射线衍射证明这种达碧兹整个是一单晶。契沃尔出产的达碧兹祖母绿，中心为绿色六边形的核，由核的六边形棱柱向外伸出六条绿臂，在臂之间的V形区中是钠长石和祖母绿的混合物(图1-3-4C，D)。X射线衍射证明这种达碧兹祖母绿也是一个单晶，钠长石被包裹在祖母绿的晶体中。

图1－3－4　祖母绿的达碧兹品种

3.3　祖母绿资源分布及矿床类型

3.3.1　祖母绿的资源分布

3.3.1.1　世界祖母绿资源

祖母绿作为名贵宝石，在世界范围内发现了其多个产地，主要分布在南美洲、非洲和亚洲等地。宝石级祖母绿重要的产出国有哥伦比亚、巴西、赞比亚、津巴布韦、俄罗斯、马达加斯加、阿富汗和巴基斯坦。其他产地还有美国、加拿大、奥地利、挪威、西班牙、保加利亚、塔吉克斯坦、埃及、南非、坦桑尼亚、纳米比亚、尼日利亚、莫桑比克、澳大利亚等。

祖母绿最为著名的产地当属哥伦比亚。哥伦比亚祖母绿矿床主要是穆佐矿床，分布在拉皮塔矿区，以及考斯科维茨和伽沙拉矿床。巴西也是祖母绿的著名产地，主要有贝尔蒙特矿床。非洲主要是赞比亚和津巴布韦，马达加斯加也有产出。目前，赞比亚已经成为仅次于哥伦比亚的第二大祖母绿的产出国(Zwaan et al. , 2005)。亚洲主要有巴基斯坦的史瓦特河谷、阿富汗北部的潘杰希尔峡谷和中国新疆的塔什库尔干达瓦达祖母绿矿床。巴基斯坦和阿富汗矿区由于政治局势不稳定，产量不大。另外，俄罗斯的乌拉尔山脉也发现了质量较好的祖母绿矿床。

美国北卡罗来纳州的希登奈特产有质量上乘的祖母绿，并于2009年发现了重达62.01 g的祖母绿原石(Beesley, 2010)。

3.3.1.2 我国祖母绿资源

我国幅员辽阔，资源丰富，目前在阿尔泰、天山地区、甘肃北山、内蒙古中部、湖南幕阜山、四川九龙、四川平武等均有绿柱石类宝石产出。然而，祖母绿却十分稀少，目前发现的主要有新疆塔什库尔干达瓦达和云南麻栗坡祖母绿矿床。两者均产量稀少，而麻栗坡产出的祖母绿品质不高。

3.3.2 祖母绿矿床类型

前人对祖母绿矿床类型做了大量研究，不同的学者依据不同的划分标准给出了不同的划分方法(Groat et al. , 2008)。

本书依据祖母绿矿床的成因，将其分为三种类型：伟晶岩型、热卤水型、热液型。另外，祖母绿矿床中也有一些残破积次生砂矿。由于祖母绿裂隙发育、性脆，在搬运过程中往往破碎肢解而不能完好保存，因此次生矿的工业意义一般不大。

3.3.2.1 伟晶岩型

伟晶岩型是祖母绿的重要矿床类型。祖母绿产于褶皱带和花岗岩发育区，围岩常为区域变质岩(片岩、片麻岩)和混合岩。伟晶岩是在酸性岩浆活动的晚期，随着温度的不断降低，大量的挥发分析出，残余岩浆与围岩相互作用而发生一定的物质交换，矿物有序结晶，形成带状构造的伟晶岩矿床。一般认为祖母绿中的Be、Al、Si等元素来自伟晶岩或花岗岩，而Cr、V来自富集这些元素的围岩。

巴西卡纳巴、索科托祖母绿矿床位于受同一断裂－岩浆构造带控制的两个花岗岩岩基内，花岗岩侵入前寒武纪变质岩中。花岗岩中含有大小不等、成分不一的围岩捕虏体，岩浆期后的伟晶岩穿插捕虏体围岩，祖母绿产出于伟晶岩和捕虏体的接触带，伴有金云母化。矿床交代蚀变分带明显，每个分带具有矿物成分差异。另外，在2006年巴西东北部的法达赞·邦芬地区发现了祖母绿矿床，矿床类型与卡纳巴类似，产于花岗伟晶岩与超基性岩的接触带中，受韧性剪切带控制。当然，也有一些伟晶岩祖母绿矿床产自长英质伟晶岩晶洞，以浅色、浑浊晶体为主，优质晶体不多，工业意义不大。主要代表矿床是美国的北卡罗来纳州祖母绿矿及挪威奥斯陆以北的祖母绿矿、中国云南的祖母绿矿。

3.3.2.2　热卤水型

众所周知，哥伦比亚是世界上高档祖母绿的主要产地，而哥伦比亚祖母绿矿床为热卤水型。哥伦比亚祖母绿矿床主要位于东科迪勒拉山脉西缘的穆佐－考斯科维茨和东缘的契沃尔－加查卡。祖母绿矿化的围岩是早白垩世富含有机质的碳质岩、灰岩、页岩，伴有强烈的钠长石化和碳酸盐化。矿体受构造控制，产于北东向和北西向断裂交汇构造破碎带，含祖母绿矿体是穿插在碳质岩、灰岩中的方解石脉、白云石－方解石脉和黄铁矿－钠长石脉。共生矿物主要有方解石、白云石、黄铁矿、钠长石、重晶石、萤石和氟碳钙铈矿。前人也有将哥伦比亚祖母绿矿床称为产于沉积岩系中的方解石－钠长石脉型(张蓓莉等，2006)。

有学者认为，我国新疆塔什库尔干达瓦达祖母绿形成于高盐度热卤水作用(Marshall et al.，2012)，应属于热卤水型祖母绿矿床。

3.3.2.3　热液型

根据其热液类型的差异，又可以将热液型分为两种，一种为气成热液型，一种为区域变质热液型。前者为岩浆派生热液，与伟晶岩型祖母绿矿床在成因上有继承性，只是祖母绿的产出位置不同。伟晶岩型祖母绿形成于伟晶岩或再结晶的伟晶岩脉中，而气成热液型祖母绿往往产于变质的超基性围岩或与围岩的接触带，两者在成因上有连续性。

(1)气成热液型

气成热液型都是花岗伟晶岩侵入变质的超基性岩中，祖母绿晶体以斑晶的形式赋存于超基性岩的变质岩(云母片岩、滑石片岩、绿泥石片岩)的岩层中，含祖母绿的云母片岩经常与稀有金属伟晶岩共生。侵入到基性岩－超基性岩的酸性岩浆活动后期，大量熔点低、流动性较大的残余岩浆随着温度降低而发生结晶分异，先形成伟晶岩，余下的富含Be、Al、Si、F、Cl等挥发分的高温气成热液与超基性岩发生组分交换，萃取了超基性岩中的Cr、V元素，在花岗岩与超基性岩的接触带上形成了祖母绿晶体。气成热液型祖母绿矿床主要分布在俄罗斯、印度、津巴布韦、澳大利亚、巴西等国。

(2)变质热液型

Grundmann and Morteani (1989)通过研究南非莱斯多普和奥地利哈巴契特祖母绿矿床发现，祖母绿形成于同或后板块构造运动过程中的低级别区域变质作用，产在超基性岩变质而成的变质交代区域(黑色岩壁)。祖母绿的形成反应发生于含绿柱石或硅铍石伟晶岩和钠长石伟晶岩与黑云母－滑石、阳起石片岩的接触部位，如南非莱斯多普；或者是富 Be 石榴石－云母片岩和黑云母－斜长石片麻岩与蛇纹岩和滑石片岩的接触带，如奥地利哈巴契特。流体包裹体测温指示成矿流体为中温(300℃)、低盐度(1%～9% equiv. wt NaCl)、富含 CO_2 的变质流体特征。

区域变质作用导致的超基性岩和富 Si、Al 和碱金属的围岩发生反应，从而形成典型的片岩状的黑色岩壁。黑色岩壁形成过程中，富 Be 的铝硅酸盐矿物如长石和白云母被贫 Be 的黑云母、绿泥石或是滑石取代，从而引起 Be 的释放而形成祖母绿。当然，不太相同的是，在南非莱斯多普矿床出现的无色绿柱石和硅铍石，在黑色岩壁交代作用下首先形成富 Cr 的黑云母，随后这些无色绿柱石和硅铍石与富 Cr 黑云母反应而形成祖母绿，与此同时蛇纹岩交代蚀变形成滑石片岩的过程中释放了祖母绿形成必需的 Cr 和 Mg。

3.4 世界著名的祖母绿矿床

3.4.1 哥伦比亚祖母绿矿床

3.4.1.1 地质概况

哥伦比亚祖母绿矿床产出了世界上最大和最高质量的祖母绿，发现了超过 200 个祖母绿矿床。这些矿床基本都位于东科迪勒拉山脉东侧狭窄的构造带中。

哥伦比亚祖母绿矿床可分为东西两个矿区(图 1－3－5)，西部为瓦斯克斯－亚科皮矿区，主要有穆佐、考斯科维茨、拉帕哇、佩纳布兰卡和亚科皮，穆佐矿区又分为奎帕玛、特昆达马；东部为瓜维奥－瓜特克矿区，包括契沃尔、拉瓜拉、加查拉、马卡纳尔等，还有一些小型矿点，经济意义不大。哥伦比亚祖母绿占据全球产量的一半以上，估计可达 60%。

东科迪勒拉褶皱和逆冲断裂始于中新世(安第斯阶)，挤压而形成了两个前陆盆地：西部的马格达莱纳盆地和东部的亚诺斯盆地(图 1－3－5)。构造带是大型中生代盆地中央部分的构造反转的结果，发生在三叠纪到早白垩纪走滑阶段。在白垩纪期间，中马格达莱纳和东科迪勒拉地区迅速沉降形成海洋弧后盆地。

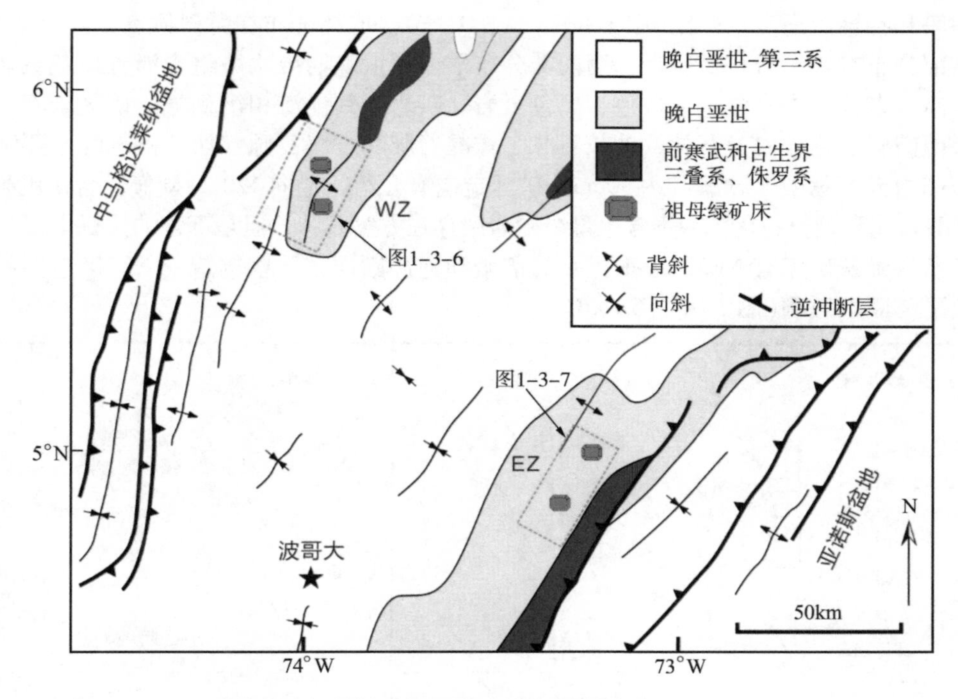

图 1－3－5　哥伦比亚祖母绿矿床区域地质构造简图(据 Branquet et al.，1999)

祖母绿矿化产生在尼奥科姆统地层，代表的是裂谷阶段的顶部充填，主要有砂岩、灰岩和黑色页岩、蒸发岩。中到晚白垩纪弧后层序包含碎屑。在白垩纪晚期，整个盆地变为中央科迪勒拉东部前陆盆地。

3.4.1.2　矿床地质概况

(1)西部矿区(WZ)

西部矿区出露在比列塔复背斜的核心，发育有穆佐矿床、考斯科维茨矿床(图 1－3－6)。西部矿区包含祖母绿矿床的沉积岩系列有几百米厚，由下到上，依次发育有凡兰吟阶－豪特里维阶的罗莎布兰卡组微晶灰岩、大部分为白云质灰岩、豪特里维阶钙质黑色页岩、从豪特里维阶黑色硅质页岩到巴列姆阶－阿普第阶帕亚组后层灰岩组成的基底。大部分的祖母绿赋存在白云质灰岩和钙质黑色页岩中的热液角砾或碳酸盐－黄铁矿脉。

矿床发育有数百米的褶皱、逆冲断裂，具有脆性断裂特征。在断裂带中是几厘米到几米厚的热液角砾碎裂岩、碎屑黑色页岩及钠长岩脉，可见被碳酸盐－钠长石－黄铁矿胶结。这些角砾来自富含流体的矿浆，一部分是超压流体逃逸而引发周围岩石强烈的水压破裂，特别是沿着平移断裂。每一个祖母绿矿床都是复杂的变形体，是多期次构造的结果。祖母绿矿床的平移断层在深部相连，形成垂向的成矿流体通道。因此，西部矿区祖母绿矿床是区域平移断层引导的逆冲断裂分支的结果。

穆佐矿区的构造发育有依托克背斜和依托克断裂，早期的逆冲断层和褶皱被后期南东近乎折叠的褶皱和逆断层改造。晚期，走向 NE140°左旋力拓依托克平移断裂将矿床分成了奎帕玛和特昆达马两个矿床(图1-3-6A，D，E)。矿体分布在背斜倾斜断裂及裂隙中，背斜核部分布有花岗岩和变质带，而两翼分布早白垩世晚期维坎塔组含沥青黑色页岩。矿区西、南、东分布中晚白垩世灰色、黑色页岩、灰岩和其他海相沉积岩。矿区岩石发生强烈褶皱而破碎，并被白云石脉、钠长石脉、重晶石脉和方解石脉穿切。祖母绿主要赋存在方解石和白云石脉中，脉厚可达30cm。矿脉走向有几组，走向120°，陡倾。含矿围岩发生强烈碳酸盐化和钠长石化，在不含祖母绿围岩中存在方解石脉，但是不含钠长石化。

考斯科维茨矿床有NE30°近乎折叠的褶皱和逆冲断层，这些构造受NE20°走向的考斯科维茨平移断层影响(图1-3-6A，C)。

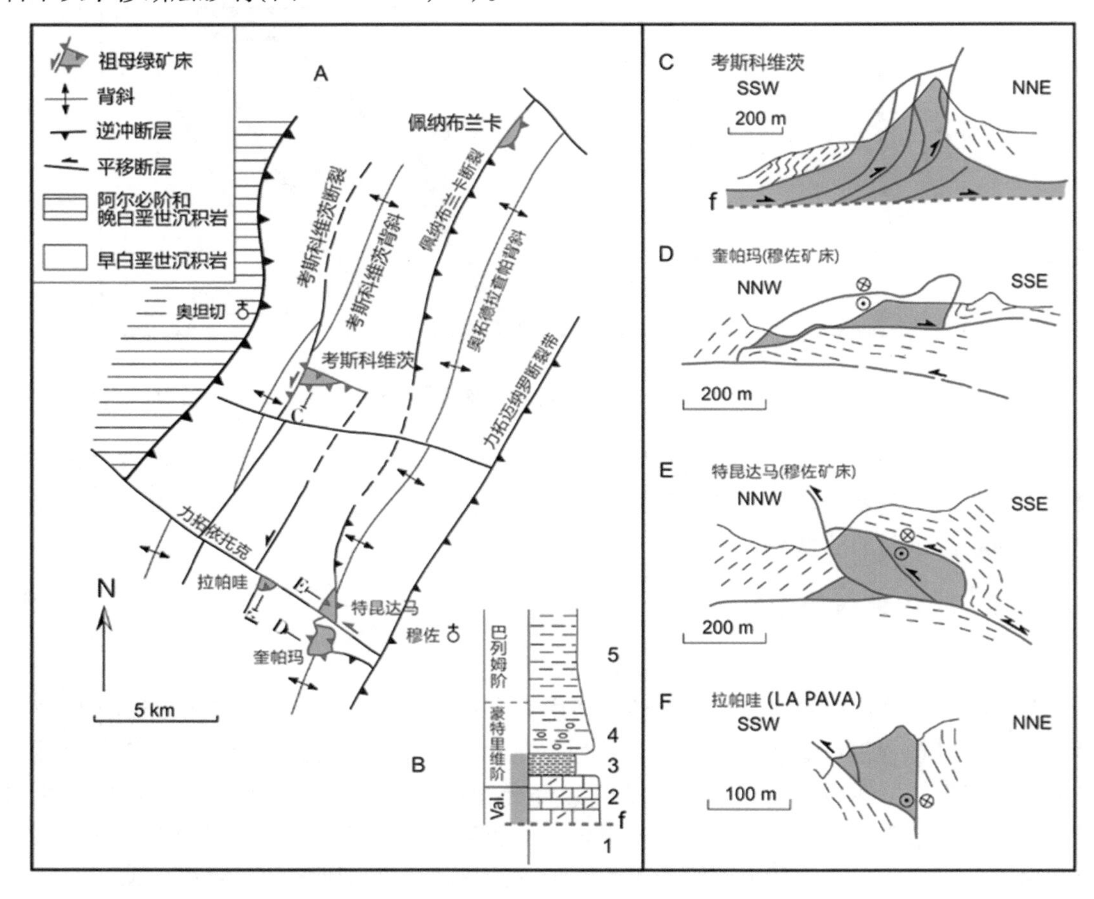

图1-3-6　哥伦比亚祖母绿矿床西部矿区地质构造简图与剖面图(据Branquet et al.，1999)

(2)东部矿区(EZ)

在东部矿区，安第斯山厚皮构造是主要的变形构造，从西部的东科迪勒拉到亚诺斯山。安第斯山变形主要对应逆冲断层和褶皱，作用于古生代褶皱基底和白垩纪-第三纪沉积盖层。一些断层是早白垩纪的生长断层，埃斯梅拉达断裂代表了早白垩纪正断层保留的一部分。作为安第斯山厚皮构造的结果，契沃尔祖母绿矿床位于走向NE30°直立褶皱的西翼，为平缓向北西倾斜单斜层(图1-3-7)。封闭的沉积岩系列相当于巴列姆阶瓜维奥组上部，不整合覆盖于古生代基底和被凡兰吟阶马卡纳尔组覆盖。

富含祖母绿的脉体和热液角砾有这些成分，由下到上依次为：

①页岩和粉砂岩，局部有块状钠长石化(下部纳长岩)层；

②1～10m厚度的层状角砾层，大部分由热液角砾组成；

③钠长石化(上部钠长石)和碳酸盐化层，白色和含初始无水石膏层；

④微晶质生物岩礁或介壳灰岩垂向和侧向变为黑色页岩，夹钙质砂卵石泥岩和重力滑塌沉积。

在角砾层中，上部的破碎岩块(纳长岩、黑色页岩和灰岩)和岩洞构造是顶部滑脱的证据。因此，蒸发岩层溶解(初始可能包含岩盐)是控制角砾层的形成的主要过程。由于安第斯山褶皱阶段形成，蒸发岩、灰岩、钠长岩和角砾层在契沃尔矿区超过数十千米。契沃尔祖母绿矿区分布在这一区域地层的中间或者上部，限定了祖母绿的层位(图1-3-7A)。

契沃尔祖母绿矿床揭示了一些明显的矿化构造：

①几厘米到十米规模的铲状断层和相关的构造翻转；

②几米宽的伸展构造被热液角砾充填而形成垂直岩管；

③形成很好的一组张裂隙，北东-南西向，主要充填碳酸盐和黄铁矿，垂直横切坚硬的钠长岩。所有这些矿化构造被分支而形成角砾岩层，这些角砾岩层被矿化。

小型的拉瓜拉祖母绿矿床分布在契沃尔矿物北西4km处，被马卡纳尔组页岩包围，处于角砾岩层上部并显示大量的共轭正断层，并被共生的热液祖母绿密封(图1-3-7C)。大部分的正断层是北东-南西走向，倾向南东。

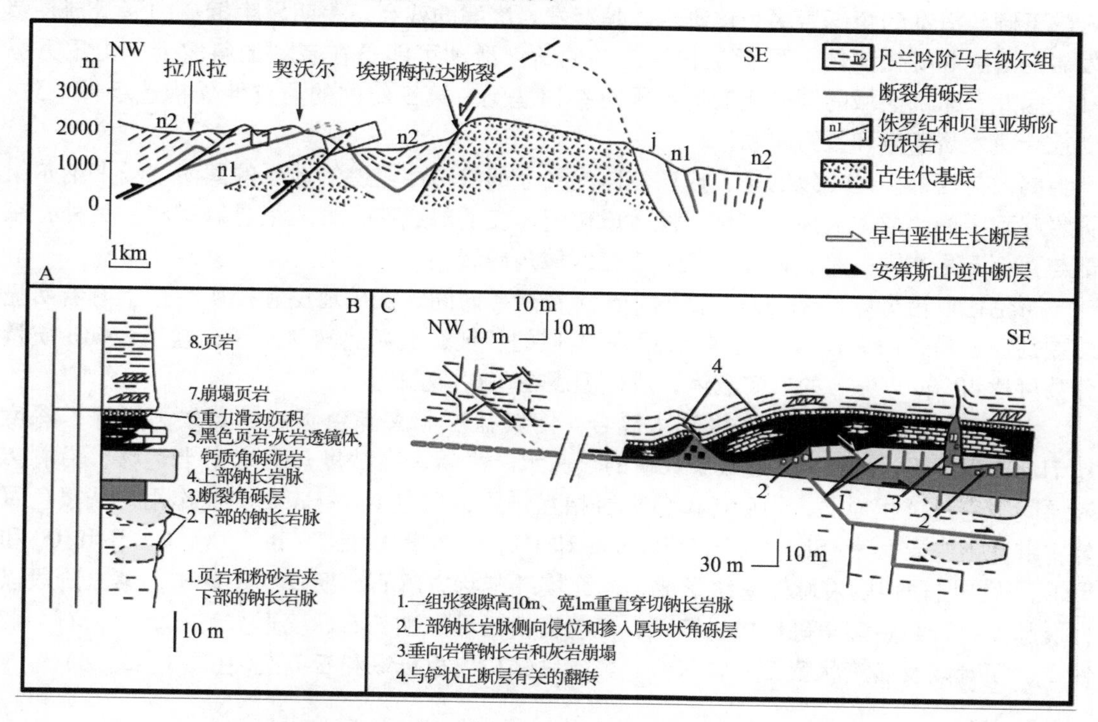

图1-3-7　哥伦比亚祖母绿矿床东部矿区地质构造剖面图(据 Branquet et al.，1999)

3.4.1.3 矿床成因

(1)西部矿区(WZ)

在区域上，矿区位于比列塔复背斜中央，祖母绿矿床受限于帕亚组，该地层发育逆冲断层和数千米规模的垂向褶皱(NE30°走向)并伴随着折劈理。因此，所有的不协调显示在区域变形模式和小的或更复杂的矿床构造之间，沿着矿床的分支断裂的构造接触部位存在底板和顶板的多层滑脱。底板不连续被认为是蒸发岩层，也涉及热卤水成矿。在矿床上部的帕亚组页岩，祖母绿矿床形成的温度峰值期间，区域劈理被硬绿泥石斑状变晶叠加。这显示矿床的形成时间是始新世 - 渐新世，矿化时间与东科迪勒拉山西部区域构造形成时间相一致。因此，西部矿区形成是在始新世 - 渐新世(38Ma ~ 32Ma)。整体上区域构造的北西西向南东东缩短，沿着走滑断层形成褶皱和逆冲断层。

矿化圈闭是受平移断层控制的小而复杂的压缩构造。产生于蒸发岩层下部某个部位的成矿流体向上运移，转化为超压流体穿过包围的系列地层，热液角砾和强烈的水压破裂沿着逆冲断裂分布，上部的帕亚组页岩渗透性较差，起到了圈闭成矿流体的作用。

(2)东部矿区(EZ)

从构造特征可以看出，东部矿区的构造开始、形成与成矿的热液流体循环和祖母绿矿床的形成是一致的。大部分同矿化是明显的伸展构造，指向相对运动的朝向南东的角砾层的上盘，但是滑动可能很小(最多数百米)。这个南东导向的运动解释为：局部的拆离，正常的下倾斜滑动到角砾岩层。角砾岩层是蒸发岩溶解的残余，表明发生拆离的润滑剂是蒸发岩的溶解和矿化流体，而不是黏性流动的盐。滑动可能是在有利的斜坡上，由重力驱动。因此，东部区域的同矿化变形与限定在白垩纪 - 第三纪间的薄皮伸展构造事件一致，受控于蒸发岩溶解和重力驱动。

同样与西部矿区一致的是，成矿流体受到上部渗透性较差的地层的圈闭，马卡纳尔组页岩起到了圈闭成矿流体的作用，使得成矿流体在下部成矿，形成祖母绿矿床。另外，东部与西部不尽相同的是，矿体往往分散在区域角砾岩层。

哥伦比亚祖母绿矿床的东、西两个矿区在成矿时间、控矿地层和控矿构造上有着明显的差别。但是，两者在成矿流体上显示了类似的特征，成矿热液显示了高盐度(NaCl 质量分数可达 40equiv. %)的成矿流体，成矿温度在 300℃左右。

大气降水的下渗和建造在深部水混合，溶解盐层和夹黑色页岩的蒸发岩层序，深度超 7km，温度可达 250℃，形成了成矿的热卤水。高碱、高盐度热卤水向上运移，沿剥离断层间隙穿过沉积地层，随后与黑色页岩相互作用，通过 Na - Ca 质交代作用，从黑色页岩中淋滤出主要元素(Si、Al、K、Ti、Mg 和 P)，还有微量元素(Be、Cr、C、B 和 U)和 REE。第一阶段伴随着脉体系统形成，而充填纤维状方解石、沥青和黄铁矿；第二阶段以伸展脉体组合和热液角砾形成为特征，充填有白云母、钠长石、菱形方解石、白云石、黄铁矿、沥青以及晶簇状萤石、磷灰石、氟碳钙铈矿、祖母绿和石英沉淀(图 1 - 3 - 8)。

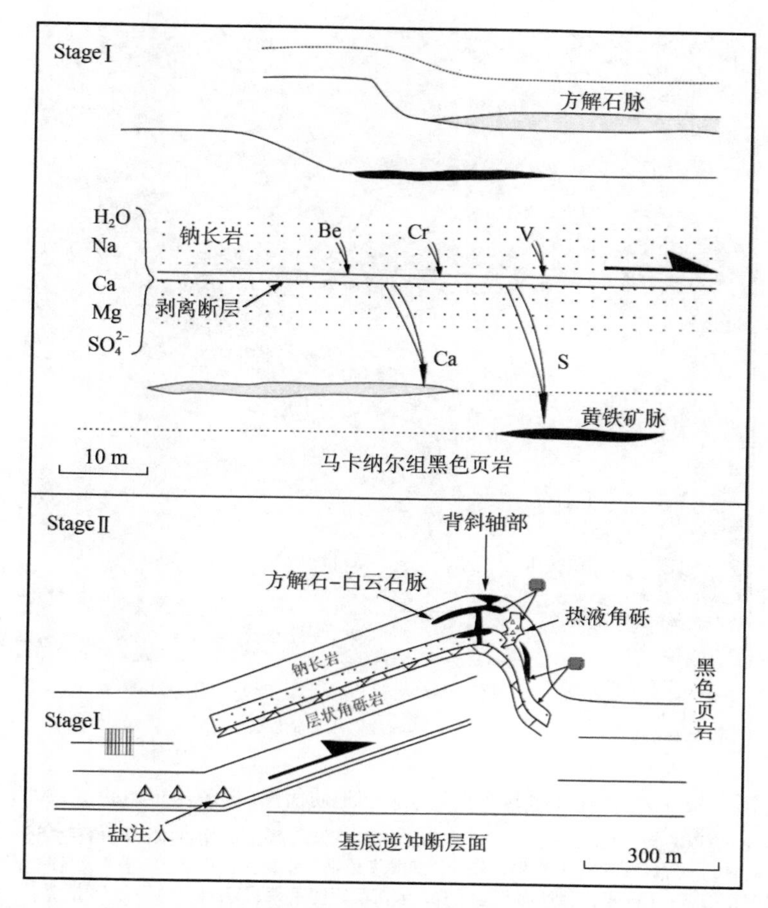

图 1－3－8　哥伦比亚祖母绿矿床成矿模式图(据 Cheilletz and Giuliani, 1996)

3.4.2　赞比亚卡富布祖母绿矿区

几个世纪以来，哥伦比亚都是世界优质祖母绿的代名词。过去的 20 年，随着哥伦比亚祖母绿产量的下降，以及巴西、赞比亚等地祖母绿新矿床资源的陆续被发现，在祖母绿的国际市场上，逐渐形成哥伦比亚、巴西、赞比亚三足鼎立的态势。赞比亚逐渐成为世界重要的祖母绿产地，其祖母绿产量占世界祖母绿供应量的 20% 以上，并呈现不断上升的势头，所产祖母绿品质介于哥伦比亚和巴西祖母绿之间，被认为是继哥伦比亚外的第二大有经济意义的祖母绿产地。赞比亚的祖母绿矿床主要分布在卡富布河流域(图 1－3－9)。

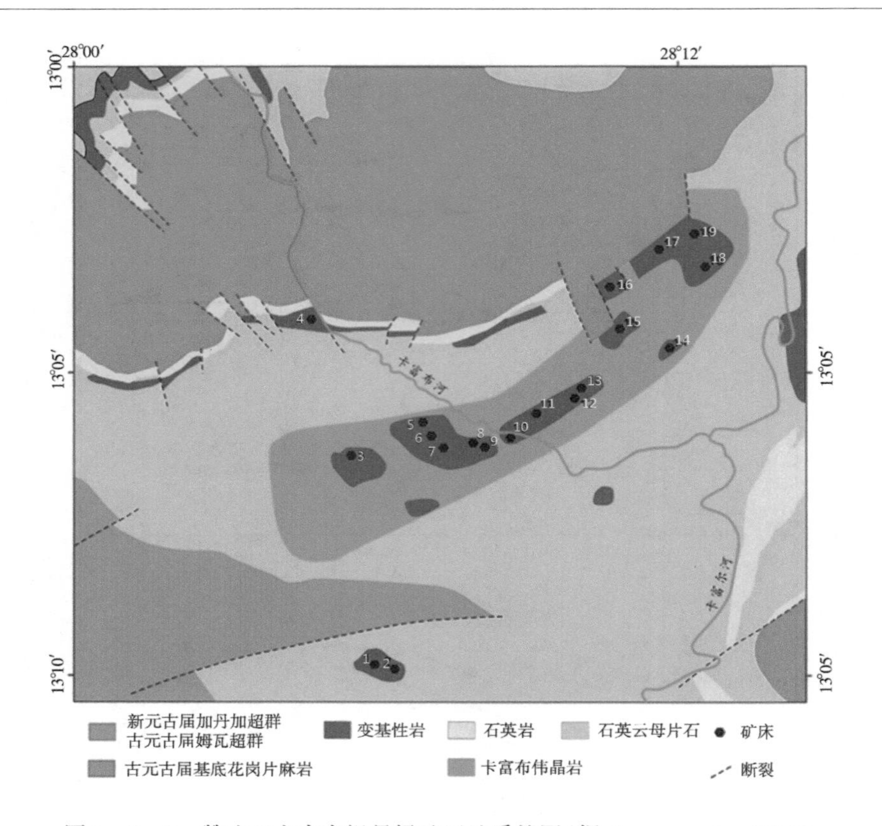

图 1-3-9　赞比亚卡富布祖母绿矿区地质简图(据 Zwaan et al.，2005)

1. 弥汤都；2. 戈恩蒂纳；3. 卡马干加；4. 米库；5. 特瓦姆潘恩；6. 比拉拉；7. 格里兹里；8. 阿卡拉；9. 埃比尼泽；10. 姆布尼；11. 卡棋穆；12. 卡棋穆菲瓦亚-菲瓦亚；13. 卡棋穆菲瓦亚-菲瓦亚外延；14. 卡棋穆利布韦蒂；15. 卡棋穆达布韦萨；16. 卡棋穆菲博莱莱；17. 尚太特；18. 拓荒者；19. 坚岩

赞比亚的祖母绿矿床主要位于世界闻名的铜带西南的恩多拉地区，靠近卡富布河(卡富埃河的支流)。1928 年，在米库首次发现了绿柱石资源，1931 年经短期调查加以否定，四五十年代又做了一些工作。直到 20 世纪 70 年代陆续发现了卡马干加、菲博莱莱、菲瓦亚—菲瓦亚、利布韦蒂、达布韦萨和恩卡巴希拉等新矿床(图 1-3-9)。矿化区呈矩形，面积达 170km^2，赞比亚祖母绿资源的开采才开始有经济效益。

3.4.2.1　区域地质概况

卡富布祖母绿矿区基底杂岩为叶片状花岗岩、白云母/黑云母片麻岩和少量变沉积岩和变火山岩。基底出露于构造高地，分布于西北和东南部(图 1-3-9)，属于 NW-SE 向的卡富尔背斜。上覆地层属中元古界姆瓦超群，岩性主要为中粗粒变质石英岩、细粒石英-云母片岩和富镁的变基性岩以及少量的角闪岩(图 1-3-9)。姆瓦超群上覆地层为新元古界加丹加超群。加丹加超群分布在本区东部和西部，由砾岩、长石砂岩、石英岩、硅质黏土岩、石英-碳酸盐岩和碳质页岩组成，并有辉长岩侵入。

卡富布地区经历了三次造山运动：Ubendian、Irumide、Lufilian(泛非 Pan - African)。

区内所知的十几个祖母绿矿床，均位于三条北东 - 南西向的变质基性岩带内(图 1 - 3 - 9)，北带有米库、菲博莱莱、尚太特、索利德洛克矿床，中带有卡马干加、卡棋穆菲瓦亚 - 菲瓦亚、阿卡拉、埃比尼泽、姆布瓦等矿床，南带有米通多和戈恩蒂纳矿床。

3.4.2.2　矿床地质概况

卡富布地区的祖母绿矿化全部赋存于姆瓦超群(图 1 - 3 - 9)，区内 18 个祖母绿矿区，均位于三条明显东西向的富镁片岩带内。

伟晶岩广泛分布于姆瓦岩层内，在背斜中部更常见。矿区内出露有伟晶岩脉的三种不同相，第一种岩相以含白云母和细粒电气石 - 长石 - 石英为代表，长石均已高岭石化，石英和电气石裂隙内充填高岭石；第二种岩相以由电气石组成的大脉为代表，显示内部分带的痕迹，边缘带通常为细粒，向中心其结构变粗，脉的核部由石英 - 电气石聚集体组成；第三种岩相则以角砾状粗粒(5 ~ 10 mm)石英 - 电气石脉为代表，内部分带不明显。前两种岩相无祖母绿，第三种相脉体内则有祖母绿矿化。有经济价值的祖母绿集中在石英 - 电气石脉和富镁的变质基性岩的金云母反应带，宽 0.5 ~ 3m。

在最富的矿带内，祖母绿矿囊的分布也是不稳定的。多数位于第三种岩相的整合缓脉附近，仅米库在不整合脉附近，菲博莱莱则两种情况兼有。最富的祖母绿“矿体”形成在平卧的波浪状脉附近，与陡倾脉有关的矿化一般少见。图 1 - 3 - 10、图 1 - 3 - 11 分别为赞比亚卡棋穆祖母绿矿床露天采坑和机械化生产的露天采坑。

图 1 - 3 - 10　赞比亚卡棋穆祖母绿矿床露天采坑(据 Hsu et al.，2014)

图 1-3-11 赞比亚卡棋穆祖母绿矿床机械化生产的露天采坑（白色为伟晶岩脉）
（据 Hsu et al.，2014）

3.4.2.3 矿床成因

卡富布祖母绿矿化的来源似乎与构造晚期的和构造期后的基巴兰（加丹加）花岗岩侵位有关。该构造事件的最晚期有强烈的伟晶岩活动，富 B、Be 和 F。气相和液相渗透了广大地区，发育良好的陡倾剪切带网脉成为有利的扩散通道。

卡富布伟晶岩的侵位呈脉动式，最早石英-长石-电气石伟晶岩是继电气石和石英-电气石结晶作用之后形成的，后期又遭受了强烈硅化。大多数绿柱石祖母绿矿化与伟晶岩活动的气成热液石英-电气石相有关，那些主要为气相的晚期高挥发分，富氧化硅和硼而缺少长石，结晶生成了石英和黑电气石。伟晶岩通常沿片岩的层内滑动面侵位，尤其是滑动面所形成的合适构造圈闭处，而片理的波状起伏且通常的平缓面，有利于形成适当的构造圈闭，以促进祖母绿的结晶作用。

绿柱石结晶发生于伟晶岩和周围岩石之间的交代反应，因而绝大多数祖母绿赋存于交代黑云母/金云母片岩带内，沿脉体与围岩的接触处发育。围岩地球化学测定表明，滑石片岩内具有高而多变的铬含量，达 $400\times10^{-6}\sim3000\times10^{-6}$。最高铬含量的样品采自矿化最佳位置，表明祖母绿的铬来源于超镁铁质片岩，含铬达 0.5%。高质量的祖母绿附近存在的淡绿和带白色的绿柱石表明铬并非均匀分布。伟晶岩支脉（无肉眼可见的祖母绿晶体）具有一些 Be 元素痕迹，说明其与祖母绿矿化有关。

含铍的伟晶岩和热液矿脉，与富铬的基性岩叠加，流体中含有 Si、B、K、F 和其他微量元素，基性岩母岩的性质因热液流入而发生改变。含矿热液与围岩的循环交代作用下，祖母绿在各种构造蚀变带或伟晶岩中形成。流体包裹体和氧同位素特征显示，祖母绿成矿温度为 350～450℃，压力为 150～450MPa。伟晶岩的白云母 K-Ar 和相关的石英-电气石脉给出的成矿年龄为 452Ma～447Ma。

因此，从区域地质、矿床地质及成矿年代上看，赞比亚卡富布祖母绿矿床存在伟晶岩和与伟晶岩相关的气成－热液两种类型(图1－3－12)。

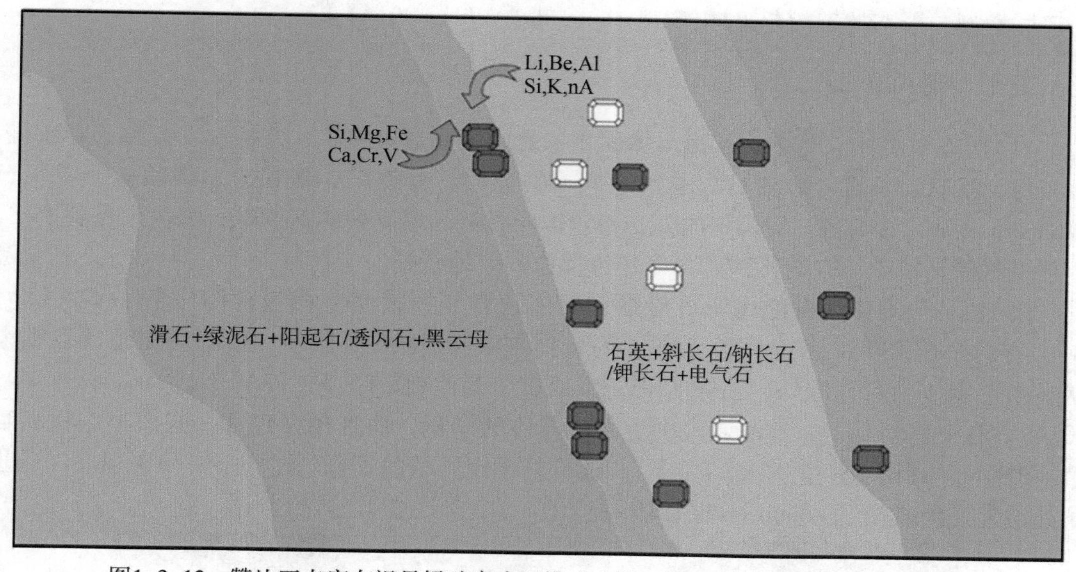

图1–3–12　赞比亚卡富布祖母绿矿床成因模式（据Zwaan，2006；Hsu et al.，2014）

角闪岩　滑石磁铁片岩　黑云母–金云母电气石片岩　伟晶岩
祖母绿　绿柱石

3.5　不同产地祖母绿的特征对比

世界各个产地的祖母绿矿床在围岩、伴生矿物，甚至矿床成因方面均存在差异(表1－3－1)。如哥伦比亚祖母绿矿床属于热卤水型，三相包裹体往往含有石盐和方解石晶体，而赞比亚矿床则属于气成－热液型，包含围岩的大量固态包裹体——阳起石、金云母、镁电气石、氟磷灰石、磁铁矿和赤铁矿等。

正是这些差异的存在，导致不同产地的祖母绿在微量元素成分、内含物和同位素方面存在明显不同。因此，微量元素、包裹体、同位素等为我们研究祖母绿的产地提供了帮助，可以通过上述几个方面的特征做出产地鉴别。

3.5.1　包裹体

祖母绿由于成矿环境的差异而具有多种包裹体类型及其组合，不同成因类型的祖母绿由于其成矿地质环境条件的差异，其包裹体类型和特征也必然不同。而且，含矿母岩的化学成分、成矿流体的化学成分与祖母绿中包裹体的化学成分之间存在一定的联系。因此，某些包裹体及其组合类型仅见于某个特定的产地，具有产地指示意义。

传统观点认为，产自哥伦比亚的祖母绿显示了三相包裹体特征(Giuliani et al.,

1993)。换句话说，如果在祖母绿中发现了三相包裹体，就可以认为其产自哥伦比亚。但随着研究的不断深入，在其他祖母绿产地(如中国新疆、赞比亚、阿富汗等)也发现了大量的不同类型、形态的三相包裹体(Saeseaw et al.，1993，2014)。

3.5.1.1 哥伦比亚

(1)固态包裹体。哥伦比亚祖母绿固相包裹体主要是黄铁矿、方解石、石英、金红石、白云母、滑石、长石、绿柱石、磁黄铁矿、闪锌矿、针铁矿、褐铁矿、碳酸盐、磷灰石(Romero et al.，1995)。契沃尔内部三相包体中具有晶形完好的黄铁矿，穆佐未见黄铁矿，但可见氟碳钙铈矿。氟碳钙铈矿可以作为穆佐的产地特征。

(2)流体包裹体。哥伦比亚祖母绿包裹体通常是锯齿状多相包裹体(图1-3-13A，B)，有的拉长像叶片(图1-3-13C，D)，偶尔不规则状(图1-3-13E)。哥伦比亚锯齿状多相包裹体，除气泡外，往往含有一个或多个晶体(图1-3-13A，G；Saeseaw et al.，2014)。在一些情况下，气泡通常小于方形晶体的体积，而且还会包含一些细小点状的暗色不透明晶体(图1-3-13B，C，E)和成群的不规则状的子晶(图1-3-13B，E)，这些子晶通常是碳酸盐(Giuliani et al.，1994)。

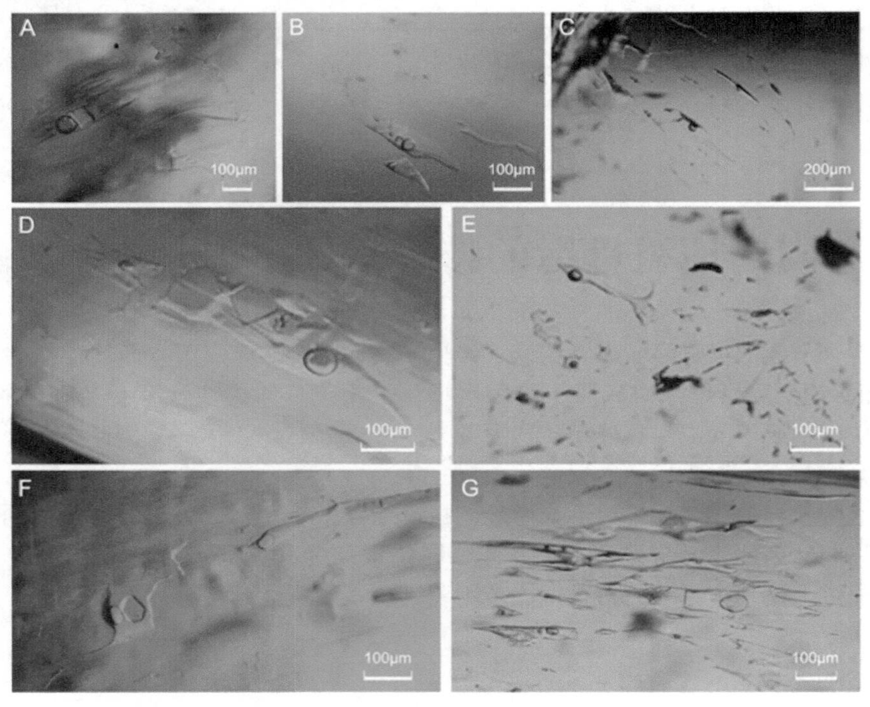

图1-3-14 哥伦比亚祖母绿矿床包裹体特征(据Saeseaw et al.，2014)

A. 锯齿状多相包裹体，含有方形晶体和气泡(Muzo)；B. 锯齿状多相包裹体，含有方形晶体和细小的不透明矿物(Muzo)；C. 多相包裹体，液相通常伴随着气泡和大的无色方形晶体，并有细小的无色和暗色晶体(Muzo)；D. 拉长似叶片状多相包裹体，含有气泡和大的无色方形晶体(Coscuez)，晶体略大于气泡；E. 不规则多相包裹体，包含气泡和大的方形晶体(晶体与气泡大小相当)和一些小的晶体(Coscuez)；F. 多相包裹体，含有较大的气泡和无色方形晶体(La Pita)，模糊的边界；G. 锯齿状的多相包裹体，包含气泡和方形晶体，晶体大于气泡，可能是一小群子晶(Coscuez)。

3.5.1.2 赞比亚

赞比亚祖母绿颜色呈亮绿色或带蓝的绿色，从浅绿到暗绿但多带有灰色调，颜色通常不均匀，有色带，小颗粒祖母绿中多见鲜亮的颜色。内含包体丰富，包含大量的流体包裹体和固态包裹体以及多相包裹体，裂隙发育。

赞比亚祖母绿主要含有三种类型的包体，分别是固相、流体包裹体和生长纹理。

(1) 固相包裹体

赞比亚祖母绿产于伟晶岩与变质基性岩接触带，可见大量的热液矿物，而这些矿物常常被祖母绿包裹而形成固相包裹体(图 1－3－14D)。固相包裹体常见的主要有软锰矿、角闪石、镁电气石、阳起石、金云母、绿泥石、萤石、氟磷灰石、石英、磁铁矿和赤铁矿(图 1－3－14、图 1－3－15、图 1－3－16)。

图 1－3－14 赞比亚卡棋穆祖母绿矿床固相包裹体和围岩特征(据 Saeseaw et al.，2014)

A. 树枝状黑色不透明矿物包裹体，可能是软锰矿；B. 暗褐色透明角闪石包裹体；C. 暗褐色透明电气石包裹体；D. 祖母绿与白云母、黑色电气石、黄铁矿和石英共生。

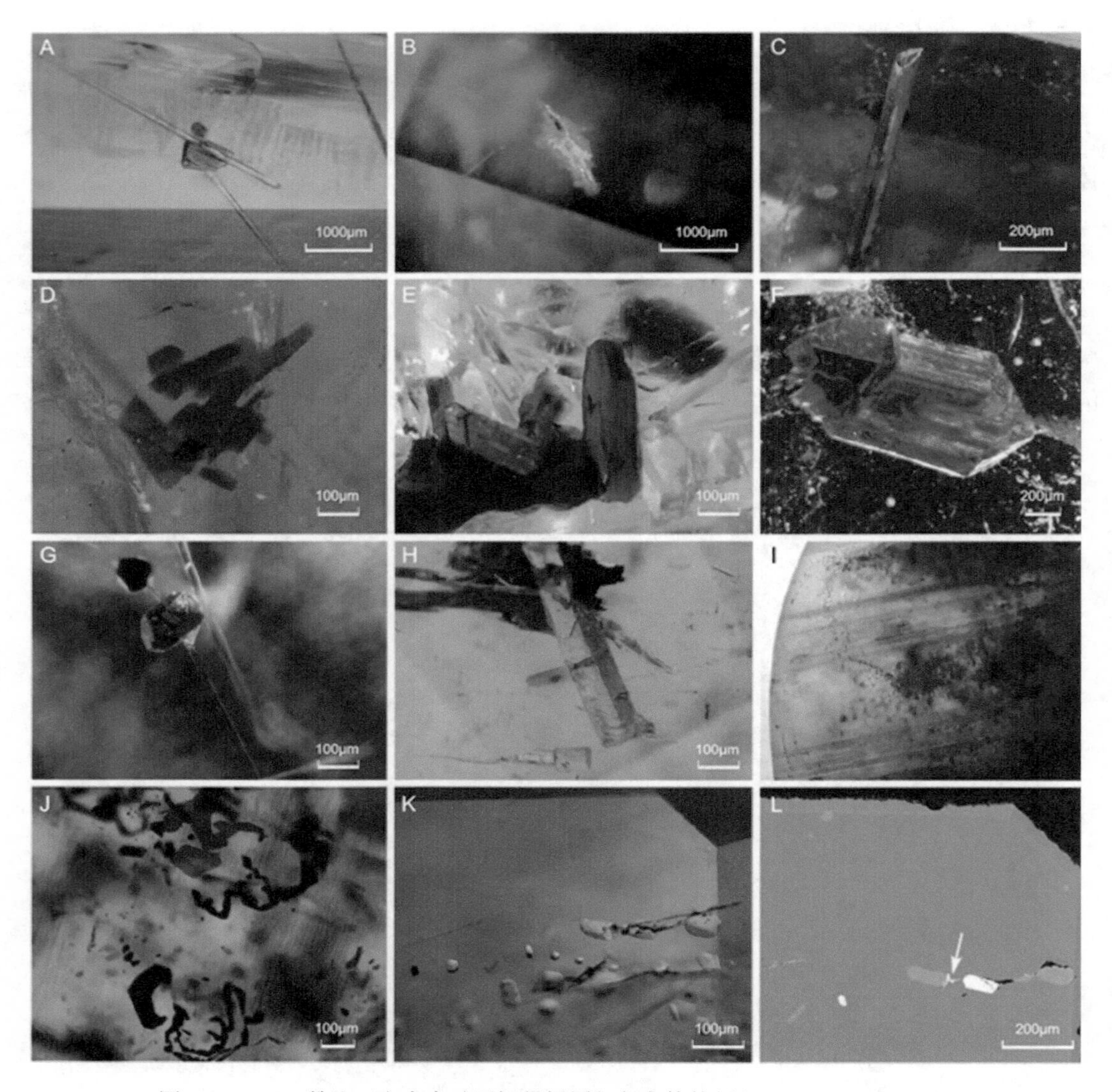

图 1－3－15　赞比亚卡富布矿区祖母绿固相包裹体特征(Zwaan et al. , 2005)

A. 无色针状阳起石，正交镜下略带黄色调，阳起石中间暗色颗粒可能是电气石(Chantete)；B. 模糊的白色涂掉状为裂隙或流体包裹体，包含了杆状的阳起石包裹体(Chantete)；C. 多面的、末端空的、锋利的边界柱状空腔为溶解的阳起石包裹体，空腔充填了后生碎片；D. 片状金云母(Chantete)；E. 绿泥石(中部)与片状金云母共生；F. 红橙色铌金红石(Mbuwa)；G. 暗色的镁电气石晶体，横断面呈现球面三角形，往往被阳起石穿切(Kagem)；H. 大小不一且自形的无色透明的磷灰石包体，中间可达 1mm，以下部 0.15mm 常见(Kagem)；I. 平行色带；J. 微小的不透明磁铁矿包裹体，呈现平行面状和骨架状，红色的为褐铁矿；K. 石英和萤石包裹体显示很高的突起；L. 背散射图像，石英显示灰色，萤石晶体亮白色

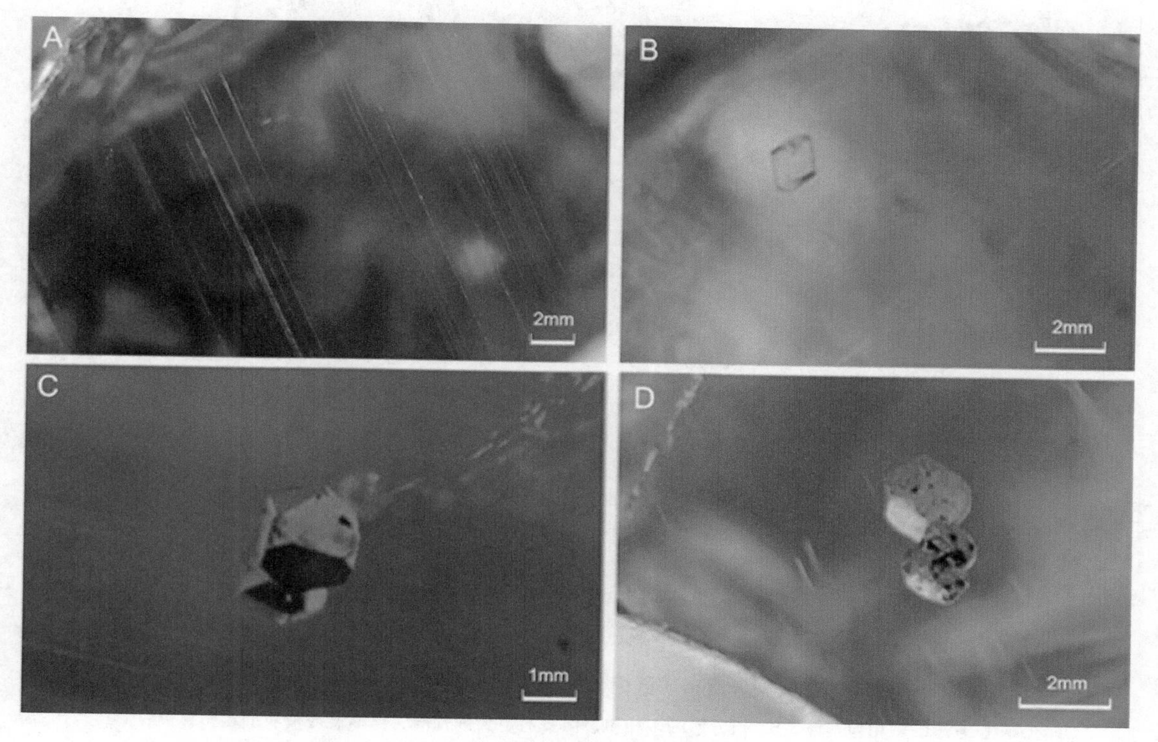

图 1－3－16 赞比亚慕沙卡拾矿区祖母绿包裹体特征(据 Saeseaw et al.，2014)

A. 平行于柱面的平行生长管；B. 无色透明的固相方解石；C. 不透明的金属矿物可能是赤铁矿或假像赤铁矿；D. 带白色透明冰晶石晶体

在卡富布矿区，祖母绿含有柱状透闪石、浅到中等棕色的片状云母，稀有的绿色绿泥石、柱状镁电气石、磷灰石、磁铁矿、赤铁矿石英、萤石、碳酸盐和黄铁矿等。

(2)流体包裹体

赞比亚祖母绿流体包裹体发育，根据其相态可以分为气液两相和气液固三相两种类型(见图 1－3－18、图 1－3－20)。根据其形成的原因，可分为原生、次生和假次生，这些包裹体均较常见。

原生和假次生的流体包裹体形态多样，可以是呈规则的长方形(图 1－3－17A，B；图 1－3－19B)、不规则状(图 1－3－17C，D，E；图 1－3－19G，H)、负晶形(图 1－3－19D)、平行的管状(图 1－3－19C)和拉长状(图 1－3－18C)，不同的形态显示了流体包裹体形成的环境较为复杂，而拉长的叶片指示可能祖母绿的形成经历了构造运动。

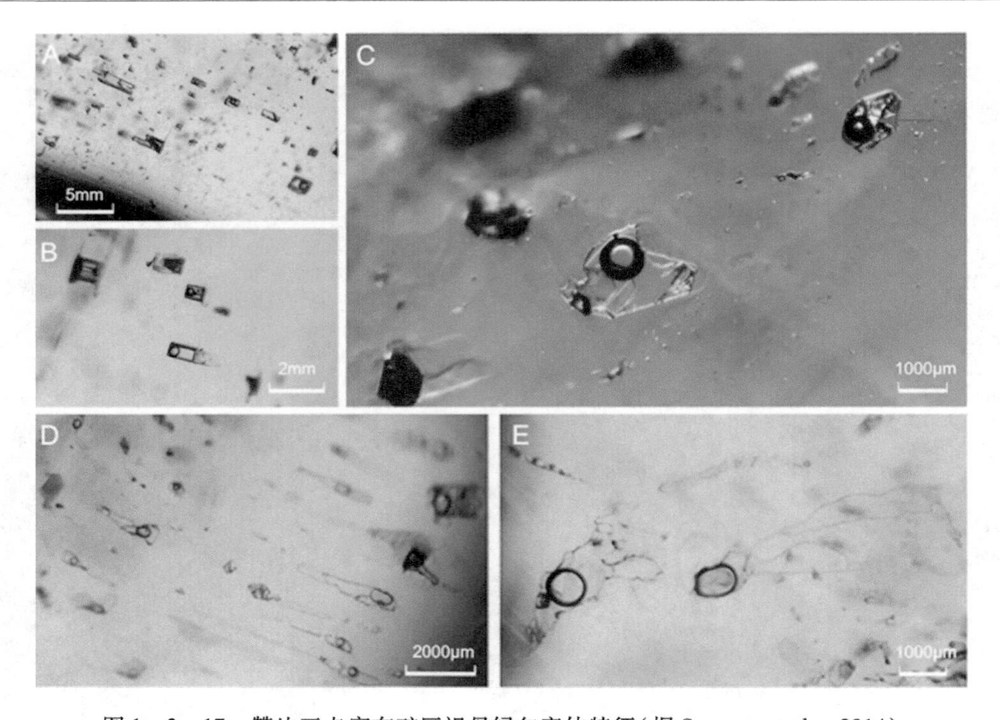

图 1－3－17　赞比亚卡富布矿区祖母绿包裹体特征（据 Saeseaw et al.，2014）

A. 长方形的多相包裹体；B. 长方形的多相包裹体具有更大的气泡，伴随有或没有固相包裹体；C. 不规则状多相包裹体，正交偏光下可见一颗具有双折射的晶体包裹体（红色箭头）；D. 不规则状气液两相或气液固三相包裹体；E. 不规则状气液两相或气液固三相包裹体

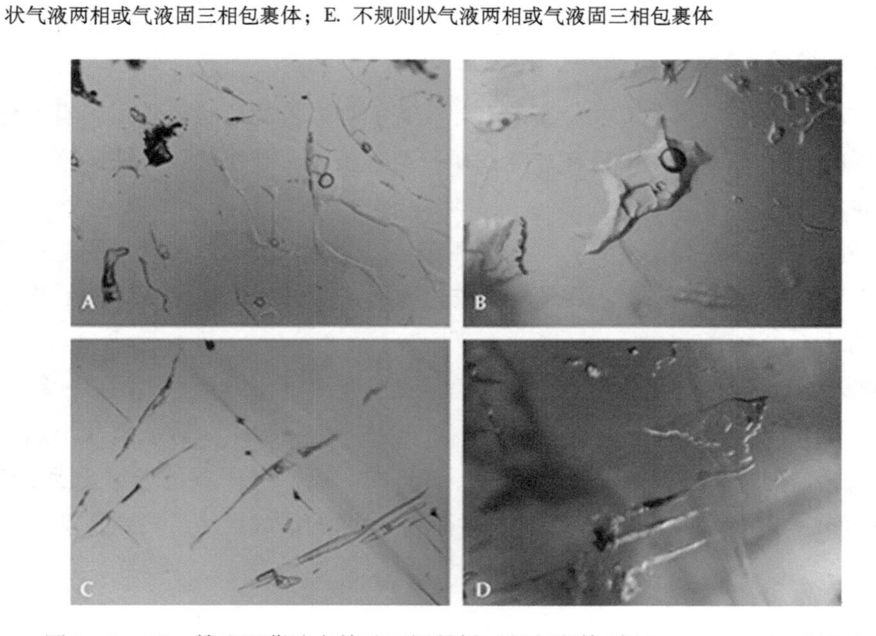

图 1－3－18　赞比亚慕沙卡拾矿区祖母绿三相包裹体（据 Saeseaw et al.，2014）

A. 大个不规则状气液固三相包裹体；B. 伴随着气泡，至少三个无色透明晶体和一到两个细小的暗色晶体包裹体；C. 拉长的多相包裹体中有两个无色透明的晶体和小的气泡；D. 不规则状多相包裹体中有两个无色透明的晶体伴随着小的气泡和细小的暗色晶体

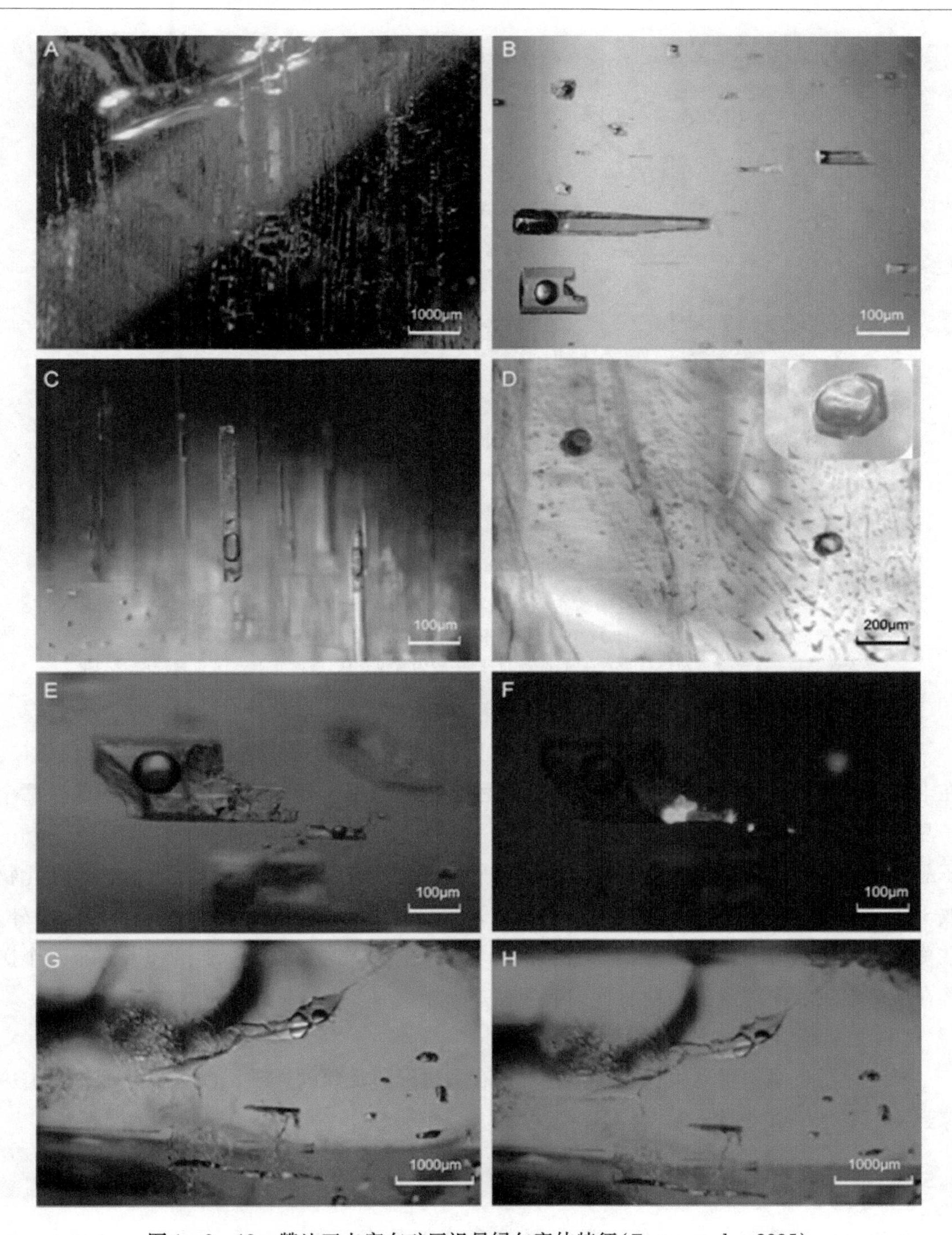

图 1-3-19　赞比亚卡富布矿区祖母绿包裹体特征(Zwaan et al.，2005)

A. 平行的次生流体包裹体，各种不同的裂隙(Chantete)；B. 假次生的长方形两相包裹体，通常呈现沿愈合裂隙分布，主要含 H_2O 和 CO_2；C. 浅色祖母绿中常见的平行定向的管状包体；D. 与愈合裂隙有关的负晶，放大观察可见充填了气泡；E. 长方形的三相包裹体；F. 长方形的三相包体，正交镜下可见碳酸盐矿物；G. 不规则状三相包裹体(Chantete)，黄绿色；H. 旋转偏振器，祖母绿显示为绿蓝色调

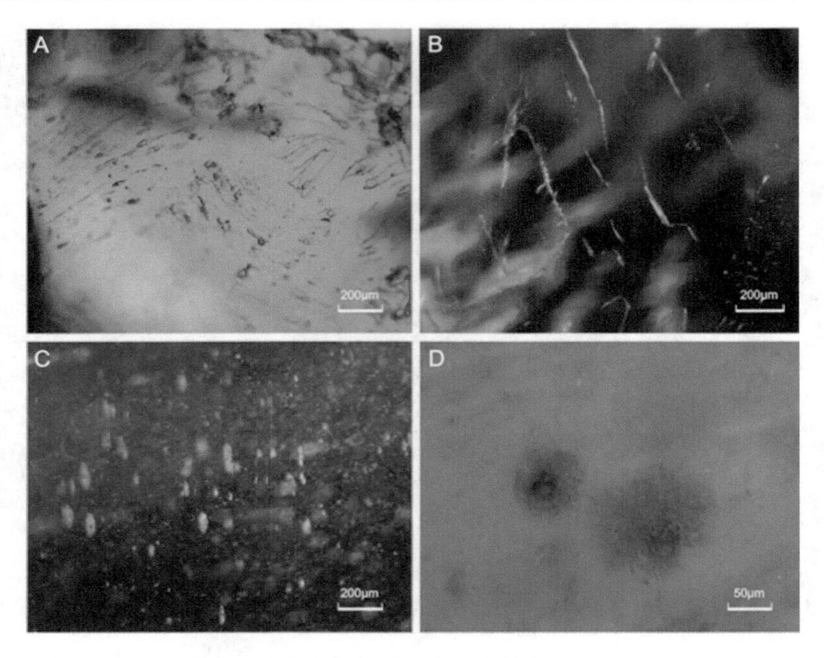

图 1－3－20 赞比亚卡富布祖母绿矿床包裹体特征(Zwaan et al.，2005)

A. 不规则状流体包裹体(Chantete)；B. 纤细而不规则的流体包裹体(Chantete)；C. 侧光下，薄的平面爆裂包裹体伴随着流体残余，在赞比亚祖母绿中较为常见；D. 透射光下，图 C 呈现微弱的褐色六角模糊的轮廓特征

三相包裹体不仅仅在哥伦比亚矿床中常见，赞比亚祖母绿中也有大量的三相包裹体。在卡富布和慕沙卡拾矿区同样存在差异，慕沙卡拾的三相包裹体固相中有多个子晶，两个子晶矿物常见。子晶常呈立方体或者浑圆状，无色透明到半透明(图 1－3－18)。不同的子晶矿物分别为单折射率和双折射率矿物，激光拉曼光谱显示这些子晶为碳酸盐、卤化物或干冰。多个子晶矿物存在的三相包裹体在哥伦比亚及其他产地祖母绿中不常见。另外，在慕沙卡拾的祖母绿包裹体中，气泡常小于卡富布矿区，这表明慕沙卡拾和卡富布两个矿区在成矿温度、流体成分和地质背景上存在差异。

(3)生长纹理

赞比亚祖母绿中可见生长色带，色带具有六边形薄片状的外观，浅绿色－深绿色的中等到强的窄带平直交替出现，且平行于柱面。

3.5.1.3 阿富汗

阿富汗潘杰希尔谷大部分的祖母绿包裹体都是多相的，呈不规则状、锯齿状(图 1－3－21A，B)或者拉长成针状(图 1－3－21D，E，F，G)，以拉长的针状包裹体较为典型。与其他产地不同，这些包裹体中有一些为四方或浑圆透明晶体，有些时候会有暗色不透明晶体，气泡往往小于晶体的体积。

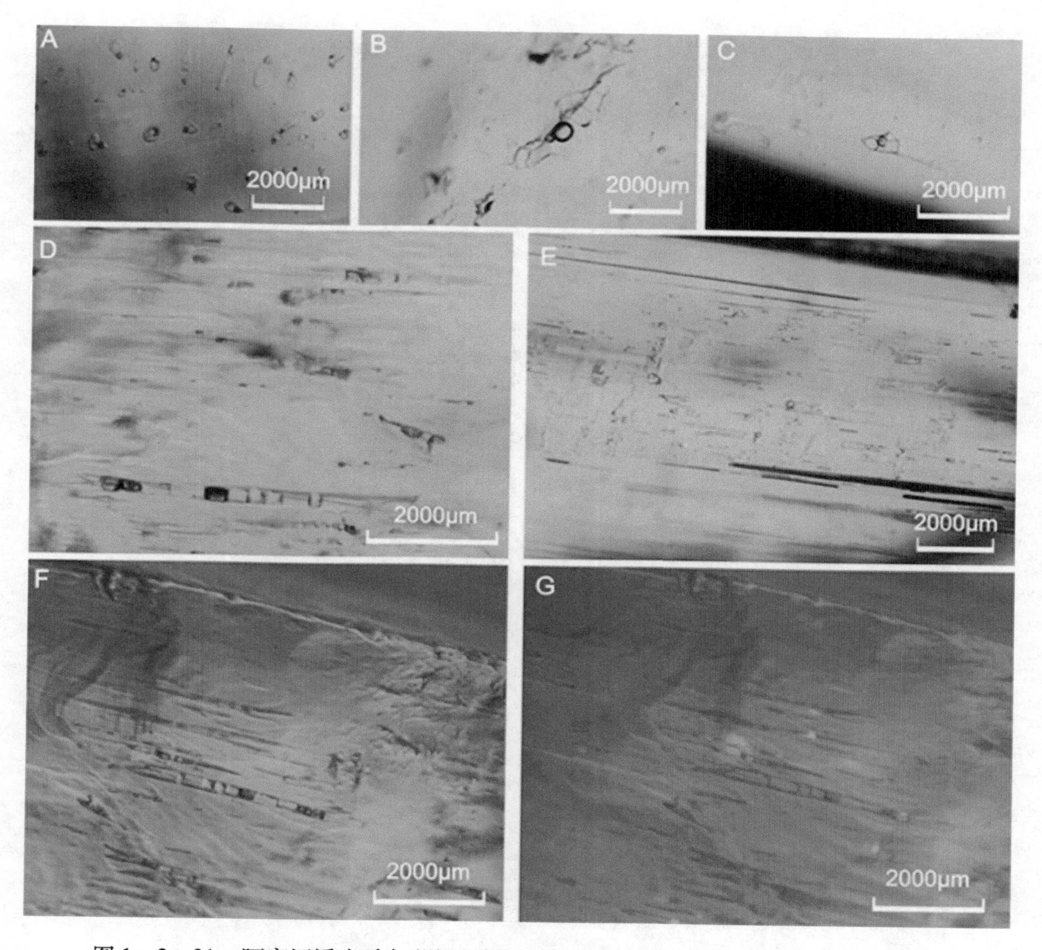

图 1－3－21　阿富汗潘杰希尔谷祖母绿矿床包裹体特征(据 Saeseaw et al.，2014)

A. 不规则斑驳状多相包裹体，包含气泡、液相和一些固相晶体(Kamar Safeed 地区)；B. 不规则状多相包裹体，含有一个气泡和一些晶体(Koskanda area near Khenj)；C. 不规则状多相包裹体，包含一个气泡和一些晶体，一个圆形晶体和一个方形晶体(Kamar Safeed 地区)；D. 针管状多相包裹体含有晶体和气泡；E. 锯齿状、不规则状多相包裹体；F. 细长针状多相包裹体，包含一些晶体和气泡。亮域照明(Kamar Safeed 地区)；G. 细长针状多相包裹体，包含一些晶体和气泡。正交偏光

3.5.1.4　我国新疆

我国塔什库尔干达瓦达祖母绿矿床产出的祖母绿中包裹体丰富，大多数为多相包裹体，大小可达 20μm，通常为 0～5μm(图 1－3－22)，呈锯齿状或不规则状(图 1－3－22A，B，C，E)，偶尔可见针状(图 1－3－22D)。一些包裹体含有立方体卤化物晶体(图 1－3－22E)，气泡体积通常小于子晶。

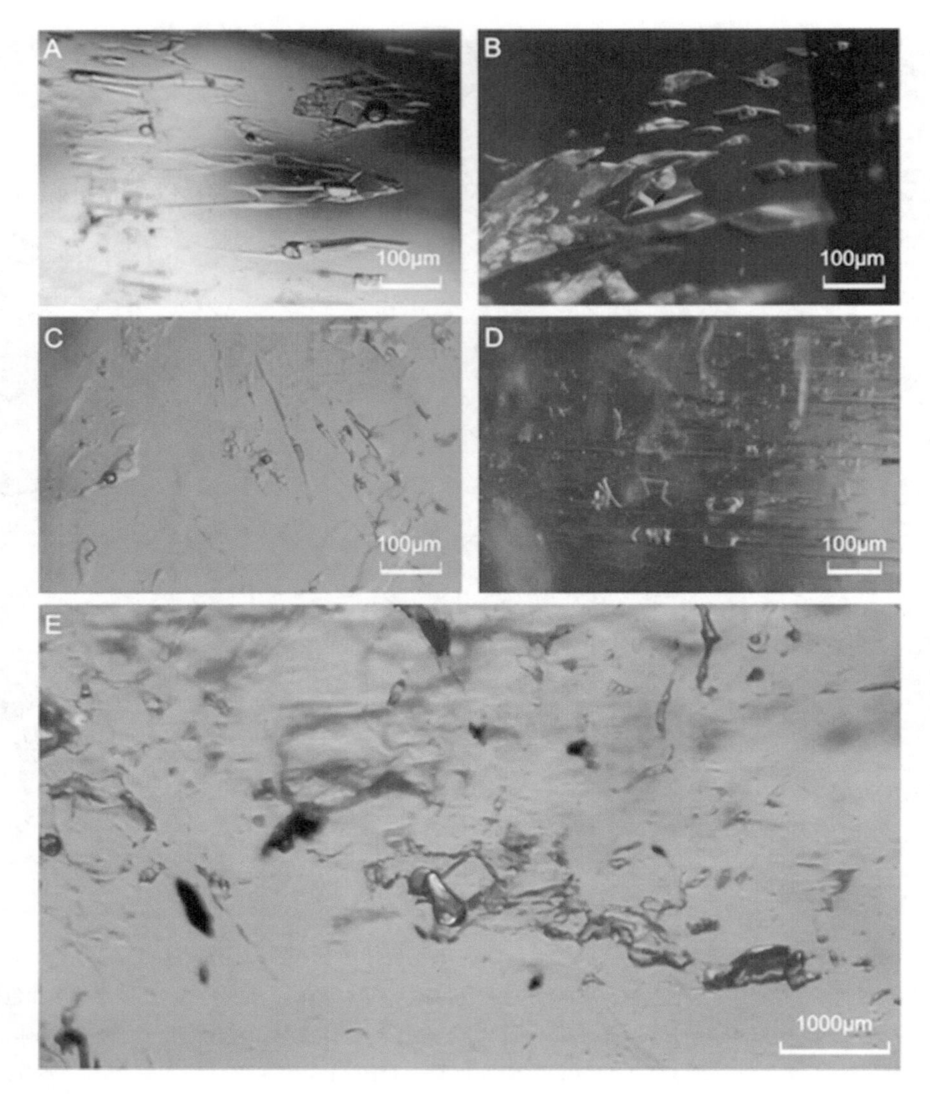

图1－3－22　我国新疆塔什库尔干达瓦达祖母绿包裹体特征(据 Saeseaw et al.，2014)

A. 锯齿状多相包裹体；B. 锯齿状多相包裹体；C. 不规则状和针状多相包裹体，包含单个气泡、多个方形、圆形透明晶体和细小暗色不透明固体；D. 针状多相包裹体，包含多个方形、圆形透明晶体；E. 不规则状多相包裹体，包含气泡和方形晶体

3.5.1.5　巴西

巴西邦菲姆矿床中的祖母绿包裹体较为丰富，主要有固相、气液多相包裹体。

(1)固相包体

固相包裹体较为少见，一般单独存在，主要有略微浑圆的斜长石(图1－3－23A)、片状的金云母(图1－3－23B)，薄片状的赤铁矿以及微粒状的石英(图1－3－23C)。另外，在多相包裹体中有碳酸盐和云母的子晶矿物(图1－3－23D)。

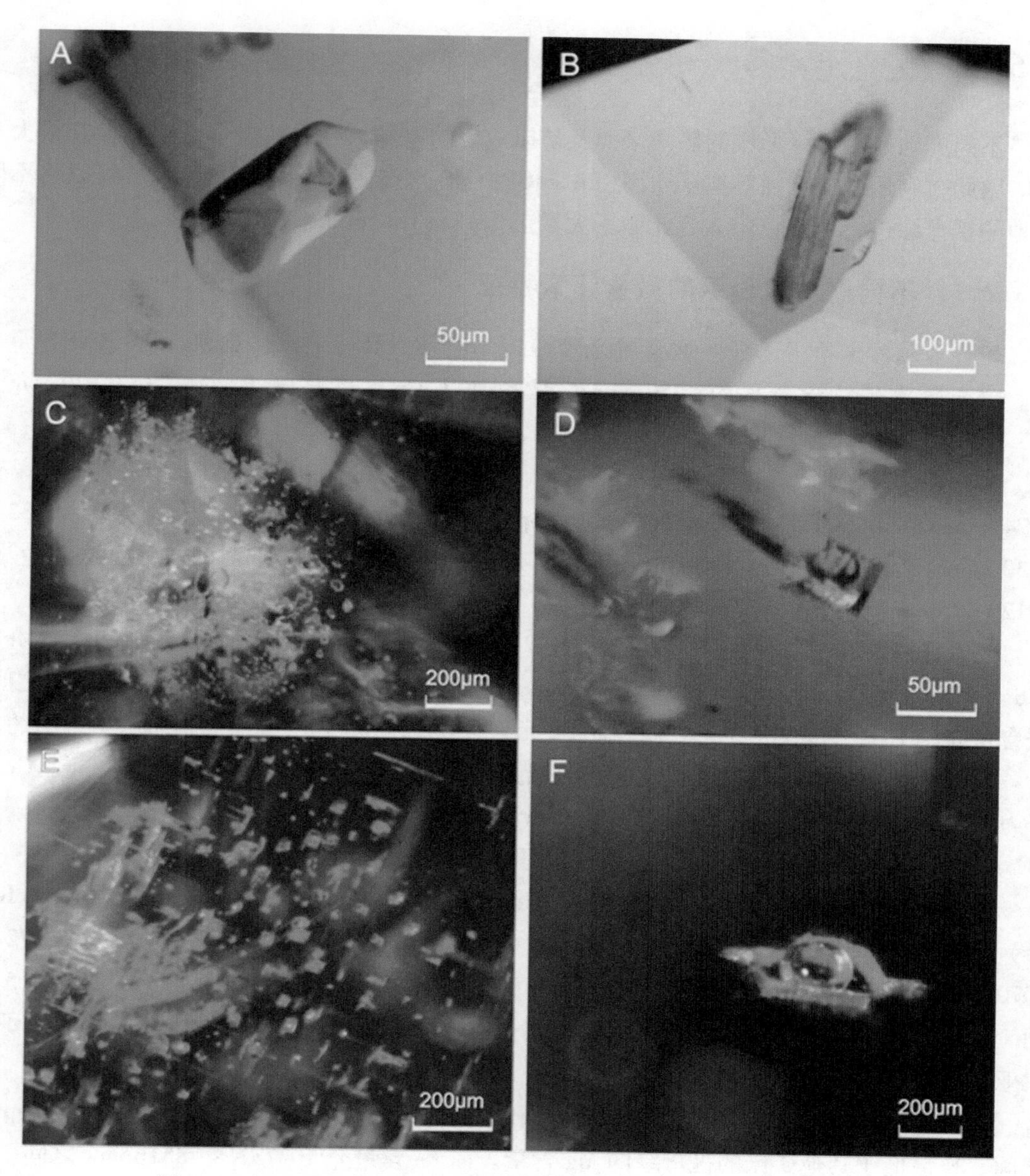

图1-3-23　巴西邦菲姆祖母绿包裹体特征(据 Zwaan et al.，2012)

A. 略微浑圆状的斜长石；B. 片状金云母；C. 成群分布的细小的石英颗粒；D. 多相包裹体，子晶为碳酸盐和云母；E. 成组的方形或长方形的两相包裹体；F. 六边形负晶，具有含 CO_2 两相包体

(2)流体包裹体

流体包裹体较为发育，主要是两相包裹体，往往沿着愈合裂隙分布。这些两相包裹体往往富含 CO_2 和 H_2O，通常为方形、长方形或者逗号状(图1-3-23E)。另外，在巴西邦菲姆矿床的祖母绿中可见到一些平行于 *c* 轴的管状包裹体，以及富含 CO_2 的负晶包裹体(图1-3-23F)，气态 CO_2 的体积较大。

3.5.2 微量元素

不同产地的祖母绿形成的热液来源及矿床成因的差异，导致其微量元素也存在很大不同。因此，利用激光剥蚀等离子质谱(LA - ICP - MS)测定祖母绿的微量元素，可以将不同产地的祖母绿进行区分，前人为此做了大量工作(Saeseaw et al.，2014)。

3.5.2.1 不同产地祖母绿的微量元素特征

赞比亚慕沙卡拾祖母绿中碱金属元素(Li、Na、K、Rb、Cs)以及 Mg、Fe、Ni 含量较低，碱金属离子总含量平均 4250ppmw，致色离子 Cr 浓度高于 V，w(Cr)/w(V)介于 1.7～5.3之间。铁含量为 680～1490ppmw。而卡富布祖母绿有丰富的碱金属元素(Li、Na、K、Rb、Cs)以及 Mg、Fe、Ti、Sc、Mn、Ni、Zn。碱金属离子总含量高达 34747ppmw，Mg 和 Fe 的含量分别为 15004ppmw 和 8621ppmw。致色元素 Cr 含量为 733～4330ppmw，而 V 为 71～180ppmw，Cr/V 介于 8～40 之间。少量的 Sc 元素也检出，为12～75ppmw。

阿富汗潘杰希尔谷祖母绿含有较高的碱金属离子，为 10780ppmw，致色元素 Cr 介于 118～4730ppmw 之间，而 V 为 255～3680ppmw 之间，w(Cr)/w(V)介于 0.3～3.3 之间。铁含量介于 1010～9820ppmw 之间。而 Sc 元素含量 2290ppmw，为所有祖母绿中最高的。

我国塔什库尔干达瓦达祖母绿含有的碱金属离子总量不高，平均为 8835ppmw。Cr 和 V 为致色元素，两者分别在 146～5630ppmw 和 657～6960ppmw 之间，V 含量大于 Cr，w(Cr)/w(V)小于 1，为 0.1～1.0。铁含量可达 4350ppmw。

哥伦比亚祖母绿与赞比亚慕沙卡拾祖母绿相似，具有较低的碱金属(Li、Na、K、Rb、Cs)和镁、铁浓度。碱金属离子总量平均为 4725ppmw，致色元素 Cr 含量在 172～10700ppmw 之间，而 V 含量在 218～10100ppmw 之间，而 w(Cr)/w(V)介于 0.04～3.5 之间。La Pita 矿区的祖母绿具有比哥伦比亚其他矿区更高的 Cr 和 V 含量。总体来说，哥伦比亚祖母绿具有较低的铁含量，铁含量介于 117～2030ppmw 之间。

巴西邦菲姆祖母绿具有较低的 Mg 含量和较高的铁含量，Mg 含量在 1037～1531ppmw 之间，普遍低于其他矿床的祖母绿的 Mg 含量。而 Fe 含量介于 3731～7851ppmw 之间。碱金属(Li、Na、K、Rb、Cs)元素含量也较低，与哥伦比亚祖母绿以及赞比亚慕沙卡拾祖母绿相似。致色的 Cr 元素含量介于 1095～4926ppmw 之间，平均 2189ppmw，含量低的呈现浅蓝绿色，随着含量增高显示中等的蓝绿色。而另外的致色元素 V 含量很低，在 90～175ppmw 之间。

3.5.2.2 不同产地祖母绿的微量元素对比

不同产地的祖母绿显示了不同微量元素含量特征。由于不同元素的含量差异，可以利用元素投图将产地不同的祖母绿进行区分。

在 Li vs Cs 图上(图 1-3-24)，赞比亚卡富布祖母绿显示很高的 Li 和 Cs 含量，与其他矿床有明显的差别。哥伦比亚祖母绿显示了低的 Cs 含量和中等到低的 Li 含量，巴西贝里奥格兰德祖母绿显示了中等的 Li 含量和低于赞比亚卡富布祖母绿而高于其他矿床祖母绿的 Cs 含量，而中国的塔什库尔干达瓦达祖母绿显示了中等的 Li 和 Cs 含量，与哥伦比亚 Li 含量较高的部分有重叠。阿富汗潘杰希尔谷祖母绿 Li 含量与中国的塔什库尔干达瓦达祖母绿相当，但是 Cs 含量介于中国塔什库尔干达瓦达与巴西贝里奥格兰德祖母绿之间。赞比亚慕沙卡拾祖母绿具有与我国达瓦达相似的或略低的 Li 含量和 Cs 含量，与哥伦比亚有部分重叠。

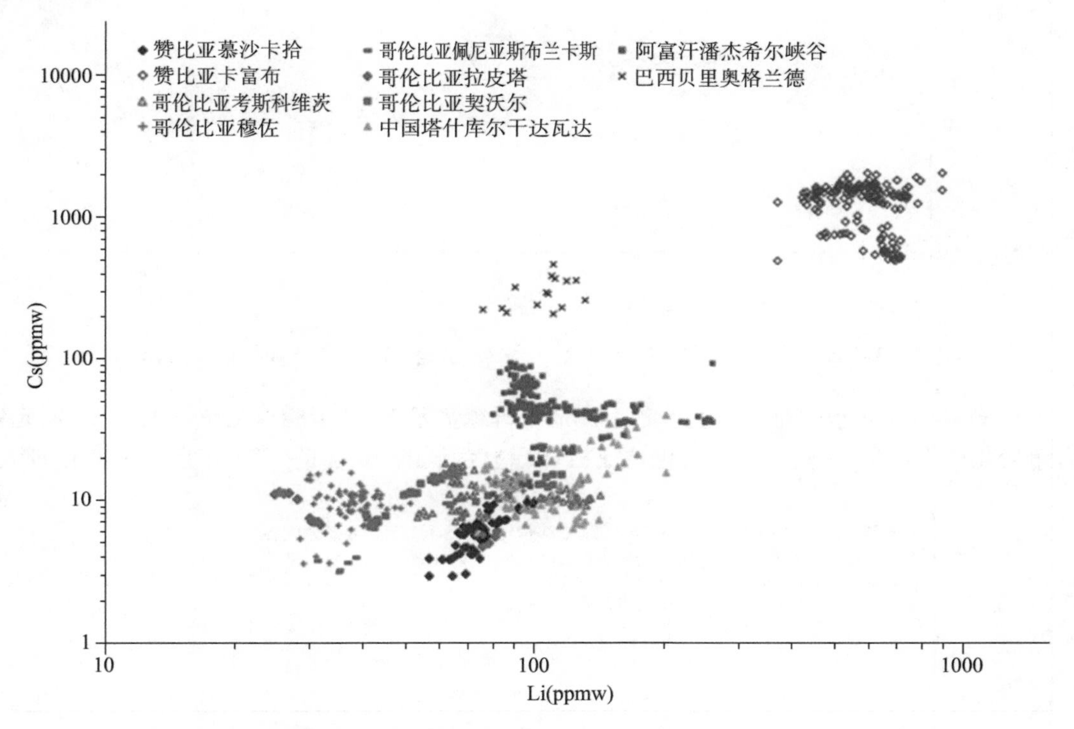

图 1-3-24　世界不同产地的祖母绿 Li vs Cs 元素特征(据 Saeseaw et al. , 2014)

在 Fe 与 K 元素的对比图上，哥伦比亚祖母绿显示低的 Fe 和 K 含量，与其他产地具有明显区别(图 1-3-25)。赞比亚卡富布祖母绿具有高的 Fe 和 K 含量，基本高于其他产地祖母绿。巴西贝里奥格兰德祖母绿 Fe 和 K 含量与赞比亚卡富布的类似，但是 K 元素含量略高。阿富汗潘杰希尔谷祖母绿 Fe 和 K 含量也相对较高，但总体较为分散，部分低于赞比亚卡富布祖母绿，部分与之相当。我国塔什库尔干达瓦达祖母绿 Fe 和 K 含量低于阿富汗潘杰希尔谷祖母绿，高于赞比亚慕沙卡拾祖母绿，赞比亚慕沙卡拾祖母绿 Fe 和 K 含量介于我国塔什库尔干达瓦达祖母绿和哥伦比亚祖母绿之间。

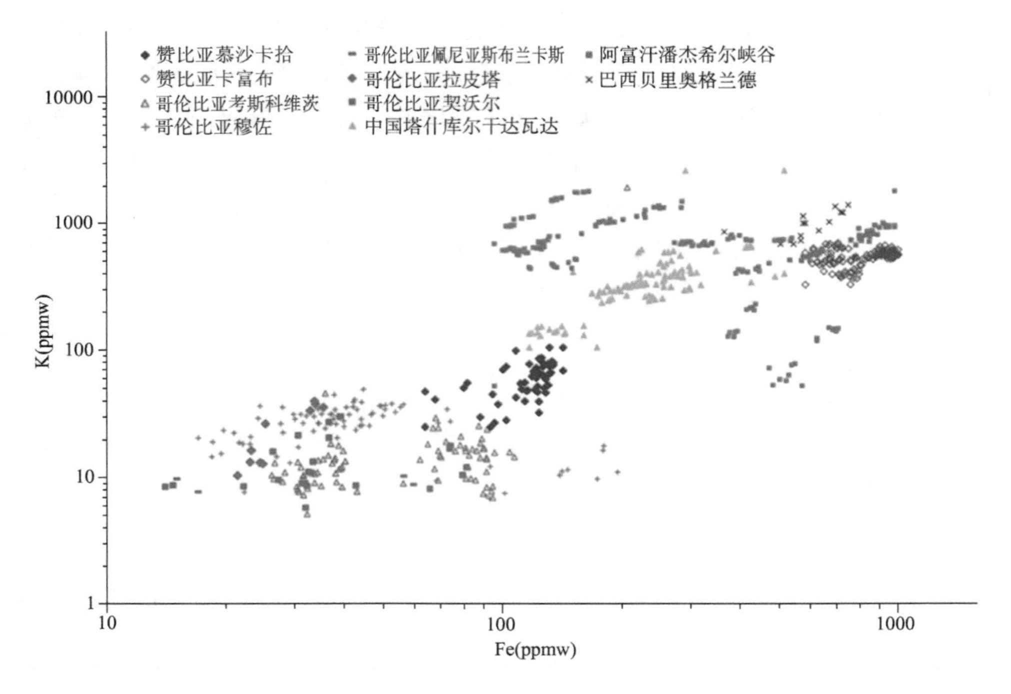

图 1 -3 -25　世界不同产地的祖母绿 Fe vs K 元素特征（据 Saeseaw et al.，2014）

在 Fe 与 Ga 元素的对比图上，各个产地祖母绿显示 Fe 含量相对变化不大，而 Ga 元素含量变化较大（图 1 -3 -26）。哥伦比亚祖母绿显示低的 Fe 含量，Ga 元素含量变化较大，

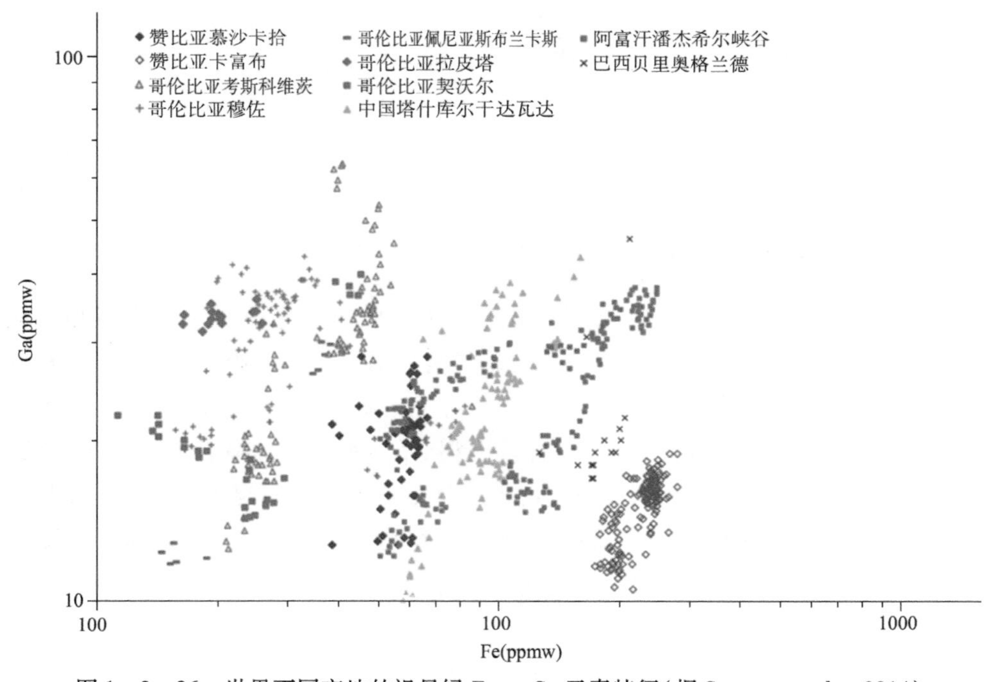

图 1 -3 -26　世界不同产地的祖母绿 Fe vs Ga 元素特征（据 Saeseaw et al.，2014）

可以与其他产地祖母绿进行区分(图 1－3－26)。赞比亚卡富布祖母绿具有高的 Fe 和 Ga 含量，基本高于其他产地祖母绿。巴西贝里奥格兰德祖母绿 Fe 和 Ga 含量略低于赞比亚卡富布，但是 Ga 含量略高。阿富汗潘杰希尔谷祖母绿 Fe 和 Ga 含量也相对较高，但总体较为分散。中国塔什库尔干达瓦达祖母绿 Fe 和 Ga 含量低于巴西贝里奥格兰德祖母绿，高于赞比亚慕沙卡拾祖母绿。阿富汗潘杰希尔谷祖母绿 Fe 和 Ga 含量中等，较为分散，与中国塔什库尔干达瓦达祖母绿基本相当。

3.5.3　吸收光谱特征

利用紫外－可见光光谱可以分析祖母绿的内部离子及致色元素，由于不同产地祖母绿存在差异，因此可以对不同产地祖母绿进行区分(图 1－3－27)。

前人对于赞比亚慕沙卡拾和卡富布、阿富汗潘杰希尔谷、中国塔什库尔干达瓦达、哥伦比亚考斯科维茨和巴西邦菲姆祖母绿矿床进行了详细的紫外可见光的测定。

赞比亚慕沙卡拾祖母绿在 348nm 和 510nm 中等程度的吸收，而 Cr^{3+} 的吸收较为明显，分别是 430nm 和 600nm 的吸收带和 476nm，680nm 和 683nm 的吸收线，而在近红外区，并未出现明显的 Fe^{2+} 与 Fe^{3+} 相关的吸收特征(图 1－3－27A)。

赞比亚卡富布祖母绿显示了与慕沙卡拾相似的吸收谱线，分别是常光 367nm，514nm 微弱的吸收，非常光 390nm 和 500nm 吸收(图 1－3－27B)。另外，常光可见窄的 372nm 的 Fe^{3+} 吸收，而非常光不明显，在 810nm 处有明显的 Fe^{2+} 吸收带(图 1－3－27B)，这一点与慕沙卡拾不同。

阿富汗潘杰希尔谷祖母绿显示了常光 372nm 的 Fe^{3+} 吸收和中等的 810nm 处 Fe^{2+} 吸收(图 1－3－28C)。虽然与赞比亚卡富布类似，但是由于潘杰希尔谷祖母绿铁浓度较低，在 810nm 处 Fe^{2+} 吸收相对卡富布的 Fe^{2+} 吸收弱(图 1－3－27C)。

中国塔什库尔干达瓦达祖母绿与赞比亚的慕沙卡拾祖母绿类似，但是有更高的 Fe^{2+} 吸收，并没有观察到 Fe^{3+} 吸收，但是可以看到很强的 V^{3+} 吸收(图 1－3－27D)。这与祖母绿中的 V 浓度较高密切相关，与其他产地有明显的差别。

哥伦比亚契沃尔、穆佐和考斯科维茨祖母绿紫外－可见吸收光谱与赞比亚慕沙卡拾相似，既没有 Fe^{2+} 也没有 Fe^{3+} 吸收，而在 400nm 和 654nm 有对应的 V^{3+} 吸收(图 1－3－27E)。哥伦比亚祖母绿致色元素铬和钒的比例在很大程度上不同。有些哥伦比亚祖母绿中铬元素含量高于钒，它们的光谱接近纯的 Cr^{3+} 光谱，但大部分吸收光谱是同时存在 Cr^{3+} 和 V^{3+} 的吸收谱。

巴西邦菲姆祖母绿在常光下显示宽的 438nm 和 605nm 的吸收带，在 478nm 处有弱的吸收峰和 680nm、683nm 双线。这些均是 Cr^{3+} 的吸收谱线。另外，可见 371nm 处的 Fe^{3+} 峰和 835nm 处 Fe^{2+} 吸收带。这些特征显示邦菲姆祖母绿与阿富汗潘杰希尔谷祖母绿类似，同样比赞比亚卡富布祖母绿吸收程度弱(图 1－3－27F)。

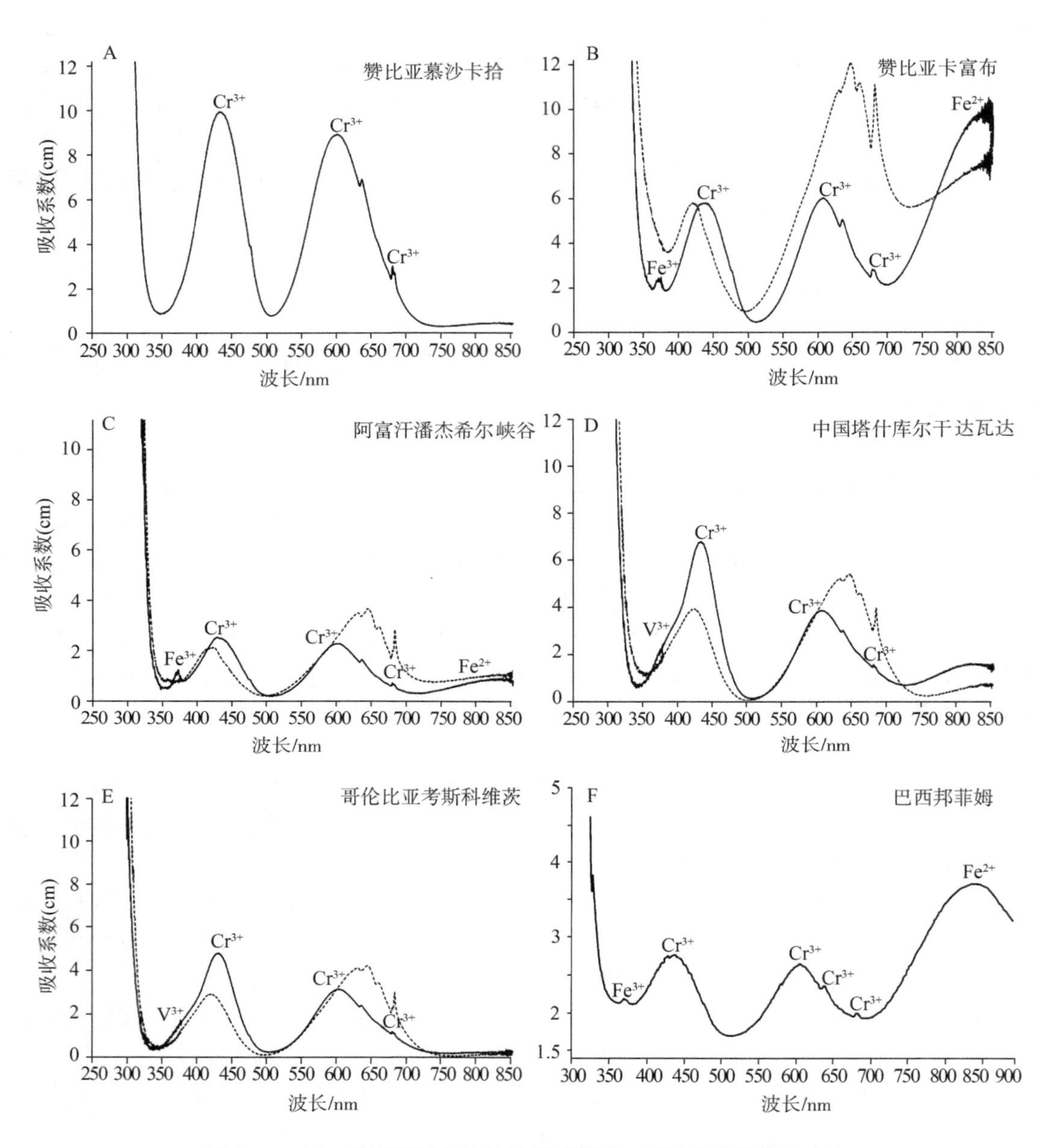

图 1-3-27　世界不同产地的祖母绿紫外-可见光谱线特征对比

（A～E 据 Saeseaw et al.，2014；F 据 Zwaan et al.，2012；蓝线//OA，红线⊥OA）

思考题

1. 世界上祖母绿的著名产地有哪些？
2. 我国的祖母绿的产地有哪些？
3. 世界范围内的祖母绿的资源分布及其特点。

4. 富产祖母绿的主要矿床类型是什么？成因特点是什么？

5. 哥伦比亚祖母绿与赞比亚祖母绿的内含物有什么差异？

6. 世界各个著名产地祖母绿的内含物有何不同？是否可以通过三相包裹体来区分产地？

7. 不同产地的祖母绿的包裹体特征有何不同？

8. 祖母绿的产地鉴别除了可以通过包裹体外，还可以通过哪些方式？为什么？

9. 不同产地的祖母绿的微量元素特征及其差异。一般用什么方法进行微量元素测量？用哪些元素进行对比来区分产地？

10. 不同产地祖母绿的紫外－可见光光度计下的特征及其差异。

11. 祖母绿的颜色是什么元素致色？不同产地祖母绿的致色元素有何异同？

12. 祖母绿的成矿作用过程是怎样的？

13. 祖母绿中达碧兹是什么？有哪些类型？为什么会形成达碧兹？达碧兹的矿物类型有哪些？

4　金绿宝石

金绿宝石是五大宝石之一，英文名称 Chrysoberyl，分别为金黄色和绿柱石，是希腊语词汇，高度概括了金绿宝石的颜色特征。

金绿宝石因其独特的黄绿至金绿色外观而得名，其中以具有猫眼和变色的特殊光学效应而闻名(张蓓莉等，2006)。因此，猫眼和变石也是金绿宝石中的高档品种。根据有无特殊光学效应和光学效应的种类，可以将金绿宝石分为金绿宝石、猫眼、变石、变石猫眼。猫眼以其丝绢状的光泽、锐利的眼线而闻名，并深受人们喜爱。变石在白天或日光灯下呈现绿色，夜晚或黄灯下呈现红色，因此被誉为“白昼里的祖母绿，黑夜里的红宝石”。

4.1　金绿宝石的宝石学特征

金绿宝石属斜方晶系，金绿宝石族。原生矿物晶体常呈板状、短柱状晶形。晶面常见平行条纹，晶体常形成假六方的三连晶穿插双晶(图 1－4－1)。矿物分子式为 $BeAl_2O_4$，为铍铝氧化物，常含有微量 Fe、Cr、Ti 等组分，从而导致金绿宝石产生不同的颜色。

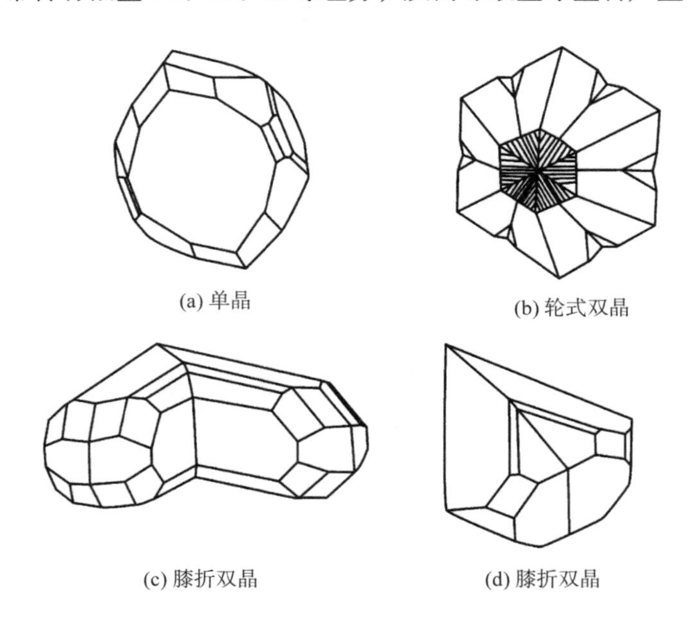

图 1－4－1　金绿宝石双晶示意图(据张蓓莉等，2006)

金绿宝石通常为浅至中等的黄色、黄绿色、灰绿色、褐色至黄褐色，以及罕见的浅蓝色。猫眼主要为黄色－黄绿色、灰绿色、褐色－褐黄色。变石通常在日光下为带有黄色、褐色、灰色或蓝色色调的绿色(例如黄绿、褐绿、灰绿、蓝绿)，而在白炽灯光下则呈现橙色或褐红色－紫红色。变石猫眼呈现出蓝绿色和紫褐色。

图 1－4－2　产自马达加斯加马南扎里的 1cm 大小的金绿宝石晶体

金绿宝石的光泽通常为玻璃光泽至亚金刚光泽，透明度通常为透明－不透明；猫眼的光泽多为玻璃光泽，呈亚透明－半透明；变石抛光面为玻璃光泽至亚金刚光泽，断口呈现玻璃－油脂光泽，透明度高，通常为透明。

金绿宝石的折射率为 1.746 ～1.755(+0.004，－0.006)，双折射率为 0.008 ～0.010。

金绿宝石的解理一般不发育，金绿宝石晶体可出现三组不完全解理，而变石与猫眼的解理一般不可见，金绿宝石常出现较好的贝壳状断口。金绿宝石的莫氏硬度为 8 ～8.5，而密度通常为 3.73(±0.02)g/cm^3，变化较小。

4.2　金绿宝石的品种划分

根据特殊光学效应，可以将金绿宝石分为金绿宝石、猫眼、变石、变石猫眼(图 1－4－3)。

图 1－4－3　金绿宝石颜色示意图(据张蓓莉等，2006)

4.2.0.1 金绿宝石

金绿宝石是指达到宝石级且没有猫眼和变色效应的金绿宝石矿物。颜色因含微量铁元素而导致呈现黄色、黄绿色、金黄色、绿色等(图1－4－3)。

4.2.0.2 变石

变石是具有变色效应的金绿宝石，是对不同能量光波的选择性光吸收的结果。变石在日光/日光灯下呈绿色为主的色调，而在白炽灯光/烛光下呈红色为主的色调(图1－4－4、图1－4－5)，因此被誉为“白昼里的祖母绿，黑夜里的红宝石”(张蓓莉等，2006)。变石又名亚历山大石，英文 Alexandrite，以俄国沙皇亚历山大二世命名。

图1－4－4　变石(日光下宝石呈蓝绿色，白炽灯下红紫色，7.19ct)(据 GIA)

图1－4－5　变石晶体原矿(70.94ct)(据 GIA)

另外，变石具备强烈的多向色性，从不同的方向看，它呈现出的颜色各不相同。通常情况下，它的多向色呈现为三种颜色，即绿色、橙色、紫红色。

4.2.0.3　猫眼

金绿宝石中具有猫眼效应的称为猫眼(图 1－4－6)。弧面切割的金绿宝石在光线照射下，猫眼表面会出现一条光带，该条光带随着宝石或光源的转动而转动。金绿宝石猫眼直接称为“猫眼”，而石英、电气石、绿柱石及磷灰石等如具有猫眼效应，则称为“石英猫眼”“磷灰石猫眼”等。

图 1－4－6　产自斯里兰卡的金绿宝石猫眼(9.57 ct)(据 GIA)

猫眼效应的产生是由于金绿宝石内部包裹的大量细小、密集平行排列的针丝状金红石或管状包体，丝状物的排列方向平行于金绿宝石矿物晶体 *z* 轴方向(张蓓莉等，2006)。金绿宝石中丝状物含量越高，透明度越差，猫眼效应越明显；反之，金绿宝石越透明，猫眼效应越不明显。猫眼可呈现多种颜色，如蜜黄、黄绿、褐绿、黄褐、褐色等。

猫眼在聚光光源下，宝石的向光一半呈现其体色，而另一半则呈现乳白色(图 1－4－7)。

图 1－4－7　变石猫眼(据 GIA)

4.3 金绿宝石资源分布及矿床类型

4.3.1 金绿宝石的资源分布

金绿宝石中的亚历山大石最初被发现是在1830年，在俄罗斯乌拉尔山地区。在1840—1900年之间，俄罗斯一直是亚历山大石的主要产地。

现在金绿宝石的主要产地为巴西米纳斯吉纳斯和印度(特别是奥里萨邦)，另有印度喀拉拉邦南部、马达加斯加、斯里兰卡、坦桑尼亚、津巴布韦、赞比亚、缅甸、澳大利亚等。最为重要的变石产地是巴西的米纳斯吉纳斯的Hematita矿床，市场上出产的猫眼和变石大部分来自该矿床。

我国新疆阿勒泰、四川阿坝州、云南、内蒙古、黑龙江、福建、河南、湖南等地均有金绿宝石晶体发现，但宝石价值不大。

4.3.2 金绿宝石的矿床类型

前人对于金绿宝石矿床进行了详细的研究，Beus (1960)将金绿宝石矿床分为三种：

①热液交代型，常与萤石、磁铁矿、符山石、云母、石榴子石共生；

②脱硅伟晶岩型，常与刚玉、尖晶石、绿泥石、珍珠云母、金云母、白云母、斜长石、萤石、磷灰石共生；

③花岗伟晶岩型，花岗伟晶岩遭受铝质混染，矿物组合为蓝晶石、十字石、石榴子石、白云母、斜长石、石英等。

国内学者认为，金绿宝石主要产在老变质岩地区，主要由片麻岩、云母片岩组成，而金绿宝石产在这些区域的花岗伟晶岩、蚀变细晶岩中。俄罗斯乌拉尔的变石则产在超基性岩的蚀变岩-云母云英岩中(邓燕华，1992；张蓓莉等，2006；常洪述等，2009)，与祖母绿共生。

因此，金绿宝石原生矿床主要可以分为花岗伟晶岩型、接触交代型、气化-高温交代型。金绿宝石主要产自花岗伟晶岩的晶洞中，并与黄玉、绿柱石、电气石等共生。伟晶岩则多产自片麻岩和石英岩中。同样有些金绿宝石产自花岗岩与镁质灰岩的接触带中，与萤石、尖晶石、电气石共生；或者产自片麻岩和片岩中，与矽线石、绿柱石、石榴子石共生。变石则主要产自围岩是片麻岩、片岩的花岗伟晶岩脉中，也有产自花岗岩侵入的超基性岩中，常常形成含变石的黑云母脉。

原生矿的宝石品位较低，开采难度大。目前发现的具有工业意义的金绿宝石和猫眼矿床，大多为次生砂矿，如斯里兰卡的猫眼和变石均来自砂矿(邓燕华，1992)。而巴西既有原生的伟晶岩矿床，也有次生的砂矿。

4.4 金绿宝石产地及著名矿床

4.4.1 巴西米纳斯吉纳斯

米纳斯吉纳斯矿床属伟晶岩矿床，矿区含有上千条伟晶岩脉，金绿宝石与烟水晶、黄玉、黑电气石在伟晶岩的晶洞中共同发育，还伴生有绿柱石。

该矿床形成于奥陶纪初期(约490Ma前)，伟晶岩由南北向侵入由结晶片岩、片麻岩和某些石英岩组成的老变质岩基底。同时，有大规模花岗岩岩浆侵入到变质岩中，呈圆形或驼峰形，称为“岛山”。这种岛山在巴西到处可见，成为伟晶岩地区突出的自然地理景观，也是宝石矿床的找矿标志。

宝石以矿囊形式产出在花岗伟晶岩的晶洞中。在风化作用下，矿囊中多种矿物发生蚀变，如长石蚀变为高岭土。因此白色高岭土、白云母片及透明或烟色水晶是接近含宝石矿囊的标志。猫眼和变石主要产自特奥兹洛奥托尼－马兰巴亚伟晶岩(邓燕华，1992；常洪述等，2009)，该区产出的金绿宝石很多是蜜黄色高档猫眼石。

4.4.2 斯里兰卡

金绿宝石主要在冲积沙砾层中有发现，在原生伟晶岩中未见。但其地质环境，金绿宝石中微量元素含量、形成的地质条件，甚至花岗岩和花岗伟晶岩年龄均与印度含金绿宝石伟晶岩(喀拉拉邦)及马达加斯加含宝石伟晶岩相当，因此推测其源岩仍是伟晶岩。印度喀拉拉邦含金绿宝石伟晶岩也是发育在前寒武纪变质岩基底上，金绿宝石产在复杂伟晶岩中的文象结构带，被其中的长石包裹。

4.4.3 俄罗斯乌拉尔山

乌拉尔山祖母绿矿床同时产出变石，该矿床位于东乌拉尔隆起北部木尔津斯克－阿杜依复背斜同阿斯特斯托夫复向斜结合带。含变石的云母矿脉沿橄榄岩的蚀变岩蛇纹岩、化石片岩、滑石－绿泥石片岩的剪切裂隙或闪长玢岩岩墙接触带发育。云母岩矿脉厚度变化较大，为0.4～2m，向上延伸30～50m，由云母岩汇聚成很长的脉带，脉带长250～300m。矿体中产出祖母绿和变石，变石的晶粒较小，但品质佳，可能是超基性岩与酸性岩浆期后热源双交代作用下形成的(邓燕华，1992)。

4.5 金绿宝石的形成过程

金绿宝石是含 Be 的矿物，与热液活动有关，少数由变质作用形成。已知的金绿宝石的成矿作用是后岩浆作用，以及与伟晶岩的晚阶段或气成热液作用各个阶段相关，但是大部分在页岩型矿床中形成，与绿柱石/祖母绿－硅铍石矿物共生，与绿柱石的形成相似。金绿宝石和绿柱石在不同阶段形成。变质型则在变质脱硅伟晶岩中形成，绿柱石与富铝斜长石或白云母反应形成金绿宝石和石英。

热液相关的金绿宝石的形成，要求成矿体系中有足够的 Al_2O_3 和 BeO。当成矿体系中 SiO_2、Al_2O_3 和 BeO 组分浓度较高时，结晶形成绿柱石。随着反应的进行，体系中 SiO_2 被消耗殆尽，这时仍然富含 Al_2O_3 和 BeO，才会形成金绿宝石。与祖母绿的形成相似，Be 元素主要由热液带来，而 Cr 元素来自超基性岩。

Morteani and Franz (2002)指出，在片岩型矿床中，Be 矿化发生在富 Cr 的超镁铁岩和富 Be 的 K－Na－Al 长英质岩石(如伟晶岩、变质沉积岩和变火山岩)的构造接触或侵入接触部位。金绿宝石片岩型矿床中气相交代模型常常被提及，矿化源自伟晶岩富 Be 的流体与富 Cr 超镁铁岩的交代反应。

道厄林金绿宝石矿床类似于上述的片岩型矿床，金绿宝石晶体出现在靠近锌铁尖晶石和铁铝榴石的区域，并与其共生。在变石中变化的 Cr 和 Fe 分析结果，暗示金绿宝石在某些情况下很可能来自铁尖晶石。成分分析显示，一颗金绿宝石的核部和另一颗的边部都有微量的 Zn 元素，表明在形成过程中金绿宝石与相邻的锌铁尖晶石发生了成分交换。在一些大颗粒的金绿宝石中，Cr 和 Fe 元素来自相邻的铁铝榴石之间的交换反应。金绿宝石颗粒中有很高含量的 Cr 元素(Cr_2O_3 的质量分数达 1.65%～1.74%)，全部被铁铝榴石和铁尖晶石包裹，而其微量元素分布是相对均匀的。结构显示，金绿宝石与麻粒岩相矿物——铁铝榴石、铁尖晶石和黑云母同时形成。电气石－长石脉随后形成，所有的金绿宝石出现在这些脉体中可能被变质电气石所包裹。在麻粒岩相变质作用过程中，作为富 Be 的矿物，金绿宝石的形成受到富铝的片麻岩寄住岩石的控制。

Be 来源于角闪岩相到麻粒岩相变质脱水形成的变质流体中，因为在麻粒岩相变质作用过程中矿物的分解反应可能导致在高级别变质作用下形成的富 Be 矿物，或者将 Be 释放到变质流体中。石榴子石和黑云母在电气石－长石脉体中的反应可以作为一个证据，同时堇青石和假蓝宝石出现在格雷斯湖地体片麻岩，在区域上可能富含 Be。全岩分析同样显示，道厄林片麻岩包含丰富的 Be(10ppm)元素，这为 Be 的富集提供了条件。

同样，富含 Zn 的铁尖晶石被认为来自变质泥岩，而尖晶石的出现意味着其经历了高温麻粒岩相变质作用，并且其成分强烈依赖于矿物共生组合。锌尖晶石的形成需要具有派生 Zn 的变质作用，而闪锌矿在区域变质作用过程中脱硫作用，同时释放出 Zn，从而形成富锌的尖晶石。

思考题

1. 金绿宝石的种类有哪些？

2. 世界范围内金绿宝石的产地有哪些？分布特征如何？

3. 变石的世界资源分布有哪些特征？有哪些著名的产地？

4. 猫眼的世界资源分布如何？有哪些著名的产地？

5. 金绿宝石有哪些宝石学特征？

6. 变石为什么称为亚历山大石？变石在日光灯和白炽灯下分别呈现什么颜色？为什么？

7. 猫眼效应是如何形成的？

8. 猫眼有没有变色效应？为什么？

5 坦桑石

透明蓝色的黝帘石发现于20世纪60年代初，曾被人们误认为是蓝宝石。在1962年确定了其成分(Dirlarn et al.，1992)，其矿物名称为黝帘石(Zoisite)，属于硅酸盐矿物。坦桑石的名称来源于其首次发现地坦桑尼亚。

坦桑石产于坦桑尼亚北部城市阿鲁沙附近，著名旅游景点乞力马扎罗山脚下。该宝石在国外常被称作“丹泉石”。据说，闪电点燃了一场草原大火，火后这种本来同其他石头混杂在一起的、呈土黄色的矿石变成了蓝色。

1968年，美国Tiffany公司最早进行了坦桑石的开发，将其命名为Tanzanite，并迅速推向国际珠宝市场。至今最大的市场仍在北美，每年出产的坦桑蓝80%销往美国，其次是欧洲。作为蓝宝石相似品，其宝石学性质较好，现在国内珠宝市场已经大量存在。坦桑石在宝石界的地位日益提高。

5.1 坦桑石的宝石学特征

坦桑石矿物名称为黝帘石，属绿帘石族，化学分子式为$Ca_2Al_3(SiO_4)(Si_2O_7)O(OH)$，含有V、Cr、Mn等微量元素。坦桑石属于斜方晶系，呈柱状或板柱状，有平行柱状条纹，横断面近六边形，亦呈柱状晶粒的集合体。在黝帘石族中有一种同质多象变体斜黝帘石，为单斜晶系。

宝石级坦桑石一般透明，有玻璃光泽，常见带褐色调的绿蓝色、带紫色调的蓝色，还有灰色、褐色、棕黄色、绿色、浅粉色以及绿色等(图1-5-1)。经热处理去掉褐绿至灰黄色，呈蓝色、蓝紫色。坦桑石的折射率为1.691～1.700(±0.005)，双折射率为0.008～0.013，色散为0.021。坦桑石以三色性强著称，绿色的多色性表现为蓝色、紫红色、绿黄色，褐色的多色性为绿色、紫色和浅蓝色，而黄绿色的多色性为暗蓝色、黄绿色和紫色。

蓝色坦桑石的紫外-可见光光谱在595nm有一吸收带，528nm有一弱吸收带；黄色坦桑石在455nm处有一吸收线；绿色的常在650nm和680nm有铬吸收带。

坦桑石有一组解理{100}完全，贝壳状到参差状断口，莫氏硬度为6～7，密度为3.35(+0.10，-0.25)g/cm^3。

坦桑石具汽液两相或气液固三相包裹体，另外还有阳起石、石墨、金红石、榍石、磷钇矿、透辉石、石英、透闪石等矿物包裹体。

坦桑石主要是钒进入晶格替代铝而形成蓝色、蓝紫色等色调。当含有铬元素时，坦桑石就会呈现不同的绿色调。一般绿色透明坦桑石颜色从暗似石油绿-黄色到蓝绿-绿蓝色。绿色的纯净度取决于铬和钒的含量，纯正的绿色显示有更多的铬，黄绿色和蓝绿色则

图 1－5－1　不同颜色的坦桑石(据 Mindat. org)

显示有更高的钒含量(Schmetzer and Bank，1979；Barot and Boehm，1992；Dirlarn et al.，1992)。

正是由于天然黝帘石颜色较杂，常带有黄色、棕黄色、暗黄绿色色调，因此多对其进行热处理。一般将其加热至500℃左右，使钒由三价变为四价，产生紫、蓝色。热处理得到的颜色稳定，属于优化。绿色调纯正的坦桑石，一般不经热处理，而暗黄绿色的坦桑石热处理后也可以得到较为漂亮的蓝色(Barot and Boehm，1992)。

5.2 坦桑石产地及资源分布

坦桑石为区域变质和热液蚀变作用产物。宝石级黝帘石的产地有坦桑尼亚。另外一种绿色不透明的黝帘石往往跟角闪石、不透明红宝石共生，称为红宝黝帘石，俗称“红绿宝”，用作雕刻原料。这些不透明的黝帘石的产地有挪威、意大利、奥地利、美国、墨西哥、西澳大利亚等。

坦桑尼亚是世界上宝石级透明黝帘石（坦桑石）的主要出产国，其重要产地在坦桑尼亚东北部里拉蒂马地区的梅勒拉尼山，少量见于中南部的莱拉泰马山和乌卢古鲁山。

5.2.0.1 坦桑石矿床区域地质概况

坦桑尼亚地质上可以分成不同的地质单元，有位于西北部的太古代坦桑尼亚克拉通（3000Ma～2500Ma），东部的莫桑比克造山带（1200Ma～450Ma）。坦桑尼亚克拉通北被周围的中－晚元古代（1600Ma～800Ma）活动带包围，活动带受制于地质造山运动而形成窄而长的形态。活动带包含了西南部的乌本迪安，西北部的安哥拉恩和东部的乌萨加仑。乌萨加仑活动带是莫桑比克造山带的重要组成部分。莫桑比克造山变质带是东非重要的构造，宽度250km，长度达5000km，从南部的马达加斯加和莫桑比克到北部的埃塞俄比亚和苏丹。造山带经历岩浆侵入、褶皱和断裂活动，地层经历广泛的变质作用，至少经历了三个阶段的变质作用。从晚元古代（1200Ma）开始，经历了麻粒岩相变质作用，形成了一系列的高温高压卡矿物组合。在泛非运动中经历了构造热事件，而莫桑比克造山带东部沉积了中生代和更晚期的沉积物质。

5.2.0.2 矿床地质特征

梅勒拉尼宝石成矿带位于东非大裂谷的中心位置，经历了广泛的变质作用。坦桑石产于原生矿和次生矿，原生坦桑石矿床产于莱拉泰马山褶皱的顶部，褶皱地层岩性主要有白云质大理岩、石墨片麻岩、片岩等变质岩。坦桑石产于石墨片麻岩和片岩中的逆冲断层带的断面区域。

在造山变质作用过程中，区内经历了麻粒岩相变质作用，为矿物结晶提供了合适的压力、温度条件以及流体活动，同时为铬、钒等致色离子的活化迁移提供了必要条件。在适当的变质条件下形成了各种类型的宝石，有铬碧玺、变色石榴子石等。

坦桑石矿化约形成于600Ma，属于泛非构造运动的主阶段之后。区内随后经历了东非大裂谷事件。在板块构造运动过程中，强烈的变质变形作用导致黝帘石与其他矿物（如硅酸盐、碳酸盐和黏土矿物）在热液中结晶析出。随后，片麻岩在区域构造运动中经历了多阶段的褶皱变形作用。变质成矿热液灌入区域断裂及其次级断裂，同时与基底岩石发生反应而形成坦桑石。梅勒拉尼片麻岩在多阶段运动中经历了褶皱，因此，坦桑石最常发现于变质岩中的空洞或在褶皱的转折端与宽十几米的石英脉接触处，有时会伴有沙弗莱石。

绿色坦桑石较蓝色坦桑石产出位置更深，且与富铬的脉体相关，蓝色坦桑石的钒含量更高，而中间部位是铬含量低而导致其色调往往呈现黄绿色或者蓝绿色。

5.2.0.3　矿床形成过程

太古代富集有机碳的泥岩层和灰岩层在浅海陆架沉积，或者沉积在岛弧前、弧后伸展盆地。富含有机碳质的泥岩层对于钒元素起到富集的作用，同样泥岩被变质基性岩侵入，有利于钒的富集。

区内经历多阶段的变质变形作用，第一阶段变质作用发生在1000Ma前的早期成岩作用，紧跟着广泛的麻粒岩相变质变形作用。变质温度和压力分别为850～1000℃和1.0～1.2GPa。随着地壳抬升，伴随着多阶段的退变质作用。第二阶段发生在850Ma～600Ma，变质压力和温度分别为0.7～0.8GPa和700～650℃。第三阶段变形导致叠加构造，而最晚阶段在泛非运动(550Ma～500Ma)期间，经历了角闪岩/绿片岩相变质，温度条件为600～520℃。

地层中钙硅层的形成在钙质富集和亏损的基底石墨片麻岩中的矽卡岩化阶段，是变质作用和交代作用的结果。富钒的绿色沙佛莱石结晶在伸展区域，在靠近布丁构造形成的退变质阶段。坦桑石矿化发生在退变质阶段(585Ma＋28Ma)，而压力和温度条件分别为0.5～0.6GPa和650±50℃(Oliver，2008)。

思考题

1. 坦桑石的宝石矿物学特征有哪些?
2. 坦桑石的矿物名称是什么？为什么称为坦桑石?
3. 坦桑石的颜色有哪些？致色原因是什么?
4. 坦桑石与斜黝帘石有何异同?
5. 世界范围内坦桑石的产地有哪些?
6. 坦桑石以很强的多色性著称。结合晶体光性与矿物学知识解释为什么坦桑石会有很强的多色性。
7. 坦桑石中常见的包裹体类型有哪些？有什么固体包裹体矿物?
8. 坦桑石常常与哪些宝石共生？为什么?
9. 坦桑石矿床有哪些成因类型?
10. 坦桑石形成的温度和压力条件怎样?

6 碧玺

碧玺以色彩丰富、颜色艳丽而闻名，并为世人所喜爱。碧玺又称“碧硒”“碧洗”“碧霞玺”等，英文名称“Tourmaline”来源于toramalli，古锡兰语意思为“混合宝石”。荷兰商人用这个词来称呼那些在斯里兰卡砾石中发现的多色、水蚀卵石。18世纪，人们发现碧玺具有吸引或排斥灰尘等轻物质的能力，因此荷兰人又将其称为“吸灰石”。

中国人对于碧玺的开发和利用有久远的历史，但古代并没有关于碧玺矿床开采的记载。碧玺一般被认为是来自缅甸、斯里兰卡等国。北京故宫博物院保存有大量碧玺饰物，如朝珠、鸡心、耳坠、各种盆景等(张蓓莉等，2006)。碧玺为十月生辰石，也是八周年纪念日石，已成为当今彩色宝石家族中的重要品种。

6.1 碧玺的宝石学特征

碧玺在矿物学上称为电气石，属电气石族，三方晶系，复三方单锥晶类，晶体常呈柱状。常见晶形有三方柱、六方柱、三方单锥，晶体两端晶面不同(图1-6-1)。柱面上纵纹发育(图1-6-1)，横断面呈球面三角形。这一特点也是碧玺晶体有别于其他宝石的重要特征。集合体呈放射状、束状、棒状，亦有致密块状或隐晶质块体。

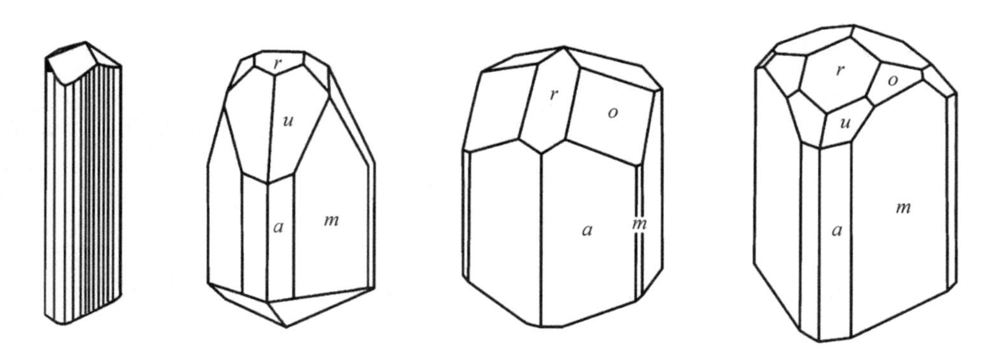

图1-6-1 碧玺晶体形态示意图(据潘兆橹等，1996)

复三方单锥 $u\{32\bar{5}1\}$；三方柱 $m\{01\bar{1}0\}$；六方柱 $a\{11\bar{2}0\}$；三方单锥 $r\{10\bar{1}1\}$，$o\{02\bar{2}1\}$；

碧玺成分较为复杂，分子式$(Na, K, Ca)(Al, Fe, Li, Mg, Mn)_3(Al, Cr, Fe, V)_6 \cdot (BO_3)_3(Si_6O_{18})(OH, F)_4$，可形成多种类质同象系列，并以含B为特征。

根据电气石的类质同象，可将其分为镁电气石、黑电气石、锂电气石、钠锰电气石、钙锂电气石。

黑电气石(Schorl)：$NaFe_3Al_6Si_6O_{18}(BO_3)_3(OH)_4$。

镁电气石(Dravite)：$NaMg_3Al_6Si_6O_{18}(BO_3)_3(OH)_4$。

锂电气石(Elbaite)：$Na(Li_{1.5},Al_{1.5})Al_6Si_6O_{18}(BO_3)_3(OH)_4$。

钠锰电气石(TsUaisit)：$NaMn_3Al_6Si_6O_{18}(BO_3)_3(OH)_4$。

钙锂电气石(Liddicoatite)：$Ca(Li_2Al)Al_6Si_6O_{18}(BO_3)_3(OH)_3F$。

碧玺具有不同的类质同象，并且含有的微量元素变化较大，从而导致其具有丰富的颜色。碧玺常见的颜色有玫瑰红或粉红、红、绿、深绿、浅蓝、蓝、深蓝、蓝灰、紫、黄、绿黄、褐、黄褐、浅褐橙、黑色等(图1-6-2)，可谓各种颜色无所不包。另外，在同一块碧玺晶体内外、不同部位可呈双色或多色(图1-6-3)，尤其外绿内红，似西瓜，称"西瓜碧玺"。

图1-6-2　产自缅因州的彩色碧玺(据GIA)

图1-6-3　产自加利福尼亚州喜马拉雅矿的双色碧玺晶体样本(据GIA)

碧玺化学成分直接影响其晶体颜色，如富铁呈暗绿、深蓝、暗褐或黑色；富镁为黄色或褐色；富锂和锰呈玫瑰红色，亦可呈淡蓝色；富铬呈深绿色。

传统作为宝石用的碧玺颜色主要有红色、蓝色、绿色三个系列。红色包含红、桃红、紫红、玫瑰红、粉红、橙红、棕红色。蓝色主要是紫蓝色、蓝色或绿蓝色，而绿色有黄绿至深绿及蓝绿、棕绿色。另外，近来在市场也出现了大量的亮黄色的，称为“金丝雀黄”碧玺，含铜的氖蓝色碧玺，称为“帕拉伊巴”碧玺。作为新宠，两者均非常珍贵。

碧玺为玻璃光泽，晶体透明－不透明，折射率为1.624～1.644(＋0.011，－0.009)，当富Fe、Mn时折射率增大，黑色电气石折射率可达1.627～1.657，双折射率0.018～0.040，通常0.020。碧玺解理不发育，一般贝壳状断口，莫氏硬度为7～7.5，密度为3.06(＋0.20，－0.06)g/cm^3，密度随Fe、Mn含量增多而增大。

6.2 碧玺的品种划分

碧玺具有丰富的颜色。结合前人的研究(张蓓莉等，2006)和最新发现的品种，依据碧玺的颜色和特殊光学效应，可将其分为两个系列。

6.2.0.1 根据颜色划分

根据颜色，可将碧玺分为：

①红色碧玺：红、桃红、紫红、玫瑰红、粉红、橙红、棕红色。

②绿色碧玺：黄绿至深绿及蓝绿、棕绿色。

③蓝色碧玺：紫蓝色、蓝色或绿蓝色。

④黄色碧玺：金丝雀黄、亮黄色、绿黄色、黄橘色。

⑤多色碧玺：由于电气石色带十分发育，在一个单晶体上常出现红色、绿色的二色色带或三色色带；色带也可以z轴为中心由里向外形成色环，内红外绿者称“西瓜碧玺”。

6.2.0.2 根据特殊光学效应划分

根据特殊光学效应可将碧玺分为：

①碧玺猫眼。当电气石中含有大量平行排列的纤维状、管状包体时，磨制成弧面形宝石时可显示猫眼效应，被称为碧玺猫眼。常见的碧玺猫眼为绿色，少数为蓝色、红色(图1－6－4)。

②变色碧玺。变色明显的碧玺，十分珍贵但也罕见(图1－6－5)。

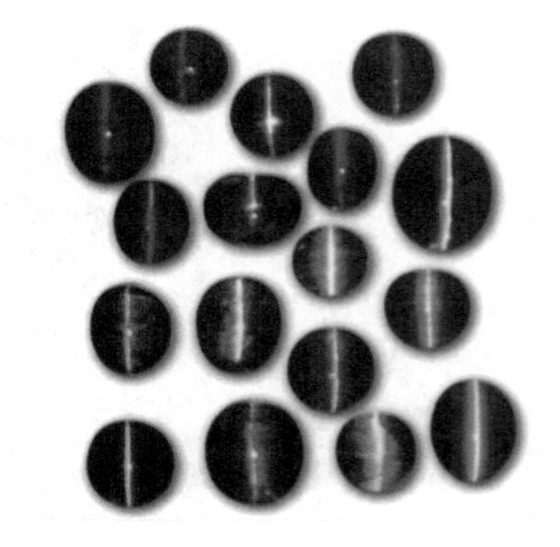

图1－6－4　不同颜色的碧玺猫眼

(据张蓓莉等，2006)

图1－6－5 碧玺的变色效应
（据张蓓莉等，2006）

6.3 碧玺资源分布及矿床类型

6.3.1 碧玺资源分布

世界范围内碧玺分布广泛，传统盛产碧玺的国家有巴西、斯里兰卡、缅甸、意大利、肯尼亚、美国等。近些年来，莫桑比克和尼日利亚发现和产出了大量的锂电气石，增长迅速，已成为重要的碧玺产地。其他产地还有阿富汗、纳米比亚、赞比亚等。

碧玺的产地中尤其以巴西的米纳斯克拉斯州最著名，曾一度占据世界碧玺总产量的50%～70%。另外，在巴西的帕拉伊巴州还发现了罕见的紫罗兰色、蓝色碧玺。巴西产出的优质蓝色的透明碧玺被誉为“巴西蓝宝石”。美国以出产优质的粉红色碧玺著称，主要产自加利福尼亚圣地亚哥和缅因州。俄罗斯乌拉尔出产的优质红碧玺有“西伯利亚红宝石”之称。意大利则以产无色碧玺闻名，而马达加斯加和阿富汗生产优质的红色碧玺。

我国出产碧玺的产地有新疆阿尔泰、内蒙古大青山、江西全南、云南哀牢山，颜色品种丰富，质量较好。新疆是我国最为重要的碧玺产地，绝大多数产于阿勒泰、富蕴（可可托海）等地的花岗伟晶岩型矿床中，其次为昆仑山地区和南天山。内蒙古也是我国碧玺的重要产地，分布于乌拉特中旗角力格太等地。云南碧玺大多以单晶体的形式产出，部分碧玺呈棒状、放射状、块状集合体，主要在福贡、元阳、保山等地产出。另外，在四川、西藏等地区也有碧玺发现。

6.3.2 碧玺的矿床类型

目前，根据地质学家研究，碧玺由于成分中富含 B 及 H_2O 等挥发分，多产于花岗伟晶岩及气成热液矿床中。大多数宝石级的碧玺是锂电气石，含有丰富的钠、锂、铝，有时还含有铜，产于花岗岩伟晶岩。

钙镁碧玺含有丰富的钙、镁和铝，而钠镁碧玺富含钠、镁和铝，两者都产自石灰岩。石灰岩在高温高压下会形成含有电气石等副产品矿物的大理岩，属于接触交代型矿床。

宝石级碧玺矿床类型可以分为伟晶岩和接触交代型两种类型。

6.4 碧玺矿床

6.4.1 巴西碧玺矿床

世界上最著名的碧玺产地在巴西，多产于花岗伟晶岩及气成热液矿床中。巴西的碧玺主要分布于 3 个州：帕拉伊巴、贝里奥格兰德和塞阿拉。最引人注意的是含铜的“帕拉伊巴”碧玺，因其有着特殊艳丽的蓝色和绿色，价格也最为昂贵，质量上乘的碧玺价格甚至超过高质量的蓝宝石和祖母绿。其他常见颜色的碧玺主要产自巴西的塞阿拉州的伟晶岩中，以孔达杜矿区最为出名。

伟晶岩岩脉中产出的碧玺颜色多样，主要的矿区有克鲁赛罗、戈尔孔达、维尔任达拉帕、伊塔蒂艾亚。

6.4.1.1 “帕拉伊巴”碧玺

“帕拉伊巴”是具有蓝色、蓝绿色等特殊颜色的碧玺，因最早发现于巴西帕拉伊巴州而得名，但“帕拉伊巴”碧玺仅是商业名称。“帕拉伊巴”碧玺颜色为鲜艳的蓝色、绿色以及紫色，颜色罕见独特，是碧玺中最珍贵的品种(Abduriyim et al.，2006)。

巴西“帕拉伊巴”碧玺最初发现于 1982 年(Fritsch et al.，1990；Shigley et al.，2001)，在帕拉伊巴州米那达巴塔利亚矿区，并于 20 世纪 80 年代末出现在市场上(Koivula and Kammerling，1989；Fritsch et al.，1990)。此后，在米那达巴塔利亚矿区的东北部陆续发现一些小型矿床，有格罗瑞斯和巴塔利亚。另外，在贝里奥格兰德州的奥托多斯昆多斯和穆隆古也发现了“帕拉伊巴”碧玺。前人的研究发现，这种鲜艳的绿色和蓝色与含 Cu 元素有关。在 2001 年，这种含铜的蓝绿色碧玺在尼日利亚被发现(Henricus，2001；Smith et al.，2001；Zang et al.，2001；Abduriyim et al.，2006)，随后发现与巴西的“帕拉伊巴”碧玺一样是含铜所致(Breeding et al.，2007；Furuya and Furuya，2007；Breeding et al.，2007)。莫桑比克含铜的蓝绿色碧玺于 2004 年首次被发现和研究(Wentzell，2004)，并在 2005 年 9 月出现在香港珠宝展上(Laurs et al.，2008)。

6.4.1.2　巴西“帕拉伊巴”碧玺矿床概况

目前，巴西“帕拉伊巴”碧玺的主要产区仍然为帕拉伊巴州米那达巴塔利亚矿区及其附近的小矿点。贝里奥格兰德州附近也有至少两个花岗伟晶岩型矿床产出少量的紫色-蓝色碧玺，这些花岗伟晶岩型碧玺矿床均分布在新元古界基多组变质岩中。有研究表明，颜色更为鲜艳的米那达巴塔利亚“帕拉伊巴”碧玺比穆隆古产的蓝-紫色碧玺含铜量要高(Furuya，2007)，但是碧玺中铜的来源尚不清楚。

近来，一种产自格罗瑞斯矿的帕拉伊巴碧玺开始出现在市场上。格罗瑞斯矿位于容科-杜塞里多地区以西2km，是一处花岗伟晶岩脉体。该矿床范围可以从米那达巴塔利亚北部一直延伸到里约热内卢北部(Shigley et al.，2001，图1-6-6)。此前，该地区一直被认为是小型白色高岭土矿床，而碧玺只是副矿物，随着人们陆陆续续发现了更多的小型碧玺矿点后，才引起重视。

米那达巴塔利亚铜碧玺产自风化的伟晶岩，与石英、长石(蚀变为白色的黏土)和锂云母共生，伟晶岩细脉穿切石英岩围岩。大部分的晶体都呈现破碎状，多数小于1g，有个别的可以达到20ct，外部表面往往有一些侵蚀，偶尔见有石英基质包裹电气石晶体。晶体变化多样，有时呈现复杂的颜色分带，有些包含深粉色的核部，被绿松石蓝的外皮包裹，边部具有很薄的一层。有些具有蓝色核，并被紫色、浅蓝色、绿色和灰色外皮包裹；另外还有其他的颜色组合特征(Fritsch et al.，1990)。

6.4.1.3　区域地质

帕拉伊巴位于巴西东北部，区内有太古界和早元古界片麻岩和混合岩、新元古代火山岩和变质岩。新元古界包含了赛里多群。该群又分为茹库鲁图组、基多组、赛里多组和赛拉多斯昆托斯组(图1-6-6)。

区内经历的最近的构造运动发生在650Ma～480Ma，属于巴西利亚-泛非造山作用，板块构造规模延伸至中-西非洲的尼日利亚周边，地质事件发生在南美洲从非洲分离之前，随后大规模的板块构造运动将其分离开来。

区域上，赛里多群地层形成一系列的北东走向背斜和向斜构造，构成了赛里多褶皱带。大量的花岗岩体和相关的伟晶岩在造山作用的晚期形成，形成年龄为510Ma～480Ma，伟晶岩主要限于赛里多褶皱带内，主要的矿化伟晶岩出现在赛里多组和基多组(图1-6-6)。

博博雷马伟晶岩通常为板状、透镜状、脉状，长度为几十米到上百米不等，宽度十多米。大多伟晶岩矿物组合较为简单，主要由斜长石、石英和云母组成，云母主要为白云母和少量黑云母。也有少量的伟晶岩较为复杂，内部呈现分带，通常有中心核部区域石英晶体(有些时候为粉水晶)，有着不同的矿物组合特征，有时包含稀有金属矿物，如绿柱石、钽铁矿-铌铁矿或锰钽铁矿、锂辉石、锡石、石榴子石和电气石等。

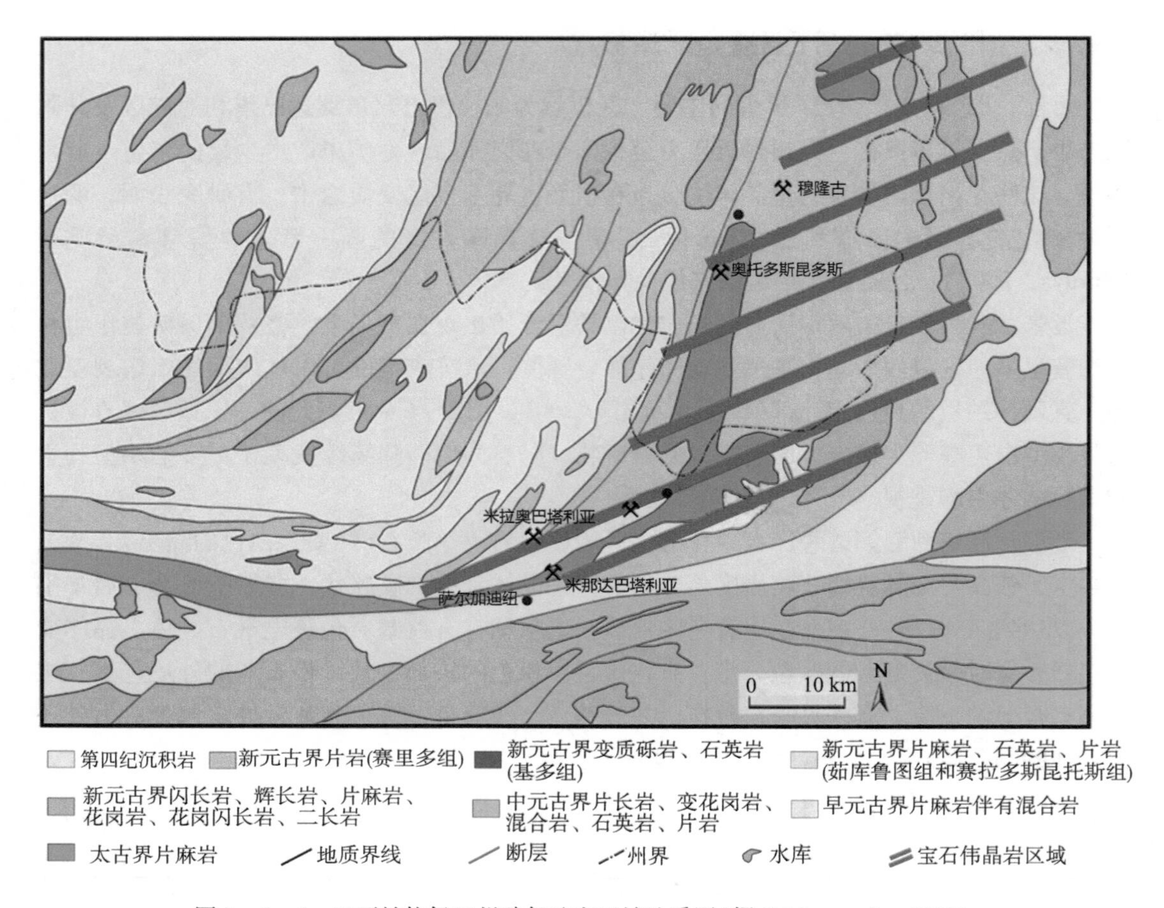

图1－6－6　巴西帕拉伊巴州碧玺矿床区域地质图(据 Shigley et al.，2001)

富含宝石伟晶岩距离莫罗阿尔托几百米，该山峰是塞拉多弗雷德岭的一部分。这些伟晶岩岩脉呈板状或脉状，厚度变化从几厘米到2m，个别可达4m，而富产电气石的伟晶岩厚度一般不超过1m。

莫罗阿尔托伟晶岩脉大致相互平行排列，走向为南东。每条伟晶岩岩脉间隔5～20m，围岩为基多组叶理状白云母石英岩。伟晶岩岩脉倾角较大，倾向北东，倾角65°～75°，穿切石英岩的叶理(南倾35°～40°)。伟晶岩岩脉与石英岩围岩之间界线分明，石英岩基本没有热液蚀变现象。伟晶岩主要有高岭石化长石，伴有石英和云母(白云母和锂云母)组成。另外，有黑电气石和锂电气石和一些副矿物，包括钽铁矿、锰钽铁矿、紫晶和黄晶。

矿床属于典型的宝石伟晶岩矿床特征，米那达巴塔利亚碧玺矿化在伟晶岩中分布不规则，最可能产出碧玺的区域在接近石英核部地带，而碧玺与锂云母共生。伟晶岩脉中的矿化区域，典型的包含一系列拳头大小充满黏土的矿包或细的脉体，能够延伸几米。有些碧玺与块状石英共生或嵌入高岭石化长石中。一些大的碧玺晶体嵌入石英中，而这些碧玺部分或全部被锂云母所交代而形成假象。

不同颜色的碧玺出现在伟晶岩的各种深度，每个岩脉往往产生一些不同颜色、数量和质量的碧玺。

6.4.1.4　穆隆古矿床

1991年，含铜碧玺发现在穆隆古地区的坡积物中，在帕雷利亚斯的北北东5km，米那达巴塔利亚的东北60km。直到1999年，在初始的伟晶岩中发现了锂电气石的原生矿，形成长条状和透镜状。这些伟晶岩呈高角度侵入变质碎屑岩的围岩中，呈东西走向，出露长度超过200m，最大宽度至少10m。伟晶岩有矿物分带，包含了长石、云母和石英，以及电气石、氟磷灰石。包含辉铜矿、方辉铜矿，呈现豆荚状分布在下盘部位，直径可以达到20cm。这两种铜的硫化物在伟晶岩中极为少见。

6.4.1.5　奥托多斯昆多斯矿床

伟晶岩岩脉分布在帕雷利亚斯南部9km处的半山坡，在米那达巴塔利亚的东北45km，又称为Wild矿，揭露的区域长150m，宽20m。主要矿物包含了斜长石、石英和白云母，副矿物有磷灰石、绿柱石、铌铁矿、锂辉石、锂云母和锌尖晶石。1995年至1996年，该伟晶岩曾经产出超过25cm长的多色碧玺晶体。大多数含铜的碧玺没有达到宝石级，有些可以切割成很小粒的宝石。

6.4.1.6　宝石学特征

“帕拉伊巴”碧玺的透明度较高。不同矿床产出的宝石学特征有些差异。

米那达巴塔利亚矿产出的含铜碧玺的颜色最为丰富，有蓝色、蓝绿色、蓝紫色、绿色、绿灰色、紫粉色、紫蓝色、黄绿色等，折射率 $N_o = 1.619 \sim 1.621$，$N_e = 1.638 \sim 1.646$，双折射率为0.018～0.025，密度3.03～3.12g/cm^3。均呈现长短波紫外荧光惰性。微量元素铜含量介于0.37%～2.38%（质量分数，以CuO计），其余还有Bi、Pb和Zn。包裹体有三相包裹体、“指纹状”包裹体、生长管和片状金属包裹体。

米那达巴塔利亚矿产的碧玺主要为绿色和蓝色，CuO质量分数为0.75%～2.47%。

奥托多斯昆多斯矿产的碧玺主要为蓝色，折射率较高，$N_o = 1.624$，$N_e = 1.646$，双折射率为0.022，密度3.03g/cm^3。微量元素铜含量介于0.60%～0.78%（质量分数，以CuO计），其余还有Bi和Zn。包裹体可见两相和“指纹状”包裹体。

穆隆古矿有蓝色、蓝色－绿色、蓝绿色和绿蓝色碧玺。折射率 $N_o = 1.618 \sim 1.619$，$N_e = 1.638 \sim 1.639$，双折射率为0.019～0.021，密度3.08～3.10g/cm^3。长短波均呈现荧光惰性。微量元素铜含量介于0.41%～0.69%（质量分数以CuO计），其余还有Bi、Pb和Zn。包裹体可见“指纹状”包裹体、羽裂、生长管和两相包裹体。

6.4.1.7 “帕拉伊巴”碧玺的致色机理

锂电气石的致色机理已经被广泛研究，大多数颜色主要是少量的过渡元素(Wiclcersheim and Buchanan，1959)，特别是蓝色－绿色色调已经被认为是各种作用过程，涉及 Fe^{2+} 和 Fe^{3+}(Mattson and Rossman，1987)，$Fe^{2+} \rightarrow Ti^{4+}$ 电荷转移(Wiclcersheim and Buchanan，1959)，Cr^{3+} 和 V^{3+} 被认为是绿色镁电气石和钙镁电气石致色原因(Schmetzer and Bank，1979)。

前人根据原子发射光谱，锂电气石中绿色和蓝色的致色离子为 Cu^{2+}。在 Ti 含量略高的样品中出现了紫色区域的吸收线，说明有 $Mn^{2+} \rightarrow Ti^{4+}$ 的电荷转移导致的吸收(Rossman and Mattson，1986)。$Fe^{2+} \rightarrow Ti^{4+}$ 电荷转移在电气石中引起的吸收介于400nm 和500nm 之间(Mattson and Rossman，1987；Taran et al.，1993)。在帕拉伊巴碧玺中，Cr 和 V 的含量低于电子探针的检出限，而 EDXRF 也没有测出 Cr 和 V。因此 $Mn^{2+}-Ti^{4+}$ 和 $Fe^{2+}-Ti^{4+}$ 可能是引起450nm 吸收带的原因。

Mn^{2+} 在自然条件下的辐射，会慢慢变为 Mn^{3+}，比如在花岗伟晶岩中(Reinitz and Rossman，1988)。暗蓝色到紫色的帕拉伊巴样品显示了在绿色光波范围宽的吸收带，以515nm 为中心，就是由 Mn^{3+} 所致(Manning，1973)。蓝色区域415nm 弱而尖的吸收带，是由于 Mn^{2+} 的存在(Rossman and Mattson，1986；Reinitz and Rossman，1988)，更强的 Mn^{3+} 吸收会使得帕拉伊巴碧玺产生更多的紫色调、蓝宝石蓝色和紫色，甚至会产生紫粉色。在红色电气石中，以515nm 吸收带为特征，是其粉色的来源。

Cu 是帕拉伊巴碧玺的致色元素，主要使其产色绿松石蓝。在600nm 以上的吸收，主要形成695nm 和920nm 的吸收带，是由 Cu^{2+} 所致(Fritsch et al.，1990)。在垂直 *c* 轴的方向上为690nm 和900nm 的吸收带。而在平行 *c* 轴的方向上偏移至740nm 和940nm(Fritsch et al.，1990)。而在平行 *c* 轴的方向上电气石都有1400～1500nm 的明显吸收带，是由于 O－H 的伸缩振动所致(Wiclzersheim and Buchanan，1959 and 1968)。绿色的帕拉伊巴碧玺中强的吸收边缘朝向紫外区域，和强的 Cu^{2+} 吸收，没有任何 Mn^{3+} 吸收出现(Fritsch et al.，1990)。

6.4.2 赞比亚黄色碧玺矿床

赞比亚除了产品质较高的祖母绿外，还有一些碧玺矿床，尤其以“金丝雀黄”碧玺最为著名。

20 世纪 80 年代，在赞比亚东部的小矿点宝石级黄色碧玺被挖掘出来。黄色碧玺被称为“金丝雀黄”碧玺在市场上销售，可以追溯到2001 年(Laurs et al.，2007)。该碧玺具有非常漂亮的黄色和异常高的 Mn 元素含量，是碧玺中含 Mn 最高的品种(e.g.，Shigley et al.，

1986）。直至2002年，市场上出现了大量的黄色碧玺，但是大部分都是小于0.2ct的小颗粒，个别可达50ct。由于其具有非常漂亮颜色，引起了学界的广泛关注，但是针对其大量的研究并没有提及明确的产地。直到2007年Laurs等人对于赞比亚的金丝雀黄碧玺进行了考察，才开启了黄色碧玺的宝石矿床学研究。

赞比亚金丝雀黄碧玺矿床位于东部地区的伦达孜西南方向32km处，南纬12°23.764′，东经32°53.471′，海拔约1440m（Laurs et al.，2007），如图1－6－7所示。

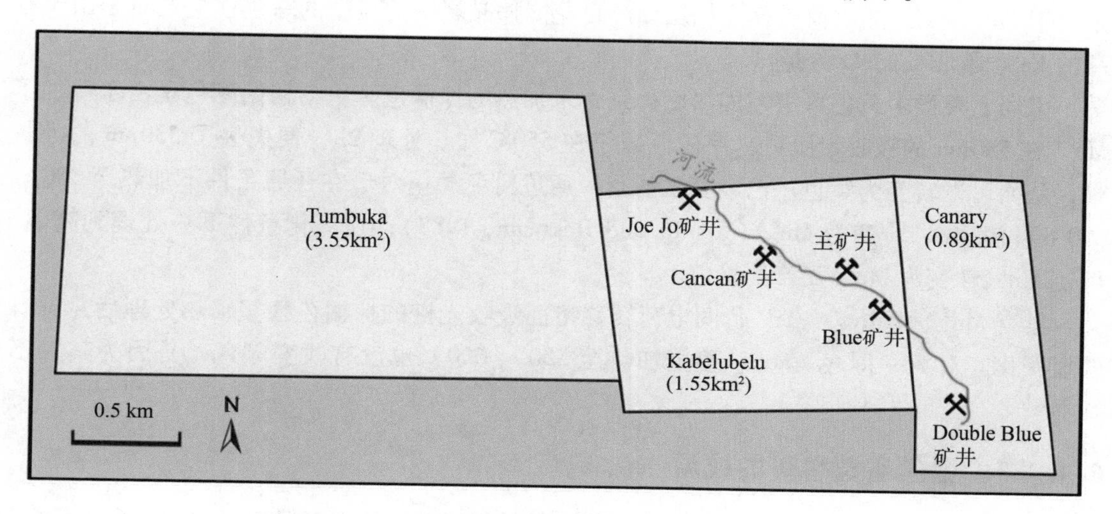

图1－6－7　赞比亚黄色碧玺矿床（据Laurs et al.，2007）

6.4.2.1　区域地质和矿床地质

伦达孜矿区产有伟晶岩，该伟晶岩以出产云母、宝石级海蓝宝石、锰铝榴石、碧玺和粉水晶而闻名。前人界定了两条含宝石的伟晶岩带，形成于489Ma，与晚泛非辛达基底时间一致。

Canary矿区在依若米德造山带的前寒武纪变质岩下部，矿床分布在卢梅兹片麻岩群的浅色片麻岩内部。矿区的主要伟晶岩呈透镜状侵入到黑云母片麻岩中，走向东西（～100°），中等角度向南倾斜。伟晶岩的区域范围至少为长60m，宽18m，有粗粒带和细粒带。热液矿物有石英晶簇、自形的钠长石和黑色电气石。可见大约有10cm厚黑色电气石±钾长石＋钠长石脉体穿切伟晶岩。与伟晶岩接触的片麻岩围岩的接触带有局部的黑云母化和电气石化，但是整体上伟晶岩对于围岩的蚀变不强。

20世纪90年代中期在中部－西北部地区或接近伟晶岩核部地区发现了大晶洞。晶洞中包含了大量的石英晶体和叶钠长石。Canary矿床与其他含宝石伟晶岩明显不同，它缺少云母，也不是海蓝宝石的来源。

6.4.2.2　金丝雀黄碧玺的宝石学特征

前人对于赞比亚金丝雀黄碧玺进行了对比研究，总结了其宝石学特征（表1－6－1；

Laurs et al.，2007）。

赞比亚产出的金丝雀黄碧玺颜色主要为黄绿色或黄－橘黄色，为一轴晶负光性。成分上含有1.14%～7.59% MnO，0.04%～0.54% TiO_2，Fe的含量通常低于检出限，也有的可达0.21% FeO。MnO含量也较高，最高可接近10%。

前人对金丝雀黄碧玺的致色原因也进行了研究，黄－绿色是由于Mn^{2+}加上Mn^{2+}－Ti^{4+}价间电荷转移，其吸收了紫色－蓝色部分而产生黄－绿色。从绿黄色到黄色再到棕色是由于Fe^{2+}－Ti^{4+}的电荷转移。相反，产自花岗伟晶岩中的典型的绿色锂电气石是由于有高的Fe含量和低的Ti含量。

市场上有很多黄色碧玺经加热后得到，未加热的棕橘色碧玺的初始颜色是由于叠加了Mn^{3+}在530nm的吸收带所致，棕橘色碧玺在550℃加热处理2h，便失去了530nm的吸收带，从而可以转变为黄色。已经公认的是，通过粉色碧玺对于在还原条件下加热至500～600℃可使Mn^{3+}转变为Mn^{2+}（Reinitz and Rossman，1988）；在氧化条件下热处理到高温，可使Mn^{2+}转变为Mn^{3+}而产生粉色。

具有Mn^{2+}和Mn^{2+}－Ti^{4+}价间电荷转移特征吸收光谱的棕橘色碧玺，热处理后并没有明显变化。对黄－绿色Canary碧玺加热至500～600℃也没有改变颜色，是因为其并不含Mn^{3+}。

6.4.2.3 金丝雀黄碧玺的成因

Laurs et al.（2007）对金丝雀黄碧玺的成因进行了探讨。宝石级碧玺通常包含了粉色、绿色或者蓝色锂电气石。蓝色锂电气石产自含锂云母的LCT（锂、铯、钽）伟晶岩。相反，产自金丝雀黄（Canary）矿区的富锰含钛的黄色锂电气石，其形成的伟晶岩具有较为简单的矿物组合。富集锰的花岗伟晶岩通常与大量的Li元素密切相关，从而导致其形成锂云母和锂磷酸盐。

锰铝榴石的结晶是伟晶岩系统中脱锰的重要机制。碧玺中的锰含量显示受到伟晶岩中石榴石丰富的影响。尽管在金丝雀（Canary）矿中出现了少量的锰铝榴石，其并不是该伟晶岩常见的矿物。富锰的黄色碧玺稀少，事实上是由于需要不寻常的元素组合，要求形成伟晶岩的岩浆具有高的Be和Mn以及低的Li含量。

金丝雀黄碧玺需要在伟晶岩结晶的最后阶段仍然保留有Mn和一些Ti元素。然而，这种亮黄色的碧玺（天然或热处理后）仅仅在极度缺少Fe的环境中形成。对于保存Mn和缺少Fe，最有可能的机制是早期黑色电气石的大量结晶，因为Fe相对于Mn更多赋存于黑色电气石（铁电气石）中。

初始伟晶岩岩浆中富含B元素，这促进了黑色电气石的结晶析出，而不是形成云母或者锰铝榴石（会消耗Mn）。黑色电气石的结晶会消耗岩浆中的Ti元素，但是在伟晶岩中黑云母比黑色电气石更加消耗Ti。因此，由于黑云母在金丝雀黄伟晶岩中并没有出现。因此依然有足够的Ti可以满足金丝雀黄碧玺的结晶，从而使形成的电气石具有Mn^{2+}－Ti^{4+}电荷转移致色。

随着伟晶岩的结晶，异常富集 B、Fe、K、Na 的流体的涌入(明显的外源特征)，导致局部电气石 ± 钾长石 + 钠长石脉和石英的溶解。一系列事件也会使得一些黄色电气石角砾岩化，并伴随着黑色电气石 ± 钾长石 ± 钠长石组合。

金丝雀黄碧玺宝石学特征显示为典型的锂电气石，化学成分是明显的高 Mn 和低 Fe，相对宝石级电气石来说更加富集 Ti。这种组合可能是来源于富 B、低 Li 的花岗伟晶岩的演化。早期结晶析出了丰富的黑电气石，此过程消耗了大量的 Fe，并没有大量的 Mn 的损耗，从而为金丝雀黄碧玺的结晶保留了足够的 Mn 元素，直到晚阶段，伴随着金丝雀黄碧玺的结晶，具有大量的富含宝石级电气石矿包形成。

6.4.3　阿富汗达拉伊皮奇碧玺矿床

阿富汗是世界宝玉石赋存量和产量较丰富的国家之一。宝石类矿产有红宝石、尖晶石、祖母绿、海蓝宝石、碧玺、贵石榴子石等(王立新等，2009)。该地区的宝石级碧玺产于花岗伟晶岩中，围岩岩体长达数十米至千米，厚 1.5 ～ 5m。阿富汗碧玺的颜色多为绿色、玫瑰色或呈条带状的多种颜色。具多种颜色条带状的碧玺晶体，中间部分呈红玫瑰色，边部呈绿色，状似西瓜，故称为“西瓜碧玺”。有的碧玺矿床中含有紫锂辉石、铯绿柱石等(邓燕华，1992)。

6.4.4　新疆阿尔泰花岗伟晶岩型碧玺矿床

阿尔泰大量的伟晶岩脉中，产碧玺的矿脉并不多见，有代表性的为库汝尔特 937 号脉、佳木开 83 号脉、塔拉特 317 号脉、可可托海 3 号脉和阿斯卡尔特 1 号脉。

根据碧玺在伟晶岩中产出的特点可以分为两种类型，一是含宝石的稀有金属伟晶岩，二是含宝石的晶洞花岗伟晶岩。前者产于脉体交代强烈部位，后者则产自伟晶岩脉的晶洞中。两者有个共同的特点，就是彩色碧玺多富集在脉体的膨大部位和脉体的转折处交代作用强烈区域，脉体规模长数米到近百米不等，宽 1 ～ 9m。

库汝尔特 937 号脉属非晶洞型伟晶岩，碧玺产自片麻状黑云母花岗岩中，宽约 3m，长 100m 左右，脉体上盘为中粗粒文象伟晶岩带，中间为叶钠长石和石英块带，碧玺产自此带中部。带中叶钠长石占 90% 左右，石英占 8%，碧玺只占 1%～2%，白云母和锂云母占2%～3%，其余为绿柱石、铌钽铁矿等。

佳木开 83 号脉属晶洞型伟晶岩，脉体膨大处有 5m 宽，向两侧变窄至 1m 左右，长 50m。矿脉遭受强烈的钠长石化，在膨大和转折部位有团块状锂云母化集合体，脉体中叶钠长石和薄片状钠长石占比达 75%，白云母占 10%，锂云母占 5%。与碧玺共生的矿物还有绿柱石、铌钽铁矿、铯榴石等。

6.4.5 莫桑比克“帕拉伊巴”碧玺

莫桑比克含铜碧玺发现于2001年，但是直到2003年才发现其含有铜，并在2005年开始公开售卖(Laurs et al.，2008)。

帕拉伊巴碧玺因含Cu而形成蓝色、蓝绿色调，深受人们的喜爱。莫桑比克“帕拉伊巴”碧玺矿床位于莫桑比克东北部地区楠普拉的马夫科村附近，地处楠普拉西南部，直线距离95km(Laurs et al.，2008；图1－6－8)，是目前莫桑比克唯一一处“帕拉伊巴”碧玺产地。

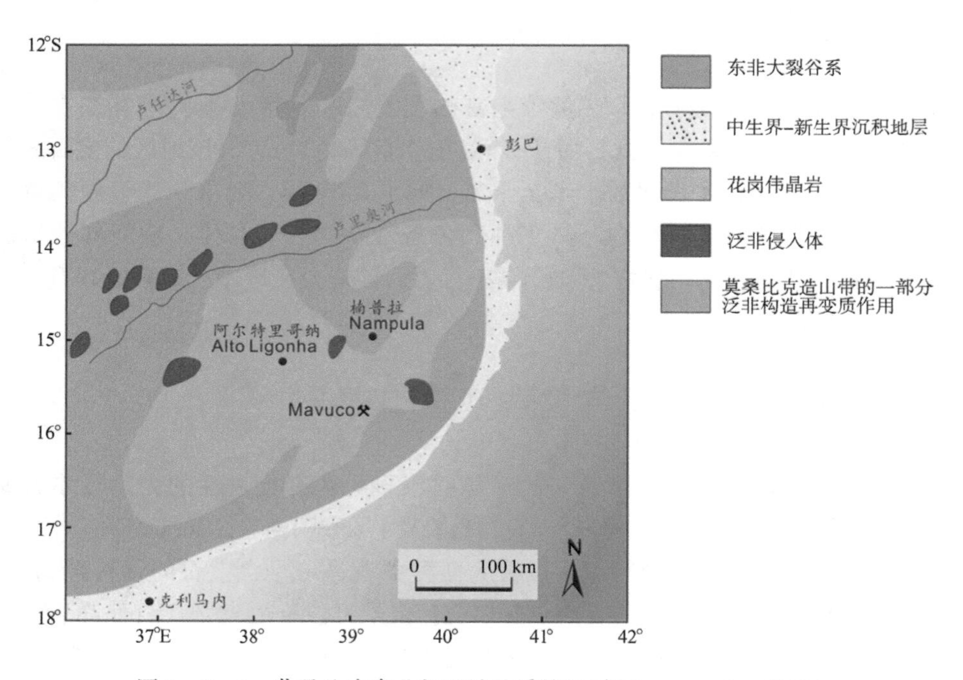

图1－6－8 莫桑比克东北部区域地质简图(据Laurs et al.，2008)

6.4.5.1 区域地质与矿床地质

马夫科矿区基底地层是莫桑比克造山带的一部分，年龄在1100Ma～800Ma。该造山带富产大量的宝石矿床，包括坦桑尼亚和肯尼亚。莫桑比克北部地区的基底主要有强烈变质的混合片麻岩，主要经历了泛非板块构造作用(800Ma～550Ma)。该区域有花岗岩类和稀有金属花岗伟晶岩侵位，其侵位年龄在600Ma～410Ma。大多数伟晶岩侵位在阿尔特里哥纳200km范围内，富产稀有金属(Li，Be，Nb，Ta)和工业用的石英、云母、长石和黏土，以及宝石矿物碧玺和绿柱石等矿物(Bettencourt Dias and Wilson，2000)。

马夫科矿区风化严重，表层往往有很厚的红土层覆盖。矿区主要岩石为各种类型的南蒂拉/梅蒂尔群片麻岩和穆利花岗岩(图1－6－9)。花岗伟晶岩局部穿切基底岩石形成富含石英的露头，被片麻岩包裹。伟晶岩包含奶白色、粉色和透明的石英，钾长石和黑色电气石和少量的云母和绿柱石。尽管花岗伟晶岩与含铜碧玺的矿区非常接近，但是该伟晶岩并不是铜碧玺的来源，因为其伟晶岩具有较低的 Li 含量。

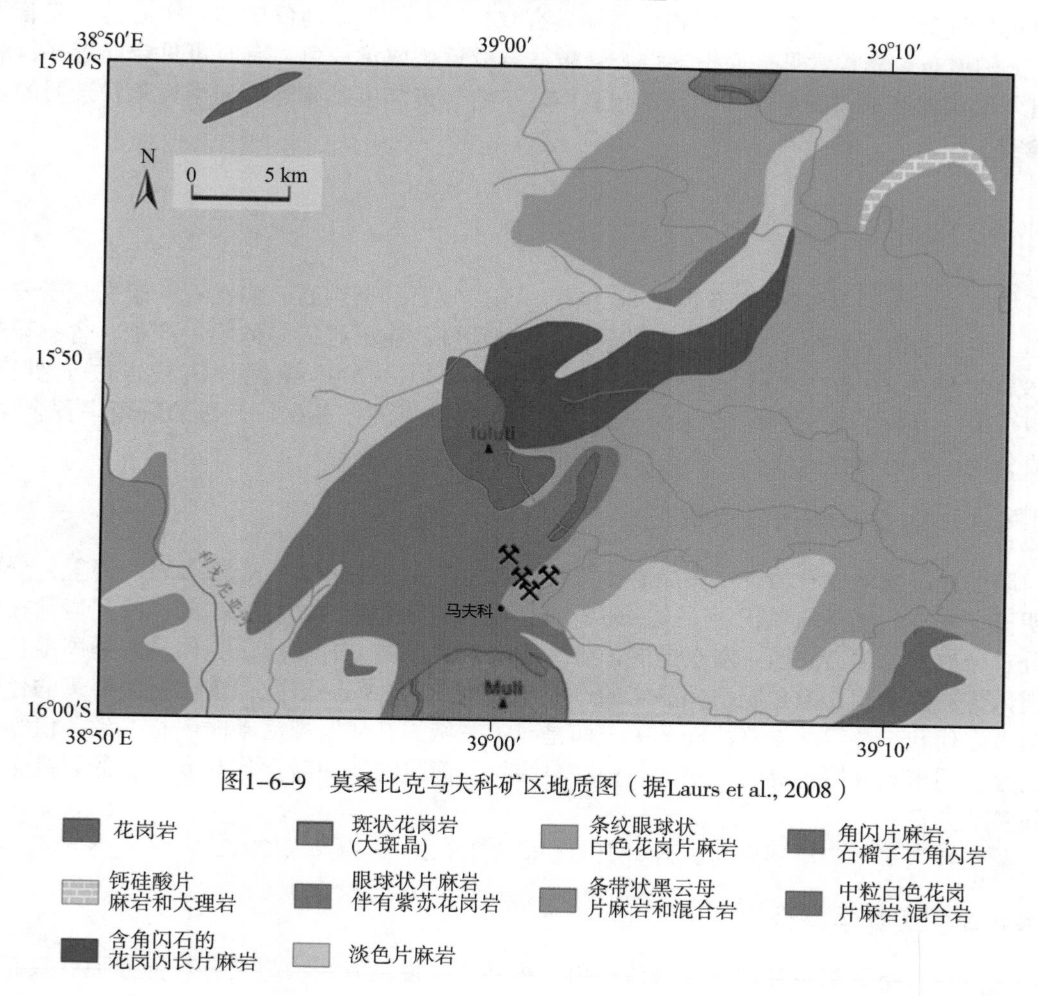

图1-6-9　莫桑比克马夫科矿区地质图（据Laurs et al., 2008）

“帕拉伊巴碧玺”仅在次生矿床的鹅卵石中发现，含电气石层在风化的黑云母花岗岩基岩的顶部，被红棕色、黑色风化层覆盖。红土层厚度在季节性流水处为 0.5m，而通常为 3～5m，含碧玺的砾石层厚度通常几厘米到 1m，颜色从浅灰到红棕色。鹅卵石主要有奶白色到半透明的石英，少量的风化的长石和碧玺主要呈现半棱角状，少量次圆状到圆状。“帕拉伊巴”碧玺发现于马夫科附近约 3km^2 范围内。

6.4.5.2　宝石学特征

莫桑比克产出的几百公斤原石颜色多样，只有大约 10% 不用加热处理就呈现蓝 – 蓝绿色的“帕拉伊巴”色。原石往往呈现单色调，有的可见多色性和双色调分带。大部分刻面的碧玺在 1～4ct 之间，个别在 5～20ct 之间。

原石的颜色多样，有蓝色、紫色、浅蓝色和强绿蓝色、粉色和绿色。有的有绿蓝色的表皮，具有粉色的核心，还有绿蓝色的具有粉紫色的核部。大部分透明度较高，也有个别的包裹体含量很高，导致透明度下降。包裹体主要是流体包裹体、愈合裂隙、生长管等。有时可见气液固三相包裹体。固相包裹体具有双折射率，为非均值矿物。空心的圣光管平行于 c 轴展布，非常常见。而很多空心管被沾染成黄色或黄棕色。有时可见定向近平行的如钉子形状相互贯通的扁平和拉长的包裹体。矿物包裹体主要有圆形到半棱角状透明的石英颗粒、锂云母、钠长石等。

6.4.6 越南碧玺矿床

越南宝石级碧玺发现于20世纪80年代，与红宝石、蓝宝石、尖晶石一起发现于安沛省陆安地区的次生矿中。陆安地区也是越南目前所知的宝石级碧玺的唯一产地。含有碧玺的伟晶岩伴生有绿色长石，首次发现并开采于2004—2005年间，伟晶岩位于明田。2009—2011年间，先后在凯特朗和安富发现了含有碧玺的伟晶岩。产出的碧玺多种多样，从成分上说主要为锂电气石，另有少量钙电气石和镁电气石。

6.4.6.1 陆安地区伟晶岩概况

陆安地区含电气石的花岗伟晶岩出露于罗伽姆带中，主要有4处伟晶岩产碧玺，分别为明田、安富、凯特朗和新立。这些碧玺伟晶岩周围有大量的红宝石矿床。伟晶岩脉在区内分布分散，总体为北西－南东走向，少量的南－北走向。有观点认为伟晶岩是周围花岗岩侵入体的残余相，但是明田伟晶岩的形成年龄为30.58Ma。因此，含宝石级碧玺的伟晶岩与古生代和三叠纪的岩浆活动无关，而是与第三纪的红河断裂活动时间相一致。值得注意的是，明田和安富伟晶岩产出的碧玺颜色多样，而凯特朗和新立伟晶岩产出的碧玺主要是粉色或紫色。

陆安地区每年产出的宝石级碧玺在200kg左右(Huong et al.，2012)。

6.4.6.2 宝石学特征

陆安地区有碧玺单晶体和集合体产出。单晶体呈现三方柱状与三方双锥或平行双面的聚形，单晶体可达20cm长。多色晶体常见，粉色碧玺晶体呈集合体或者放射状(图1－6－10)。

图1－6－10　越南陆安地区碧玺原石特征(据Nhung et al.，2017)

碧玺的颜色多样，有粉色、绿色、黄色、橙色、红色、灰色、褐色和无色(图1-6-11)，通常掺杂些其他色调，比如绿黄色或褐红色等。有些碧玺沿着 c 轴方向上呈现颜色分带，紫色+无色+黑色(图1-6-11D)或紫红+黄绿色(图1-6-12)等；或者在垂直 c 轴方向上，晶体中心为紫红+褐黄色外皮，呈西瓜的特点。同样，可以见到中心黑色，外皮呈现粉色，或者中心绿色、红色，外皮呈现黑色的碧玺，类似"达碧兹"碧玺(图1-6-13)。

图1-6-11　越南陆安地区碧玺特征(据 Nhung et al.，2017)

图1-6-12　越南陆安地区"西瓜碧玺"原石特征(据 Nhung et al.，2017)

图 1-6-13　越南陆安地区似"达碧兹"碧玺特征(据 Nhung et al., 2017)

碧玺多色性明显，尤其是绿色、褐色和紫色品种。透明度变化较大，从透明到不透明，黑色或集合体往往不透明。折射率 N_e = 1.618 ~ 1.628，N_o = 1.635 ~ 1.645，为一轴负光性，双折射率 0.016 ~ 0.023，不同颜色的碧玺稍有不同(表 1-6-1)。相对密度在 3.05 ~ 3.20 之间，黄色和绿色介于 3.11 ~ 3.20 之间，而粉色、红色、橙色、褐色、无色、灰绿色和其他绿色(钙镁电气石)的样品相对密度在 3.05 ~ 3.10 之间。紫外荧光灯下，粉色、红色、褐色和黑色样品长、短波均呈现惰性。绿色、黄色、褐黄色在短波紫外荧光灯下具有黄绿色荧光，而长波下也同样呈现惰性(表 1-6-1)。

陆安地区产出的碧玺包裹体较多，常有气体充填的镜状裂隙，两相气液包裹体、针管状包裹体和固相包裹体(图 1-6-14)，并以气液两相包裹体最为常见。粉色碧玺包含丰富的固相包裹体，如钠长石、电气石。钠长石包裹体在正交镜下呈现双晶，而电气石包裹体呈现针状或棒状外形(图 1-6-15)。另外，还有磷灰石、石英、透辉石，以及具有放射性矿物形成的盘状裂隙，可能为独居石或磷钇矿(图 1-6-15)。

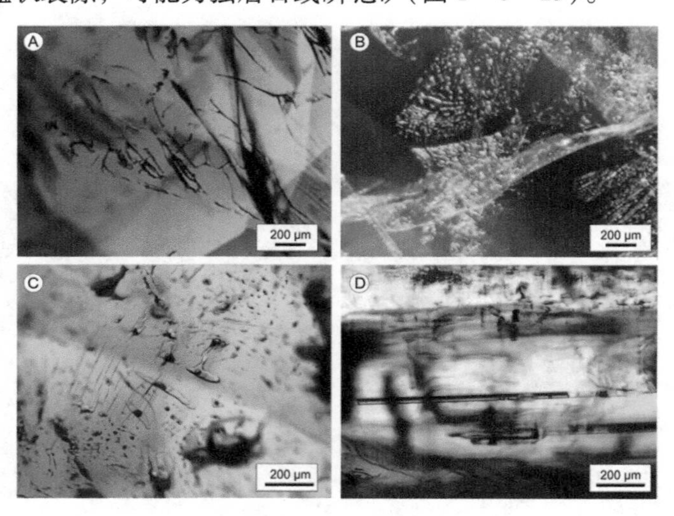

图 1-6-14　越南陆安地区碧玺气液包裹体特征

A. 气液包裹体；B. "指纹状"气液包裹体；C. 不规则状气液包裹体；D. 针管状气液包裹体

注：A，B 据 Huong et al., 2012；C，D 据 Nhung et al., 2017

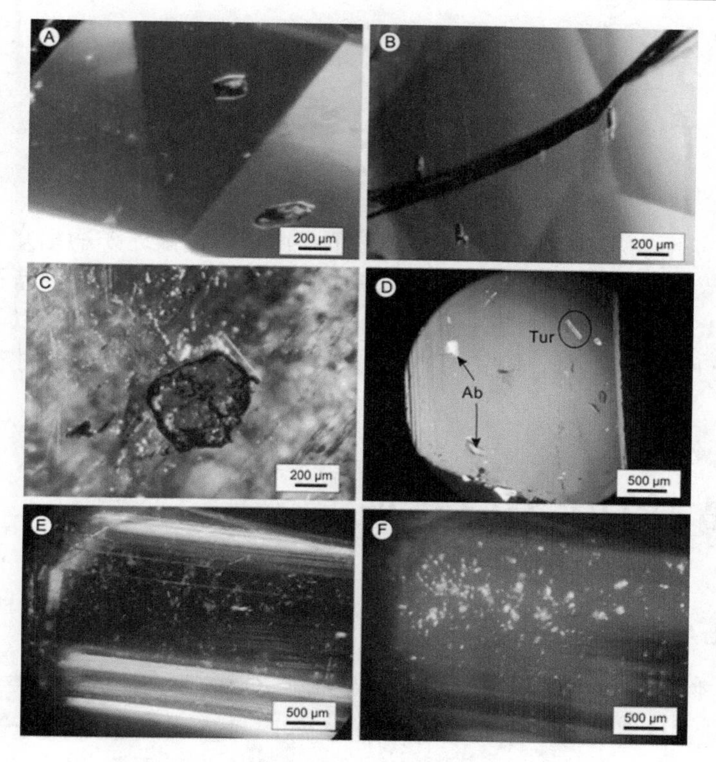

图1－6－15 越南陆安地区碧玺固相包裹体特征

A. 磷灰石；B. 透辉石；C. 石英；D. 钠长石(Ab)和电气石(Tur)；
E. 粉色电气石中大量的固相包裹体(透射光)；F. 大量的固相包裹体(正交偏光).
注：A～C据Huong et al.，2012；D～F据Nhung et al.，2017

思考题

1. 碧玺的世界资源分布有什么特征？
2. 碧玺的宝石矿物学特征有哪些？碧玺有哪些类型？分类的依据是什么？
3. 碧玺矿床有哪些类型？不同产地的类型特点与差异有哪些？
4. 碧玺的颜色有哪些？致色原因是什么？
5. 不同产地的碧玺特征与差异有哪些？
6. 中国碧玺矿床的分布特征与成因类型有哪些？
7. 西瓜碧玺的产地有哪些？
8. 碧玺形成的温度和压力条件怎样？
9. 碧玺中常见的包裹体类型有哪些？有哪些固体包裹体矿物？
10. 碧玺常常与哪些宝石共生？为什么？
11. 说说碧玺的沉淀结晶机理与成矿作用阶段。
12. 金丝雀黄碧玺常见的颜色有哪些？简述其宝石学特征。
13. 金丝雀黄碧玺的颜色成因是什么？
14. 金丝雀黄碧玺的形成机理是什么？在什么环境下才能形成？

7　尖晶石

人类开发和使用尖晶石的历史非常悠久，但是由于人们缺乏矿物学知识，在古代，尖晶石一直被误认为是红宝石。目前世界上最具有传奇色彩、最迷人的尖晶石是361ct的“铁木尔红宝石”和1660年镶在英国王王冠上约170ct的“黑王子红宝石”，以及俄国女沙皇卡提琳娜二世王冠上389ct的“红宝石”，直到近代，这些所谓的“红宝石”才被鉴定出是红色尖晶石。

7.1　尖晶石的宝石学特征

7.1.0.1　宝石学特征

尖晶石在矿物学中属尖晶石族，分子式为$MgAl_2O_4$，属于氧化物大类。尖晶石中含有Al、Cr、Fe、Zn、Mn等微量元素，微量元素与Mg、Al发生完全或不完全类质同象替代，其中$Mg^{2+}-Fe^{2+}$、$Mg^{2+}-Zn^{2+}$、$Al^{3+}-Cr^{3+}$之间为完全类质同象。尖晶石属于等轴晶系，常呈八面体晶形，有时八面体与菱形十二面体、立方体成聚形（图1－7－1、图1－7－2）。

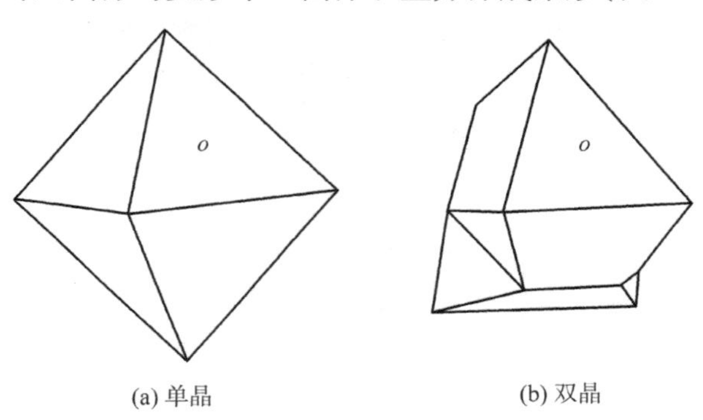

图1－7－1　尖晶石八面体晶体形态示意图（据潘兆橹等，1996）

八面体 $o\{111\}$

图1－7－2　尖晶石八面体晶体（据GIA）

尖晶石颜色丰富，有红色、橙红色、粉红色、紫红、黄色、橙黄、褐色、蓝色、绿色、紫色和无色。浓烈的红色和粉红色含微量铬，铬的含量越多，红色就越强(图 1 -7 -2)。橙色和紫色的宝石颜色由铁和铬混合产生，紫罗兰色到蓝色含微量的铁，饱和蓝色含微量的钴。

尖晶石的光泽为玻璃光泽至亚金刚光泽，透明至不透明，属光性均质体。折射率为 1.718 (+0.017, -0.008)。红色、橙色、粉红色尖晶石在长波紫外光下，可见弱至强的红色、橙色荧光；在短波紫外光下，可见无至弱的红色、橙色荧光。黄色尖晶石在长波紫外光下，呈现弱至中的褐黄色荧光；在短波紫外光下，呈现无至褐黄色荧光。绿色尖晶石在长波紫外光下，呈现无至中的橙 - 橙红色荧光。

尖晶石的解理不完全，常见贝壳状断口，莫氏硬度为 8，密度 3.60(+0.10， -0.03)g/cm^3。

图 1 -7 -3　不同颜色尖晶石

(据 GIA)

7.1.0.2　尖晶石的品种

尖晶石的品种以颜色及特殊光学效应来划分，常见品种有橙红色至橙色的尖晶石、红色尖晶石、蓝色尖晶石、绿色 - 黑色尖晶石、无色尖晶石(图 1 -7 -3)，以及具有特殊光学效应的变色尖晶石和星光尖晶石。

7.2　尖晶石资源分布及矿床类型

7.2.1　尖晶石资源分布

目前，全世界已发现的尖晶石矿床(点)有 1000 多处，但宝石级尖晶石的产地却非常稀少。从尖晶石的资源分布来看，产地集中在东南亚地区，主要有缅甸、斯里兰卡、泰国、越南，以及中亚诸国，有阿富汗、塔吉克斯坦等(表 1 -7 -1)。另外，在非洲坦桑尼亚、马达加斯加、肯尼亚、尼日利亚也有尖晶石发现。

缅甸的尖晶石矿床主要分布在抹谷和密支那地区(Pardieu et al. , 2008)，抹谷出产红色、粉色、橙色尖晶石。越南的陆安地区产出最好的蓝色尖晶石和紫色尖晶石，而泰国则盛产黑色尖晶石。浅色的尖晶石在巴基斯坦北部邻近罕莎山区、马达加斯加伊拉卡卡。我国的新疆和云南麻栗坡等地也有尖晶石发现。

坦桑尼亚的尖晶石发现于 20 世纪 80 年代，产地有莫罗戈罗省的马通博和马亨盖地区(Pardieu et al. , 2008)，以及南部的鲁伍马区省通杜鲁地区。

塔吉克斯坦库伊拉地区一直是世界上大颗粒尖晶石的主要产地。据记载，该矿 7 世纪就已有开采记录。著名的“黑王子红宝石”“铁木耳红宝石”等诸多大颗粒尖晶石都可能来自该矿。该地区的尖晶石颗粒大、净度高，主要为粉红色、桃红色，有时也产出大颗粒的红色尖晶石。

7.2.2 尖晶石的矿床类型

尖晶石的矿床主要为区域变质大理岩型和接触交代矽卡岩型矿床。另外，在伟晶岩及气液交代矿床中也有发现。

在矽卡岩型矿床中，宝石级的尖晶石发现在镁质矽卡岩，而含尖晶石的矽卡岩赋存在含片麻岩夹层和花岗岩及伟晶岩岩墙的白云岩和菱镁岩接触带，及其他构造薄弱地段。

7.3 尖晶石产地和矿床

7.3.1 越南陆安尖晶石矿床

越南尖晶石与红宝石、蓝宝石同时发现于20世纪80年代，有两个主要产区，分别为安沛省的陆安和义安省的葵州，目前只有陆安还在开采。尖晶石矿床位于陆安的安富、孔松、明田和特鲁劳，以及安平的谭霍。

图1－7－4　陆安地区产出的各种颜色的尖晶石(Huong et al.，2012)

陆安地区产出的尖晶石颜色多样，有红色、蓝色、淡紫色、深紫色、暗蓝色等(图1－7－4)，2000年后产出了非常漂亮鲜艳的蓝色尖晶石(图1－7－5)。

图 1-7-5　越南陆安产的蓝色尖晶石(据 Chauviré et al., 2015)

7.3.1.1　区域地质与矿床地质

东南亚地区经历了丰富的造山运动的变质变形作用。早期的古特提斯洋关闭和晚期的喜马拉雅造山运动，越南北部主要是这两个阶段的造山运动形成变质地层。印支期造山作用形成主要的碰撞造山带，大约在 245Ma ~ 240Ma(Lepvrier et al., 2008; Huong et al., 2012)。而晚期造山作用是喜马拉雅碰撞于第三纪，这导致了地层强烈的变质变形，主要为中等变质的云母片岩和麻粒片麻岩(Chauviré et al., 2015)。另外，板块构造 - 变质变形作用，在缅甸中部产生了北西走向的右旋剪切带，在缅甸北部形成了倾向北的逆冲(Lepvrier et al., 2008)。

越南的前寒武纪结晶基底在印支期造山过程中经历了变质变形作用，如越南中部的昆嵩地块同位素定年可以揭示其原岩形成至少为元古代。沿着斋河和红河两侧的与红宝石、蓝宝石、石榴子石相关的变质岩是第三纪的，是叠加于之前的变质作用。古生代地层在越南地区分布广泛，有寒武纪地层、志留纪地层(包含片岩和砂岩)，还有泥盆纪和石炭纪 - 二叠纪灰岩。玄武岩与二叠纪的地幔柱沿着大断裂活动有关。下三叠统主要是陆相物质，而中三叠主要由灰岩和火山岩组成(Tran et al., 2008)。侏罗纪和白垩纪海槽的形成，形成巨厚层的陆相沉积和火山岩沉积。

红河地区分布的红宝石、蓝宝石和石榴子石是新生代在广泛的变质条件下形成的。板块构造作用显著地垂向剪切，有利于流体循环，从而形成宝石矿床。陆安地区的红宝石形成年龄也与第三纪的剪切活动年龄一致。葵州地区的红宝石也是同样的年龄，沿着埠康地块的北部边界，被证明是一个北向低角度的剪切带。在中央高地，蓝宝石和锆石是第四纪地幔柱活动形成的玄武岩的捕虏晶(Hoang and Flower, 1998)。然而该地区可以识别出两种类型的玄武岩，不含捕虏晶的拉斑玄武岩和含有捕虏晶的碱性玄武岩。

所有陆安的宝石矿床分布在罗伽姆地区，该地区的构造单元是在喜马拉雅造山作用时期形成，叠加于印支期构造之上(Garnier et al., 2002, 2005)。邯罗组地层由一系列的由沉积地层变质形成的大理岩、钙质硅酸盐、云母片岩和角闪岩组成。这些变质岩侵入了花岗岩和伟晶岩的岩体(Leloup et al., 2001; Garnier et al., 2005, 2008)。大理岩主要是钙质，其中有富 Al、V、Cr 元素的角闪岩夹层。

7.3.1.2 蓝色尖晶石概况

蓝色尖晶石产于大理岩中。大理岩厚度可达500m，尖晶石矿体呈现不连续的透镜状，几十毫米厚，几米长，大致与区域变质层理一致。这些大理岩透镜体富含镁橄榄石、尖晶石、方解石、韭闪石、硫化物和绿泥石(镁绿泥石和斜绿泥石)(图1-7-6)。在原生矿中，蓝色尖晶石与红宝石、红色尖晶石不共生。

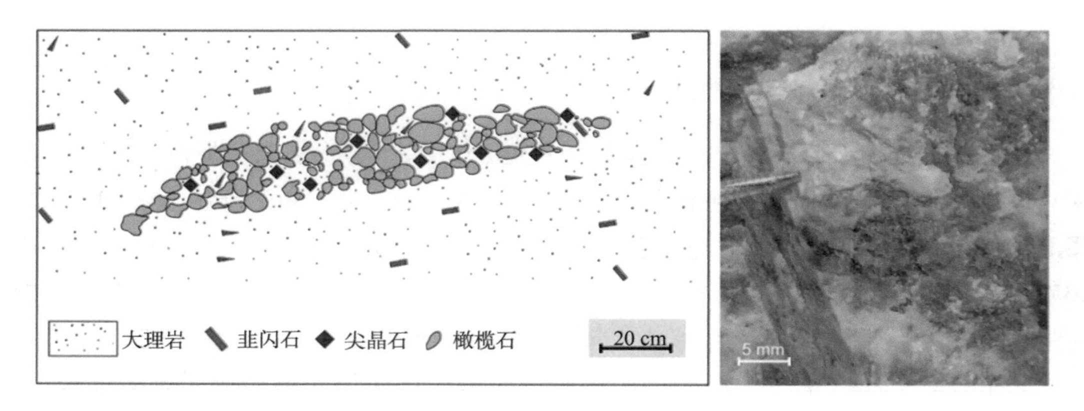

图1-7-6 矿区大理岩含尖晶石矿体特征(据 Chauviré et al., 2015)

该地区主要有三个原生矿床，分别为梅特朗（22°1′48.9″N, 104°48′42.7″ E)、柏森（21°59′47.3″N, 104°40′9.9″E）和巴林莫特（22°1′23.7″ N, 104°48′42.8″ E)(Boris et al., 2015)，山脉由大理岩组成。

7.3.1.3 蓝色尖晶石的宝石学特征

蓝色尖晶石从颜色上来说，可以分为三组：饱和蓝、天空蓝和灰蓝色。饱和蓝包含了中等到偏暗，以及强而鲜亮的饱和度，蓝到紫蓝色色调。天空蓝包含中等浅到非常浅的色调，具有蓝色色调。灰蓝色是中等浅到浅、灰到浅灰蓝色饱和度，蓝到蓝紫色色调。

饱和度较高的蓝色尖晶石在日光灯下呈现蓝色，而在白炽灯下呈现蓝紫色，显示了弱的变色效应，饱和度低的灰蓝色或浅蓝色的变色效应不可见。

7.3.1.4　蓝色尖晶石的成因

红色和蓝色尖晶石总是出现在大理岩中（图1－7－7）。大理岩在前寒武纪到三叠纪时期由于碳酸盐台地的岩石变质而形成。大理岩中石墨晶体可能来自有机物质的变质作用。经常与蓝色尖晶石一起出现的镁橄榄石是在麻粒岩相变质作用条件下形成的。存在温度超过550℃且富CO_2的成矿系统。另外，韭闪石的普遍存在也是一种高温的证据。

图1－7－7　陆安矿区大理岩中的尖晶石（据 Chauviré et al.，2015）

韭闪石、镁橄榄石和尖晶石同时出现，指示在随着温度和压力升高的进变质作用过程中，这些矿物组合的结晶是由透辉石分解而来。同时，含氟氯磷灰石和韭闪石的出现，以及尖晶石中含有 Na、Li 和 Be 等元素，结合尖晶石产出与大理岩这种岩性特征，显示蒸发岩在变质作用过程起到了非常关键的作用（Proyer et al.，2008）。Garnier et al.（2005，2008）推测形成红宝石的成矿流体也来自陆安地区。不同地区产的红宝石、红色尖晶石和蓝色尖晶石呈现了明显的差异性，以及红色尖晶石和红宝石有非常相似的共生关系。镁橄榄石仅与蓝色尖晶石共生，而斜硅镁石只与红色尖晶石共生。斜硅镁石同样是在进变质过程中，由透辉石和白云石及水之间的反应而形成。

含红宝石的围岩与含蓝色尖晶石的围岩具有明显的差异，因为这些围岩经历了不同的变质作用过程。在陆安地区，地层经历了强烈变质变形，而这些强烈集中的变形可以使不同历史时期形成的地层岩石发生接触。Chauviré et al.（2008）研究显示，大理岩中没有发现流体流经的证据，因此推测铝和铬来自初始的碳酸盐台地中的沉积物。这些元素再活化，是由于在蒸发岩中有 F、Cl 元素的出现。Chauviré et al.（2015）推测，Ni 和 Co 的活化迁移也经历了同样的过程。另外一种推测是，Ni 和 Co 元素来自大理岩夹层中的角闪岩相岩石，通过富 F、Cl 元素的流体而活化迁移（Garnier et al.，2006）。而流体来自黏土矿物、蒸发岩和有机物的变质脱水作用（Giuliani et al.，2003；Garnier et al.，2008）。

在陆安地区，古特提斯洋分割了扬子克拉通和印度支那克拉通。在特提斯洋，碳酸盐台地沉积，板块构造作用导致特提斯洋的关闭缝合。扬子克拉通和印度支那地块随后发生碰撞缝合，所有的洋壳沉积岩和岩浆岩均经历了强烈的变质变形作用。在碰撞过程中，混杂的碳酸盐台地矿物和碎屑矿物(黏土矿物)变质沉淀而形成透辉石：

$$Ca_2Mg_5Si_8O_{22}(OH)_2 + CaCO_3 \rightarrow CaMg(Si_2O_6)_2 + CaMg(CO_3)_2 \quad (1)$$

透闪石　　方解石　　透辉石　　白云石

$$CaMg(CO_3)_2 + SiO_2 \rightarrow CaMg(Si_2O_6)_2 + CO_2 \quad (2)$$

白云石　　石英　　透辉石　　二氧化碳

随着变质作用的进行，透辉石分解形成镁橄榄石、尖晶石和斜硅镁石。蒸发岩中硫酸盐还原反应，形成富 F、Cl 的流体，这些流体让 Al 和 Cr 等元素活化迁移。

当然，具体的形成过程尚不完全清楚，有待进一步研究。比如，为什么有的大理岩中形成富含 Cr 的红色尖晶石，有的却形成了富含 Co 的蓝色尖晶石，是由于大理岩本身 Cr 和 Co 的富集程度差异，还是流体所导致。

7.3.1.5 红色尖晶石

陆安地区的红色尖晶石常常与红宝石共生，产于白色大理岩中(图 1－7－8)。前文提到，在红宝石矿床中发现红宝石具有尖晶石圆形的边界，显示了它们之间存在着不平衡反应。因此，有观点认为(Huong et al.，2012)，尖晶石是由刚玉与白云岩反应形成的：

$$Al_2O_3 + CaMg[CO_3]_2 \rightarrow Al_2MgO_4 + CaCO_3 + CO_2$$

刚玉　　白云石　　尖晶石　　方解石

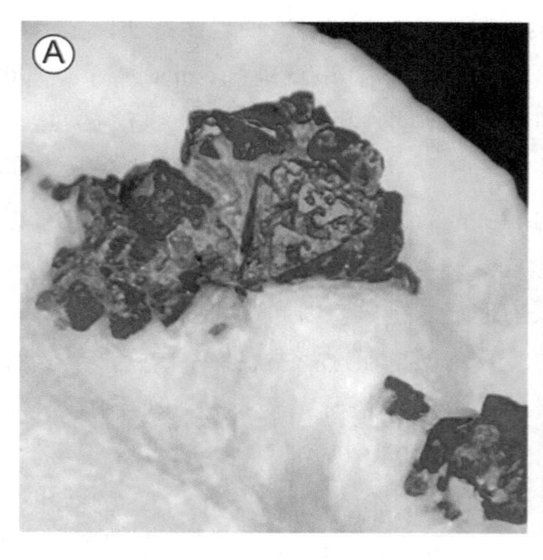

图 1－7－8　陆安地区大理岩产出的红色尖晶石和紫色尖晶石(Huong et al.，2012)

A. 最大的红色尖晶石，晶体宽 2.5cm；B. 紫色尖晶石，晶体宽 4cm

7.3.1.6　尖晶石的包裹体特征

陆安产的尖晶石包裹体较丰富。Huong et al.（2012）研究显示，尖晶石中有“指纹状”包裹体（图1－7－9A）、原生气液两相包裹体、负晶包裹体和固相包裹体。其中固相包裹体中有黑铝镁铁矿、赤铁矿、针铁矿、钾长石（图1－7－9B）、金红石（图1－7－9C）、磷灰石（图1－7－9D）、黄铁矿，以及白云母、锆石、石墨等。

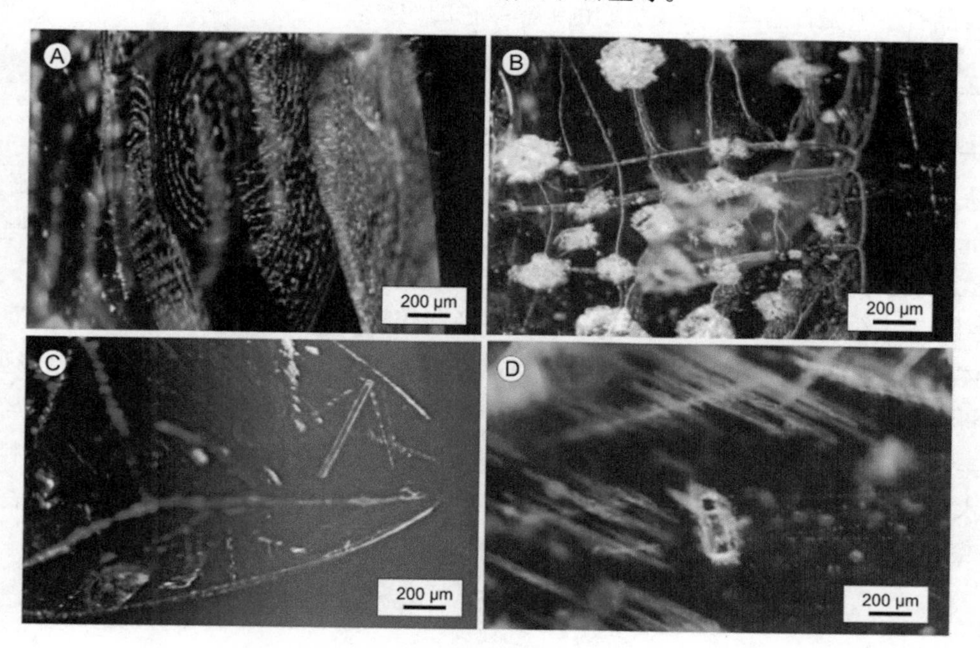

图1－7－9　越南陆安尖晶石包裹体特征（Huong et al.，2012）

Boris et al.，（2015）对蓝色尖晶石研究显示，包裹体含有微裂隙和“指纹状”愈合裂隙，还有一些细小的类似“针管”的固相包裹体，不透明黑色不规则状到六边形晶体包裹体，可能为石墨。

7.3.2　塔吉克斯坦哥隆尖晶石矿床

7.3.2.1　地质概况

哥隆尖晶石产于瓦克汉斯卡亚地层底部，属于太古代戈兰岩系的上部。瓦克汉斯卡亚地层包含了浅灰色的片麻岩和混合片麻岩，夹有厚层且广泛的方解石－白云石、白云石和白云石－菱镁矿大理岩，而在大理岩中含有矽卡岩。在接触交代蚀变过程中产生了一系列矿物组合，包含尖晶石、镁橄榄石、金云母、顽火辉石等。在某些地方发生进一步的蚀变，形成滑石、蛇纹石和绿泥石。

宝石级的尖晶石与蚀变的镁橄榄石密切相关，几乎所有发现的尖晶石均是尖晶石－绿泥石矿包，充填空洞或呈脉状，有若干米长，0.2m 厚。在体积上，灰绿色的绿泥石比尖晶石稍高；但是从重量来说，尖晶石占据岩石的54%，还有大约1%的副矿物。副矿物中有橙色而多裂隙的斜硅镁石，横切面可达5cm。非常少黑色的钛铁矿呈现柱状晶体，有1mm 大小。另外，还有一系列的低温热液矿物，包含霰石、水滑石和水镁石。在接触带，有些尖晶石－绿泥石晶簇嵌入块状绿色到黑绿色的蛇纹岩中。

7.3.2.2 宝石学特征

尖晶石呈现八面体或八面体双晶，还有一些多集合体，晶面可见生长台阶。

尖晶石的颜色为粉色、紫罗兰色，透明度高，折射率为 1.732 ± 0.002，密度为 $3.592g/cm^3$。还有少量的尖晶石具有变色效应，在日光灯下为紫蓝色，在白炽灯下呈现明显的红色调。类似的尖晶石还出现在坦桑尼亚、斯里兰卡和马达加斯加。

尖晶石中包裹体少见，主要包含一些微小的圆状颗粒包裹体，为尖晶石。还可见负晶包裹体处于放射性管状晶簇的中心，形成负晶和放射性管状包裹体共生的特征。

哥隆与库伊拉两个矿床产出的尖晶石均产自含镁橄榄石的矽卡岩中，但是哥隆岩石中含有丰富的绿泥石和一些斜硅镁石。另外，库伊拉矿床所有的绿泥石均被白色的利蛇纹石、水镁石和水滑石所交代，低温蚀变过程溶蚀了尖晶石、镁橄榄石和斜硅镁石的表面。

8 橄榄石

橄榄石属于古老的宝石品种，古埃及人在公元前一千多年前就用它做饰物，古罗马人称它为“太阳的宝石”，并用作护身符，以驱除邪恶。时至今日，橄榄石仍以其独有的绿色和柔和的光泽在宝石界占有一席之地，人们将其定为八月的生辰石。

8.1 橄榄石的宝石学特征

橄榄石在矿物学中属橄榄石族，化学通式 R_2SiO_4，R 为 Mg^{2+}、Fe^{2+}、Mn^{2+}，当 R 为 Ca^{2+}时，与 Mg^{2+}或 Fe^{2+}共存。橄榄石中可含微量元素 Ni、A1、Ti 等。作为宝石的橄榄石为镁橄榄石和贵橄榄石(含铁的镁橄榄石)。橄榄石属斜方晶系(图 1－8－1)，但完好晶形少见，大多数呈粒状。

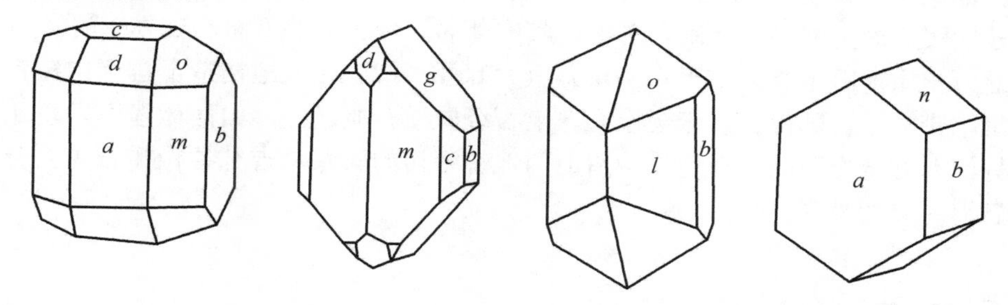

图 1－8－1　橄榄石晶体形态示意图(据潘兆橹等，1996)

平行双面 $a\{100\}$，$b\{010\}$，$c\{001\}$；斜方锥 $m\{110\}$，$l\{120\}$，$d\{101\}$，$n\{011\}$，$g\{021\}$；斜方双锥 $o\{111\}$

橄榄石的颜色多样，从中等到深的草绿色，可偏黄色，另有少量具有褐绿色，甚至绿褐色(图 1－8－2；表 1－8－1)。色调随铁的含量增加而加深，可至墨绿色甚至黑色。橄榄石大部分透明，玻璃光泽，折射率为 1.654～1.690(±0.020)。橄榄石解理{010}中等，{001}不完全，性脆，可见贝壳状断口。莫氏硬度为 6.5～7，密度为 3.34(+0.14，−0.07)g/cm^3，并随铁含量增加而增大。

图 1－8－2　130.60ct 的绿色橄榄石(中色调、高饱和黄绿色色调和高透明度，据 GIA)

8.2 橄榄石主要产地

橄榄石于1905年在埃及的扎巴贾德岛被发现。世界上宝石级橄榄石产地有中国、美国亚利桑那州和新墨西哥州、缅甸、越南、巴基斯坦、印度、巴西、墨西哥、哥伦比亚、阿根廷埃斯克尔、智利、巴拉圭、挪威、俄罗斯、意大利撒丁岛、坦桑尼亚、埃塞俄比亚等。

埃及扎巴贾德岛自古以来就是世界上优质宝石级橄榄石的主要产地，特别是在岛上的晶洞内曾发现过非常漂亮的橄榄石晶体，呈中等至深绿色。缅甸抹谷胶巴伯纳德米奥是世界上宝石级橄榄石的一个重要产地，其晶体呈深绿、绿或淡绿色，产有很大的橄榄石晶体，加工成刻面型宝石重量可以超过100ct。美国的亚利桑那州圣卡洛斯产出淡绿色至中等棕色宝石级橄榄石，但颗粒较小。巴西米纳斯吉拉斯州北部出产滚圆卵石状橄榄石。墨西哥奇瓦瓦州有一个世界级大型橄榄石矿床，其橄榄石呈褐色。另外，在巴基斯坦北部的Kohistan有高质量的橄榄石产出，但是近些年资源量逐渐减少。

我国的橄榄石产区有河北万全、吉林蛟河、陕西、内蒙古、黑龙江、山东、辽宁宽甸、福建明溪、海南文昌、云南马关等，其中著名产地为河北万全和吉林蛟河。

河北万全橄榄石主要分布于张家口万全大麻坪一带，在大地构造上位于内蒙古台背斜与燕山沉陷带的接合部位，矿床规模大，宝石级橄榄石质量好。山西橄榄石发现于天镇一带，地处河北万全之西南，在地质构造上两地有密切的联系。吉林省橄榄石主要分布于蛟河市大石河一带的林区。

8.3 橄榄石矿床

宝石级的橄榄石主要产于碱性玄武岩的橄榄岩捕虏体(Shen et al.，2011)及超基性岩体内的脉体中。中国的张家口(Keller and Wang，1986；Koivula and Fryer，1986)、美国亚利桑那州的圣卡洛斯(Koivula，1981)和新墨西哥州基尔伯恩霍尔(Fuhrbach，1992)、越南、意大利(Adamo et al.，2009)均属于第一种类型。

我国著名的宝石级橄榄石产地河北大麻坪和吉林蛟河所产的橄榄石均属碱性玄武岩捕虏体类型。山西和内蒙古也有此类型宝石级橄榄石发现。

我国东部大陆地区，新生代玄武岩广泛分布，其分布受裂谷构造控制。橄榄岩赋存于碱性-过碱性玄武岩中(以碧玄岩和橄榄玄武岩为主)，见于火山口附近，是玄武岩流从地球深部带到地表的幔源包体。包体种类繁多，但以尖晶石二辉橄榄岩为主，其次是石榴子石二辉橄榄岩和纯橄岩。

宝石级橄榄石在幔源包体中的产出状态有如下特征(以河北大麻坪为例)：

①当二辉橄榄岩为粗粒结构时，内部往往有宝石级橄榄石产出。这种包体容易风化，易破碎，容易采集。

②颗粒较大的橄榄石在包体中往往呈条带状，有时也呈不规则团块状。

③橄榄石颗粒大小十分悬殊，最小可小于0.5mm，最大可超过20mm，大多数颗粒在10mm以下。

8.3.1　越南橄榄石矿床

越南橄榄石矿床发现于20世纪90年代(Kammerling and Koivula, 1995)，主要产自越南的中央高原地区，有嘉莱、多乐和林同省(图1－8－4)(Huong et al., 2012; Nguyen et al. 2016)。现在在开采的只有嘉莱的两个矿区，分别为他荣和大湖，每个月产100kg，有15%～20%可以达到宝石级(Huong et al., 2012)。

越南中央高原属于安南造山带，是印支地块的一部分，主要由太古代－元古代的结晶基底和早古生代－中古生代的盖层组成。基底主要包含经历麻粒岩相、角闪岩相和绿片岩相变质作用的岩石单元组合，上覆岩层为绿片岩相变质火山沉积岩、变质沉积岩，还有一些砂岩、粉砂岩和页岩(图1－8－3)。

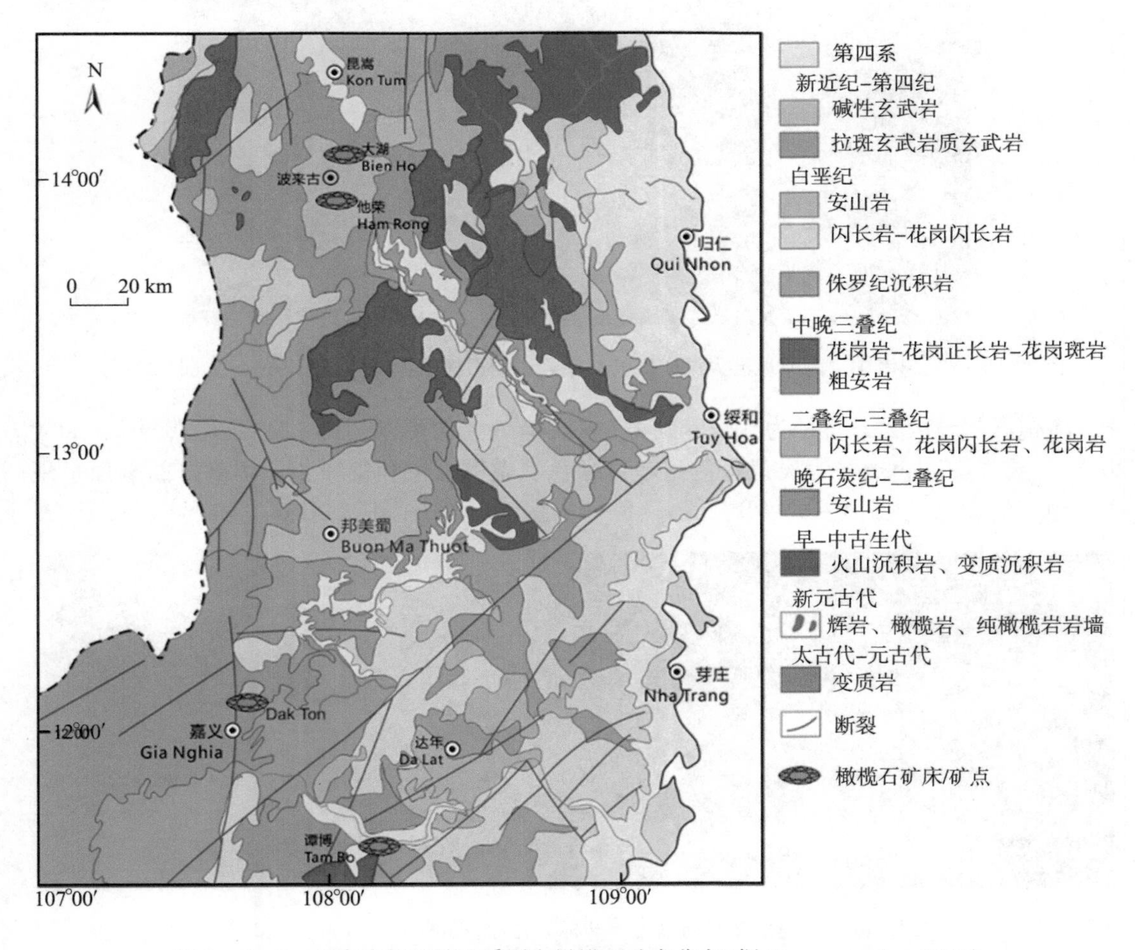

图1－8－3　越南中部区域地质图和橄榄石矿床分布(据Nguyen et al., 2016)

区内侵入岩有与印支期造山作用有关的花岗岩、花岗闪长岩和花岗正长岩，而白垩纪造山作用有关的闪长岩和花岗闪长岩，后者与太平洋俯冲带相关(Nguyen et al. 2016)。

早古生代-晚古生代上覆侏罗纪的陆源沉积岩，经历了低级变质作用。这些全部被新生代的玄武质覆盖(图1-8-3)，玄武岩喷发集中在中央高原，经历了多阶段的喷发，有不同的喷发中心，不同地区喷发年龄不同。例如，达年年龄为13.3Ma～7.9 Ma，波来古年龄为6.3Ma～2.1 Ma，而绥和为6.3Ma～1.63Ma(Nguyen et al.，1996)。多个喷发中心主要有两个阶段，早阶段大规模的石英和橄榄拉斑玄武岩从张性断裂喷发，而晚阶段为橄榄拉斑玄武岩、碱性玄武岩和碧玄岩沿着走滑断层喷发。

橄榄石基本上存在于碱性玄武岩的捕虏体中(图1-8-4)，直径为5～40cm。玄武岩呈现暗灰色，斑晶均匀分布在针状基质中。斑晶为橄榄石、斜长石和铁的氢氧化物，基质为斜长石和铁的氢氧化物，呈现粗面结构(Huong et al.，2012)。

图1-8-4 越南中央高原地区大湖矿床的玄武岩中的橄榄石捕虏体(据 Nguyen et al. 2016)

橄榄石颗粒较大，直径为几毫米到1.5cm，有些大的可以达到4～6cm(Thuyet et al.，2013)。橄榄石颜色通常为浅黄绿色到暗黄绿色、橄榄绿色和褐绿色，切割好的刻面呈现非常漂亮的黄绿色(图1-8-5B、图1-8-6。据 Nguyen et al.，2016)。

图1-8-5 越南橄榄石捕虏体和标本特征(据 Nguyen et al.，2016)

图 1－8－6　越南橄榄石刻面成品特征（据 Huong et al.，2012）

橄榄石中的包裹体常有大量的愈合裂隙、睡莲叶状包裹体（图 1－8－7A、B），以及铬铁矿、铁尖晶石、闪锌矿等固相包裹体（图 1－8－7C～F）。

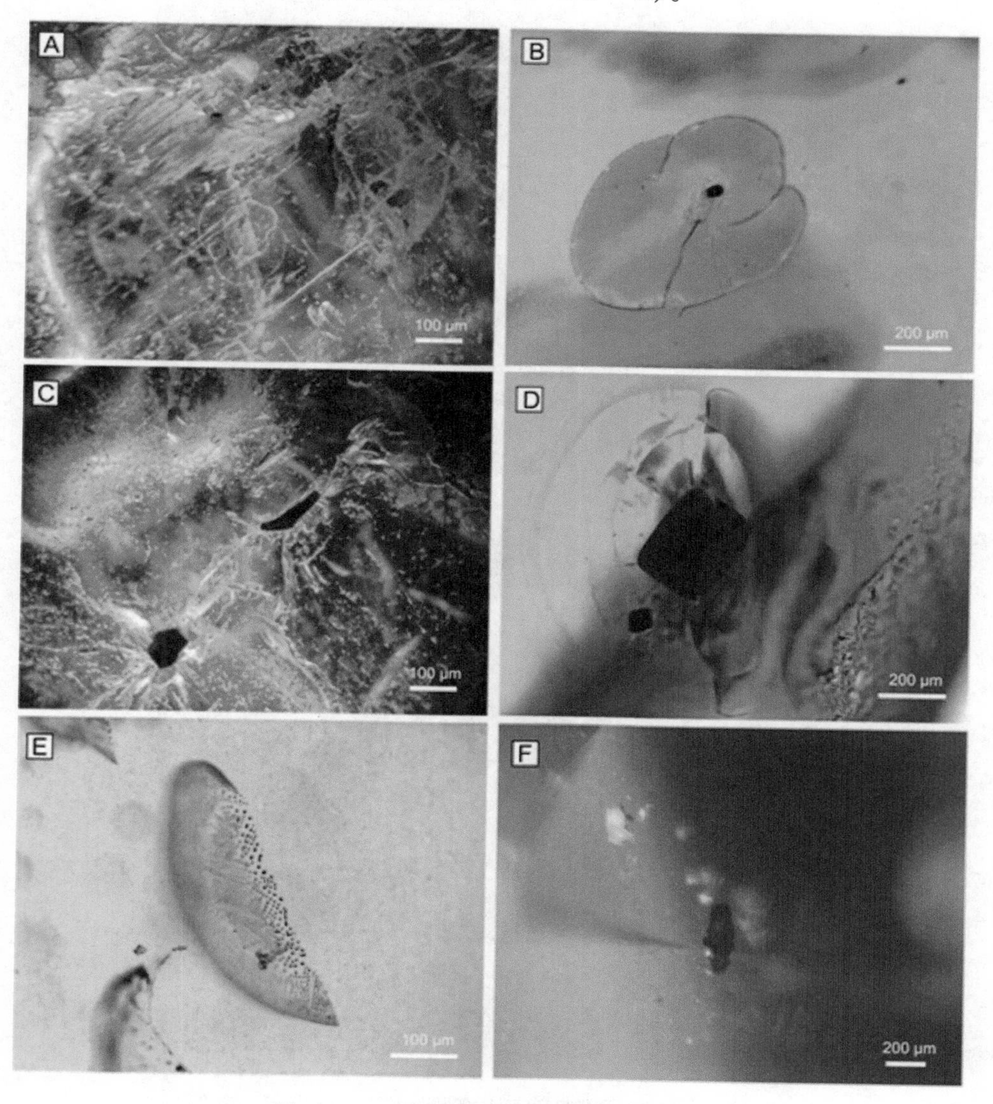

图 1－8－7　越南橄榄石包裹体显微特征

A. 睡莲叶状包裹体，由流体充填的负晶扩张所致；B. 睡莲叶状包裹体中包含固相晶体；C. 铬铁矿被张裂隙所包裹；D. 铁尖晶石被张裂隙所包裹；E. 愈合裂隙；F. 橄榄石中的闪锌矿包裹体（A～E 据 Nguyen et al.，2016；F 据 Huong et al.，2012）

8.3.2 意大利撒丁岛橄榄石矿床

意大利橄榄石矿床是在意大利的撒丁岛，位于意大利的西南部。橄榄石主要位于波佐马焦雷附近，处于萨萨里南偏东约 50km(图 1 - 8 - 8)。岛上植被丰富，出露主要是新生代火山岩，喷发时代为渐新世 - 中新世喷发和上新世 - 更新世(图 1 - 8 - 8)。

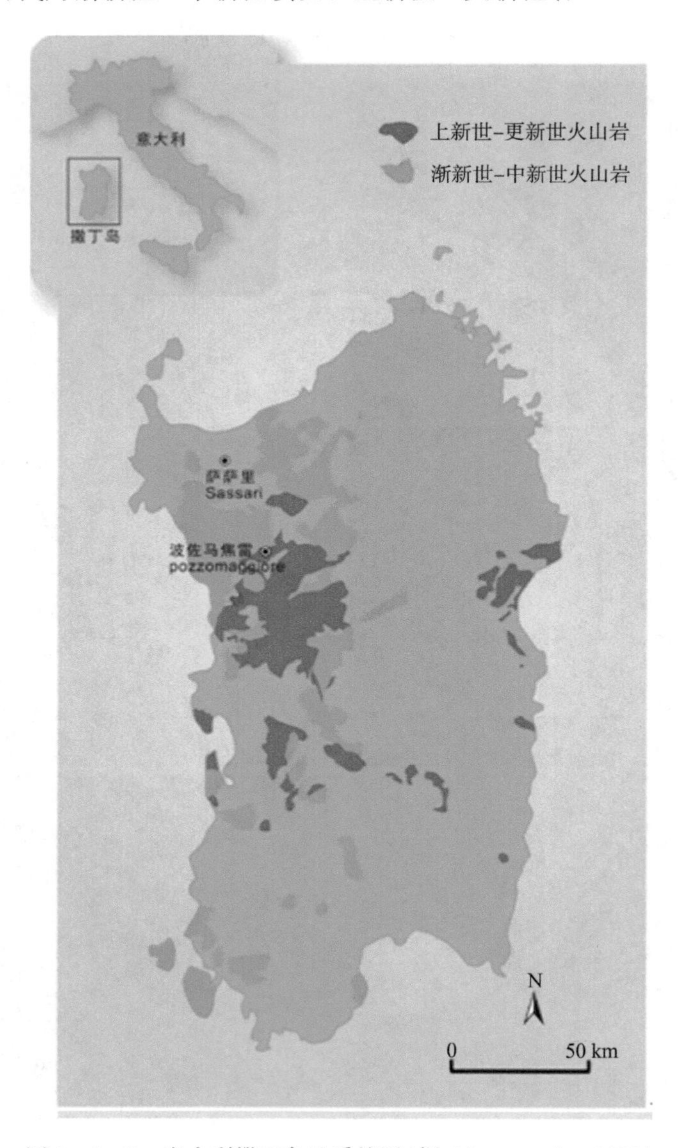

图 1 - 8 - 8　意大利撒丁岛地质简图(据 Adamo et al. , 2009)

橄榄石赋存于地幔橄榄岩的捕虏体，这些捕虏体产在上新世 - 更新世喷发的碱性玄武岩中(图 1 - 8 - 9)。地幔橄榄岩捕虏体直径 30cm 左右，包含典型的橄榄岩，矿物组成有橄榄石、斜方辉石、单斜辉石和尖晶石(Dupuy et al.，1987；Adamo et al.，2009)。地幔橄榄岩在区内分布非常广泛，而橄榄石通常可以磨成小于3ct的刻面宝石，主要呈黄绿色(图1－8－10)。

图1－8－9　意大利撒丁岛的橄榄石捕虏体
(据 Adamo et al.，2009)

图1－8－10　意大利撒丁岛的橄榄石
(据 Adamo et al.，2009)

区内产出的橄榄石中的包裹体与其他产地包裹体类型特征差别不大，主要为局部的愈合裂隙、液相包裹体、睡莲叶状包裹体和晶体、生长平面和平行双晶等(图1－8－11、表1－8－1)。

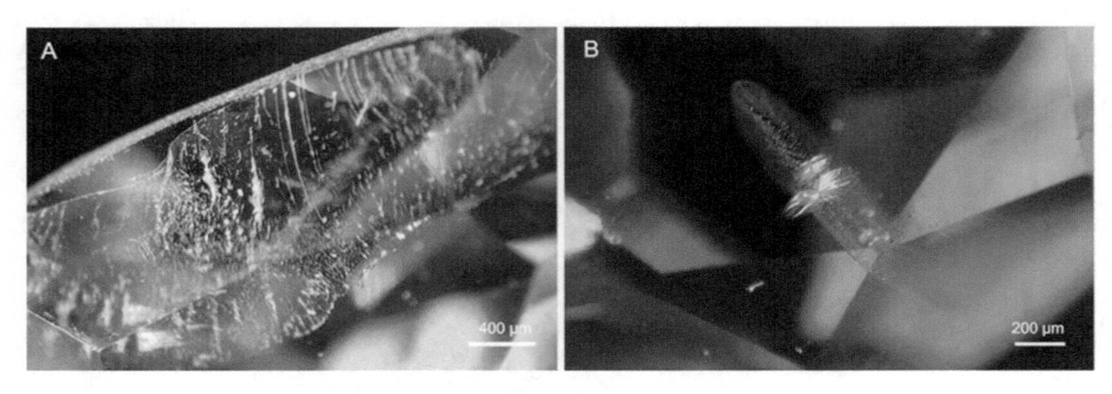

图1-8-11　意大利撒丁岛的橄榄石显微特征(Adamo et al., 2009)
A. 撒丁岛橄榄石局部的愈合裂隙；B. 圆盘状炸裂纹

8.3.3　橄榄岩中的热液型脉体

红海扎巴贾德岛属于该类型。扎巴贾德岛地处红海南部和北部间的过渡带。橄榄岩是岛上出露最为广泛的岩石。除橄榄岩外，还有新鲜的尖晶石二辉橄榄岩、斜长石橄榄岩和角闪石橄榄岩。岛的南部强烈蛇纹石化地段产出大量富含宝石级橄榄石脉体，宝石级橄榄石脉体夹在橄榄岩主岩体蚀变面。橄榄石呈放射状集合体的形式，也有呈网脉状产出，部分晶体生长在张性裂隙上。橄榄石呈浅黄绿色至深绿色。橄榄石包体有氯化钠、氯化钾、石膏、硫酸盐、菱镁矿、针铁矿、滑石、斜绿泥石、蛇纹石等。这种矿物组合说明橄榄石结晶发生在强烈氧化并有水存在的介质中，是在橄榄岩主元素与挥发分元素相混合重新活动的过程中结晶的，而其形成压力较低(邓燕华，1992)。

俄罗斯萨彦岭阿尔卑斯型超基性岩体和西伯利亚地台北部库格达地区的超基性-碱性侵入体中，也产有含宝石级橄榄石脉和网脉。库格达矿床含贵橄榄石的细脉，厚度变化大，为几厘米到3m，长度可达200m，常聚集成长网脉状带。蛇纹岩化超基性岩中的细脉主要为叶蛇纹石和海泡石-坡缕石，新鲜的橄榄岩中细脉由斜硅镁石、胶蛇纹石、金云母和橄榄石组成，贵橄榄石含量达65%。前人研究认为，贵橄榄石是在辉石岩和橄榄岩受到区域性蛇纹石化之前，由原橄榄石重结晶或蛇纹石化的超基性岩镁质交代作用形成。

9 石榴子石

石榴子石的英文名称为 Garnet，来自拉丁语 Granatum，意思是“种子”或“有许多种子”。因为石榴子石晶体具有石榴籽的形状与颜色，数千年来石榴子石被认为是信仰、坚贞和淳朴的象征，而红色的石榴子石也被列为一月生辰石。

9.1 石榴子石的宝石学特征

石榴子石在矿物学中属于石榴子石族，为岛状硅酸盐。石榴子石存在广泛的类质同象，化学通式为 $A_3B_2[SiO_4]_3$，其中 A 表示二价阳离子 Mg^{2+}、Fe^{2+}、Mn^{2+}、Ca^{2+}等，B 代表三价阳离子 Al^{3+}、Cr^{3+}，Fe^{3+}、Ti^{3+}、V^{3+}、Zr^{3+}等。

根据进入晶格的阳离子半径不同，将这种类质同象替代分为两大系列：第一类是 B 位置以三价阳离子 Al^{3+}为主，A 位置在半径较小的 Mg^{2+}、Fe^{2+}、Mn^{2+}等二价阳离子之间进行类质同象替代所构成的系列，称为铝质系列，主要有镁铝榴石、铁铝榴石、锰铝榴石；第二类是 A 位置以大半径的二价阳离子 Ca^{2+}为主，B 位置在 $A1^{3+}$、Cr^{3+}，Fe^{3+}等三价阳离子之间进行类质同象替代所构成的系列，称为钙质系列，主要有钙铝榴石、钙铁榴石、钙铬榴石。另外，有一些石榴子石晶格附加有 OH^-离子，形成含水亚种，如水钙铝榴石。

石榴子石属等轴晶系，通常具有完好的晶形，常见的有菱形十二面体、四角三八面体、六八面体及三者的聚形，晶面上常有聚形纹(图 1-9-1)。

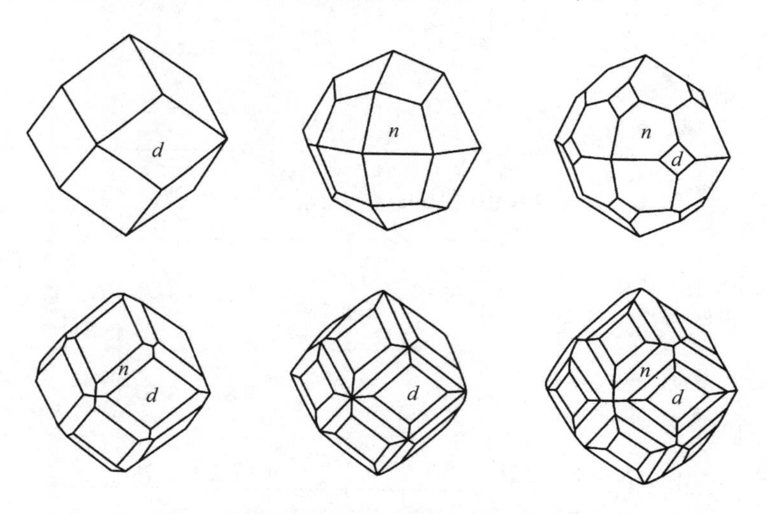

图 1-9-1　石榴子石晶体形态示意图(据潘兆橹等，1996)
菱形十二面体 $d\{110\}$；四角三八面体 $n\{211\}$

由于大量类质同象的存在，导致石榴子石的颜色千变万化。石榴子石主要有红色系列，包含红色、粉红、紫红、橙红；黄色系列，包含黄、橘黄、蜜黄、褐黄；绿色系列，包含翠绿、橄榄绿、黄绿色(图 1－9－2)。

图 1－9－2　不同颜色的石榴子石(据 GIA)

石榴子石的折射率随成分变化而不同(表 1－9－1)，光泽多为玻璃光泽，折射率较高者可达亚金刚光泽，断口油脂光泽。石榴子石为光性均质体，一般为全消光，但由于变质作用导致晶格畸变而使石榴子石经常出现异常消光现象。石榴子石中可见星光效应、变色效应和猫眼效应。

表 1－9－1　石榴子石种属划分(据张蓓莉等，2006)

系列	名称	颜色	分子式	折射率	密度(g/cm^3)	备注
铝质系列	镁铝榴石	紫红、褐红、粉红、橙红	$Mg_3Al_2[SiO_4]_3$	1.714～1.742	3.78(+0.09，−0.16)	
	锰铝榴石	棕红、玫瑰红、黄、黄褐	$Mn_3Al_2[SiO_4]_3$	1.790～1.814	4.12～4.20	
	铁铝榴石	褐红、粉红、橙红	$Fe_3Al_2[SiO_4]_3$	1.760～1.820	4.05(+0.25，−0.12)	
钙质系列	钙铝榴石	绿色、黄绿色、黄色、褐红、乳白	$Ca_3Al_2[SiO_4]_3$	1.730～1.760	3.57～3.73	含 V 者称为沙弗莱石；Ca^{2+}被 Fe^{2+} 取代时称为桂榴石
	钙铁榴石	黄色、绿色、褐色、黑色	$Ca_3Fe_2[SiO_4]_3$	1.855～1.895	3.81～3.87	含 Cr 者称为翠榴石；含 Ti 者称为黑榴石
	钙铬榴石	艳绿色、蓝绿色	$Ca_3Cr_2[SiO_4]_3$	1.820～1.880	3.72～3.78	
	水钙铝榴石	绿色、黄色、白色	$Ca_3Al_2[SiO_4]_{3-x}(OH)_{4x}$	1.720(+0.010，−0.050)	3.15～3.55	

石榴子石密度亦受类质同象替代的影响，不同的品种密度值变化较明显(表1－9－1)。从矿物学角度看，石榴子石的密度在3.50～4.30 g/cm^3 之间变化，随着阳离子原子量增大，密度增大，折射率也随之增大。

9.2　石榴子石资源分布

石榴子石中的宝石品种众多，产地较广。不同品种的石榴子石产地不尽相同，较为著名的石榴子石产地主要有印度(安得拉邦、奥里萨邦、拉贾斯坦邦)、斯里兰卡、马达加斯加、尼日利亚、坦桑尼亚(沙弗莱石或绿色钙铝榴石、锰铝榴石)、纳米比亚(锰铝榴石、翠榴石)、肯尼亚(变色石榴子石和沙弗莱石)、俄罗斯(翠榴石)、日本(钙铁榴石)、墨西哥(钙铁榴石)。

目前，我国有十几个地区发现了宝石级石榴子石，主要有江苏、广东、新疆、陕西等地。各个产地中，以江苏东海的镁铝榴石、新疆准噶尔翠榴石、四川翠榴石、福建明溪镁铝榴石最为著名。江苏东海的含铬镁铝榴石主要来自第四纪的冲积矿床，有观点认为其来自相距130 km的蒙阴地区的含钻石金伯利岩。福建明溪镁铝榴石与蓝宝石、锆石一起产出。

9.3　钙铁榴石矿床

依据钙铁榴石成分不同，可以将其分为黑色的黑榴石、绿色的翠榴石和蜜黄色的黄榴石。另外，还有浅黑红色和浅黑棕色的品种，一般呈透明、半透明或者不透明。黑榴石由含有大量的钛元素所致，钛含量可达5%。绿色－黄色的是由于Fe^{3+}，绿色的是由于Cr^{3+}，而褐色的是由于Ti^{3+}和Ti^{4+}。

钙铁榴石有两种不同的成因类型，为矽卡岩型和蛇纹岩型(Adamo et al.，2009；Pezzotta et al.，2011；Palke and Pardieu，2016)。中国新疆、意大利、瑞士、俄罗斯乌拉尔、朝鲜、美国、巴基斯坦、伊朗等属于蛇纹岩型，产于蛇纹石化超镁铁岩。马达加斯加、纳米比亚属于矽卡岩型，钙铁榴石作为矽卡岩组成矿物产出。

翠榴石是绿色钙铁榴石，1864年在俄罗斯叶卡捷琳堡西北115 km的乌拉尔山下塔吉尔首次发现。因其具有强的折射率和色散，被误认为西伯利亚镁橄榄石，也称为祖母绿，后来确定其成分为含铬的钙铁榴石，英文名为demantoid，意为diamond-like(Phillips and Talantsev，1996)。

著名的钙铁榴石(翠榴石)产地有意大利桑杰奥瓦尔马伦科矿床，另有纳米比亚的埃龙戈山(Johnson and Koivula，1997)、伊朗科曼省索汉地区(Laurs，2002；Du Toit et al.，2006；Karampelas et al.，2007)、美国加利福尼亚州圣贝尼托县和亚利桑那州斯坦利巴特斯地区、朝鲜、刚果(金)、亚美尼亚、巴基斯坦俾路支斯坦省和穆斯林巴格与哈扎拉省卡根峡谷、加拿大魁北克省黑湖。

9.3.1　马达加斯加安提提赞巴图矿床

安提提赞巴图翠榴石矿床发现于21世纪初，并于2009年大量出现在市场上(Pezzotta，2010a，2010b；Pezzotta et al.，2011)。矿床位于马达加斯加岛西北部的安巴托与安班扎之间，位于安提提赞巴图西部2.5 km(图1-9-3)。矿区占地约20公顷，中心位置点经纬度为13°30.460S，48°32.652E(Pezzotta，2010a，2010b；Pezzotta et al.，2011)。

9.3.1.1　区域地质和矿床地质

马达加斯加岛主要可以分成两个地质单元，一是早元古代结晶基底，主要为经历高级变质作用的火山岩和沉积岩。大规模的辉长岩-花岗岩和正长岩侵入体代表了东非造山带的根轴部位(Pezzotta，2010a，2010b；Pezzotta et al.，2011)。基底上覆地层为二叠纪到第三纪的沉积地层，形成在马哈赞加、穆龙达瓦和图利亚拉沉降盆地中。结晶基底占整个马达加斯加岛的三分之二，主要分布在东部，而沉积盖层主要分布在西岸。马达加斯加主要的宝石矿床分布在侵位于上元古界结晶基底中的花岗伟晶岩体中，二叠纪-三叠纪时期的风化剥蚀和搬运作用导致形成一些宝石的次生矿床。

白垩纪的岩浆活动沿着东海岸和马哈赞加、穆龙达瓦和图利亚拉沉降盆地分布，有辉长侵入岩脉和玄武岩喷发。玄武岩喷发带来了大量的蓝宝石，分带圆形侵入体在马哈赞加北部侵位。

安提提赞巴图西北部的阿姆帕辛达瓦海角地区，碱性潜火山和火山岩侵位到二叠-三叠纪的伊萨路组沉积岩中。相关资料显示，区内有安巴托碱性花岗岩岩丘，位于石榴子石矿床西北部5 km处，为后里阿斯统(早侏罗纪)，与白垩纪岩浆作用时间一致(Pezzotta 2010a，2010b)。

安提提赞巴图石榴子石矿床形成于火山侵入体与二叠-三叠纪的伊萨路组沉积岩的接触带上。石榴子石产于这些岩体与围岩的接触交代矽卡岩中，是重要的矽卡岩矿物。矿区内上部是沉积层，下部侵入了网脉状的煌斑岩脉。煌斑岩脉具有丰富的斑晶和火成捕虏体。这些捕虏体与粗面岩的成分相似。这些火山岩捕虏体与大规模的煌斑岩接触，构成了石榴子石矿床的西部和北部边界。

沉积岩地层由中细粒含化石砂岩夹层和富硅质灰岩组成，局部有结状构造。地层总体南倾，倾角40°～60°，硅质灰岩在构造不连续面，如层理边界、断裂和与煌斑岩接触部位已经发生了交代蚀变作用。交代蚀变作用形成网脉状且极其细粒的白色-灰绿色的矽卡岩，而在局部的矽卡岩空洞中富集结晶形成翠榴石。矽卡岩中主要由石榴子石微晶组成，含或者不含石英。方解石仅仅出现在矿床的西南部。经电子探针和显微岩相学分析得知，这些构造块状矿石的微晶石榴子石是有分带的，成分从钙铝榴石-钙铁榴石到纯的钙铁榴石。在矽卡岩中仍然可以观察到交代作用之前的沉积岩中的结构构造，甚至可以见到贝壳、珊瑚、菊石的化石已经被石榴子石、石英交代(图1-9-3A)，形成的交代假象(Pezzotta，2010a，2010b；Pezzotta et al.，2011；Fritsch et al.，2013；Giuliani et al.，2015)。

该地区产出的钙铁榴石颜色多样，有黄绿色到蓝绿色翠榴石、绿黄色-褐黄色到褐色黄榴石和少量的棕红色-红色的钙铁榴石(图1-9-3B～F)。

图1－9－3　马达加斯加安提提赞巴图产出的石榴子石
（据 Pezzotta，2010a，2010b；Pezzotta et al.，2011）
A. 硅质交代贝壳；B. 黄绿色翠榴石，粒度为1.2 cm；C. 绿色翠榴石，粒度为1.2 cm；D. 褐色黄榴石，粒度为4.2 cm；E. 浅黄褐色黄榴石，1.38 ct；F. 棕红色钙铁榴石，1.86 ct

翠榴石具有绿色、蓝绿色的颜色和很高的光泽和折射率。黄色、褐黄色品种类似。石榴子石中包裹体发育，并以裂隙为主，局部愈合裂隙而呈现指纹状。液相包裹体普遍存在，并呈现面纱状。还有些含气液两相包裹体(图1－9－4A)。固相包裹体主要为白色针状硅灰石，常常由于淋滤而形成空管，还有白色的透辉石晶体(图1－9－4B)和不透明的亮黄色立方体黄铁矿。另外，还可以见到淋滤硅灰石剩下的生长管(图1－9－4C)和平直或角状的生长结构(图1-9-4D)和颜色分带。

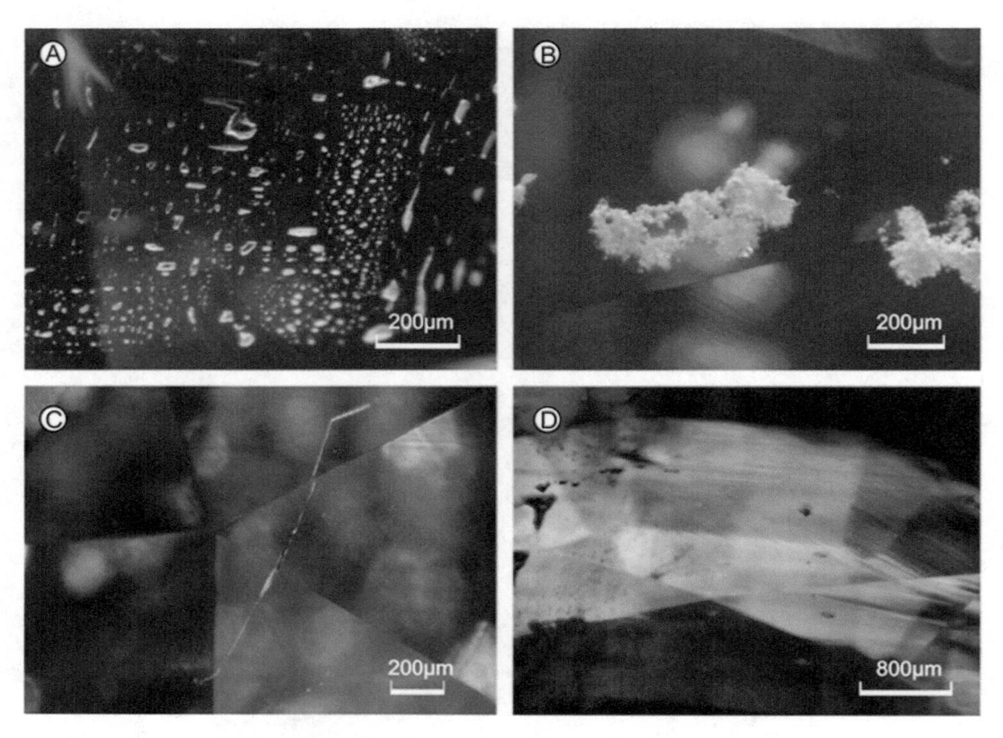

图1-9-4　马达加斯加安提提赞巴图产出的石榴子石显微特征(据 Pezzotta et al.，2011)
A. 安提提赞巴图钙铁榴石中典型的流体包裹体；B. 白色的透辉石晶体；C. 磨蚀的生长管道；D. 生长结构和应力变形(正交偏光)

9.3.1.2　矿床成因

安提提赞巴图石榴子石矿床产于煌斑岩侵入体与沉积岩的接触蚀变带中。这些潜火山岩或火山岩的侵入活动带来了大量的高温气成热液。这些循环热流体在沉积岩的接触部位发生交代变质作用，集中在断裂、岩石破碎带等薄弱部位形成矽卡岩，而石榴子石就形成在矽卡岩化过程中，在空隙中结晶，而形成一些石榴子石的晶洞。在大气压下，由于钙铁榴石在石榴子石组中是热稳定矿物(Fehr，2008)，而 Ca^{2+} 属于八次配位，需要的压力不大，钙铁榴石一般在接触变质条件下形成(潘兆橹，1993；赵珊茸等，2006)。安提提赞巴图钙铁榴石形成的部位很浅，在静岩压力相对较小的环境下结晶沉淀。由于沉积围岩中缺少钛元素，并不能为富钛的黑榴石提供更多的钛元素，因此在安提提赞巴接触交代变质作用过程中只是形成了绿色翠榴石和黄色的黄榴石，而不是在其他地区更为常见的富钛黑榴石，如图1-9-5所示。

近来，在钙铁榴石中发现了巨型的两相流体包裹体，通过拉曼测试显示其为水溶液包裹体，含少量氯元素，不含 CO_2、CH_4、H_2S、N_2，盐度为8 wt.% equiv. NaCl(Giuliani et

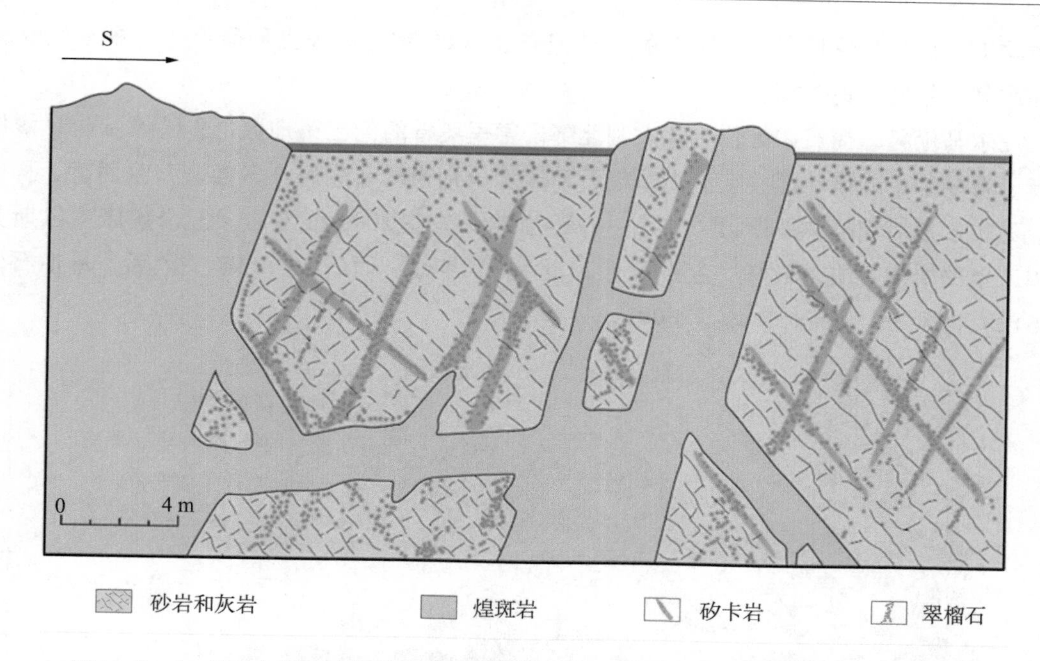

图 1-9-5 马达加斯加安提提赞巴图翠榴石矿区交代蚀变图(据 Pezzotta et al., 2011)

al., 2015), 指示形成钙铁榴石的成矿流体是富含水的成矿流体。

安提提赞巴图钙铁榴石的矿化与新生代的岩浆作用在中 - 新生代伊萨罗群, 发生接触交代变质作用形成矽卡岩有关。与之类似的是, 在距离安提提赞巴图 50 km 的阿姆帕辛达瓦半岛, 在碱性侵入岩与伊萨罗群灰岩地层接触带上, 矽卡岩化形成稀有金属矿床 (Estrade et al., 2014a, b), 伴有钙铁榴石, 过碱性岩体的侵位年龄为(24.2 ± 0.6) Ma (Estrade et al., 2014b), 形成了一系列的内外接触变质带, 有大量的钙铁榴石, 但颗粒细小。安布希米拉瓦瓦维碱性侵入岩体的矽卡岩内外接触带中的矿物, 如石英、方解石和透辉石, 观察显示有三种类型的流体包裹体(Estrade, 2014a):

①主要是水溶液包裹体, 缺失 CO_2、CH_4、H_2S、N_2;

②气液两相包裹体中气相成分占 20%～40%, 包裹体均一至液相, 石英中的均一温度为 255～375℃, 而透辉石为 350～370℃, 盐度变化范围极大, 为 0.5～25 wt.% equiv. NaCl;

③气液固三相包裹体, 富含气体。这些包裹体类型与安提提赞巴图包裹体类型相似。安提提赞巴图包裹体盐度落在上述盐度范围内, 因此可能指示安提提赞巴图的钙铁榴石与渐新世安布希米拉瓦瓦维碱性侵入体有关, 与当地的稀有金属矽卡岩有同源性。

9.3.2 意大利瓦尔马伦科翠榴石矿床

意大利瓦尔马伦科翠榴石矿床, 以出产优质的翠榴石而著名。另外, 还有蛇纹石玉和淡黄软玉。瓦尔马伦科翠榴石矿床的最早记录在1880年，后来人们研究了它的矿物学特征和成分，主要为钙铁榴石。

瓦尔马伦科翠榴石矿区位于意大利北部松德里奥省的伦巴第地区(图1-9-7)，翠榴石产于石棉矿中。该地区共有五个翠榴石矿床，分别为斯弗勒姆、多西迪弗兰西萨、科斯顿、瓦布尔鲁塔和阿尔罗斯(图1-9-6)，当地海拔在2000 m左右。五个矿床中以斯弗勒姆产出的翠榴石质量最好。主要采于20世纪60年代，而后来石棉矿关闭后，翠榴石也基本没有再开采(Adamo et al.，2009)。

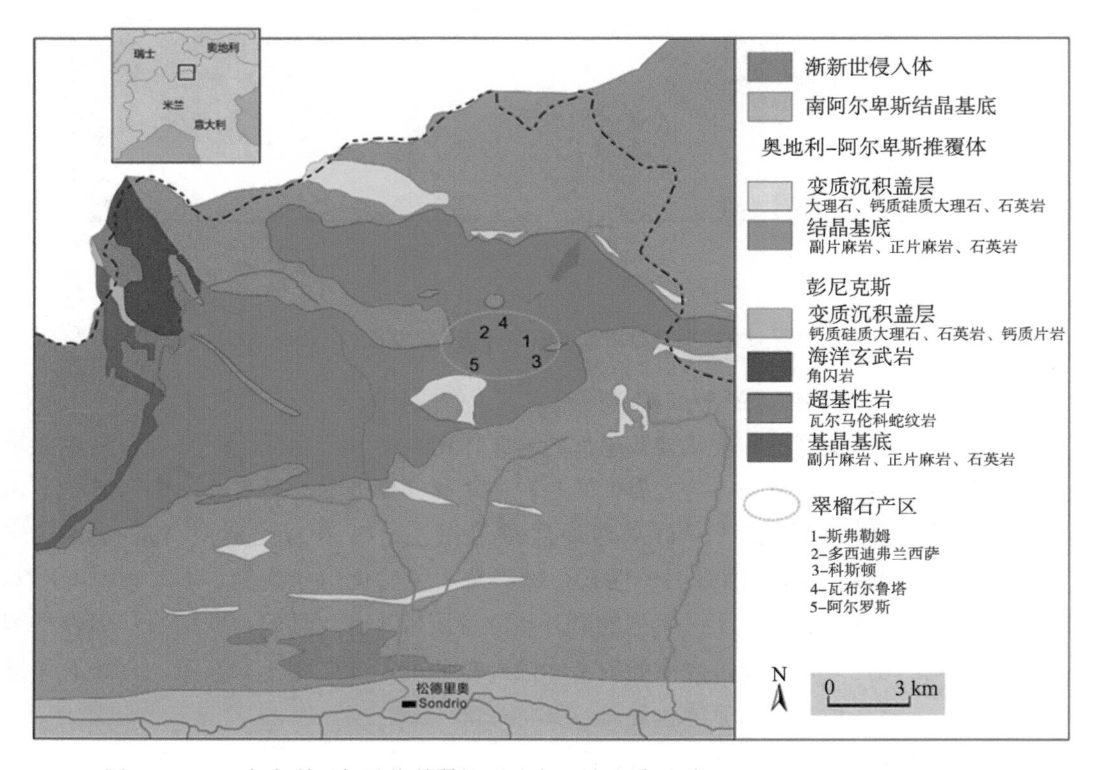

图1-9-6　意大利瓦尔马伦科翠榴石矿床区域地质图(据Adamo et al.，2009，2016)

瓦尔马伦科地区超镁铁岩主要蚀变为蛇纹岩，主要由磁铁矿、透辉石、叶蛇纹石组成，主要是阿尔卑斯造山作用过程中变质而来(Trommsdorff et al.，2005)。翠榴石产于瓦尔马伦科地区超镁铁岩的东部部分的叶片状蛇纹岩中，翠榴石被充填于脆性断裂中的石棉所包裹(图1-9-7)，通常垂直于蛇纹石的叶理。翠榴石的颗粒大约2 cm，还有一些小的颗粒，晶体晶形完好，主要为菱形十二面体(图1-9-8)。翠榴石通常与磁铁矿、含铬磁铁矿、方解石、水菱镁矿、水镁石、斜绿泥石，还有很少量的透明镁橄榄石共生。

图 1－9－7　意大利瓦尔马伦科矿床翠榴石产于蛇纹石石棉中(最大的颗粒 2 cm)
(据 Adamo et al.，2009)

图 1－9－8　意大利瓦尔马伦科矿床翠榴石
(据 Adamo et al.，2009)

翠榴石的颜色呈黄绿色到绿色，包含很少量的类似祖母绿一样的颜色(图 1－9－9)，色调偏暗。颜色通常较为均匀一致，个别的含有暗色包裹体核而导致整体偏暗，菱形十二面体和四角三八面体聚形。包裹体同为纤维状，呈现典型的马尾状(图 1－9－10A，B)，这种包裹体是典型的蛇纹岩型翠榴石矿床的包裹体特征。另外，刻面宝石中还可以看到大量的裂隙、愈合裂隙，包含液相和固相包裹体，还有白色包裹体，可能是蛇纹石族矿物。

图 1-9-9　意大利瓦尔马伦科矿床绿色翠榴石（据 Adamo et al.，2009）

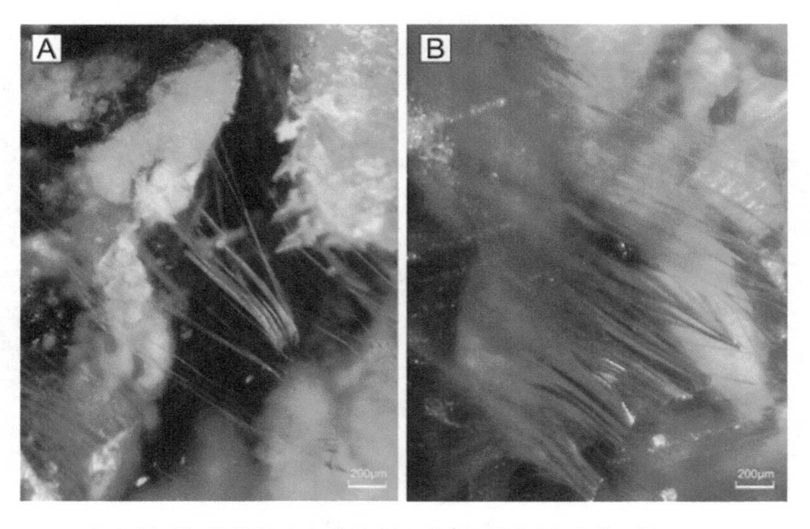

图 1-9-10　意大利瓦尔马伦科矿床翠榴石中的“马尾状”包裹体（据 Adamo et al.，2009）

LA-ICP-MS 分析微量元素显示，瓦尔马伦科矿床黄绿色、绿色翠榴石 Ti、V 的变化并不大，而 Cr 含量呈现了随着颜色不同的变化，黄绿色一般低于 250 ppm，而绿色的 Cr 含量可以达到 5500 ppm（Adamo et al.，2009）。

意大利瓦尔马伦科与俄罗斯乌拉尔等地区的蛇纹石类型矿床类似，均产生在蛇纹岩体内部，而蛇纹岩是在区域变质作用过程中由超基性岩蚀变而来。

意大利瓦尔马伦科属于蛇纹岩型钙铁榴石矿床。钙铁榴石与磁铁矿、含铬磁铁矿、方解石、水菱镁矿、水镁石、斜绿泥石共生。此矿物组合由热液成矿作用形成，在阿尔卑斯造山作用的晚期，形成于退变质作用过程中。早期的区域变质作用伴随着超基性岩的蛇纹石化，形成了蛇纹石石棉或蛇纹石玉。后期在退蚀变过程中，热液温度在370℃以下，压力介于5～15 MPa(Amthauer et al.，1974；Adamo et al.，2009)，进一步交代而形成钙铝榴石。

9.3.3　蛇纹岩型与矽卡岩型钙铁榴石特征对比

蛇纹岩型钙铁榴石与矽卡岩型钙铁榴石矿床产出的翠榴石存在较为明显的差异(表1-9-2)。

首先，蛇纹岩型翠榴石中包裹体普遍可以见到叶蛇纹石石棉，并呈现马尾状，因此俗称为马尾状包裹体(叶蛇纹石石棉)(图1-9-11)，而矽卡岩型翠榴石中则缺少这种马尾状包裹体。因此，不是所有的翠榴石都会存在马尾状包裹体。

图1-9-11　俄罗斯乌拉尔地区翠榴石马尾状包裹体，呈放射状

(据 Phillips and Talantsev, 1996)

其次，蛇纹岩型翠榴石中多含有铬磁铁矿，且常分布在马尾状包裹体的核部，且翠榴石靠近铬磁铁矿的部位Cr元素明显升高，显示了铬来自铬铁矿的分解出溶(Phillips and Talantsev，1996；Adamo et al.，2009；Adamo et al.，2015)。这种现象在意大利瓦尔马伦科矿床和巴基斯坦俾路支斯坦省的穆斯林巴格矿床均有出现。也有一些矿床中缺少铬磁铁矿，取而代之的为磁铁矿。如俾路支斯坦省库兹达尔矿床中的翠榴石本身的Cr含量普遍低于10 ppm，指示其矿床的母岩本身缺少了铬元素(Palke and Pardieu，2014)(图1-9-12)。

再次，矽卡岩型翠榴石中除铬之外，Ti、V、Co等致色元素含量也普遍较低(Bocchio et al.，2010)，低于蛇纹岩型翠榴石。因此，矽卡岩型翠榴石在颜色上偏暗，而蛇纹岩型翠榴石颜色更绿，更漂亮。

图 1－9－12　巴基斯坦俾路支斯坦省库兹达尔翠榴石特征(据 Palke and Pardieu, 2014)

A. 翠榴石标本含有黑色磁铁矿与石棉包裹体，呈菱形十二面体；B. 磁铁矿包裹体与异常干涉双折射(正交偏光)；C. 磁铁矿与纤维蛇纹石包裹体

9.4　钙铝榴石矿床

钙铝榴石是石榴子石族中钙质系列重要的宝石品种，颜色从无色到粉色、褐色、黄色、橘色和绿色。其中绿色且饱和度较高的(图 1－9－13)，主要由铬、钒元素替代 Al 而致色，在商业上称为沙佛莱石。绿色饱和度较低者，称为绿色钙铝榴石。钙铝榴石矿床在成因上主要为矽卡岩型和区域变质型。矽卡岩型一般为酸性火山岩与灰岩的外接触带，而含铬、钒的沙佛莱石一般为区域变质成因。

9.4.1　马达加斯加伊特拉夫钙铝榴石矿床

伊特拉夫钙铝榴石矿床发现于 2002 年，是当地勘探者寻找尖晶石和碧玺的时候偶然发现的。矿床位于马达加斯加中央高原，距离安齐拉贝市几十公里，经纬度为 20°12′21.9″S，46°39′38.7″E，海拔约 1180m(Adamo et al.，2012)。

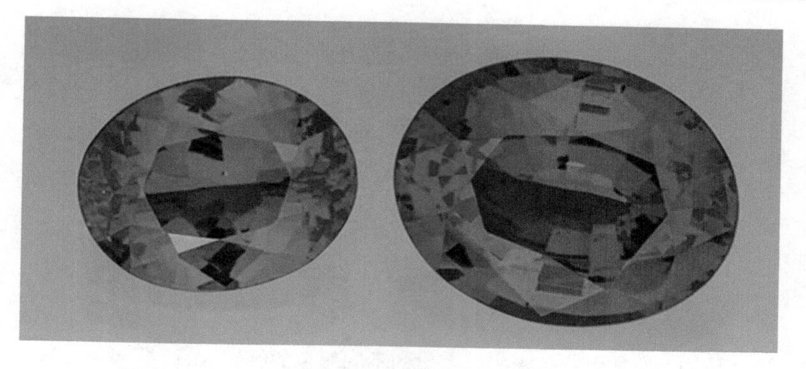

图1－9－13 坦桑尼亚斯科皮恩矿区产出的沙佛莱石
（3.43 ct 和6.48 ct；据 Hsu and Lucas，2016）

矿床中的石榴子石赋存于近垂直的角砾岩脉。角砾岩脉主要由细粒的大规模的富石墨岩石组成。脉体被含黄色、绿色钙铝榴石的方解石脉体穿切，局部可见金云母和黄铁矿（图1－9－14）。钙铝榴石的角砾化和金云母片的扭曲变形，指示其经历了强烈的脆性变形作用。富含石墨的脉体呈现南东走向，延伸超过200 m，沿着变质围岩的层理产出，而围岩主要为角闪岩和大理岩，但是基本上已经矽卡岩化。大规模的变质岩可能代表了一个巨大的顶垂体，构成了辉长岩侵入体的南部边界。而辉长岩侵入体正好是大规模花岗岩类侵入体的北部组成部分。这一大规模的侵入体位于800 Ma～790 Ma，作用于马达加斯加中央结晶基底，又称伊特雷莫逆冲岩席。

伊特拉夫矿床产出的钙铝榴石颜色多样，有淡绿褐色、褐绿色、褐－黄绿色和纯的绿色（图1－9－14、图1－9－15）。钙铝榴石的单颗粒一般小于10 ct，很少有超过20 ct，个别标本颗粒直径可以达到3 cm。

图1－9－14 马达加斯加伊特拉夫矿床产出的钙铝榴石与方解石、金云母共生
（据 Adamo et al.，2012）

1－9－15　马达加斯加伊特拉夫矿床产出的不同颜色的钙铝榴石(据 Adamo et al.，2012)

完全透明干净的钙铝榴石较少，大部分都含有微裂隙和多相包裹体(图 1－9－16)，主要是两相、三相或多相钙铝榴石内含物(图 1－9－16A，B)，还有负晶和晶体的包裹体(图 1－9－16C)。另外还有黑色的石墨包裹体和黄白色的矿物包裹体，以及具有双折射率的非均质柱状晶体包裹体(图 1－9－16D)。微裂隙局部呈现愈合形态(图 1－9－16E)，包裹了气液成分或者固相晶体，同时可以见到生长线或者细小的生长管(图 1－9－16F)。

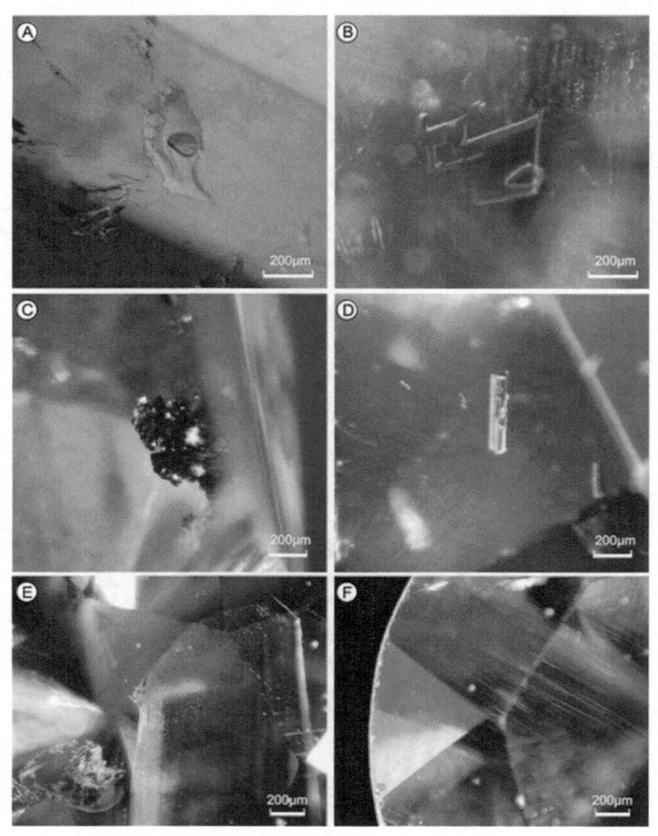

图 1－9－16　马达加斯加伊特拉夫矿床钙铝榴石显微特征(据 Adamo et al.，2012)

A. 不规则状多相包裹体，气泡和多个晶体存在于水溶液中；B. 多相包裹体；C. 黑色的石墨包裹体；D. 无色柱状非均质晶体包裹体；E. 愈合裂隙；F. 平行生长管

通过电子探针分析主量元素，可知钙铝榴石中有丰富的铁、镁、钒、钛等元素。铁最丰富为 1.08 ～ 1.85 wt.%（Fe_2O_3）。而钒次之，为 0.19 ～ 0.83 wt.%（V_2O_3）。其他还有 TiO_2，含量介于 0.17 ～ 0.42 wt.%之间。MgO 含量介于 0.06 ～ 0.34 wt.%之间。MnO 含量较少，为 0.10 ～ 0.16 wt.%。Cr_2O_3 含量极低，基本在检出限附近，而 LA-ICP-MS 测得 Cr 含量均低于 72 ppm。铁的含量较高，而 Cr 的含量降低，绿色者铁含量降低，钒含量升高，显示钒在伊特拉夫钙铝榴石中起到关键作用，为致绿色元素，而铁则导致其呈现褐色、黄色色调。

9.5　沙佛莱石矿床

沙佛莱石又称为“察沃石”，名称来自肯尼亚南部的察沃国家公园。其首次由地质学家布里西斯于 1967 年在坦桑尼亚发现。随后，布里西斯于 1970 年在肯尼亚南部接近坦桑尼亚察沃国家公园附近又发现了具有经济价值的沙佛莱石矿床，并在 1971 年获得其所有权。沙佛莱石呈现漂亮的绿色由 V 元素和少量 Cr 替代了铝所致，化学式为 $Ca_3(Al, V, Cr)_2[SiO_4]_3$。沙佛莱石的流行与内在性质紧密相关，同时与美国蒂凡尼珠宝公司的推广密不可分。

目前世界范围内发现的宝石级沙佛莱石的产地有坦桑尼亚北部的卡拉拉尼、温巴、斯科皮恩、肯尼亚、巴基斯坦斯瓦特山谷、马达加斯加西南部的古古古古和中部的伊特拉夫以及东南极洲南龙达讷山脉(Feneyrol et al.，2013)。另外，在缅甸抹谷、澳大利亚南十字绿岩带、加拿大赫姆洛、法国包衣诺兹、斯洛伐克佩济诺克等地有沙佛莱石的矿点(表 1 -9 -2)。

9.5.1　肯尼亚沙佛莱石矿床

肯尼亚的沙佛莱石于 1970 年在肯尼亚东南部的敏迪山脉被发现，并于 1973 年在姆伽马山进行了开采。

至今，在塔塔 - 塔维和克瓦尔地区已经发现了 50 个小型矿床(矿点)，重要的产区还是在姆伽马山矿区(包括明肯科、吉图什、贝丝、洛伦依、布里西斯 GG1 到 GG3 和克拉斯克矿)、敏迪山矿区(包括坚固、察沃石、布里西斯、斯科皮恩、巴拉卡和戴维得维斯鲁姆矿)、曼加尔基西里矿区(包括阿奎、察沃石、博克斯特、那丹Ⅱ 和尼亚加穆萨)、库兰泽矿区(姆比里、迪卡姆和那丹Ⅰ)。肯尼亚所有的沙佛莱石矿床包含在库鲁斯群石墨片麻岩，有些与超基性岩相关，北西 - 南东向延伸达 70 km，一直延伸至坦桑尼亚东北部的温巴地区。

9.5.1.1　区域地层

库鲁斯群厚度可达 14 km，从下往上由姆通雷组、姆伽马 - 敏迪组、麦瓦特组和穆格诺组构成(图 1 -9 -17)。姆通雷组包含条带状黑云母(矽线石 - 石榴子石)片麻岩、大理岩和石英 - 长石(- 石榴子石)片麻岩组成。姆伽马 - 敏迪组下部的洛伦依是含沙佛莱石的层位，厚度有 1 km。洛伦依包含不同的石墨(- 矽线石 - 白云母)片岩和片麻岩，夹有几米至十几米的大理岩、石英 - 长石(- 石榴子石)片麻岩和角闪岩条带。姆伽马 - 敏迪组上部发育有姆汤加 - 科尔紫苏花岗岩杂岩，其中一些条带状大理岩穿插在黑云母或石墨片麻岩中，紫苏花岗岩杂岩下部发育逆冲断裂。在曼加尔 - 基西里矿区的逆冲断裂中发育有超基性岩体(蛇纹岩)，其中含刚玉奥长岩脉，其中产有红宝石。麦瓦特组包含条带状黑云母片麻岩、斜长角闪岩和少量条带状石英 - 长石片麻岩、花岗片麻岩和大理岩。穆格诺组由大理岩、矽线石/蓝晶石(- 石榴子石)片麻岩、黑云母片麻岩、石墨片麻岩和石英 - 长石(- 石榴子石)片麻岩。

库鲁斯群经历了角闪岩相变质作用。变质作用条件为温度 620 ～ 670℃，压力为 0.54 ～0.67 GPa(Pohl and Niedermayr，1978)。变质作用条件在蓝晶石 - 矽线石的转换范围，但是仍在矽线石的稳定域。

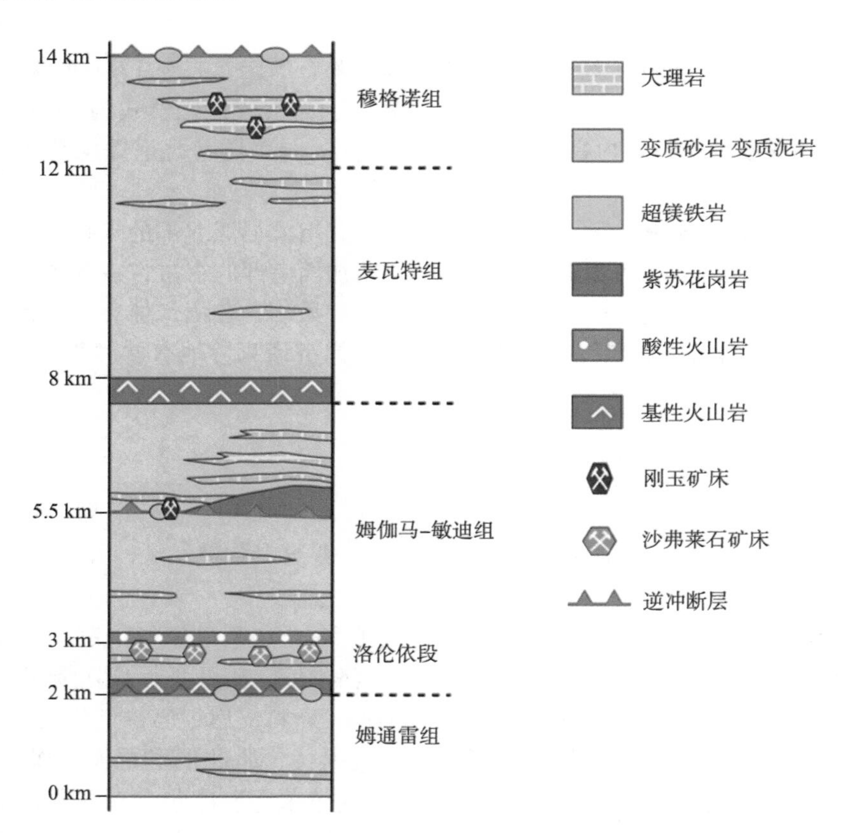

图 1 - 9 - 17　肯尼亚沙佛莱石矿床地层柱状图(据 Feneyrol et al.，2013)

9.5.1.2　姆伽马山矿区

该矿区在 1973 年进行开采，包含明肯科、吉图什、贝丝、洛伦依(戴维斯)、布里西斯 GG1 到 GG3 和克拉斯克矿。

明肯科和吉图什矿床位于姆伽马山脉的西坡，沙佛莱石产于条带状石墨片麻岩中，伴有两层黄色风化黏土结核顺层分布(图 1-9-18A)。这些黏土结核可达 70 cm 长，40 cm 厚，主要为绿脱石和褐铁矿。该层位于地层下盘，黏土结核被沙佛莱石层包裹瘤结，一些石墨片麻岩接近这些黏土结核层，主要矿物有沙佛莱石、石英、黄铁矿、透闪石。

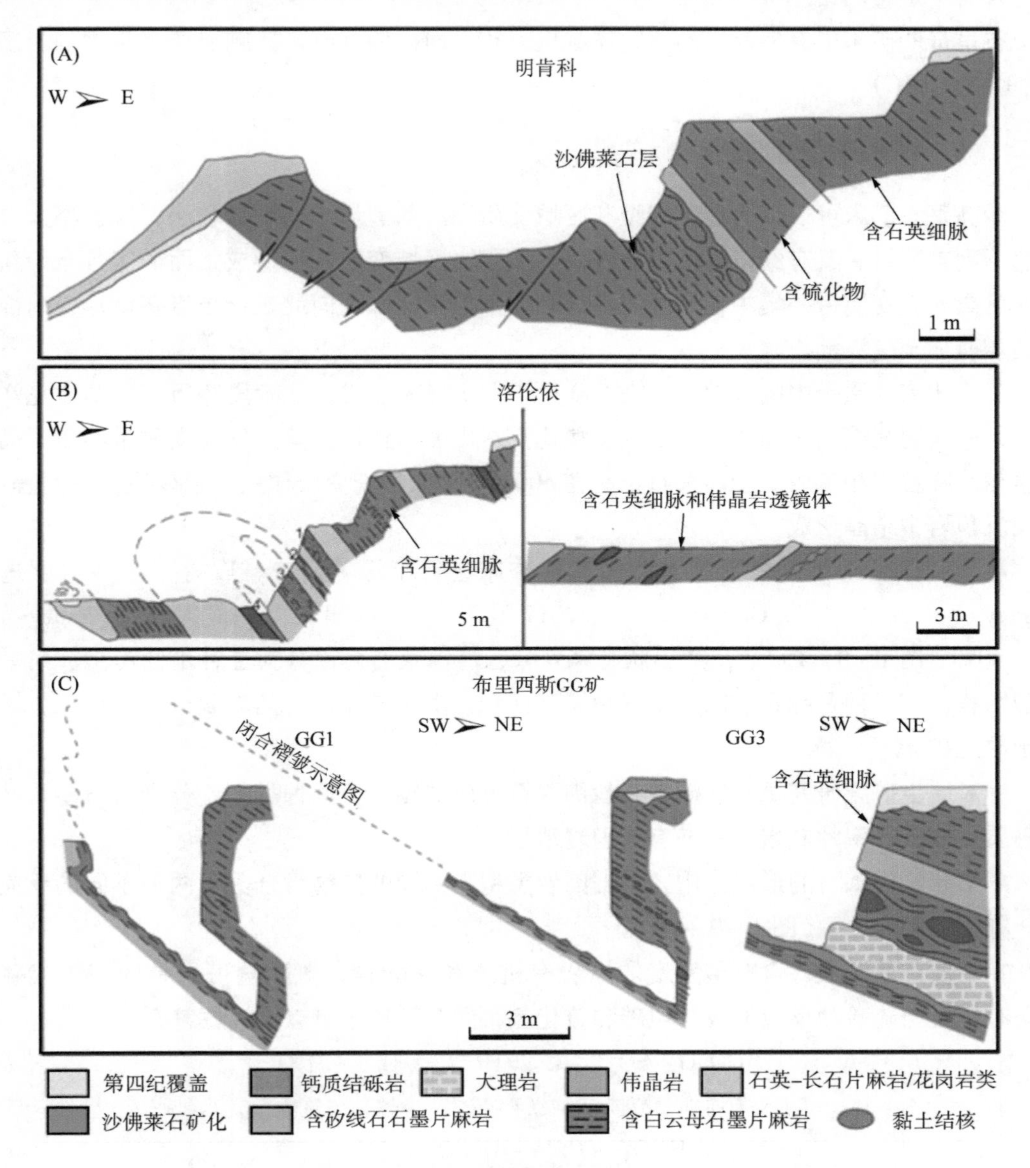

图 1-9-18 沙佛莱石矿床剖面图(据 Feneyrol et al.，2013)

洛伦依矿姆伽马山脉的凯德山，产于石墨片麻岩，夹有带状花岗类岩石、石英-长石片麻岩和大理岩。岩层倾斜东向或北东向，并有紧闭褶皱(图 1-9-18B)。沙佛莱石呈现 2～7 cm 长的瘤结，呈脉状顺层分布，在倒转褶皱的顶部有品位增加。

石墨片麻岩包含的沙佛莱石瘤结主要有方柱石、钒透辉石、石墨、石英，伴有一些褐帘石、磁黄铁矿和黄铜矿，还有很少量的硅灰石。沙佛莱石分布在瘤结中心，有时沙佛莱石伴有钒坦桑石的包裹边。次生的包裹边主要有细粒的钙长石、方柱石、方解石、石英、沙佛莱石、钒榍石、钒透辉石。沙佛莱石的边部含有比核部更高的钒含量，所有的含钒矿物均含有一定量的铬。

布里奇斯矿床中有伟晶岩的透镜体顺层分布，而沙佛莱石矿床顺层产出与大理岩接触(图1-9-18C)。

9.5.1.3 沙佛莱石的成因

沙佛莱石矿床可以分为矽卡岩型和区域变质型。前者形成的颗粒较小，规模不大，往往达不到宝石级。具有经济价值的沙佛莱石主要由区域变质作用形成，而矿床分布于新元古代莫桑比克变质带，集中在肯尼亚南部和坦桑尼亚北部，向北延伸至巴基斯坦，南部经马达加斯加至南极洲。

莫桑比克变质带中的沙佛莱石在650 Ma～500 Ma形成，此阶段经历了莫桑比克洋的闭合，东西冈瓦纳陆块的碰撞而发生莫桑比克造山变质作用。莫桑比克变质带经历了高角闪岩相到麻粒岩相变质。沙佛莱石正是在600～750℃的进变质作用和退变质作用过程中，在变沉积岩中结晶形成。

前人对肯尼亚和莫桑比克的沙佛莱石矿床进行了深入研究，取得了很多重要进展(Feneyrol et al.，2013；Giuliani et al.，2017及引文)，提出相应的成因模型(Feneyrol et al.，2013；图1-9-19)。从产出状态来划分，沙佛莱石可以分为三种不同类型：第一种为瘤结状，第二种是脉状矿床，第三种属于冲积、洪积矿床。前两者属于原生矿床，后者属于次生矿床。

针对原生矿床研究显示，瘤结状沙佛莱石形成的围岩有两种类型，分别为石墨片麻岩和钙质-硅质石墨片麻岩，并夹有大理岩地层。

瘤结状沙佛莱石的形成作用，根据围岩类型和不同的矿物组合分为两种不同的反应过程，称为Ⅰ型和Ⅱ型(图1-9-19)。

在变质初始阶段，含有蒸发岩的原岩有机质和硫酸盐，硫酸盐可以是硫酸钙或硫酸钡，有机质与硫酸盐反应形成单质碳和硫化氢，同时钙离子可以形成方解石：

$$3CH_2O + SO_4^{2-} \rightarrow C + 2HCO_3^- + H_2S + H_2O \tag{1}$$

有机质　流体　火成沥青　流体　　流体　流体

$$HCO_3^- + Ca^{2+} \rightarrow CaCO_3 + H^+ \tag{2}$$

流体　　流体　　方解石

变质作用过程中，富含V、Cr元素的黏土矿物变质形成云母。这时，随着硫酸钙的不断分解，大量硫从核心部位排出，生成单质硫，这些单质硫被包裹而存在于沙佛莱石的流体包裹体中。反应如下：

$$CaSO_4 + 3/2C \rightarrow S + CaCO_3 + 1/2CO_2 \tag{3}$$

硫酸钙　　石墨　流体　方解石　　　流体

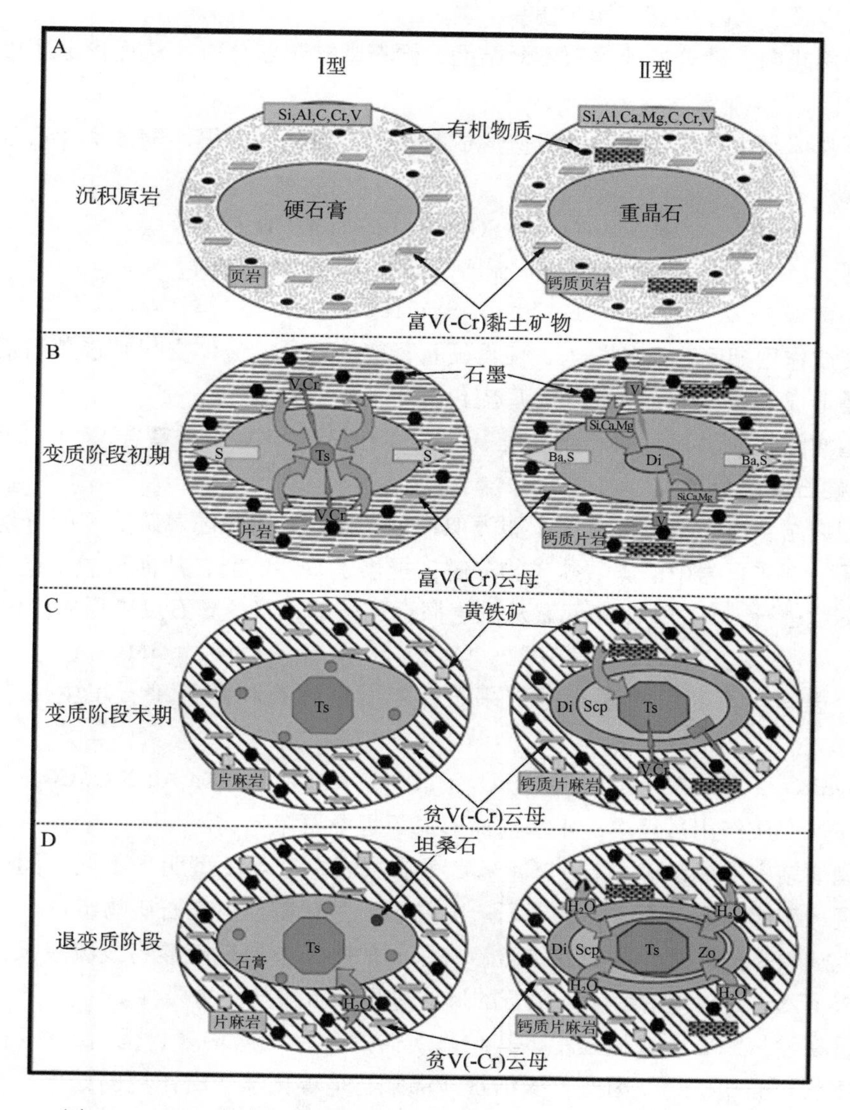

图1－9－19　瘤结状沙佛莱石的成因模式（据 Feneyrol et al.，2013）

注：Di—透辉石；Ts—沙佛莱石；Scp—方柱石；Zo—坦桑石

硬石膏继续与石墨反应并消耗一定的水，使得体系中的水含量进一步降低，也使得沙佛莱石的流体包裹体中水含量很低：

$$\underset{\text{硫酸钙}}{CaSO_4} + \underset{\text{石墨}}{2C} + \underset{\text{流体}}{H_2O} \rightarrow \underset{\text{流体}}{H_2S} + \underset{\text{方解石}}{CaCO_3} + \underset{\text{流体}}{CO_2} \tag{4}$$

富含 V、Cr 的云母分解，为体系提供了 V、Cr、Al 以及 SiO_2，使得沙佛莱石开始结晶析出：

$$3CaSO_4 + 2Al^{3+} + 3SiO_2 + 6H_2O \rightarrow Ca_3Al_2(SiO_4)_3 + 6O_2 + 3H_2S + 6H^+ \tag{5}$$

大量 F^- 和 Cl^- 的金云母与沙佛莱石共生说明在进变质作用过程中，F^- 和 Cl^- 在 Al 的活化迁移，以及 V、Cr 的搬运至关重要。

变质作用晚期，随着沙佛莱石不断结晶，硬石膏被不断分解，从而形成了沙佛莱石的瘤结状矿包。

硫不断从体系中排出，并与铁反应形成黄铁矿，也从而使得伴随沙佛莱石的围岩中有黄铁矿出现：

$$\underset{\text{流体}}{7H_2S} + \underset{\text{流体}}{4Fe^{2+}} + \underset{\text{流体}}{SO_4^{2-}} \longrightarrow \underset{\text{黄铁矿}}{4FeS_2} + \underset{\text{流体}}{4H_2O} + \underset{\text{流体}}{6H^+} \quad (6)$$

或者

$$Fe^{2+} + H_2S \rightarrow 2H^+ + FeS_2 \quad (7)$$

在退变质作用期间，水的加入，使得硬石膏变为石膏，流体交代沙佛莱石而形成了坦桑石，于是形成了沙佛莱石的坦桑石反应包裹边。

在Ⅰ型瘤结状沙佛莱石的形成过程中，V、Cr、Al、SiO_2 来自富含 V、Cr 的黏土矿物，而 Ca 来自硬石膏的分解。

在Ⅱ型瘤结状沙佛莱石形成于Ⅰ型类似，只是在初始阶段随着硫酸钡的分解，Ba 和 S 被排出体系。钙质页岩中的碳酸盐矿物分解，提供了 Ca 和 Mg，从而形成了透辉石。随着变质作用继续进行，V、Cr、Al 元素从围岩搬运至核部，与透辉石反应形成沙佛莱石：

$$3CaMgSi_2O_6 + 2Al^{3+} \rightarrow Ca_3Al_2(SiO_4)_3 + 3SiO_2 + 3Mg^{2+} \quad (8)$$

同样，透辉石不断反应形成沙佛莱石，随后透辉石和沙佛莱石发生反应而形成方柱石：

$$2CaMgSi_2O_6 + 2Ca_3Al_2(SiO_4)_3 + 2SiO_2 + 2CO_2 + 4Al_2O_3 \rightarrow 2Ca_4Al_6Si_6O_{24}CO_3 + 2MgO \quad (9)$$

同样在退变质作用过程中，水参与而形成了坦桑石等矿物。

在Ⅱ型瘤结中形成沙佛莱石的 Ca 来自钙质页岩，这与Ⅰ型明显不同。同样，在Ⅱ型瘤结中出现的矿物有透辉石、沙佛莱石、方柱石、黄铁矿、坦桑石矿物组合。

通过上述模型的阐述，同时在富含沙佛莱石的瘤结中出现硫酸钙或硫酸钡，以及流体包裹体含有 H_2S-S_8，均指示沙佛莱石的形成过程中硫酸盐的重要性。

同时，在沙佛莱石形成过程中，其结晶所需的各种元素均来自围岩，如石墨片麻岩、钙硅质矿物和硫酸盐矿物。因此，瘤结状沙佛莱石是等化学变质作用的结果。在区域变质作用过程中，通过元素的迁移，Ca 元素来自初始的硫酸钙或钙质围岩中的碳酸盐矿物，Si 和 Al 来自黏土矿物，而 V 和 Cr 元素则集中来源于黏土矿物或者绿泥石。在梅拉尼矿床中，V 元素则来自石墨片岩中的石墨，因为石墨片岩的 V 含量高达2600 ppm，意味着原岩中的初始有机物是富集 V 元素的。在进变质作用过程中，富集 V 和 Cr 元素初始物质被分解而形成沙佛莱石。在退变质作用阶段，通过热液流体交代作用从围岩中或者直接从沙佛莱石中提取 V 和 Cr 元素，从而在石英脉中形成坦桑石和三方钒氧矿，或者在瘤结状矿体中的沙佛莱石生长出坦桑石环边。

矿床的围岩为变质沉积物形成的石英岩、蓝晶石－矽线石－黑云母－石墨片麻岩和片岩，钙质硅酸岩和大理岩，呈透镜状或层状，以及变质蒸发岩脉体。变质沉积物来自古老的台地蒸发岩环境，在一个广泛而浅的台地，伴随着交替海成和非海成的航道、海岸萨勃哈。在干旱的期后环境下，这种交替导致盐和蒸发岩泥滩硫酸盐系统穿插了海相碳酸盐和陆源硅质碎屑物质。

总之，莫桑比克变质带中沙佛莱石的形成，受岩性和构造双重控制，瘤结状矿体受岩性控制，而石英脉型矿体受构造控制。岩石层位是最为基本的控矿因素，而蒸发岩的出现，对于沙佛莱石的形成是至关重要的。脉状沙佛莱石与东非造山带的褶皱、逆冲剪切作用相关，在退变质作用阶段伴随着交代作用而形成。

10 黄玉

黄玉在古代又称为黄精、黄雅虎、酒黄宝石等，现代又名托帕石，源自希腊名“Topazios”，意为“难寻找”，来自红海札巴歌德岛的旧称。也有一说是来自梵语单词“topazos”或“tapaz”，意为“火”，指矿物呈橙色。古希腊人认为，托帕石赋予人们力量。数百年来，印度很多人一直认为，把托帕石戴在心脏之上，可以延年益寿，确保美丽和智慧。帝王托帕石这个名字来源于19世纪的俄国。当时，乌拉尔山是托帕石的主要来源，在那里开采的粉红色宝石的命名则是为了纪念俄国沙皇。

托帕石因硬度大和颜色美丽而成为自古以来比较贵重的宝石，被当作十一月的生辰石，又是结婚16周年纪念宝石，象征着友情和幸福。

10.1 黄玉的宝石学特征

黄玉在矿物学中属黄玉族，为含氟和羟基的铝硅酸盐，化学成分为 $Al_2SiO_4(F, OH)_2$，含有附加阴离子 F^-。F^- 可部分地被 OH^- 所替代，F^-/OH^- 介于3～1，随形成温度增高，比值越高。另外，黄玉含有一些微量元素 Li、Be、Ga、Ti、Nb、Ta、Cs、Fe、Co、Mg、Mn 等。

托帕石属斜方晶系，常呈短柱状晶形，柱面上常有纵纹，集合体为粒状、块状等。

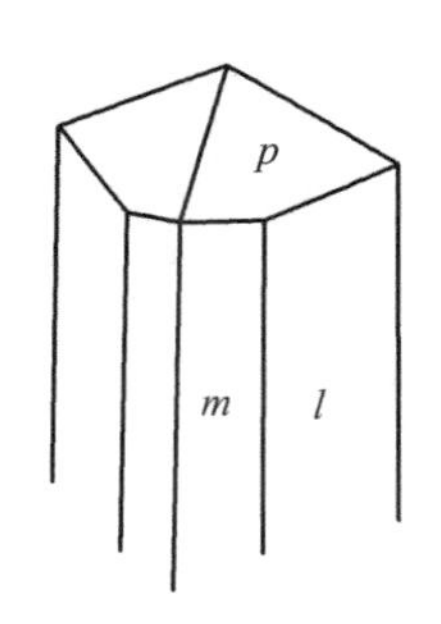

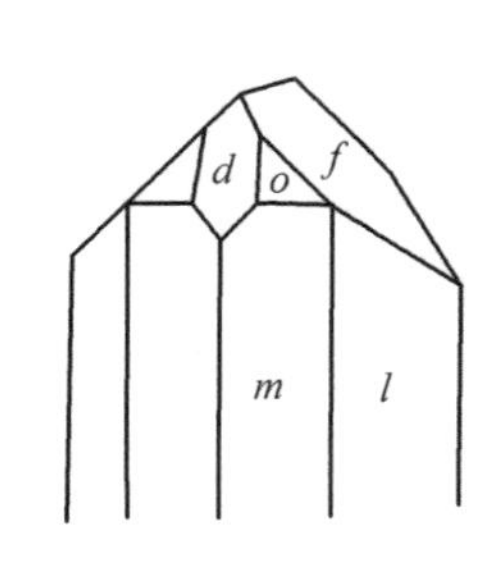

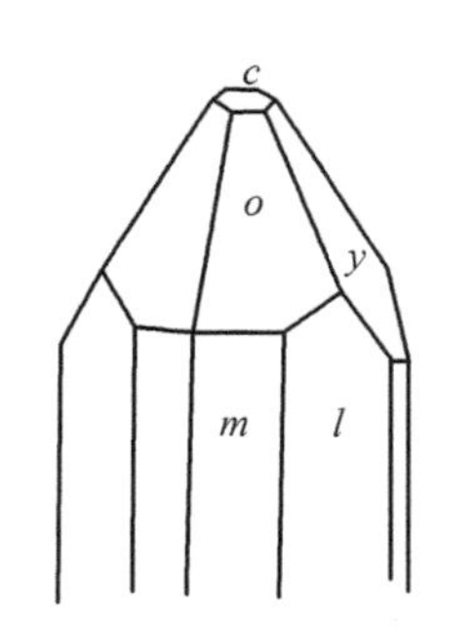

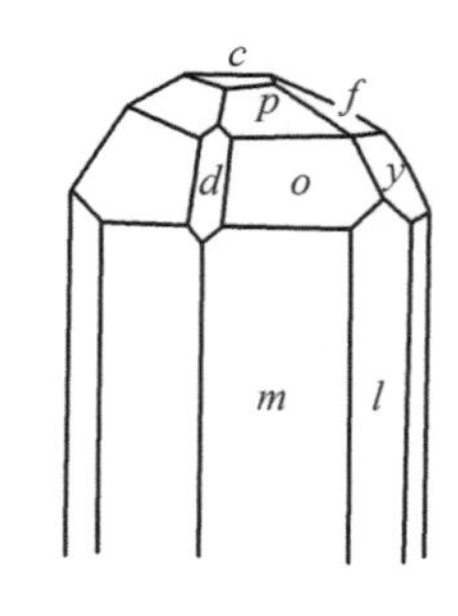

图1-10-1 黄玉晶体形态示意图(据张蓓莉，2006)

斜方柱 *m*{110}，*l*{120}；平行双面 *c*{001}，*b*{010}；斜方双锥 *p*{223}，*o*{221}，*f*，*y*，*d*

黄玉一般为无色、黄棕-褐黄色、浅蓝-蓝色、粉红-褐红色，玻璃光泽。折射率一般为1.619～1.627(±0.010)。

黄玉{001}一组完全解理，莫氏硬度为8，密度为3.53(±0.04)g/cm³，随晶体中 F^- 被 OH^- 代替而减小。

10.2　黄玉矿床与资源

黄玉主要产于花岗伟晶岩中，其次产于云英岩和高温气成热液脉体及酸性火山岩的气孔－晶洞，共生矿物有石英、电气石、萤石、白云母、黑钨矿和锡石等。当然，次生黄玉砂矿也是重要的类型。

世界上绝大部分无色和蓝色黄玉产自巴西、马达加斯加、纳米比亚和巴基斯坦的伟晶岩。另外，在斯里兰卡、俄国乌拉尔山、美国、缅甸和澳大利亚等地也有产出。

最好的帝王级黄玉产自巴西欧鲁普雷图的米纳斯吉拉斯。巴西的米纳斯吉拉斯矿床是世界范围内最为重要的黄玉来源，占世界产量的90%以上。越南产的黄玉发现于海蓝宝石矿床中，如义安和富寿等。这些黄玉多呈无色，具有高的透明度(图1－10－2)。

图1－10－2　越南清化产出的黄玉
（据 Huong et al.，2012）

我国黄玉的产地有广东、内蒙古、新疆、福建、江西和云南等，其中广东是黄玉的主要产地。内蒙古的黄玉产于白云母型和二云母型花岗伟晶岩中，与绿柱石、独居石等矿物共生。江西黄玉属气成高温热液成因，多富集于矿脉较细的支脉内，与石英、白云母、长石、黑钨矿、绿柱石等共生。广东产出的黄玉多为无色、浅米黄色，经过辐照后变为漂亮的蓝色。

10.2.1　巴西米纳吉拉斯欧鲁普雷图黄玉矿床

米纳吉拉斯黄玉矿床的发现可以追溯到1800年，该矿床位于巴西里约热内卢以北500 km。区内分布变沉积岩和火山岩，形成于2700 Ma。黄玉与高岭土、石英、镜铁矿、方柱石、金红石共生，产于前寒武纪萨巴拉建造富绢云母和白云母层中，沿着东西分布的断裂带。萨巴拉建造由变硬砂岩、流纹岩及变火山岩组成，黄玉赋存在变硬砂岩中的特殊层位中。

矿化常局限于走滑断裂的断层泥中，或张裂隙及层面中。断层泥由绢云母、高岭土、含黄玉石英、赤铁矿及少量滑石和方柱石组成。矿化流体随着张裂隙向外，沿着萨巴拉高岭石质流纹岩中合适的层位，即含黄玉的棕色绢云母流纹岩分布。矿化层与非矿化层的高岭石质流纹岩在颜色上有明显不同。另外，前者白云母和石英含量高，而高岭石含量明显较低。

黄玉常被高密高岭土围绕，与石英和镜铁矿呈细脉状和豆荚状。高岭土还充填在黄玉裂隙中。前人研究认为，绢云母、正长石、石英、黄玉和方柱石都是在高岭土被热液作用而发生的蚀变作用的结果。热液富含 K、F、SiO_2，并含有少量的 Be。蚀变作用可能发生的一系列反应的方程式如下：

$$6H_4Al_2Si_2O_9 + 4K^+ = 4KAl_2(AlSi_3)O_{10}(OH)_2 + 6H_2O + 4H^+ \quad (1)$$

高岭土　　白云母

$$KAl_2(AlSi_3)O_{10}(OH)_2 + 6H_4SiO_4 + 2K^+ = 3KAlSi_3O_8 + 12H_2O + 2H^+ \quad (2)$$

白云母　　可溶硅　　正长石

$$H_4Al_2Si_2O_9 + 2K^+ + 4H_4SiO_4 = 2KAlSi_3O_8 + 9H_2O + 2H^+ \quad (3)$$

高岭土　　可溶硅　　正长石

$$8H_4Al_2Si_2O_9 + 4F^- + 4K^+ = 4KAl_2(AlSi_3)O_{10}(OH)_2 + 12H_2O + 2SiO_2 + 2FAl_2SiO_4 \quad (4)$$

高岭土　　白云母　　石英　　黄玉

$$2H_4Al_2Si_2O_9 + 4SiO_2 + 2F^- + 2K^+ + 8H_2O = 2KAlSi_3O_8 + 12H_2O + 2FAl_2SiO_{4+}SiO_2 \quad (5)$$

高岭土　　正长石　　黄玉　石英

上述反应可以看出，黄玉形成在富氟的成矿热液中，并与白云母、正长石和石英几乎同时形成，所以有少量正长石包裹黄玉晶体或充填在黄玉的裂隙中。晚期低级变质作用使得矿物晶体发生剪切作用，导致晶体长轴与层理平行，豆荚状高岭土沿着一个方向延伸。岩石通常产生绿片岩相变质作用，最后因风化作用使得长石又变为高岭土。

11 绿柱石

绿柱石族宝石是指由多种宝石组成的一类宝石，这些宝石具有不同的成因，成矿作用条件的差异造成了不同元素之间的类质同象替换，这些宝石因致色离子迥异而呈现不同的颜色。绿柱石族宝石以祖母绿最为珍贵，还有蓝色的海蓝宝石、红色绿柱石、草莓红绿柱石、铯绿柱石等品种。海蓝宝石颜色犹如美丽的天空，以淡雅、优美著称，为三月的生辰石。

11.1 绿柱石的宝石学特征

绿柱石在矿物学上属绿柱石族，为铍铝硅酸盐矿物。绿柱石结构中八面体或四面体阳离子常常发生置换，导致形成不同的类质同象。例如根据其不同的元素组分可以分为绿柱石（Beryl，$Be_3Al_2Si_6O_{18}$）、钪绿柱石（Bazzite，$Be_3Sc_2Si_6O_{18}$）、斯托潘尼石（Stoppaniite，$Be_3Fe_2Si_6O_{18}$）、六方堇青石（Indialite，$[Al_2Si]Mg_2[Al_2Si_4]O_{18}$，又名印度石）（廖尚宜，2009；Laurs et al.，2003）。结构中四面体 Be^{2+} 被 Li^+ 有序取代，呈三次对称分布，而 Cs^+ 和 Na^+ 等元素作为电荷补偿元素充填于六元环隧道中，从而形成草莓红绿柱石（Pezzottaite，$Cs(Be_2Li)Al_2Si_6O_{18}$）（廖尚宜，2009）。一般宝石级的绿柱石族矿物为绿柱石和草莓红绿柱石。

晶体常为六方柱状晶体，富含碱性金属离子的晶体呈六方短柱状。柱面发育有平行于 z 轴的纵纹，不含碱金属的比富含碱金属的绿柱石柱面条纹明显，有时晶体发育有六方双锥面。草莓红绿柱石为三方晶系，晶体常呈短板状（廖尚宜，2009）。

由于品种不同，颜色差异较大，常见颜色有无色、绿色、黄色、浅橙色、粉色、紫粉色、红色、蓝色、棕色、黑色。玻璃光泽，断口表面为玻璃光泽至树脂光泽。宝石级多为透明，少量半透明或不透明。六方晶系或三方晶系，一轴晶，负光性。折射率、双折射率随成分的变化而不同（表 1－11－1），一般为 1.577～1.583（±0.017），而双折射率介于 0.005～0.009 之间。

不同颜色的绿柱石多色性强弱有明显差异，但均有弱到强的多色性。海蓝宝石一般为弱－中，蓝和蓝绿色或不同色调的蓝色。金黄色绿柱石多色性较弱，绿黄色和黄色或不同程度的黄色。粉色绿柱石多色性为弱－中，浅红和紫红。马克西克蓝色绿柱石多色性为弱至中，蓝和浅蓝。草莓红绿柱石多色性一般为深粉紫色和粉色。红色绿柱石的多色性明显，一般为棕红色和红色。

紫外荧光通常较弱。无色绿柱石可呈无至弱黄或粉色荧光，黄色、绿色绿柱石一般无荧光，粉色绿柱石可呈无至弱粉或紫色荧光。

X 荧光粉色绿柱石可呈强橙红色，无色绿柱石可呈无至暗黄或暗粉色。

吸收光谱一般不明显，通常见无或弱的铁吸收。海蓝宝石在紫区可具427 nm强吸收带，在537 nm、456 nm处有一模糊吸收带，依颜色变深而变强。深黄色的绿柱石在蓝区可具一条模糊的吸收带(表1-11-1)。马克西克蓝色绿柱石具695 nm、655 nm强吸收带，628 nm、615 nm、581 nm、550 nm弱吸收带，可有688 nm、624 nm、587 nm、560 nm处的吸收带(表1-11-1)。

一组{0001}不完全解理，断口贝壳状至参差状，莫氏硬度为7.5～8。普通绿柱石比重2.72(+0.18，-0.05)，其他的绿柱石有明显不同，如草莓红绿柱石比重可以达到3.11(表1-11-1)。

11.2 绿柱石的分类

绿柱石的颜色很丰富，可从无色一直到褐色，具有不同程度的颜色、饱和度和明亮度。常见的主要品种有海蓝宝石、绿色绿柱石、黄色绿柱石、粉色绿柱石、红色绿柱石、蓝色绿柱石、草莓红绿柱石等(图1-11-1)。

图1-11-1　不同颜色的绿柱石(据GIA，Robert Weldon摄)

11.2.0.1　海蓝宝石

海蓝宝石指浅蓝色、绿蓝色至蓝绿色的绿柱石(图1-11-2)，其蓝绿色是由Fe^{2+}所致。一般情况下颜色较浅，市场上出现的深色海蓝宝石多是由黄色绿柱石热处理而成。内部常常含有“雨丝状”定向排列包裹体，可见猫眼效应。

图 1－11－2　越南清化省所产海蓝宝石晶体(长度 8.9cm；据 Laurs，2010)

11.2.0.2　绿色绿柱石

绿色绿柱石为浅至中黄绿色、蓝绿色、绿色绿柱石，其致色元素为铁，无铬元素。由于可见光吸收光谱中无铬吸收谱线，而且色浅，饱和度低，或带黄色调而不能称为祖母绿。

11.2.0.3　黄色绿柱石

黄色绿柱石也称为金色绿柱石，颜色有绿黄色、橙色、黄棕色、黄褐色、金黄色、淡柠檬黄色(图 1－11－3)，其英文名称来源于希腊语的“太阳”。其颜色为铁致色，其物理化学性质与海蓝宝石的差别不大，因含铁而无紫外荧光。深黄色绿柱石在蓝区有一模糊的吸收带。有些金黄色绿柱石具猫眼效应。

图 1－11－3　金色绿柱石晶体(据 Laurs，2010)

11.2.0.4　粉色绿柱石

粉色绿柱石又称为摩根石，颜色有粉红色、浅橙红色到浅紫红色、玫瑰色、桃红色(图 1－11－4)。英文名称为 Morganite，是以美国著名的金融家 J. Pierpont Morgan 来命名的。摩根石由锰致色，常有少量的稀有金属铯和铷替代。

图 1－11－4　核部粉色摩根石，外部海蓝宝石晶体(据 GIA ，Robert Weldon 摄)

11.2.0.5　红色绿柱石

美国犹他州托马斯山产有一种红色绿柱石，称为 Bixbite(图 1－11－5)，其颜色为深粉红色至暗的浅褐色。红色绿柱石与上述粉色绿柱石的重要区别是化学成分上的差异。红色绿柱石的碱金属含量很低，且不含水，而锰的含量则为0.08%，约为粉色绿柱石的20倍。折射率为1.580～1.600，密度为2.71～2.84 g/cm³。二色性较显著，为淡红和深蓝色。显微观察可见由气液包体所构成的愈合裂隙。

图1－11－5　犹他州产出的红色绿柱石(据GIA，Robert Weldon摄)

11.2.0.6　蓝色绿柱石

在巴西的米纳斯吉拉斯州阿拉萨乌西南部产有一种深蓝色的绿柱石，称为马克西克绿柱石，此宝石见光或遇热时会骤然褪色。该矿于1917年发现后，因所产宝石暴露在光线下而褪色的问题，不久就关闭了。直到1972年，这种绿柱石又一次出现在市场上，遂引起了人们的广泛关注。据前人研究，其蓝色是因为色心致色，即晶体结构中的某种离子丢失，其空穴被电子占据而成的一种结构缺陷。占据空穴的电子可以自由移动，并吸收到宝石表面的某些光波。由于色心是由天然或人工放射性辐照所产生的，易受光和热的作用而破坏。现在市场上出现的马克西克蓝色绿柱石均为辐照产品。另外，到20世纪80年代，泰国－俄罗斯合资企业Tairus开始从热液中合成蓝色绿柱石，并在曼谷市场销售。在2006年，拉斯维加斯珠宝展上披露了一种新型的合成蓝色绿柱石，由意大利米兰人马洛西合成(Adamo et al.，2008)。

11.2.0.7 透绿柱石

无色透明的绿柱石又称为透绿柱石。

11.2.0.8 草莓红绿柱石

草莓红绿柱石于2002年在马达加斯加中南部安齐拉贝市东南155 km的安巴托维塔西侧曼德鲁苏努鲁村发现（廖尚宜等，2003；Laurs et al.，2003；Hanni and Krzemnicki，2003），2003年其在美国图森宝石展首次亮相，颜色呈现非常诱人的深粉色，一经展出，便引起宝石学家和收藏爱好者的追捧。人们也一度称其为红色绿柱石、粉色绿柱石、热粉色绿柱石、草莓红绿柱石。2003年9月，国际矿物学协会将其命名为Pezzottaite，以表彰意大利米兰自然历史博物馆Federico Pezzotta博士首次对这种新矿物进行研究所做的贡献。草莓红绿柱石为高Cs含量的绿柱石，其理想分子式为$Cs(Be_2Li)Al_2Si_6O_{18}$（表1－11－1）。

11.3 绿柱石的资源分布

海蓝宝石主要产于巴西和非洲（Bank et al.，2001；Webster，2002；Huong et al.，2011），还有中国、缅甸、越南、印度、巴基斯坦、坦桑尼亚、阿根廷、挪威、北爱尔兰、乌克兰、美国等（张蓓莉等，2006；Shigley et al.，2010；Huong et al.，2011）。

巴西海蓝宝石和其他颜色绿柱石矿主要产于米纳斯吉拉斯伟晶岩中，与托帕石等共生。马达加斯加产有各种颜色的绿柱石。此外，在非洲国家肯尼亚、津巴布韦、尼日利亚、赞比亚等国，发现有颗粒虽小但颜色呈深蓝色的海蓝宝石，其原石最大不到5 ct。美国科罗拉多州有安特罗和戴安斯海蓝宝石矿床。在21世纪初，在加拿大育空地区发现了海蓝宝石矿床，但质量较差。

纯粉色绿柱石产于巴西米纳斯吉拉斯及马达加斯加的塔西拉齐那、安娜巴诺那、安邦加布，主要产于伟晶岩矿囊及其冲积矿中。摩根石最著名的产地是美国加州圣地亚哥帕拉的几个矿区。

金黄色绿柱石在海蓝宝石的矿山中均有发现，主要产于马达加斯加、巴西、纳米比亚。纳米比亚金黄色绿柱石主要产于Fish河流域，与海蓝宝石共生。有些黄色绿柱石因含有微量氧化铀而具有放射性。在巴西米纳斯吉拉斯发现一种深黄红色的绿柱石，称为“火绿柱石”。

目前，只在美国犹他州发现有红色绿柱石，而草莓红绿柱石目前只发现于阿富汗帕罗山谷的德瓦矿床和马达加斯加的安齐拉贝曼德鲁苏努鲁矿床，并以马达加斯加为主。同时，前人也有产自缅甸草莓红绿柱石的报道。

我国的海蓝宝石和其他绿柱石主要产自新疆、云南、内蒙古、海南、四川等地，其中以新疆、云南产的海蓝宝石最佳。另外，新疆还有金色绿柱石和粉色绿柱石。

11.4 海蓝宝石矿床

绿柱石中宝石品种众多，有海蓝宝石、粉色摩根石、红色绿柱石、草莓红绿柱石、金色绿柱石、无色绿柱石等品种。这些品种产出的矿床类型也有不同，海蓝宝石、摩根石、金色绿柱石和无色绿柱石一般产于花岗伟晶岩中；而红色绿柱石则产于流纹岩中，与黄玉、石榴子石、水晶等共生。

11.4.1 越南清化常春海蓝宝石矿床

越南海蓝宝石是于1985年，在清化省常春宜乐进行区域地质调查时被发现的，位于清化省和义安省交界位置。常春海蓝宝石矿床地处清化市西约70 km(图1-11-6)，且是越南大规模商业化海蓝宝石的唯一产区(Huong et al.，2011)。义安省的桂峰(Que Phong)有一些小型的残破积次生矿床。

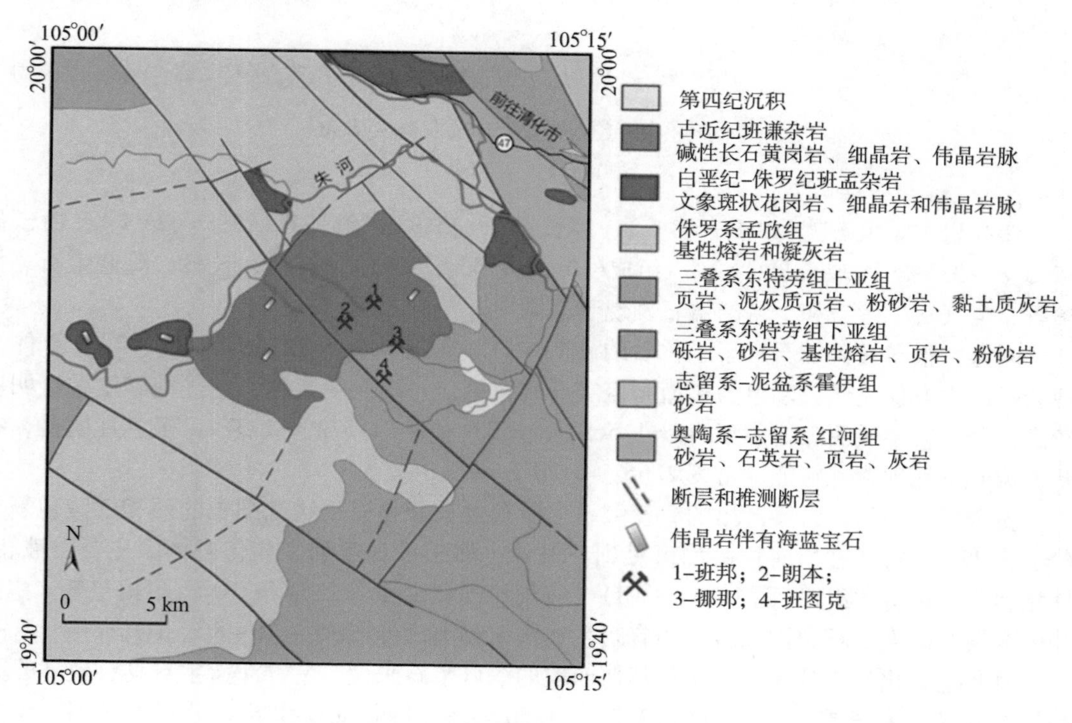

图1-11-6 越南常春海蓝宝石矿床地质图

(据Huong et al.，2011)

区内地层主要有奥陶系-志留系红河组砂岩、石英岩、页岩和灰岩，主要分布在东北部，上覆地层为志留系-泥盆系霍伊组砂岩，有少量出露在东北部。矿区大部分出露地层为侏罗系孟欣组基性熔岩和凝灰岩，占据一半以上的面积(图 1－11－6)。三叠系东特劳组下亚组砾岩、砂岩、基性熔岩、页岩、粉砂岩和上亚组页岩、泥灰质页岩、粉砂岩、黏土质灰岩、灰岩主要分布在矿区西南部，西部和北部也有少量出露。

区内断裂构造发育，断裂呈现北西走向，后期被北东向断裂所穿切(图 1－11－6)。

区内分布多个海蓝宝石矿床，主要有班邦、朗本、挪那、班图克。海蓝宝石主要赋存在伟晶岩的班谦和班孟花岗岩体中，岩体范围达 100 km^2。伟晶岩通常呈现透镜状或脉状，10～30 cm 厚，几米长，或是 4～5 m 厚，几十米长。

图 1－11－7　越南常春产出的海蓝宝石晶体

(据 Huong et al.，2011)

伟晶岩主要由石英(38%～48%)、钾长石(～35%)、斜长石(18%～24%)、白云母(2.3%～3.5%)、黑云母(<2%)组成(Huong et al.，2011)。石英、长石、海蓝宝石、托帕石、电气石、萤石和少量的锆石发现于晶洞中。

同样，很多海蓝宝石产于风化后的砂矿中，棱角有一些磨圆(图 1－11－7)，总体呈现较好的六方柱晶体，颜色为典型海蓝宝石的蓝色，为浅－中蓝色，中等饱和度，透明度较高，透明－半透明。折射率 Ne＝1.569～1.573，No＝1.572～1.579。多色性明显，在紫外荧光下呈现惰性特征。密度 2.66～2.70 g/cm^3。

显微观察显示，常春产出的海蓝宝石主要有生长管和棱角状或细长的两相气液包裹体(图 1－11－8A)，在所有样品均可见到。另外，偶尔可观察到多相包裹体，主要由液相、气相和晶体包裹体组成(图 1－11－8B)。液相和气相主要为 H_2O 和 CO_2。多相包裹体中的晶体有透明的方解石和钠长石，还有暗色赤铁矿和黑云母(图 1－11－8C、D)。

海蓝宝石化学成分显示，相对其他产地的海蓝宝石来说，常春海蓝宝石具有较高的 Fe 和较低的 Na、K 含量，Fe_2O_3 可达 1.37～1.50 wt.%，而 Na_2O 和 K_2O 分别为 0.048 wt.% 和 0.007 wt.%。Cs 含量高，Cs_2O 含量可达 0.126～0.193 wt.%。另外还有 Mg、Mn、Ca、Sc、Li、Ga、Rb 和 P 等元素。

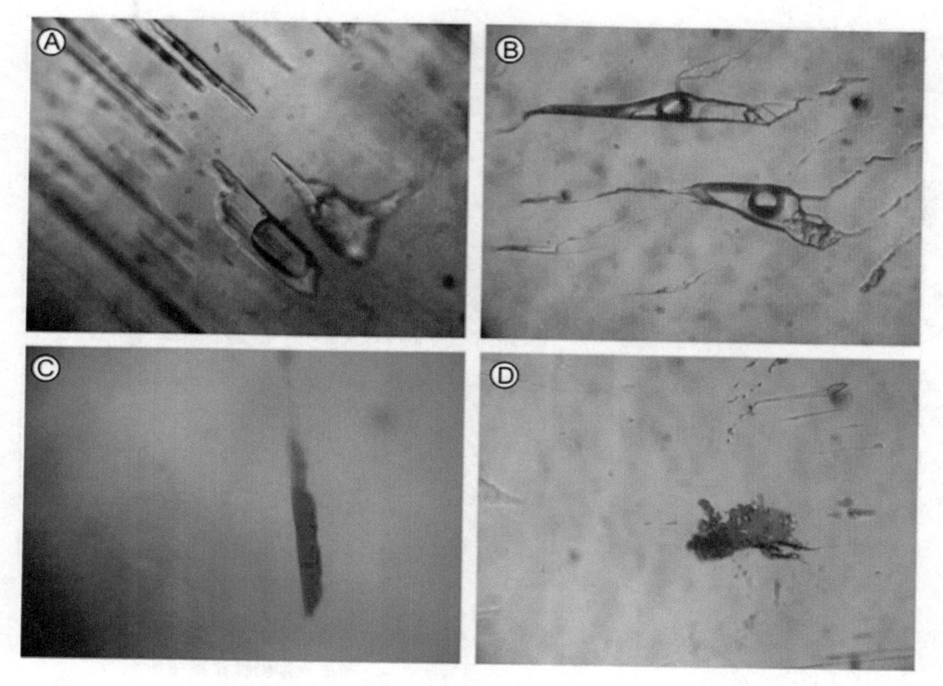

图 1－11－8　越南常春产出的海蓝宝石包裹体显微特征（据 Huong et al.，2011）
A. 生长管和两相包裹体（50×）；B. 三相包裹体，含有方解石和钠长石（50×）；
C. 赤铁矿（50×）；D. 黑云母（50×）

11.4.2　意大利马西诺－布雷加利亚海蓝宝石矿床

意大利马西诺－布雷加利亚地块包含大量的伟晶岩，这些伟晶岩中含有各种矿物晶体，海蓝宝石是其中之一。这里最早是在 20 世纪早期发现了绿柱石，随后又发现了大量的其他绿柱石矿物（Bocchio et al.，2009）。

马西诺－布雷加利亚复式侵入体位于意大利和瑞士边界，包含边部中粒石英闪长岩和中心的粗粒花岗闪长岩，侵位年龄分别为 32 Ma 和 30 Ma。在岩体中发现有穿切岩体的晚期花岗伟晶岩和细晶岩。在一些花岗伟晶岩中包含绿柱石、石榴子石、电气石和一套稀有矿物（图 1－11－9）。

马西诺－布雷加利亚海蓝宝石通常呈现六方柱状，长度一般为几厘米，有的可达 15～20 cm。颜色呈现暗绿蓝色到蓝色或黄绿色。但是由于发育裂隙和包裹体，导致难以加工成刻面。

Bocchio 等（2009）通过 LA-ICP-MS 微量元素分析显示，铁含量在 0.46%～0.74%，是海蓝宝石的致色元素，而其他致色元素含量极低。Mg、Ca 以及 Li、Rb、Cs 含量也很低，仅 Na 含量稍高，介于 0.22%～0.39% 之间，属于低碱含量的绿柱石（Schmetzer and Kiefert，1990）。

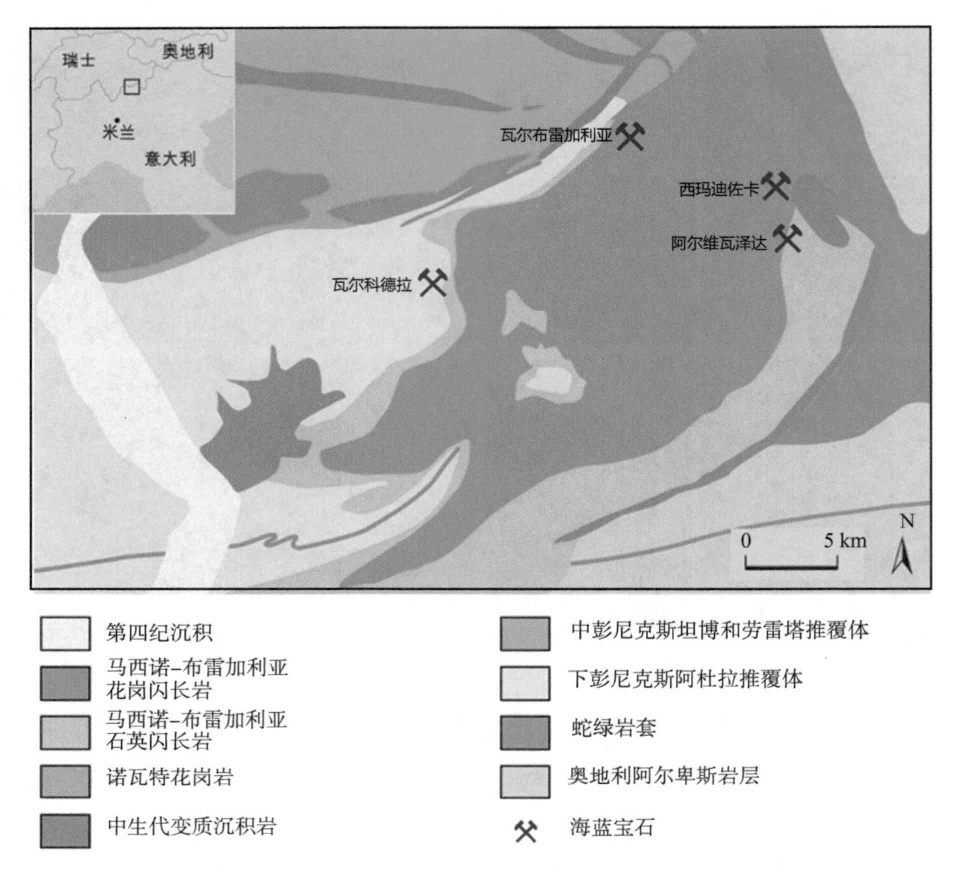

图 1－11－9　意大利马西诺－布雷加利亚海蓝宝石矿床地质图(据 Bocchio et al.，2009)

图 1－11－10　意大利马西诺－布雷加利亚海蓝宝石(据 Bocchio et al.，2009)

区内产出的海蓝宝石颜色偏暗，呈现浅到中等蓝色、绿蓝色，由于包裹体较多导致其透明度较低，透明至不透明。折射率 Ne = 1.572 ～ 1.579，No = 1.580 ～ 1.590，双折率为 0.008 ～ 0.009。多色性明显，紫外荧光下呈惰性。密度为 2.67 ～ 2.72 g/cm^3。晶体包含大量的微裂隙，部分愈合裂隙，含有气液两相或单液相包裹体和生长线（Bocchio et al.，2009）。

11.5　红色绿柱石矿床

红色绿柱石作为绿柱石中的稀缺品种，于 1905 年（Hillebrand，1905）在犹他州托马斯山脉被发现。目前发现的产地分布在美国犹他州和新墨西哥州，有犹他州的野马泉、托帕石山谷、饥饿峡谷、红宝紫罗兰（Staatz and Carr，1964；Ream，1979；Sinkankas，1981；Montgomery，1982；Shigley and Foord，1984；Christiansen et al.，1986；Aurisicchio et al.，1990；Keith et al.，1994；Wilson，1995；Foord，1996；Baker et al.，1996；Shigley et al.，2003），新墨西哥州谢拉县黑山派拉蒙峡谷的 Be 远景区（Kimbler and Haynes，1980；Sinkankas，1981，1997；Foord，1996；Voynick，1997；Shigley et al.，2003）和西波拉县东格兰茨山（Voynick，1997）。目前，宝石级红色绿柱石只发现于美国西部犹他州的哇哇山红宝紫罗兰矿床。

红色绿柱石最初被称为 Bixbite，来源于地质学家 Bix 的名字。但是由于与方铁锰矿 Bixbyite（同样以地质学家 Bix 命名）发音类似，并没有得到广泛使用。随后又有了“red beryl”或“red emerald”的名称，而被称为“red emerald”明显是为了提升人们对红色绿柱石的认知度和接受度。

11.5.1　犹他州红宝紫罗兰红色绿柱石矿床

红宝紫罗兰被发现于 20 世纪 50 年代。红宝紫罗兰位于首次发现红色绿柱石的地区南 145 km，地处哇哇山脉的东翼（Sinkankas，1976），距离米尔福德（Milford）城西南 40 km，于伦德城的正北（图 1 - 11 - 11）。

11.5.1.1　区域地质和矿区地质

区域上主要为古生代 - 第三纪地层和第四纪覆盖（图 1 - 11 - 11）。哇哇山包含古生代和中生代的沉积岩，覆盖于元古代结晶基底之上，在白垩纪塞维尔造山作用（Sevier Orogeny，Best et al.，1987；Keith et al.，1994）过程中形成褶皱和东西向的逆冲断层（Shigley et al.，2003）。

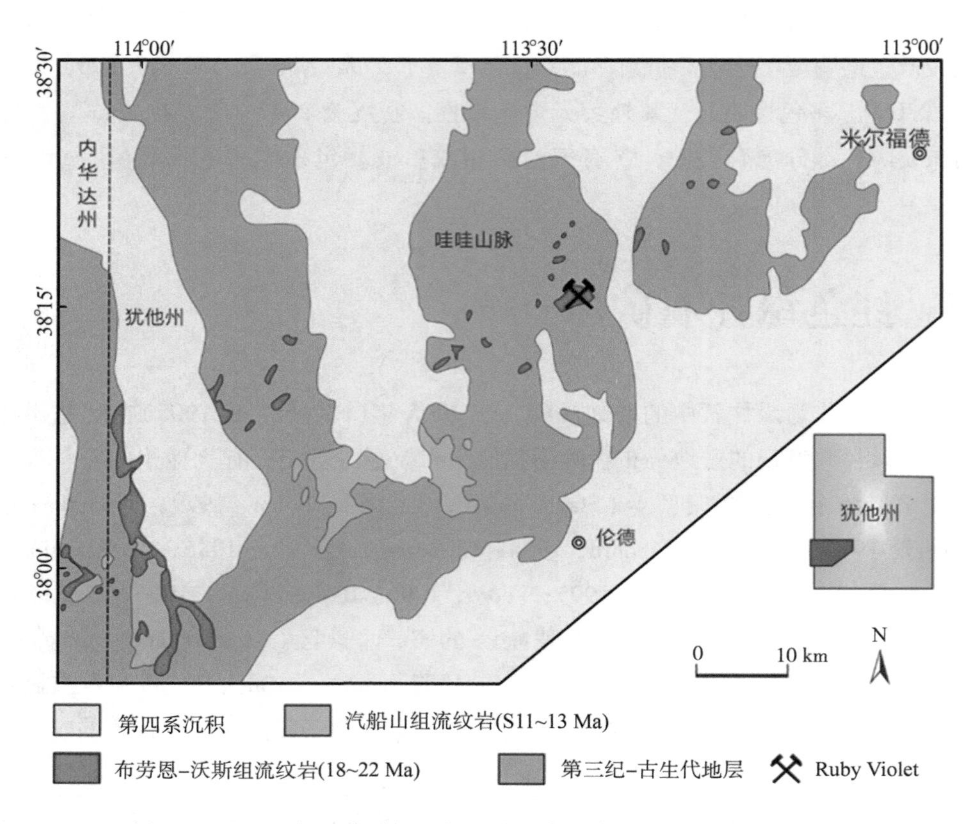

图 1-11-11　红宝紫罗兰矿床区域地质图(据 Shigley et al., 2003)

区内火山作用开始于 34 Ma(图 1-11-12)，而板块伸展构造作用产生区域性断裂和相关火山作用开始于 23 Ma。火山作用产生小规模的安山岩和流纹岩丘，潜火山岩侵入体和熔岩流，其中包含了红宝紫罗兰矿床富含红色绿柱石的流纹岩流。火山岩地层主要分为早阶段的布劳恩沃斯组流纹岩，总体呈北东向零星分布，年龄为 18 Ma～22 Ma，汽船山组流纹岩分布于西南部，年龄为 11 Ma～13 Ma(图 1-11-12)。

新生代黄玉流纹岩在美国西部和墨西哥广泛分布。这些流纹岩富氟也包含 Li、Rb、Cs、U、Th 和 Be 元素(Burt et al., 1982; Christiansen et al., 1983)。托马斯山流纹岩发现托帕石已超过一百年，位置接近于斯波尔山，该区是世界最有经济价值的 Be 来源(Laurs, 1984; Barton and Young, 2002)。

矿区内红色绿柱石发现的区域为 900 m × 1900 m，而相比其他的黄玉流纹岩，富产绿柱石的流纹岩显示了异常规模的泥质蚀变(Keith et al., 1994)。红色绿柱石形成六方柱状晶体包含于流纹状斑状黄玉流纹岩中，浅灰色流纹岩偶尔可见碱性长石、石英和少量黑云母斑晶，分布于与火山玻璃一致的基质中。在矿区的位置，流纹岩出露大约 9 km^2，有些部分被覆盖(Keith et al., 1994)。流纹岩组成了布劳恩沃斯组的一部分。

宝石级红色绿柱石矿化沿着或接近不连续近于垂直的裂隙分布。这些裂隙是流纹质熔岩在冷却过程中收缩形成的，但并不是所有类似裂隙都含有红色绿柱石。在大量的裂隙

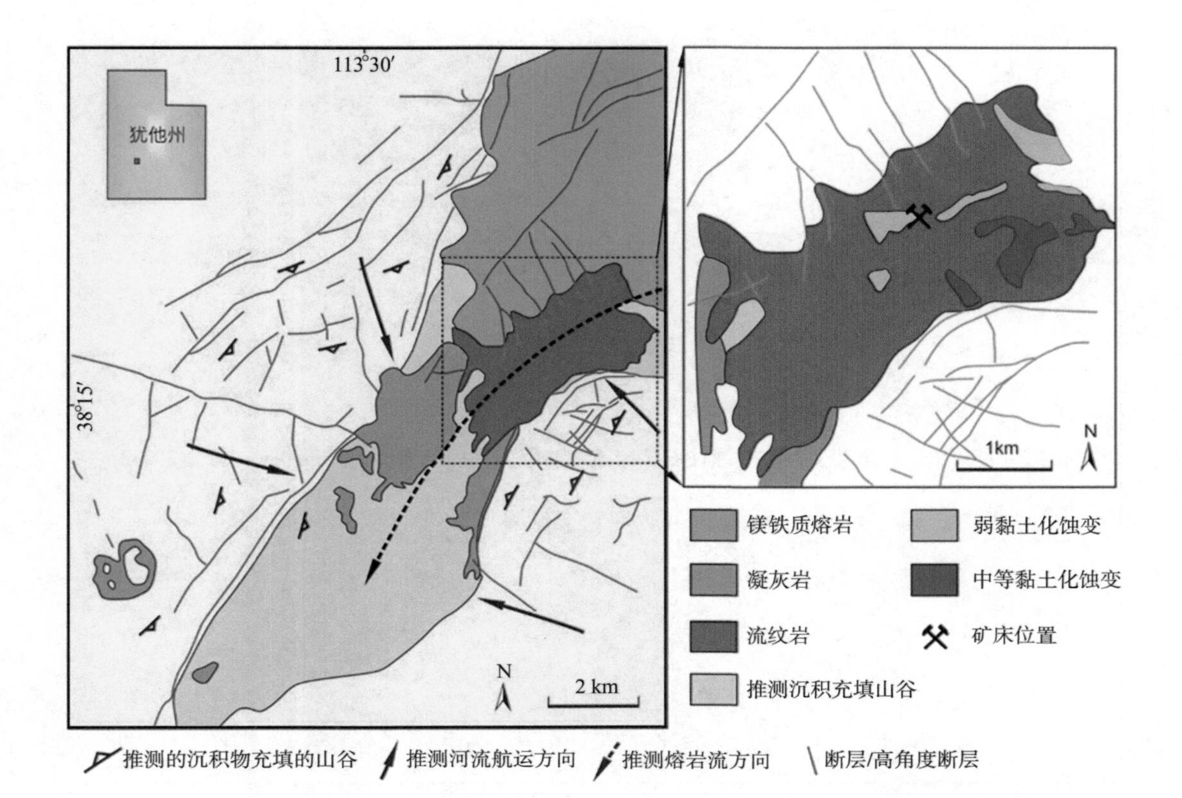

图 1－11－12　红宝紫罗兰矿床地质图（据 Shigley et al.，2003）

中，红色绿柱石经常局部密集分布，能够遍布垂向延伸若干米，水平延伸 30 m 或者更多。白色高岭石和棕色蒙脱石、伊利石黏土矿物，局部沾染呈黄棕色或黑色，充满许多裂隙，经常作为红色绿柱石晶体集中的标志。黏土矿物充填的裂隙还包含方铁锰矿、含锰赤铁矿、鳞石英、方石英和极少量黄玉。

绝大多数裂隙蚀变为高岭石，宽度超过几厘米（Keith et al.，1994）。一些富含红色绿柱石的裂隙缺少黏土蚀变，可能是由于硅质矿物（石英、方石英和鳞石英）、氧化矿物（方铁锰矿、赤铁矿）和碱性长石的结晶阻止了流体进入，从而没有产生蚀变。另外，一些红色绿柱石晶体生长在黏土蚀变的流纹岩中，晶体可能沿着非常狭窄的裂隙形成，而裂隙随后被矿物生长或蚀变而掩盖。但是，在典型的黄玉和石榴石晶体的黄玉流纹岩中，空洞中并没发现有红色绿柱石。

11.5.1.2　红色绿柱石的成因

根据红色绿柱石产出位置的矿化蚀变和矿物共生组合，前人提出了红色绿柱石的成矿作用过程的理论模型（图 1－11－13，图 1－11－14）。

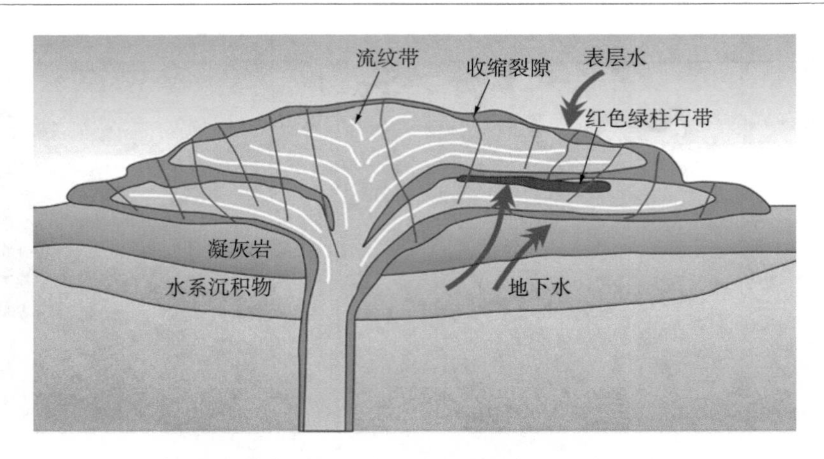

图 1 - 11 - 13　红宝紫罗兰红色绿柱石矿床流纹岩喷发剖面示意图(据 Shigley et al.，2003)

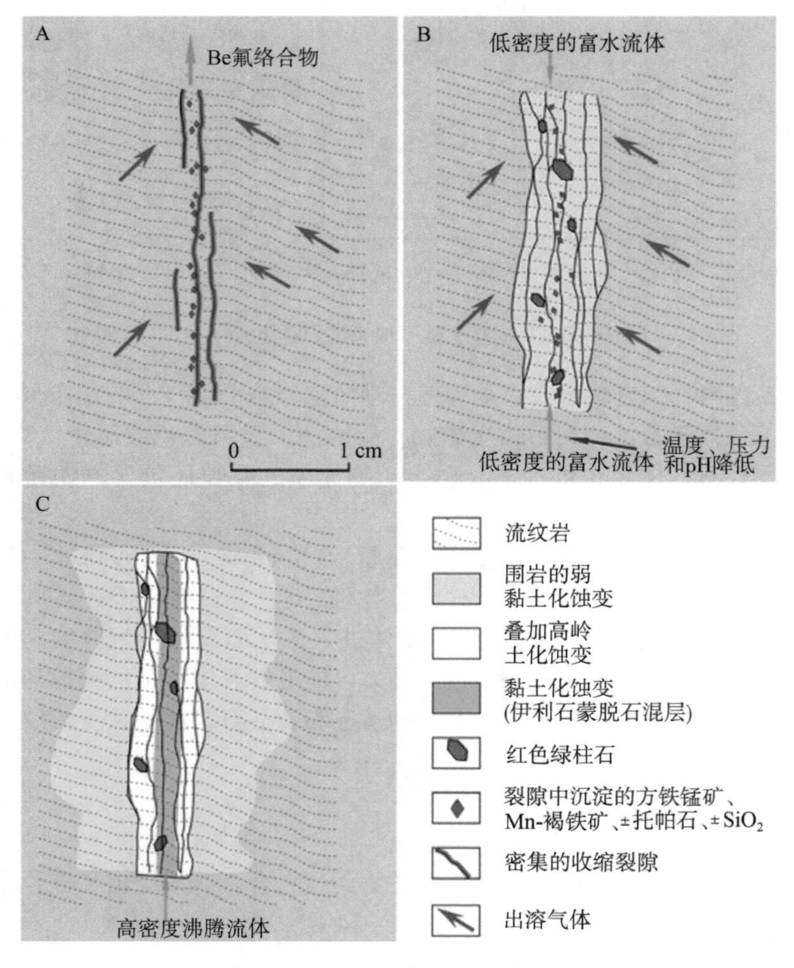

图 1 - 11 - 14　红色绿柱石的成矿作用过程(据 Shigley et al.，2003)

A. 冷凝收缩裂隙形成，为流体上升提供通道；B. 绿柱石沿着裂隙在流纹岩中结晶成核；C. 绿柱石进一步结晶长大，随后形成大量的黏土化蚀变

（1）Be 来源及搬运机制

根据围岩蚀变及围岩成分分析，富含红色绿柱石的流纹岩中全岩 Be 平均浓度为 25 ppm，类似于产黄玉的流纹岩。而如此低的 Be 含量同样可以形成红色绿柱石，即红色绿柱石必需的 Be 元素来自流纹岩（Keith et al.，1994）。这一观点得到哥伦比亚穆佐祖母绿矿床的印证。穆佐祖母绿的 Be 被认为来自有机黑色页岩，而其 Be 的浓度仅有（3 ±0.5）ppm（Ottaway et al.，1994）。另外，相对于产黄玉的流纹岩（0.5～0.9 wt.% CaO；0.01～0.18 wt.% CaO）而言，富产红色绿柱石的流纹岩中 Ca 含量非常低（<0.01～0.18 wt.% CaO），从而提升了 Be 的活动性（Shigley et al.，2003）。

一些矿床的 Be 和 F 地球化学研究发现，在岩浆体系和热液系统中 Be 与 F 形成 Be–F 络合物并搬运 Be 元素（Ringwood，1955）。流纹岩中的 F 在冷却过程中被释放，形成 Be–F 络合物而搬运，并不在萤石结晶的过程中而亏损。因此，前人认为流纹岩中的 Be 是在有利的地球化学环境中由 Be–F 络合物活化搬运而来（Wood，1992）。

（2）成矿作用过程

喷发的流纹质熔岩流流入山谷，在冷却期间，一方面有大量的高温富 F 的蒸汽被释放，另一方面岩浆固结形成大量的收缩裂隙（Keith et al.，1994；Christiansen et al.，1997；Shigley et al.，2003）。冷却出溶的流体产生高温脱玻化过程和F–Cl络合物脱稀有金属作用（Aurisicchio et al.，1990），为绿柱石的结晶提供了物质基础。

首先，部分流体向外逃逸可能导致结晶形成方铁锰矿、赤铁矿，在晶洞中形成硅酸盐矿物，如黄玉和绿柱石。其次，由于岩浆的高黏度和低的冷却速率，熔岩流可能包裹残留的一部分热液流体，从而产生交代作用而引发绿柱石和黄玉的结晶析出。

根据岩浆作用过程中形成的矿物共生组合（Aurisicchio et al.，1990），指示存在如下反应：

$$\underset{\text{F-络合物}}{3K_2BeF_4} + \underset{\text{正长石}}{2KAlSi_3O_8} + \underset{\text{方铁锰矿 I}}{(Mn,Fe)_2O_3} + H_2O \longrightarrow \underset{\text{绿柱石}}{Be_3Al_2Si_6O_{18}} + \underset{\text{(Mn,Fe络合物)}}{2K_3(Mn,Fe)F_6} + 2KOH$$

$$2K_3(Mn,Fe)F_6 + 6KOH \longrightarrow \underset{\text{方铁锰矿 II}}{(Mn,Fe)_2O_3} + 12KF + 3H_2O$$

从冷凝熔岩中释放的富含 F 的蒸汽与下伏沉积岩受热形成的蒸汽混合时，形成低密度富含 Be–F 络合物的超临界流体，大量逃逸气体沿着这些裂隙向上运移，同时表层水向下渗透，而形成红色绿柱石结晶。

在特定深度，富含 Be–F 络合物的超临界流体与流纹岩之间发生置换反应，沿着裂隙分布的碱性长石、Fe–Mn 氧化物矿物发生反应，主要是置换碱性长石（Aurisicchio et al.，1990；Barton and Young，2002），依据其具有截然的反应边，推测钾长石是最先反应的矿物（Aurisicchio et al.，1990）。方铁矿锰矿晶体显示其经历了长期相似的反应，而石英和斜长石没有参与反应（Aurisicchio et al.，1990）。

钾长石出溶释放氢氧化钾，提升了溶液的碱性，从而导致酸根配合物不稳定而释放出强酸性阴离子。绿柱石首先成核，一些绿柱石微晶围绕钾长石生长，绿柱石晶体周围活动溶液的酸性薄膜增加了交代置换钾长石的反应速率。同时，酸性溶液溶解了绿柱石生长的围岩，在围岩中形成空洞，为绿柱石的进一步结晶沉淀提供了空间，从而为形成自形程度很好的绿柱石晶体提供了空间条件。

随着温度不断降低，红色绿柱石不断沉淀，Be－F络合物不断减少，物质组成不能供给绿柱石时，便停止结晶。因此，熔蚀相的残留物仍然留在（嵌入）新的绿柱石中（Aurisicchio et al.，1990）。随着反应不断进行，反应产生酸性富水流体，沿着裂隙发生黏土蚀变。

方铁锰矿的形成属于不同结晶阶段，但是与绿柱石的形成有类似趋势。第一阶段，富铁包裹体残余是与上升的流体发生溶解反应而释放出Fe、Mn进入结晶生长的绿柱石。第二阶段，晶体共同生长，伴随着深部红色绿柱石，显示出Mn含量的增加。方铁锰矿显示出立方体结晶习性，有成分分带。第二阶段方铁锰矿成分范围介于31%～39% Fe_2O_3，因此推测绿柱石结晶温度低于600℃（Aurisicchio et al.，1990）。

另外，在红色绿柱石中黏土矿物的缺失提供了一个有利证据，说明红色绿柱石的形成早于黏土化蚀变。因此，绿柱石的形成温度低于流纹岩岩浆的温度（<650℃），但是高于黏土化蚀变温度（200～300℃）（Shigley et al.，2003）。

11.5.1.3 红色绿柱石的宝石学特征

前人对红色绿柱石的宝石学进行了大量研究（Nassau and Wood，1968；Schmetzer et al.，1974；Miley，1980，1981；Bank and Bank，1982；Flamini et al.，1983；Hosaka et al.，1993；Harding，1995；Shigley and Foord，1984；Foord，1996；Shigley et al.，2001 therein references；Shigley et al.，2003），取得了很多成果。

红色绿柱石晶形多呈现完好的六方柱，底面平坦，呈台阶状，晶体可达5 cm×2 cm，但超过90%以上的宝石级红色绿柱石长度小于1 cm。长宽度比一般为4∶1，甚至更高。常出现多个晶体共同生长的现象。

红色绿柱石的颜色有紫红色、红色、橘红色。透明度依其颜色和内部包裹体而定，半透明至透明者多见。折射率Ne＝1.560～1.570，No＝1.567～1.572，双折率为0.006～0.008。多色性明显，平行OA为紫红色，垂直OA为橘红色到红色，在紫外荧光灯下呈惰性。

晶体可见锥状或沙漏状颜色分带，橘红色被紫色调红色包裹（图1－11－15A），红色绿柱石在垂直OA方向上有平直六角状生长环带（图1－11－15B）。

内部有微裂隙或愈合裂隙、固相、液相或气液两相包裹体，微小的气液两相包裹体沿愈合裂隙形成“指纹状”（图1－11－15C）；固体包裹体有石英、长石、黑色赤铁矿和方铁锰矿，针管状包裹体被针铁矿填充(图 1 - 11 - 15D)(Shigley and Foord，1984；Shigley et al.，2003)。

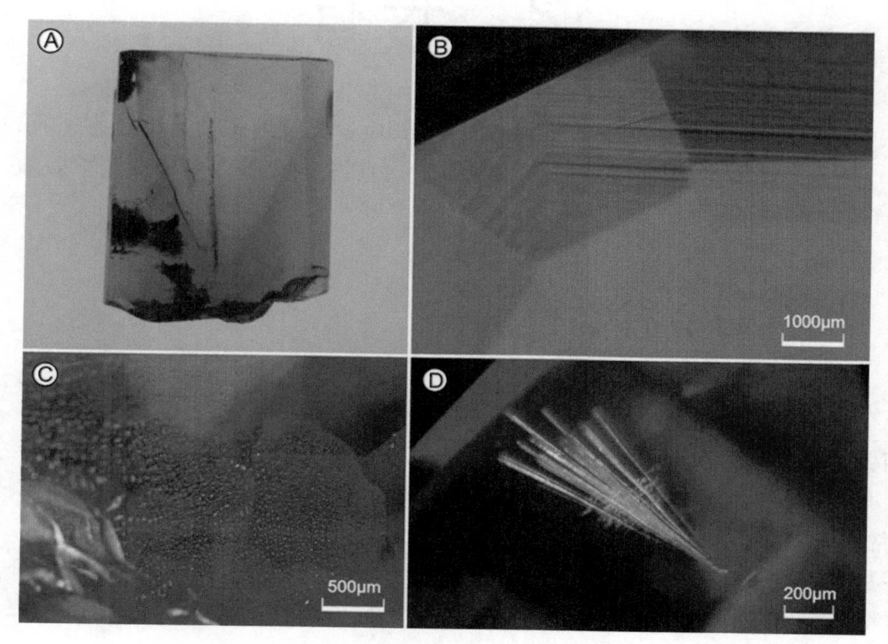

图 1 - 11 - 15 红色绿柱石的内含物特征(据 Shigley et al.，2003)

A. 锥状或沙漏状颜色分带(0.23 ct)；B. 六角状生长环带(10×)；C. “指纹状”包裹体(20×)；D. 针管状包裹体，常被针铁矿充填(40×)

红色绿柱石在化学成分上具有较高的 Fe(1～2 wt.% FeO)、Mn(0.1～0.3 wt.% MnO)含量和较低的 Na、K(<0.4 wt.% Na_2O，<0.2 wt.% K_2O)含量，几乎不含水。

Platonov 等(1989)推测红色绿柱石与摩根石一样，均由 Mn^{3+} 致色，但在内部替代的占位不同。Rossman(2003)认为红色绿柱石中的 Mn^{3+} 是结晶作用过程中形成的；而在摩根石和草莓红绿柱石中，是因为在晶体结晶以后，其赋存的花岗伟晶岩可以使得晶体遭受更强的辐射作用使 Mn^{2+} 氧化而形成 Mn^{3+}(Shigley et al.，2003)。

12 长石

长石的英文名称为 Feldspar，来自德文 Feldspath。长石族矿物品种繁多，凡色泽艳丽、透明度高、无裂纹、块度较大者均可作为宝石。而且许多长石具有特殊光学效应，如月光石、日光石和拉长石等。

12.1 长石的宝石学特征

长石在矿物学中属于长石族，在矿物学中分为钾长石、斜长石、钡长石三个亚族，与宝石学相关的主要是钾长石和斜长石。长石的化学通式为 $XAlSi_3O_8$，X 为离子半径较大的 Na、Ca、K、Ba 以及少量的 Li、Rb、Cs、Sr 等，Si 可以被 Al 以及少量的 B、Ge、Pe、Ti 等元素替代。

大多数长石都包括在 $KAlSi_3O_8 \sim NaAlSi_3O_8 \sim CaAl_2Si_2O_8$ 的三元系列中，即相当于由钾长石(Or)、钠长石(Ab)、钙长石(An)三种端员成分组成的混溶矿物(图 1－12－1)。

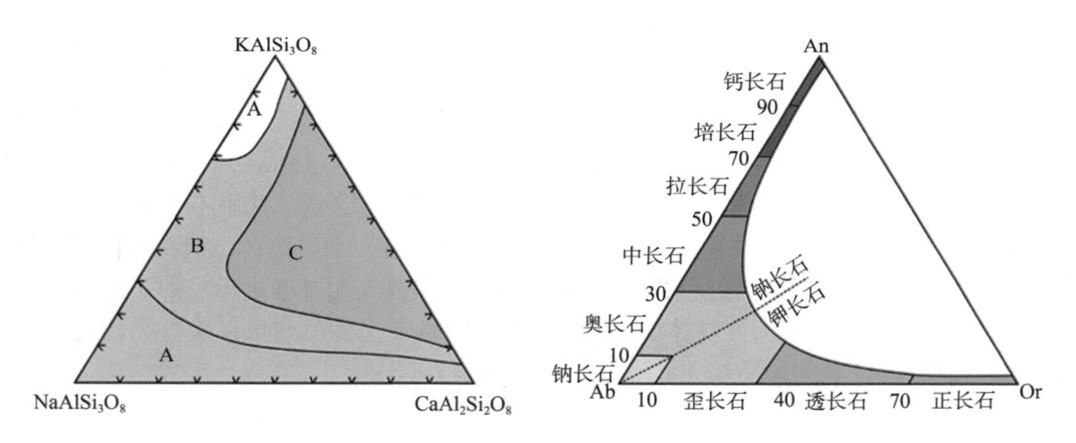

图 1－12－1　长石的类型划分(据林培英等，2006)

A 区在任何温度下混溶；B 区仅在高温下混溶；C 区在任何温度都不混溶

钾长石系列根据化学成分分为正长石、透长石和微斜长石，以及歪长石(含 $NaAlSi_3O_8$ 较高)。斜长石系列根据化学成分分为钠长石、奥长石、中长石、拉长石、培长石、钙长石。

正长石、透长石为单斜晶系，其他为三斜晶系。长石通常呈板状、短柱状，双晶普遍发育，斜长石发育聚片双晶，钾长石发育卡氏双晶和格子状双晶。

长石的颜色与其中所含有的微量元素(如 Rb、Fe)、矿物包体及特殊光学效应有关，通常呈无色至浅黄色、绿色、橙色、褐色等。抛光面玻璃光泽，断口玻璃至珍珠光泽或油脂光泽，非均质体，二轴晶，正光性或负光性。

钾长石折射率为 1.518～1.533，双折射率为 0.005～0.007。斜长石折射率为 1.529～1.588，双折射率为 0.007～0.013。长石具有两组夹角近 90°的{001}和{010}完全解理，有时还可见{110}和{1 1(－) 0}不完全解理。长石断口多为不平坦状、阶梯状。其莫氏硬度为 6～6.5，密度为 2.55～2.75 g/cm^3。长石常见的特殊光学效应有月光效应、晕彩效应、猫眼效应、沙金效应、星光效应。

12.2　长石的品种

长石中重要的宝石品种有正长石中的月光石、微斜长石的绿色变种天河石和斜长石中的日光石、拉长石。

12.2.1　钾长石类宝石

钾长石颜色有肉红、浅红、玫瑰红、灰白、白、黄、绿、淡褐色以及无色。钾长石宝石折射率、密度稍低于斜长石，通常分别为 1.52～1.53 和 2.57 g/cm^3。

(1)月光石

月光石又名“月长石”“月亮石”。人们认为佩戴月光石能带来好运，并唤醒心上人的温柔感情，给人以力量，而深受欢迎。另外，月光石与珍珠、变石均为六月生辰石，象征健康、富贵和长寿。

月光石是正长石($KAlSi_3O_8$)和钠长石($NaAlSi_3O_8$)两种成分层状交互的宝石矿物，常为无色到白色，另有红棕色、绿色、暗褐色，透明或半透明，常见蓝色、白色或黄色月光效应。

月光效应。白至蓝色朦胧月光是由于正长石中出溶定向分布的钠长石，两种长石的层状隐晶平行相互交生，折射率稍有差异，伴有散射、干涉或衍射作用而成。

月光石密度为 2.55～2.61 g/cm^3，折射率为 1.518～1.526(±0.010)，莫氏硬度为 6。另外，在坦桑尼亚、加拿大魁北克等地发现的月光石密度为 2.64，折射率为 1.530～1.540(表 1－12－1，图 1－12－2)，明显高于以钾长石为主的月光石，成分以钠长石为主，并含有钙长石。

(2) 正长石。正长石的分子式为 $KAlSi_3O_8$，含 $NaAlSi_3O_8$，因富含铁常显浅黄色至金黄色。正长石密度为 2.57 g/cm^3，折射率为 1.519～1.533，双折射率为 0.006～0.007。

图 1－12－2　产自坦桑尼亚的钠质月光石
(5.44～19.88 ct；据 Quinn et al.，2005)

(3)天河石。天河石又名“亚马孙石”，由英文的 Amazonite 音译而来。天河石属微斜长石。微斜长石为钾长石和钠长石的固溶体，当温度降低时，钠长石从钾长石中出溶，在低温条件下稳定。天河石属于微斜长石绿色至蓝绿色变种，成分以 $KAlSi_3O_8$ 为主，含有 Rb 和 Cs，透明至半透明，常含斜长石的聚片双晶或穿插双晶而呈绿色和十字形网状、白色格子状条纹或斑纹状，解理可见。天河石的密度为 2.56(±0.02)g/cm^3，二轴晶负光性，折射率为 1.522～1.530(±0.004)。

12.2.2 斜长石类宝石

斜长石属三斜晶系，晶体板状或短柱状，两组斜交的完全解理(交角 86°24′)。聚片双晶常见，透明至半透明，颜色为白至暗灰色。密度和折射率随成分的变化而变化，从钠长石到钙长石，密度从 2.60 g/cm^3 变为 2.76 g/cm^3，折射率从 1.53～1.54 变为 1.57～1.58。

(1)日光石

日光石(sunstone)又名“日长石”“太阳石”，是钠奥长石中最重要的品种，具有砂金效应，因含有大致定向排列的金属矿物赤铁矿、针铁矿薄片，随着宝石的转动能反射出红色或金色的反光。颜色一般为金红色至红褐色，半透明，密度为 2.62～2.67 g/cm^3，常为 2.64 g/cm^3，折射率为 1.537～1.54(+0.004，-0.006)。在美国俄勒冈州发现的日光石为拉长石，内部含有大量的自然铜片而呈现日光效应或呈现红色(详见 12.4 节)。

(2)拉长石

拉长石分子式为(Ca,Na)[Al(Al,Si)Si_2O_8]，具有晕彩效应。宝石可显示蓝色、绿色及橙色、黄色、金黄色、紫色和红色晕彩，即晕彩效应，由拉长石聚片双晶薄层之间的光相互干涉形成，或是拉长石内部包含的细微片状赤铁矿包体及一些针状包体使拉长石内部的光产生干涉。拉长石密度为 2.65～2.75 g/cm^3，折射率为 1.559～1.568(±0.005)。

12.3 长石资源分布

12.3.0.1 月光石的资源分布

月光石重要产地有斯里兰卡南部省份安伯朗戈德、中央省份邓巴拉和康提，产于冲积砾石中。其他产地还有印度、马达加斯加、缅甸、坦桑尼亚、南美的加罗里多，以及美国的印第安纳、新墨西哥、纽约、北卡罗来纳、宾夕法尼亚等。

我国内蒙古、河北、安徽、四川、云南等地产有月光石。内蒙古月光石发现于古老的花岗伟晶岩岩脉的长石石英块体和石英块体中，与微斜条纹长石连生或共生。另外，在内蒙古中部也发现有月光石的次生砂矿。河北的月光石产自宣化城北变质岩系中的花岗伟晶岩脉。安徽的月光石发现于庐江的黑云母二长岩岩体，呈粒状及似斑状，与斜长石、黑云母、辉石、磷灰石、磁铁矿等共生。四川的月光石发现于丹巴的花岗伟晶岩中，而云南的月光石发现于哀牢山变质带。

12.3.0.2　透明正长石的资源分布

透明正长石主要产地为马达加斯加、缅甸，德国莱茵兰也发现有一种无色、粉褐色正长石变种。

12.3.0.3　天河石的资源分布

天河石产于许多伟晶岩中，主要产自印度科斯米尔和巴西，以及美国、马达加斯加、纳米比亚、津巴布韦、澳大利亚。美国的优质天河石产自弗吉尼亚，但目前资源已近枯竭。另外，加拿大安大略、俄罗斯米斯克和乌拉尔山脉、坦桑尼亚、南非等均有优质的天河石产出。

我国天河石著名产地有新疆哈密和阿尔泰，另外在甘肃酒泉、内蒙古、山西、福建、湖北、湖南、广东、广西、云南贡山和元阳、四川等地也有产出。

12.3.0.4　日光石的资源分布

优质的日光石产于挪威南部特维斯特兰和希特罗、俄罗斯贝加尔湖地区、美国俄勒冈州。另外，加拿大、印度南部、美国新墨西哥州和纽约州等也有产出。

12.3.0.5　拉长石的资源分布

拉长石的主要产地为加拿大、美国、芬兰。加拿大拉布拉多就以富产宝玉石级拉长石大晶体而闻名，“Labradorite”(拉长石)一名亦由此而来。美国产有优质的拉长石，而最漂亮的晕彩拉长石发现于芬兰。

12.4　长石矿床

12.4.1　美国俄勒冈长石矿床

美国俄勒冈地区是世界上重要的日光石产区，矿床分布在俄勒冈州东南部，目前发现的有哈尼县的庞德罗萨矿床和莱克县的尘魔和日光石巴特矿床。

12.4.1.1　区域地质

俄勒冈东部，长石产出在中新世斑状玄武岩流的斑晶中，喷发时代在 17 Ma ～ 15 Ma。

前人对于玄武岩喷发的成因存在争议，有的观点认为属于俯冲洋壳的熔融，也有观点认为其属于地幔柱的活动。

俄勒冈高原的斯廷斯玄武岩，火山岩流矿床包含可达50%的大颗粒长石晶体（图1－12－5），几乎与北部的哥伦比亚河玄武岩同时喷发。哥伦比亚河玄武岩则分布更为广泛，氩－氩年龄显示玄武岩的喷发发生在15.51 Ma和16.59 Ma。

野兔盆地的含日光石熔岩在岩相学上类似于在斯廷斯玄武岩中的富斜长石的熔岩流。它们同样明显类似于艾伯特边缘的熔岩流，壮观的断层崖约760 m高，位于野兔盆地日光石矿床的西南15～20km处。

12.4.1.2　矿床地质

区内有庞德罗萨、尘魔和日光石巴特三个矿床。

（1）庞德罗萨矿床

庞德罗萨是在该区发现最早的矿床，拉长石分布范围很小，产于局部风化的玄武岩熔岩流，属于典型的火山高地，由盾状火山和火山渣锥、大块的火山凝灰岩组成。

庞德罗萨矿床玄武岩熔岩流主要可以分为四期，上部一层为熔结凝灰岩。这四期玄武岩流物理和化学性质类似，前人划分为a，b，c，d四层，而b层较其他层厚度稍大，约25～30 m，渣状和斑状结构也更加明显，其他层厚在15～20 m之间。野外露头显示b层经历了中等到强烈风化，风化后变成红棕色土状，并包裹部分质地坚硬且难挖掘的玄武岩（图1－12－3、1－12－4）。全岩和电子探针分析为钙碱性玄武岩，主要由拉长石和玄武岩玻璃组成，还有少量的橄榄石、磁铁矿或钛铁矿。气孔充填了不同含量的黏土矿物和长石蚀变产物。拉长石以两种方式存在，一种是大斑晶，颗粒大小在1～10 cm之间，重量可达500 g；另一种是基质。宝石级拉长石随机分布在风化的玄武岩中。

图1－12－3　斑状玄武岩中的长石斑晶（据Pay et al.，2013）

图 1-12-4　斑状玄武岩中的红色长石斑晶新鲜的断面（据 Pay et al.，2013）

长石的原石从颜色、大小进行分级筛选。首先是颜色，依次为红色、橙色、粉色、黄色、无色、绿色和双色及席列构造。庞德罗萨矿床每年产出 100 万 ct 的原石（图 1-12-5）。

图 1-12-5　庞德罗萨矿床红色长石选矿（据 Pay et al.，2013，Robert Weldon 拍摄）

（2）尘魔和日光石巴特矿床

尘魔和日光石巴特矿床距离较近，均位于野兔盆地。Dust Devil 矿床宝石级长石赋存于玄武岩中。玄武岩分布有 18 km^2。玄武岩呈现灰色到强红棕色的气孔状，地貌上形成低的圆形小山包。玄武岩熔岩流只有 3～6 m 厚，向边缘急剧变薄。含日光石的玄武岩底部是灰棕色的火山凝灰岩，厚度变化大。而凝灰岩的下部是气孔状黑色玄武岩。

尘魔熔岩流层较薄的部位，作为斑晶的长石往往破碎、裂隙较多，是由于薄层熔岩流冷却速度较快，施加于晶体上的压力较大，导致晶体收缩而引起大量裂隙。厚层的熔岩流中产出的长石则较为完整，保存相对完好。同理，在熔岩流流动过程中，这些斑晶的机械接触造成摩擦碰撞，也会导致斑晶形成大量裂隙而破碎(图 1－12－6)。

图 1－12－6　尘魔矿床产出的拉长石原石(据 Pay et al.，2013)

日光石巴特是新发现的矿床(图 1－12－7)，但已有很高的知名度。矿床产有大的绿色、红色和双色的宝石级长石。据资料显示，含有宝石级的矿石有 40%～50% 是火山渣，而与野兔盆地其他矿床的玄武岩熔岩流明显不同。矿床以产出大个绿色晶体著称，晶体常达 100ct，有时可达 500ct。大约 75% 的日光石有绿色颜色，很多伴有蓝绿色色调。

图 1－12－7　日光石巴特矿床的矿坑，产自火山渣锥形成的小山包中(据 Pay et al.，2013)

日光石产于火山锥的核部，风化较弱。这些部位冷却速度较慢，因此保留了大量斑晶，且斑晶也较粗大，有些长度可达 10 cm(图 1 - 12 - 8，图 1 - 12 - 9)，斑晶中裂隙也较少。

图 1 - 12 - 8　日光石巴特矿床产出的绿色日光石(直径约 5 cm；据 Pay et al. , 2013)

图 1 - 12 - 9　日光石巴特矿床产出的红色块状日光石晶体(10cm × 5cm × 5cm；Pay et al. , 2013)

12. 4. 1. 3　宝石学特征

俄勒冈州三个矿床产出的日光石特点有所差别，前人对于庞德罗萨矿床的研究最为详细。

庞德罗萨产出的日光石为拉长石，宝石级拉长石晶体都显示了不同程度的沙金效应。

日光效应的强度与包裹体的金属光泽、大小和绝对数量有关。当其出现在没有体色的宝石中时，沙金效应能够使宝石呈现粉色或橘黄色的外观(图 1－12－10、图 1－12－11)。日光石中包裹体具有大面积分布特点，颗粒直径达 100 μm。然而，这些晶片的横断面不超过 500 nm。尽管这些包裹体局限在不连续的平面内，它们随机定向分布在这些特定的平面内。

图 1－12－10　绿色红色混合色的拉长石刻面

(重 2. 85 ct，含自然铜片；据 Pay et al.，2013)

图 1－12－11　日光石巴特矿床产出的三颗不同颜色的拉长石刻面

(从左向右依次为 2. 40 ct，4. 95 ct，7. 95 ct；Pay et al.，2013)

俄勒冈日光石中导致日光效应的包裹体是自然铜，纯度可达 90%。这与其他产地的日光石中的包裹体为赤铁矿明显不同。但是，日光石中自然铜的来源尚不清楚，拉长石的固结温度大约在1200℃，而铜的固结温度为1080℃，为高温产物。前人观察到夏威夷玄武岩爆发的挤出温度为900℃。另外Plush矿带氧同位素显示了地幔来源特征。

根据庞德罗萨矿区b层玄武岩的矿物学特征和An/Ab比率在长石中的相容性，推测熔融体或岩浆房在斑晶生长中化学成分简单和在很长时间内是相对稳定的。在长石大斑晶形成之前的某一阶段，岩浆吸收了适当的铜，然后这些铜进入了长石的晶格中，并一直保持到压力和温度下降。由于P/T比值逐渐降低，长石晶格中容不下高含量的铜，因此铜开始沉淀析出，同时自然铜晶片受到长石晶体结构的控制，呈现明显平行于{010}双晶面的特征，但其析出过程的热力学机制和初始成核方式尚不清楚。

庞德罗萨矿床拉长石晶体主要有淡黄色、淡黄橙色、淡粉橙色、粉色、红橙色、深红色、淡绿色、绿蓝色和无色。不同程度的红色日光石最为常见，有颜色的日光石显示了较高的饱和度，但是明亮绿色的饱和度高者稀少。另外，颜色也会受到光强度的影响，日光石的特征是其颜色在非直射光下较为明亮，而在微光下较为灰暗。Plush日光石常常具有颜色分带，一般是绿色的环绕红色的核部，并且红色和绿色的界线非常明显。庞德罗萨日光石很少显示规则的色系和颜色分带，但是例外的是，无论色系和颜色分带如何，矿物外部均有无色透明表皮。其折射率和双折率与典型的拉长石折射率基本一致，折射率Ng = 1.572，Nm = 1.568，Np = 1.563，双折率为0.009，二轴晶正光性。利用净水力学法测得的密度在2.67～2.72之间。样品在长波和短波紫外线下呈现荧光惰性。

包裹体为自然铜片，往往呈现橙黄色，椭圆片状。另外还含有半透明的灰色尖晶石包裹体，在长石原石的裂隙中还有树枝状的锰质杂质。

12.4.2　中国西藏长石矿床

西藏产的红色中长石最早出现在2005年，当时市场上出现了红色的斜长石，起初其被认为来自刚果。到2006年，据商家透露，这些红色斜长石有部分来自西藏日喀则地区，并在国际珠宝学界引起了广泛关注。GIA、NGTC等珠宝专家于2008年、2010年先后几次考察该地区。

野外研究发现，含铜斜长石(中长石)产在西藏日喀则地区的次生矿。经过系统研究，形成了两种认识，一种观点认为，西藏日喀则白朗地区存在天然红色中长石的次生矿床(Abduriyim et al.，2009)。另外一部分学者认为，该地区的次生矿是人为撒于地表的，这些红色的中长石为铜扩散得到的处理品(Rossman et al.，2009；兰延等，2009，2011；王薇薇等，2011)。持前一种观点的学者针对野外采集的样品进行研究发现，宝石级斜长石来自第四纪－第三纪的火山沉积物，与侏罗纪－白垩纪的火山岩相关。风化和冲积搬运导致晶体磨圆，大多数的晶体有橙红色的体色，少量油红色和绿色的双色。钠长石、斜长石和钾长石的成分比例是$Ab_{47\sim50}$：$An_{47\sim50}$：Or_3。折射率Np = 1.550～1.551，Nm = 1.555～1.556，Ng = 1.560～1.561，与中长石一致。

12.4.3　中国内蒙古固阳中长石矿床

内蒙古固阳宝石级斜长石发现于20世纪80年代末。宝石级斜长石产于新生代的坳陷中，以冲积砂矿为主，地层有第三系半胶结沙砾岩、白垩系下统杂色沙砾岩。下白垩统第三岩性段为晶屑凝灰岩、凝灰质砂岩夹玄武岩，第四岩性段为含金砾岩段。该次生矿床分布范围较广，东西长约20 km，南北宽约4 km，约80 km^2(董心之等，2009)。

长石经过搬运沉积磨蚀，晶形不完整，有一定磨圆，表面呈毛玻璃状，部分表面残留较明显的生长蚀像。砾石直径一般在5～15 mm之间，个别达20 mm。宝石级斜长石颜色较浅，常为浅黄白色、浅褐色，部分为近无色，少量酒黄色。其呈玻璃光泽，断口为珍珠光泽或油脂光泽，内部洁净，透明至半透明，折射率 Np = 1.555，Ng = 1.563，双折率约为0.008，二轴正光性。密度为2.65～2.73 g/cm^3，莫氏硬度为6.0～6.4。内部有云雾状包裹体，多沿(010)面呈定向分布特征。另外，形态如芦苇须根的定向排列的气孔，偶见气孔中充填有针状、毛发状或长板状黑色矿物，推测为钛铁矿(李海负，1992)。

经过主量元素测定，该斜长石的端元分子式为 $Ab_{51\sim52}An_{46\sim45}Or_3$(董心之等，2009)和 $Ab_{46\sim47}An_{51\sim50}Or_3$(曹越，2006)，跨越了中长石－拉长石的界线，属于中长石或拉长石。K、Ca、Na三种元素的含量，估算中长石的成因是火山岩或深成岩环境，为内生作用的产物，形成温度约700℃。

根据前人的研究，目前市场上大量的红色中长石－拉长石为内蒙古固阳斜长石经过铜扩散而得到的处理品。加热温度接近中长石的熔融温度的90%，1170℃加热达100h，利用自然铜和氧化锆粉焙烧而成。

13 水晶

石英是地壳中最丰富的矿物，因此石英类宝石最为丰富，在自然界中有显晶质、隐晶质等多种结晶形态，而水晶是指晶莹剔透的单晶体石英。

13.1 水晶的宝石学特征

水晶的矿物名称为石英，属于石英族，化学成分二氧化硅，纯净时形成无色透明的晶体，当含微量元素或具有色心时，会有不同的颜色，如烟色、紫色、黄色等。水晶属三方晶系，常见晶形为柱状（图 1－13－1），主要单形为六方柱 $m\{1010\}$、菱面体 $r\{1011\}$ 和 $z\{0111\}$、三方双锥 $s\{1121\}$ 及三方偏方面体 $x\{5161\}$ 等，菱面体 r 一般比 z 发育。当菱面体 r 和 z 同等发育时，外观上呈假六方双锥状，而柱状晶体的柱面上发育有横纹。

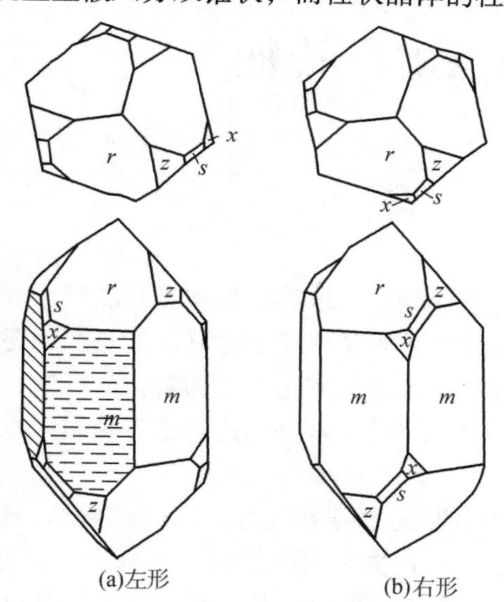

图 1－13－1 石英的左形和右形（据潘兆橹等，1996）
六方柱 $m\{10\bar{1}0\}$；菱面体 $r\{10\bar{1}1\}$，$z\{01\bar{1}1\}$；三方双锥 $s\{11\bar{2}1\}$；
三方偏方面体 $x\{51\bar{6}1\}$（右形），$x\{6\bar{1}\bar{5}1\}$（左形）

水晶的颜色多样，主要有无色、紫色、黄色、粉红色、不同程度的褐色至黑色，以及绿色。玻璃光泽，断口油脂光泽。透明至半透明。无色水晶透明度很高，随着包体含量的增加或颜色加深，导致其透明度降低。折射率稳定，一般为 1.544～1.553，而双折射率为 0.009。水晶无解理，有典型的贝壳状断口。莫氏硬度为 7，密度一般为 2.66（＋0.03，－0.02）g/cm^3，因有包裹体的影响而不同。

13.2 水晶的品种

水晶根据其颜色差异，可分为无色水晶、紫晶、黄晶、烟晶、粉晶等。依据其特殊光学效应，又分为星光水晶、石英猫眼。水晶中含有两组以上定向排列的针状、纤维状包体时，其弧面形宝石表面可显示星光效应，一般为六射星光，也可有四射星光。水晶中含有大量平行排列的纤维状包体，如石棉纤维时，其弧面形宝石表面可显示猫眼效应，称为石英猫眼。

依据包裹体特征，又可将其划分为发晶、水胆水晶、草莓晶等。发晶中因包体成分不同，又分为金发晶、铜发晶、蓝发晶等。无色透明水晶中含纤维状、草束状、针状、丝状、放射状金红石、电气石、角闪石、阳起石、绿帘石、自然金、蓝线石等固态包裹体。发晶所含包裹体呈针状、纤维状定向排列，犹如发丝。金发晶包裹体一般为金红石，而蓝发晶一般为蓝线石。水胆水晶指透明水晶内部有个头较大的液态包裹体，晃动时可见液体的滚动。

13.3 水晶产地及矿产特征

13.3.1 水晶的资源分布

水晶主要产于伟晶岩脉或晶洞中，世界各地均有水晶产出。紫晶的著名产地有巴西米纳斯吉拉斯、帕拉、南里奥格兰德和赞比亚卡洛莫。紫晶产地还有加拿大安大略桑德贝地区和乌拉圭阿蒂加斯。玻利维亚桑多瓦尔是主要的紫黄晶产地，而巴西、马达加斯加的伟晶岩矿床是块状芙蓉石的产区。另外，水晶的产地还有美国阿肯色州、俄罗斯乌拉尔、缅甸等。

我国水晶资源丰富，产出省区主要有江苏、海南、吉林、青海、广东、福建、西藏、新疆等。其中以江苏产量最大，占据全国产量的一半以上。因此，江苏东海素有“水晶之乡”之称，水晶一般为无色、紫色，少数为茶、烟、墨、黄等色，红色和绿色罕见。珍贵水晶品种有发晶、鬃晶、景观水晶、水胆水晶等。另外，芙蓉石主要产自新疆、内蒙古、河南、江西、湖南、云南、青海等地。

13.3.2 水晶矿床

水晶矿床根据其成因不同，可以分为伟晶岩型、矽卡岩型和热液型。

13.3.2.1　伟晶岩型

水晶产于花岗岩岩体的外接触带，脉体形态简单，为珠状、管状，一般直径为0.5～1 m，大者可达15 m，延伸可达3 km，常具有带状构造、晶洞构造等，以无色水晶、茶晶、墨晶为主，与黄玉、绿柱石或黑云母、电气石共生。

八达岭伟晶岩中的水晶矿床产在花岗岩体东段的外接触带上，呈囊状、透镜状赋存在侏罗纪中酸性火山岩中，陡倾斜，延长深度较小，一般不超过10 m，成串出现。伟晶岩分带明显，晶洞发育，水晶与天河石以5～30 cm的大晶体相互嵌生，在晶洞中心形成完好的晶簇。

13.3.2.2　矽卡岩型

矽卡岩型水晶产于花岗岩、花岗闪长岩形成的矽卡岩型矿床的外接触带，水晶与网脉状石英共生。矽卡岩性脆，在构造应力作用下易产生纵横交错的裂隙，在脉体膨胀和裂隙交汇处产生密集的晶洞，是水晶沉淀的良好场所。石英脉一般宽几十厘米，最宽2 m。

水晶常与绿泥石、绢云母、绿帘石、阳起石、铁锰氧化物及方解石等矿物共生。我国海南岛、青海、广东等地水晶矿床均属于矽卡岩型。

13.3.2.3　热液型

热液型水晶矿床是水晶的主要工业类型。根据其围岩的特征差异，其又分为硅质岩和碳酸盐岩型。热液主要有岩浆热液和地下水热液，而这种热液中含有饱和二氧化硅，碎屑岩和碳酸盐地层在强烈的构造作用下产生断裂，形成了含硅热流体的富集场所。石英脉和水晶的结晶在与富含挥发分的岩浆期后热液交代母岩，使母岩产生钠长石化和云英岩化，形成钠长石、白云母和少量的黄玉、绿柱石等。

大量的岩浆热液带走母岩中的二氧化硅，富含硅质的热液充填于张裂隙或胶结围岩角砾，以多中心快速结晶的方式形成粒状、块状石英脉体。热液多阶段性而形成复脉。随着钠质的消耗，溶液结晶变得缓慢，围岩中产生电气石化、萤石化、绢云母化。水晶在锂云母－石英脉形成的中晚期形成，多阶段的热液交代是一个净化的过程。石英脉体的膨大、尖灭、交汇，其转折部位是水晶晶洞产生的最佳部位。

硅质岩中的含水晶石英脉一般与古生代及前寒武纪硅质地层有关，石英岩、砂岩、硅质页岩、片麻岩和片岩等。水晶产于褶皱强烈或断裂破碎带，其中晶洞是优质水晶的主要产出部位。石英脉呈透镜状、网脉状、单脉状等。脉中矿物成分比较简单，除水晶外，还有黏土矿物、铁锰氧化物、方解石、绢云母、绿泥石等。

14 锆石

锆石又名锆英石，来自阿拉伯语 Zargoon（红色）或波斯语 Zargum（金黄色）。因其具有很好的稳定性而成为同位素地质年代学最重要的定年矿物。已测定出最老的锆石形成于43亿年以前，是在地球上形成的最古老的矿物之一。

人们用锆石做装饰品已有悠久的历史，其在古希腊时期就受到人们的喜爱，光芒四射的锆石被喻为繁荣与成功的象征。无色的锆石常被当作钻石的替代品，而锆石是十二月的生辰石。

14.1 锆石的宝石学特征

锆石在矿物学上属锆石族，化学式为 $ZrSiO_4$，含微量 Mn、Ca、Fe、Mg、Al、P、Hf 及放射性元素 U、Th 等。根据结晶程度可将锆石分为高、中、低三种类型，其中高型、中型为结晶态，而低型接近于非晶态。锆石属于四方晶系，四方柱与四方双锥可以不同倾斜角度结合（图 1－14－1a），晶体可呈假八面体状，但四方柱更为发育，沿{011}构成膝状双晶（图 1－14－1b）。

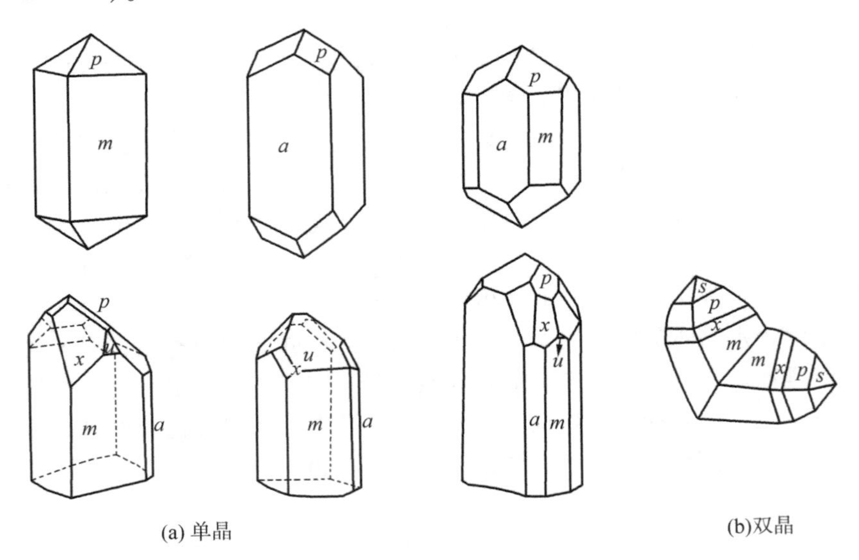

图 1－14－1　锆石晶体形态示意图（据潘兆橹等，1996）

四方柱 m{110}，a{100}；四方双锥 p{111}，u{331}；多四方双锥 x{311}

锆石颜色多样，有无色、蓝色、绿色、黄绿色、黄色、棕色、褐色、橙色、红色、紫色（图 1－14－2）。抛光面为金刚光泽至玻璃光泽，断口油脂光泽，一般透明至半透明。

高、中型锆石为一轴晶正光性。折射率从高型至低型逐渐变小，高型折射率为1.925～1.984(±0.040)，中型折射率为1.875～1.905(±0.030)，低型为1.810～1.815(±0.030)。

图1-14-2　产自斯里兰卡的颜色多样的天然锆石(据GIA，Alan Jobbins摄)

锆石无解理，贝壳状断口，性脆而边角常破损(纸蚀现象)，莫氏硬度为6～7.5，高型为7～7.5，低型低至6。密度从高型至低型逐渐变小，为3.90～4.73g/cm^3。

14.2　锆石资源分布

锆石主要为岩浆岩的副矿物，分布广泛，多产在花岗岩、正长岩、花岗闪长岩、霞石正长岩，或以巨晶矿物产于碱性玄武岩。酸性岩中的锆石颗粒小，放射性元素U、Th等含量较高，往往不能做宝石。宝石级锆石主要产于变质岩或玄武岩，而大多产于残破积、冲积砂矿。

世界范围内宝石级锆石产地较多，主要有斯里兰卡、缅甸抹谷、越南、法国、挪威、英国、乌拉尔、澳大利亚、坦桑尼亚。来自各个产地的锆石其特征也存在差异(如表1-14-1)。

斯里兰卡的许多宝石矿都有锆石产出。锆石常产自片麻岩中的嵌晶，与尖晶石、蓝宝石、猫眼等共生，以红色锆石为主。法国艾克斯派利产红锆石。坦桑尼亚爱马利产出近于无色卵石形锆石。澳大利亚北领地州艾丽斯斯普林斯哈茨山脉的锆石产自碳酸岩中，晶体颗粒大，颜色有桃红-紫红，黄至棕及无色。

越南与泰国交界地区也是最重要的锆石产地，适于热处理形成蓝色、金黄色和无色锆石。越南锆石与玄武岩型蓝宝石共同产出，产于冲积砂矿中，主要有昆嵩、达农、多乐、嘉莱、林同、平顺。锆石直径在 0.5 ～ 2.2 cm，四方锥和四方柱组成的聚形，主要呈无色、橙色、褐橙色、红棕色(图 1 – 14 – 3)。而红棕色锆石通过加热可以得到无色、蓝色和橙色锆石。

图 1 – 14 – 3 越南林敦地区产出的锆石(据 Huong et al. , 2012)

我国锆石分布也较为广泛，宝石级锆石主要发现于福建、海南、山东、新疆、辽宁、黑龙江、江苏等地，大多属于次生砂矿。福建明溪、海南蓬莱、山东昌乐、黑龙江穆棱产出宝石级锆石与蓝宝石共生，是碱性玄武岩的深源巨晶矿物，集中产于残破积或冲洪积次生矿中。

14.3 锆石矿床

14.3.1 黑龙江穆棱锆石矿床

黑龙江省穆棱地区锆石产于新生代碱性玄武岩中，属于玄武岩巨晶矿物。穆棱新生代玄武岩位于郯庐断裂东北段分支敦化 – 密山深大断裂的中北部，与吉林敦化、汪清和黑龙江镜泊湖、牡丹江等新生代火山岩一起分布于兴蒙造山带和太平洋板块俯冲带结合带上(丘志力等, 2007)。

穆棱地区锆石矿床发现于 1985 年，目前有三个主要的矿床，分别位于干沟子、福生和韩产沟，属于新生代碱性玄武岩风化后形成的冲积矿床(Chen et al. , 2011)。至今并未发现原生矿床。区内并没有实现大规模商业化开采，开发程度非常有限。据前人资料，目前挖掘的范围长 1.7 km，宽度可达 0.2 km，最深处有 1.2 m。除了锆石外，达到宝石级的还有黄色、蓝色、粉色和无色的蓝宝石，以及石榴石和尖晶石。另外，锆石还与橄榄石、顽火辉石和铬铁矿等矿物共生。这些矿物可能均是作为碱性玄武岩中的巨晶矿物，从深部搬运而来。锆石 U－Pb 定年显示，锆石结晶年龄为(9.39 ±0.4) Ma(Chen et al.，2011)。

穆棱锆石自形程度好，呈现四方柱和四方双锥组成的聚形，柱状、不规则粒状、次棱角状和浑圆状，可见溶蚀/磨蚀现象，大小为 2 ～ 6 mm 左右。颜色常为红色到棕红色、褐红色，无色和浅黄色晶体少见(丘志力等，2007；Chen et al.，2011)。锆石具有亚金刚光泽，透明到半透明(图 1－14－4)，常有内部裂隙。相对密度为 4.57 ～ 4.69。手持分光镜下个别样品在 600 nm 之下有弱的吸收线，在红区没有明显的吸收(Chen et al.，2011)。

图 1－14－4　穆棱地区产出的锆石原石(左，0.07 ～ 0.84 g)和刻面(右，0.40 ～ 1.33 ct)
(据 Chen et al.，2011)

研究发现，穆棱地区的锆石中包裹体常见，有熔融包裹体和固相包裹体。包裹体呈单独或成群出现(Chen et al.，2011；艾昊等，2011)。熔融包裹体多呈现暗淡的圆形(图 1－14－5)，大小在 10 ～ 50 μm 左右，由于辐射蜕变作用而形成围绕熔融包裹体的盘状裂隙("锆石晕")(图 1－14－5A，B)。固相包裹体有磷灰石和磁铁矿。磷灰石呈现红色半透明的短柱状晶体(图 1－14－5C)或无色透明的长柱状晶体(图 1－14－5D)，具有 962 cm^{-1}拉曼位移(艾昊等，2011)。磁铁矿呈暗棕红色相互平行成组出现于锆石中(图 1－14－6)，而艾昊等(2011)通过激光拉曼研究显示，该矿物具有 558 cm^{-1}和 677 cm^{-1}拉曼位移，认为是赤铁矿。但是，677cm^{-1}恰恰为磁铁矿的拉曼位移，因此应为磁铁矿。

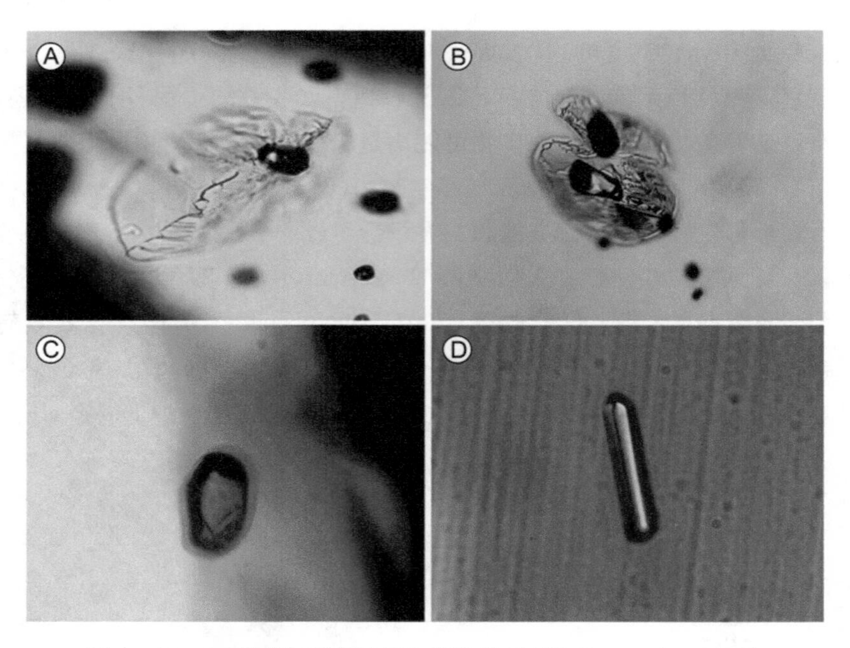

图 1－14－5　黑龙江穆棱锆石包裹体特征（据 Chen et al.，2011）

A，B. 锆石中放射性蜕变而形成的盘状裂隙，常包裹暗色熔融包裹体（A. 200×，B. 100×）；C. 突起的短柱状磷灰石包裹体（长 66 μm）；D. 长柱状磷灰石包裹体（长 110 μm）。

图 1－14－6　黑龙江穆棱锆石磁铁矿包裹体（据 Chen et al.，2011）

14.3.2　澳大利亚哈茨山脉锆石矿床

澳大利亚哈茨山脉锆石矿床位于澳大利亚中部，属于北领地州，在艾丽斯斯普林斯东北 155 km 处。

哈茨山脉东西延伸 150 km，包含片岩、片麻岩和其他变质沉积岩和火山岩，偶尔可见伟晶岩。锆石产于碳酸岩和富碳酸盐的岩浆岩中。这些岩浆岩侵位在围岩中而形成一系列低的小山包。碳酸岩形成于 1780 Ma ～ 1500 Ma，属于晚元古代。除了方解石和锆石外，还有金云母、磁铁矿(蚀变为赤铁矿)和磷灰石。在哈茨山周围的沉积物中常有风化沉积的次生锆石产出，颗粒可达 2.5 kg，常含有大量的裂隙和缺陷。区内除锆石外，还有宝石级堇青石、绿帘石、日光石、蓝宝石等。

区内产出的锆石为紫色、褐紫色、黄褐色、黄棕色和近无色，亚金刚光泽，透明度较高，一般为透明，个别裂隙较多或颜色较深者影响透明度，折射率大于 1.81。相对密度在 4.62 ～ 4.72 之间，平均 4.65，莫氏硬度 7 ～ 7.5。吸收光谱较为清晰和常见，在 653 nm 吸收带最为明显，在一些样品中可见 535 nm、590 nm、657 nm 和 689nm 的弱的吸收带。浅褐紫色锆石在紫外 - 可见光光度计测量下得出了不同位置的吸收谱线(图 1 - 14 - 7)：

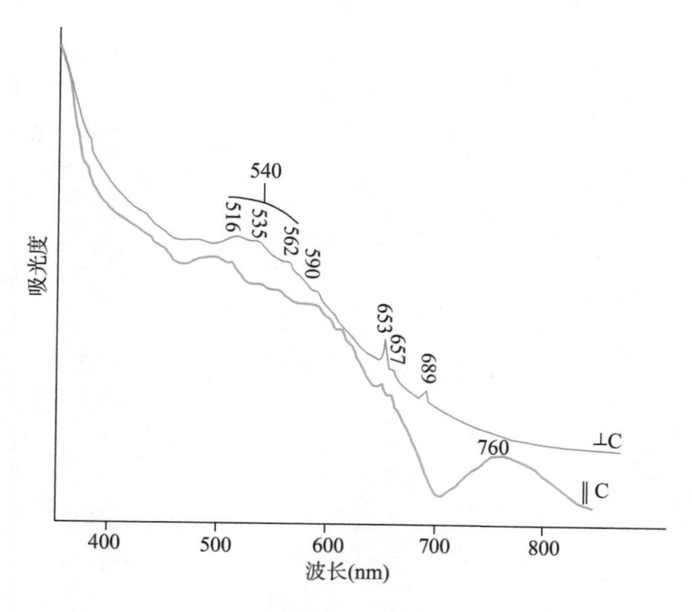

图 1 - 14 - 7　淡褐紫色锆石紫外 - 可见光吸收光谱

(据 Faulkner and Shigley, 1989)

①像紫外区吸收程度逐渐增加，导致产生了褐色调。这是由色心所致，该色心在紫外区产生了一个非常宽的吸收带，一直延伸至可见光的范围内。

②以 540 nm 为中心的吸收带，产生了粉色 - 紫色，可能是稀土元素导致的辐射诱导色心。

③在 760 nm 处平行于光轴方向呈现了吸收，而在垂直光轴方向并没有出现。

紫外荧光常见。紫色样品在长波和短波紫外线下均呈现弱 - 中等褐黄色荧光；黄褐色、橙棕色和近无色样品呈现更强的黄或黄橙色荧光。样品在长波和短波紫外线下均没有磷光，有些样品在短波紫外线下有明显的带状蓝 - 白色荧光。

锆石较干净，有时有微细包裹体和针状包裹体。针状固相包裹体可能为磷灰石，还有一些棕色的似条状的未知晶体包裹体和明显的愈合裂隙、盘状“锆石晕”。

15 磷灰石

磷灰石在受热后可以发出磷光，古代民间称之为“灵光”或“灵火”。据传说，人们佩戴磷灰石可以与神灵相通，因而磷灰石深受人们的喜爱。

15.1 磷灰石的宝石学特征

磷灰石在矿物学中属磷灰石族，是钙的磷酸盐，化学式 $Ca_5[PO_4]_3[F, OH, Cl]$，其中 Ca^{2+} 常被 Sr^{2+}、Mn^{2+} 替代，$[PO_4]^{3-}$ 阴离子团常被 $[SO_4]^{2-}$、$[SiO_4]^{4-}$、$[VO_4]^{2-}$ 替代。磷灰石有附加阴离子，其数量和种类存在差异。因此根据附加离子的不同，可将磷灰石分为氟磷灰石、氯磷灰石、羟磷灰石和碳磷灰石，而作为宝石的多是氟磷灰石。磷灰石因含 Ce、U、Th 等稀土元素，而具有磷光。

磷灰石属六方晶系，晶体多呈六方柱状、板状。有些晶体还有发育完好的六方双锥（图 1 – 15 – 1），集合体呈粒状、紧密块状。

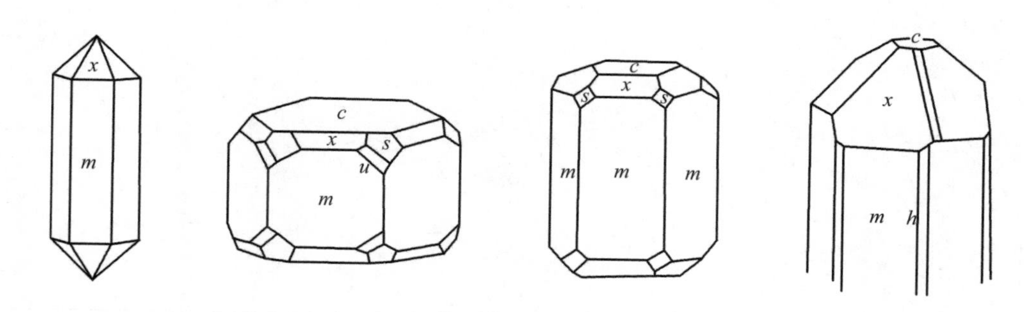

图 1 – 15 – 1　磷灰石晶体形态示意图（据潘兆橹等，1996）
六方柱 $m\{10\bar{1}0\}$，$h\{11\bar{2}0\}$；六方双锥 $x\{10\bar{1}1\}$，$s\{11\bar{2}1\}$，$u\{21\bar{3}1\}$；平行双面 $c\{0011\}$

磷灰石因含有的稀土元素种类和含量不同而呈现不同颜色，有浅黄色 – 黄色、蓝色、绿色、浅绿色、紫色、紫红色、粉红色、无色。宝石级磷灰石以蓝色、蓝绿色最为多见。

磷灰石为玻璃光泽，断口油脂光泽。各种颜色的磷灰石通常透明，有些磷灰石有密集排列的管状包裹体而呈现半透明，且具有猫眼效应。磷灰石是光性非均质体，属于一轴晶负光性。折射率为 1.634 ～ 1.638（ +0.062，–0.006），双折射率为 0.002 ～ 0.008。解理不发育，断口不平坦，可见贝壳状断口，性脆。莫氏硬度为 5。宝石级磷灰石密度常为 3.18 g/cm^3。另外，含大量矿物包体的磷灰石猫眼（产自坦桑尼亚）密度可达 3.35 g/cm^3。

15.2 磷灰石矿床与资源

磷灰石是典型的多成因矿物，在岩浆岩、变质岩、沉积岩中均可产出。宝石级磷灰石主要产于伟晶岩及各种岩浆岩中，在变质岩和沉积岩中也可有少量宝石级磷灰石产出。

世界上出产磷灰石的国家有缅甸、斯里兰卡、印度、美国、墨西哥、加拿大、巴西、挪威、西班牙、葡萄牙、意大利、捷克斯洛伐克、德国、马达加斯加、坦桑尼亚、肯尼亚等。

我国内蒙古、河北、河南、甘肃、新疆、云南、江西、福建等地均有磷灰石发现。内蒙古磷灰石产于透辉石伟晶岩脉和花岗伟晶岩脉中，新疆的磷灰石产于可可托海花岗伟晶岩中。

16 辉石

16.1 辉石的宝石学特征

辉石族矿物分布广泛，是重要的造岩矿物，可产出于岩浆岩和变质岩。辉石化学通式为 $XY(Z_2O_6)$，X 阳离子为 Na^+、Ca^{2+}、Mn^{2+}、Fe^{2+}、Mg^{2+}、Li^+ 等；Y 阳离子为 Mn^{2+}、Fe^{2+}、Mg^{2+}、Fe^{3+}、Cr^{3+}、Cr^{2+}、Al^{3+}、Ti^{4+}、Ti^{3+} 等；Z 离子主要为 Si^{4+}，次要为 Al^{3+}，少数情况下有 Fe^{3+}、Cr^{3+}、Ti^{4+}。当 X 为 Fe、Mg 等小半径阳离子时，为斜方晶系；当 X 为 Na、Ca、Li 等大半径阳离子时，为单斜晶系。据此可将辉石族矿物划分为单斜辉石亚族和斜方辉石亚族。

单斜辉石亚族主要有透辉石、钙铁辉石、普通辉石、霓辉石、霓石、硬玉、锂辉石、绿辉石等；斜方辉石亚族主要有顽火辉石、古铜辉石、紫苏辉石、铁紫苏辉石、尤莱辉石、斜方铁辉石等。

辉石晶体多数呈柱状，集合体多呈粒状或放射状。辉石颜色随过渡元素含量的变化而不同，可从白色、灰色或浅绿色到绿黑、褐黑至黑色，随含铁量的增高而变深。光泽为玻璃光泽。莫氏硬度为 5 ～7，以硬玉和锂辉石硬度最高。密度随含铁量增高而增大。辉石均有平行柱面的完全解理，解理夹角为 87°和 93°。

斜方辉石是由顽火辉石(En)和斜方辉石(Fs)两种独立端元组分组成的连续固溶体。根据二段元组分含量比例不同，可划分为六个亚种：顽火辉石、古铜辉石、紫苏辉石、铁紫苏辉石、尤莱辉石和斜方铁辉石(表 1 -16 -1)。

表 1 -16 -1　斜方辉石亚种判别表

	顽火辉石	古铜辉石	紫苏辉石	铁紫苏辉石	尤莱辉石	斜方铁辉石
Fs	0 ～ 12	12 ～ 30	30 ～ 50	50 ～ 70	70 ～ 88	88 ～ 100
En	100 ～ 88	88 ～ 70	70 ～ 50	50 ～ 30	30 ～ 12	12 ～ 0

单斜辉石的成分比斜方辉石更为复杂，它是多个端元组分的复杂固溶体。其组分除了 Fe、Mg 之外，Ca 是含量较高的组分，有的变种还含有较多的 Na、Al、Fe^{3+}等。常见的单斜辉石种属(透辉石、钙铁辉石亚类)一般采用四组分 $CaMg[Si_2O_6]-CaFe[Si_2O_6]-Mg_2[Si_2O_6]-Fe_2[Si_2O_6]$方法进行分类命名(详见矿物学)。

作为宝石的辉石族矿物主要有锂辉石、铬透辉石、硬玉、绿辉石、蔷薇辉石。硬玉和绿辉石为翡翠的主要和次要成分，在翡翠一章详细介绍。

16.1.0.1 锂辉石

锂辉石中，透明呈淡紫色、祖母绿色的分别称为紫锂辉石和翠绿锂辉石，可作宝石。

锂辉石化学式为 $LiAlSi_2O_6$，可有 Cr、Mn、Fe、Ti、Ga、V、Co、Ni、Cu、Sn 等微量元素。单斜晶系，晶体常沿 z 轴呈短柱状，有平行 z 轴条纹。颜色多样，色调通常较浅，有粉红色至蓝紫红色、绿色、黄色、无色、蓝色。

宝石级锂辉石中含 Cr 而呈翠绿色，称翠绿锂辉石；而含 Mn 则呈紫色，称紫锂辉石。锂辉石宝石一般透明，玻璃光泽，折射率为 1.660 ～ 1.676（±0.005），双折射率为 0.014～0.016。锂辉石具有辉石型解理，两组{110}和{11(－)0}柱面完全解理，见参差状断口，莫氏硬度为 6.5～7，密度为 3.18（±0.03）g/cm^3。

16.1.0.2 透辉石

透辉石化学式为 $CaMgSi_2O_6$，含少量 Cr、Fe、V、Mn 等元素。当含 Cr 时呈绿色，称为铬透辉石。

透辉石一般以蓝绿色－黄绿色、褐色、黑色、紫色、无色至白色常见，颜色随 Fe 含量增多而加深。铬透辉石呈鲜艳绿色。透辉石呈透明至半透明，玻璃光泽，折射率为1.675～1.701（+0.029，－0.010），点测为 1.68。铬透辉石多色性为浅绿至深绿色，两组近直交柱面完全解理，具有贝壳状、参差状断口，莫氏硬度为 5.5～6.5，密度为 3.29（+0.11，－0.07）g/cm^3。另外，可见透辉石猫眼和星光透辉石。

16.1.0.3 蔷薇辉石

蔷薇辉石化学式为（Mn，Fe，Ca）Si_2O_6。由于 Mn 元素而呈现粉色、紫红色、红色。

蔷薇辉石一般由区域变质作用或接触交代变质作用形成，与钙蔷薇辉石、菱锰矿、石榴子石等矿物共生。有时也见于伟晶岩和热液矿床中，作为较低温度的矿物与其他锰矿物、硫化物共生。

暴露于地表的蔷薇辉石极易风化，最终转变成菱锰矿等含锰较高的岩石，富集到一定程度可成为菱锰矿矿床。

16.2 锂辉石

目前发现的锂辉石只赋存于富锂的花岗伟晶岩中，与其他含锂矿物共生。锂辉石晶体往往很大，如新疆阿尔泰产出的锂辉石。锂辉石的主要产地有巴西米纳斯吉拉斯州、美国北卡罗来纳州和加利福尼亚州、马达加斯加、中国等。巴西也是黄、黄绿色锂辉石和紫锂辉石的主要产地。

宝石级透辉石产于缅甸抹谷和斯里兰卡的砾岩中，而铬透辉石产于南非金伯利的钻石矿地区和芬兰。星光透辉石和透辉石猫眼主要产自美国、芬兰、马达加斯加、缅甸。

16.3　辉石矿床

16.3.1　澳大利亚蔷薇辉石矿床

16.3.1.1　矿床概况

澳大利亚蔷薇辉石矿床位于澳大利亚新南威尔士布罗肯希尔，最初发现并开采于1883年，已有一百多年的历史，是世界上著名的宝石级蔷薇辉石矿床。

布罗肯希尔地处新南威尔士州西部平原的内陆边缘，巴里尔山脉山脚之下，日落山的边缘，距离悉尼1100 km。布罗肯希尔矿床在布罗肯希尔地块内部，该地块内有4000 km^2，分布着2000余个独立矿床(Barnes，1986)。

布罗肯希尔是世界著名的综合型矿床之一，在地学界享誉盛名，一直以来都是地质学家的研究热点。蔷薇辉石广泛分布于整个布罗肯希尔山，宝石级蔷薇辉石绝大多数产于北部矿区和NBHC矿区。宝石级蔷薇辉石产于银-铅-锌硫化物原生矿体中心，是宝石级蔷薇辉石晶体最丰富的来源。

布罗肯希尔有大概9处独立但联系紧密的矿床，矿体多呈透镜状、脉状赋存于威利马超群岩石中(Stevens et al.，1983)。矿体在方铅矿和闪锌矿的比例有所不同(Johnson et al.，1975；Plimer，1979，1984)。除了方铅矿和闪锌矿之外，与蔷薇辉石共生的矿物还有锰铝榴石、方解石、钙铁辉石、钙蔷薇辉石、氟磷灰石、萤石、石英和三斜锰辉石等(Birch，1999。图1-16-1A)。

图1-16-1　布罗肯希尔产出的红色蔷薇辉石(据Millsteed et al.，2005)

A. 蔷薇辉石与方解石共生，(3×2.5×2) cm；B. 2.9 cm长的红色蔷薇辉石晶体

布罗肯希尔蔷薇辉石中的固相包裹体有闪锌矿、方铅矿、石英和萤石，另外还有针管状包裹体和负晶包裹体。三相包裹体中有气相 N_2 和 CH_4，盐水和钛铁矿(Millsteed et al.，2005)。据前人记载，产出的宝石级蔷薇辉石晶体一般小于 1 cm，但也有一些晶体能达到几厘米(Birch，1999；图 1－16－1)。少数蔷薇辉石晶体可以加工成刻面宝石，重达 0.15～10.91 ct，颜色呈鲜艳的粉色到棕红色，具有与粉色－红色尖晶石相似的外观。布罗肯希尔至今产出的最大刻面蔷薇辉石重达 10.91 ct(图 1－16－1B)，目前收藏并展出于多伦多皇家安大略博物馆。

16.3.1.2　宝石学特征

宝石级蔷薇辉石的颜色为红色、粉红色，透明－半透明。典型的蔷薇辉石折射率为 $Ng = 1.737$，$Nm = 1.729$，$Np = 1.725$。

布罗肯希尔蔷薇辉石 $Ng = 1.745$，$Np = 1.732$。多色性较弱，显示黄红色、粉红色和灰黄红色，二轴正光性。密度为 3.65～3.74 g/cm^3。其具有 408 nm、412 nm 吸收线，在 455 nm 处有弱的吸收带，在 503 nm 处有强的吸收线和在 548 nm 处有宽的吸收带。在长、短波紫外荧光下均呈现暗红色。

思考题

1. 请论述石榴子石的分类。不同类型石榴子石的矿床类型有哪些？
2. 简述绿色石榴子石(翠榴石/沙佛莱石)是什么品种，这些品种的世界资源分布特点与矿床特征。
3. 请论述铬钒钙铝榴石的成因和成矿作用。
4. 常与红宝石共生的尖晶石矿床是什么类型？为什么？
5. 简述宝石级橄榄石的矿床类型。
6. 简述作为宝石的长石种类有哪些，分别具有什么宝石学特征。
7. 日光石属于哪一种长石？日光效应一般是由什么内含物引起的？
8. 日光石的产地有哪些？
9. 长石的特殊光性效应有哪些？
10. 日光石属于什么长石？日光效应是由什么所致？
11. 简述日光石的产地及成因。
12. 锆石的类型如何划分？
13. 锆石存产在什么类型的矿床中？与哪些宝石共生？
14. 磷灰石产于什么类型的矿床中？与哪些宝石共生？
15. 简述黄玉的资源分布特征与差异。
16. 简述黄玉的宝石学特征，不同颜色黄玉的致色因素。
17. 黄玉常与哪些宝石共生？为什么？
18. 哪些品种的辉石可以作为宝石？资源分布特征如何？
19. 简述蔷薇辉石的宝石学特征。

第二篇　玉石

1　翡翠

“翡翠”一词在历史上并非指玉，而是一种鸟。汉朝许慎《说文解字》记载：“翡，赤羽雀也；翠，青羽雀也。”作为玉石的“翡翠”在明末清初才被发现，由于其颜色多变，色彩艳丽，逐渐用“翡翠”一词来指代这种美玉。

玉石文化与中华传统文化一脉相承，玉在中国人心目中有着特殊的地位。翡翠的绿色彰显了一种生命力，而红色象征红红火火。翡翠细腻润透，呈现一种冰清玉洁的效果，这与华人的审美观不谋而合。在翡翠被发现和应用以来，国人对翡翠形成了浓厚的情结。翡翠由于其美丽多样的颜色和晶莹剔透的质地，逐渐有了“玉石之王”的美誉，也成为国人表达情感的载体。

1.1　翡翠的宝石学特征

翡翠是以硬玉为主的矿物集合体，主要矿物为硬玉，次要矿物有绿辉石、钠铬辉石、钠长石、角闪石、透闪石、透辉石、霓石、霓辉石、沸石，及铬铁矿、磁铁矿、赤铁矿、褐铁矿等。当绿辉石为主要成分时，称为油青种翡翠、墨翠；当以钠铬辉石为主时，称为干青种翡翠。“翡”单用时是指翡翠中的红色、黄色，而“翠”指绿色。

1.1.0.1　硬玉

硬玉的化学成分为 $NaAlSi_2O_6$，可含有 Cr、Fe、Ca、Mg、Mn、V、Ti、S、Cl 等微量元素。少量的类质同象替代(Mn^{2+}、Fe^{2+}、Fe^{3+}、Cr^{3+}替代Al^{3+})可以产生颜色，如少量Cr^{3+}替代Al^{3+}会产生绿色，而Cr^{3+}替代从万分之几到百分之几，完全替代时则为钠铬辉石；Mn^{2+}替代可以产生粉色，而$Fe^{2+}-Ti^{4+}$替代可以产生蓝色。

1.1.0.2　钠铬辉石

钠铬辉石分子式为 $NaCrSi_2O_6$，与硬玉构成完全类质同象。钠铬辉石可呈黑色小粒状内含物，Cr^{3+}的含量可达百分之十几，赋存在硬玉中，或者组成钠铬辉石岩，俗称“干青种”，不属于传统狭义上的翡翠。

1.1.0.3 绿辉石

绿辉石化学分子式为$(Ca, Na)(Mg, Fe^{2+}, Fe^{3+}, Al)Si_2O_6$，与硬玉密切共生，常以不同比例形成含绿辉石硬玉岩型翡翠或含硬玉绿辉石岩型翡翠。纯绿辉石组成的俗称油青种翡翠。

翡翠的密度在3.25～3.40 g/cm^{3}之间，常为3.34 g/cm^3，密度随Fe、Cr等元素含量的增加而增加。莫氏硬度为6.5～7。在质地较粗的翡翠中，解理面和双晶面的星点状、片状反光称为“翠性”，俗称“苍蝇翅”或“沙星”。

1.2 翡翠主要产地分布

世界范围内目前发现的硬玉岩产地有19处(图2-1-1)，但是大部分都达不到宝石级。翡翠产地主要有缅甸、美国、危地马拉、日本、俄罗斯、哈萨克斯坦等国，但商业上用于饰品的翡翠98%产于缅甸。

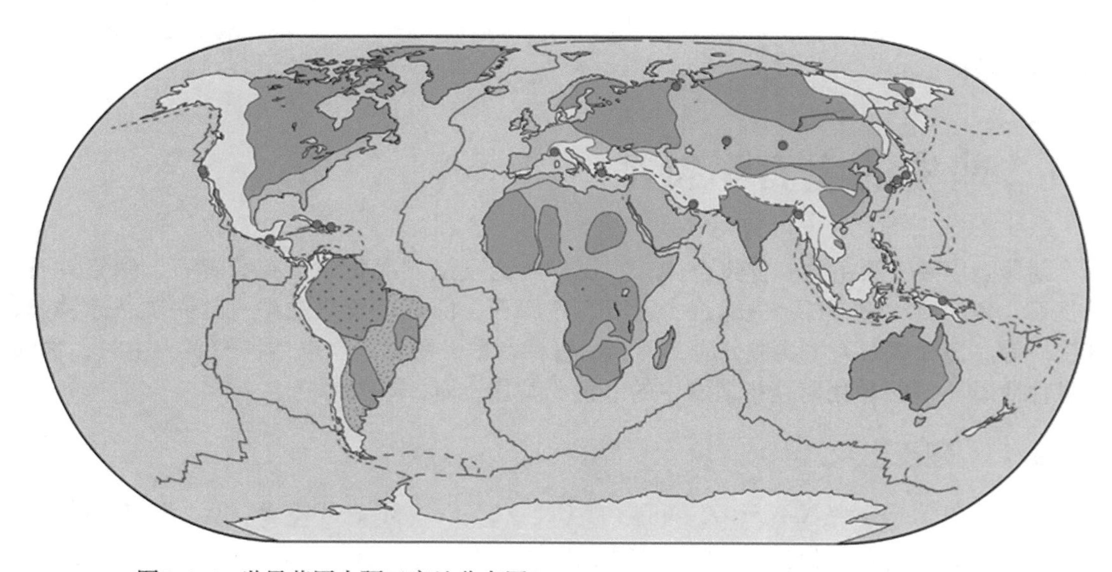

图2-1-1 世界范围内硬玉产地分布图(Harlow et al., 2015; Tsujimori and Harlow, 2012)

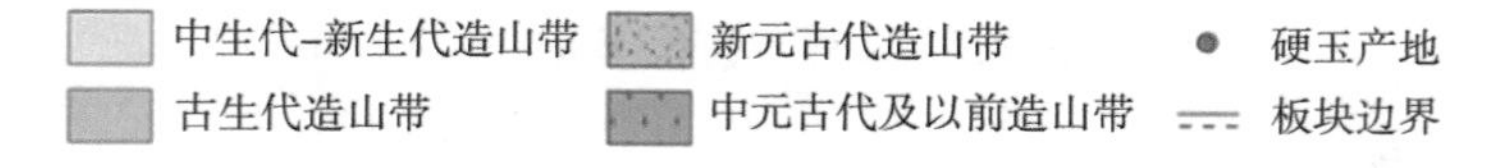

缅甸的翡翠矿床称为场口，相近而类似的场口组成矿区或场区。缅甸翡翠矿床主要分布在缅甸北部的乌露河中上游，场区主要有帕敢-道茂、会卡、达木坎、隆肯，以及西北部坎迪县的后江、雷打场和北部葡萄地区。帕敢-道茂是其中最大、最为著名，也是开发最早的矿区。

美国加利福尼亚中部的海岸山脉地区有几个翡翠矿床，如圣贝尼托县克列尔克里克和门多西诺县利奇湖等，但是质量不高。危地马拉翡翠产于危地马拉市东北部的曼札纳尔地区。日本多以硬玉岩为主，只有西部的新潟县系鱼川和麻绩的小滝地区达到宝石级(图2－1－1)。俄罗斯翡翠矿床处于极地乌拉尔和西萨彦岭。哈萨克斯坦则位于北部接近巴尔喀什地区。

1.3 各产地特征

1.3.1 缅甸翡翠矿床

缅甸翡翠矿床有原生矿床和次生矿床两种，目前以次生矿床开采为主。次生矿床根据其产出的位置差异，分为第四纪砾岩型、现代河床型、残坡积型。

1.3.1.1 原生矿床

缅甸原生矿床发现于1871年，最典型的原生矿床位于道茂高地，翡翠产自北东向展布的蛇纹石化橄榄岩。

道茂原生矿床包括了四条矿脉，矿脉有由硬玉和钠长石组成的硬玉岩、钠长石硬玉岩和钠长石岩。矿脉穿切北东向蛇纹石化橄榄岩，倾向南东，倾角18°～90°。矿脉厚度变化大，常呈不规则状膨大、收缩或被断裂错断。道茂地区的卡苏穆脉体宽度在1.5～2.5 m之间。

一些翡翠脉体仅仅包含翡翠和钠长石，也有一些具有暗灰色到蓝黑色的角闪岩－氟镁钠闪石－蓝闪石或暗绿色的阳起石边界。蛇纹岩边界线以较软的绿色带为特征，包含脉体矿物和绿泥石，有或无方解石、阳起石、滑石和石英。

铁龙生发现于20世纪90年代末，位于铁龙生磨、竹乌磨等场口，呈脉状，产出的翡翠满绿色，颜色偏暗，透明度较低，铬铁矿含量高。在隆肯和帕敢产区均有发现。

1.3.1.2 次生矿床

次生矿床分布于乌露河的冲积层。乌露河上游有两条东西流向的支流发源于翡翠原生矿分布地区。这两条支流汇合于隆肯北部，并折向南流。河流的冲积层非常发育，因此在河流的作用下形成了不同类型的次生翡翠矿床。典型的次生矿床主要有萨特木、邻近的帕敢和莫西萨。

(1)第四纪砾石层

原生翡翠矿床经历风化、剥蚀、搬运、分选、沉积等一系列地质作用，在河道两侧形成沉积砾石。乌露河流域的第四纪巨厚砾石层含有大量的翡翠砾石，是主要的翡翠次生矿床，分布在帕敢－道茂矿区的中南部(图2－1－2)。矿体呈长条状分布，长达数千米，北北东走向，最宽处在玛蒙一带，宽6 km。砾岩层的厚度可达300 m，组成乌露河高层阶地。含硬玉岩的砾石层处于最底层，厚约15 m。

翡翠以砾石体积巨大为特点，是翡翠玉雕原料的主要来源。底层砾岩中也含有优质翡翠。南部的会卡矿床山谷狭窄，由上至下依次出现灰色砂岩、夹褐煤层的灰蓝色砂岩、砾岩状砂岩、翡翠砾石层，有观点认为该层属于新近系中新世。

(2)现代河流冲积型

该类矿床属于最有价值的翡翠矿床，由乌露河及支流搬运沉积而成，与第四纪砾石层翡翠矿床在成因上有连续性。矿床分布于乌露河及支流的河谷，集中在散卡村到玛蒙地区乌露河下游约30 km长的河床中，属于河漫滩沉积。优质翡翠矿床更是集中在帕敢和玛蒙一带。所产翡翠具有比重大、硬度高、质地均匀、结构紧密、裂隙少等特点，多为高档翡翠。

(3)残坡积型

残坡积型是由于剥蚀后搬运得不远，分布在山坡上，由间歇性的洪水、重力搬运沉积形成。翡翠砾石有了一定的分选和磨圆，但相对河道沉积砾石差。

残坡积型以龙塘矿床为代表，翡翠质量介于原生矿与沙砾矿之间，产量少。另外，后江矿区、抹岗矿区与帕敢－朵莫矿区具有相同或相似的地质产出条件。后江矿区位于帕敢矿区的西北部，包括后江和雷打场两个采区。后江采区翡翠矿床沿后江分布，长约3 km，宽100～200 m，属现代河床沉积矿床，以产量高、品种多、质量好为特点。

雷打场位于后江上游的山坡上，属于残坡积型。翡翠矿床赋存于第四纪砂土层中，翡翠透明度低、硬度低、裂绺多，因其裂绺呈树枝状，形如闪电而得名，多为中低档翡翠。

1.3.2 哈萨克斯坦

翡翠矿床位于巴尔喀什市以东110 km处的伊特穆隆达附近，产于早古生代的蛇纹岩体的破碎带和片理化带，集中在超基性岩体的顶部和巨大围岩捕虏体附近。翡翠呈透镜状、岩株状产出，矿体内裂隙发育，局部片理化现象明显。翡翠的颜色有白色、灰绿色、暗灰绿－黑色、绿色及杂色等类型。翡翠的结构较粗，颗粒变化较大，多为不等粒变晶结构。

1.3.3 日本

日本的翡翠产区分布较广，从北部的北海道向南经本州、四国至九州都有翡翠的矿床分布(图2－1－2)，主要为西部的伦格变质带、三郡变质带和东部的三波川变质带(图2－1－2)。翡翠主要产自西部伦格变质带内，属于新潟县系鱼川和尾身地区。初次记载宝石级翡翠和含翡翠岩石是在1939年。区内处于高压、低温变质带，属于晚古生代俯冲带。俯冲洋壳经历了蓝片岩到榴辉岩相变质作用。

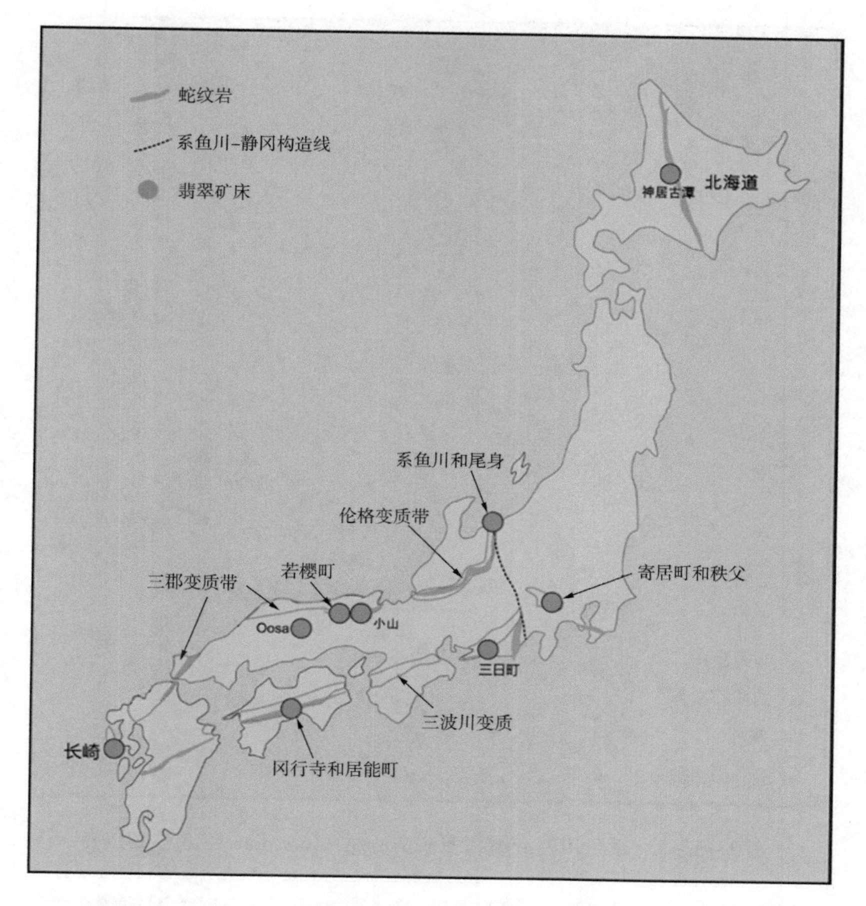

图 2-1-2　日本翡翠矿床分布图(据 Abduriyim et al.，2017)

矿区广泛分布在蛇纹岩和蓝闪石片岩中，翡翠以硬玉-绿辉石过渡类型为主，翡翠的颜色较为单调，以浅绿色、灰绿色为主，大多数为粗粒结构，总体质量不高，在日本本土多用于翡翠雕件。

1.3.3.1　三郡和伦格变质带

宝石级的翡翠仅仅产自系鱼川和麻绩的小滝地区(图 2-1-3)，分布于石炭纪-二叠纪灰岩和白垩纪砂页岩的断裂分界线上。硬玉岩从一米到几米大小不等，分布于几百米长的范围内。在小滝产出的硬玉呈现同心环带，到边部依次为钠长石(含或不含石英)、白色翡翠、绿色翡翠(图 2-1-4)、富碱的钙质角闪石和蛇纹岩围岩。麻绩硬玉岩呈现明显的层状构造，有时粗粒和细粒致密层交替分布，经常包含紫色翡翠。

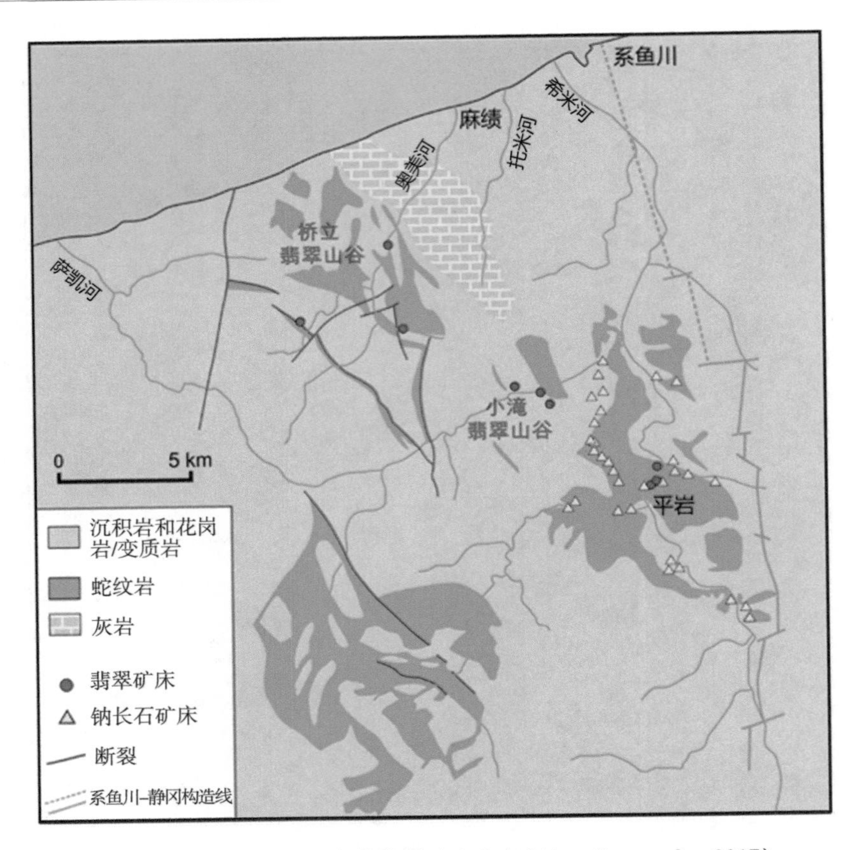

图 2-1-3　系鱼川-麻绩翡翠矿床分布（Ahmadjan et al.，2017）

图 2-1-4　系鱼川产出的翡翠（40.5 kg，39 cm×32 cm×26 cm；据 Ahmadjan et al.，2017）

鸟取县境内的若樱町地区产蓝色翡翠，翡翠和硬玉岩出现在蛇纹岩和变质辉长岩相关的三郡变质带内。硬玉呈脉状产于蛇纹岩内，宽 5 ～ 30 cm，虽然已经风化，但是依然致密而坚硬。大部分翡翠为紫蓝色到蓝色、紫罗兰和奶白色，并与钠长石、石英和绿泥石共生，蓝色翡翠产量非常有限。

1.3.3.2　北海道

北海道地区的翡翠产于旭川市神居古潭，含翡翠岩石非常少，局部含有硬玉超过 80% 的岩石。大部分翡翠约 10 cm，硬玉含量少于 50%。杂质矿物使得翡翠不透明，并与周围岩石较难区分。

1.3.3.3　三波川变质带

三波川变质带中有两个含有硬玉的矿床，分别为寄居町 - 秩父、三日町。硬玉出现在蛇纹岩带。最大的硬玉含量 50%，达到 80% 的极少，跟北海道类似，与围岩较难区分，都达不到宝石级，不能用作首饰。

1.3.3.4　高知和长崎

硬玉发现于高知县的蛇纹岩中。这些岩石包含灰色含石英的岩石和绿色含绿纤石和蓝晶石的岩石。这些岩石中含有的硬玉含量不超过 60%，透明度较低，不能与围岩区分。

长崎也有含硬玉的蛇纹岩被报道，部分硬玉含量达到 80%，但是大部分低于 50%，仅产含硬玉的岩石。

1.3.4　俄罗斯翡翠矿床

俄罗斯翡翠矿床主要分布在极地乌拉尔地区的列沃 - 克奇佩利和西萨彦岭的卡什卡拉克地区。

1.3.4.1　列沃 - 克奇佩利矿床

翡翠矿床位于乌拉尔沃尔库塔市南 30 km 处，产于乌拉尔褶皱的早古生代巨大的沃卡尔 - 辛辛斯基超基性岩体中，矿体围岩为蛇纹石化斜辉辉橄岩。翡翠矿体呈脉状产出，在退化变质作用的影响下，矿体产生复杂的分带现象，从中心向两侧，依次可见硬玉岩带、硬玉 - 钠长石带、含透辉石残余的阳起石带。翡翠的组成矿物以硬玉和绿辉石为主，绿色呈斑块状不均匀分布。

1.3.4.2　卡什卡拉克矿床

该矿床位于西萨彦岭北部克拉斯诺斯亚尔斯克区的南部坎捷吉尔河河谷，产于西萨彦岭寒武纪早期巨大蛇绿岩套的博鲁斯超基性岩体。翡翠矿体呈脉状、透镜状和团块状产出。矿体具有对称分带现象，从中心向两侧，依次可见硬玉岩带、钠长石硬玉带、硬玉钠长石带、斜长石闪石类等构成的混杂带。翡翠的颜色为白色、灰色和绿色。

1.3.5 美国

美国的翡翠矿床位于西部的加利福尼亚州，主要有圣贝尼托县克列尔克里克、门多西诺县利奇湖、索诺马县凡雷福特，其中以前两者最多。

1.3.5.1 克列尔克里克矿床

矿床位于圣贝尼托县圣安德烈斯断裂附近，沿佛兰西斯科组超基性岩和沉积－喷发岩岩带展布。翡翠产于新伊德里蛇纹岩体中。岩体延长方向与围岩的走向一致，均为北西向。岩体的平面形态为椭圆形，长 19 km，宽 6.4 km(图 2－1－5)。

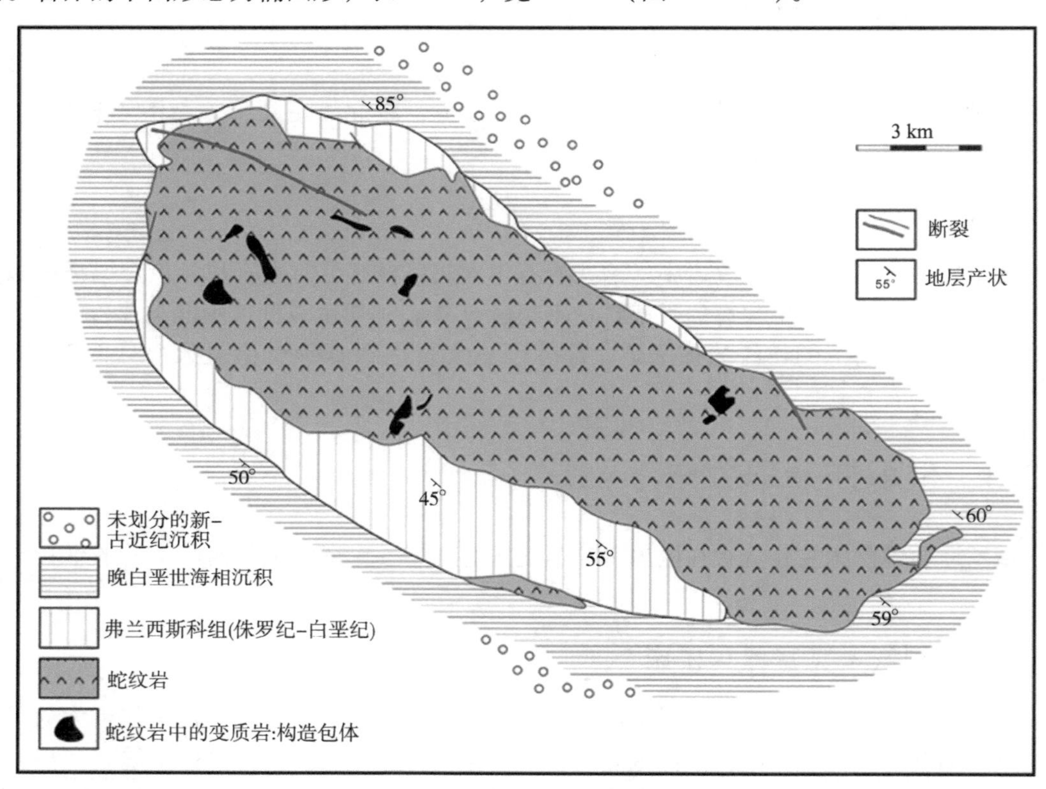

图 2－1－5 美国加利福尼亚克列尔克里克翡翠矿区地质简图(据邓燕华，1992)

蛇纹岩中的翡翠透镜体较为集中，呈较短的透镜体。硬玉岩体中心部位往往由角砾状极细粒绿色翡翠组成，中间穿插粗粒白色翡翠细脉，缺少钠长石而与缅甸硬玉岩相区别。在绿色翡翠中，浅绿和暗绿色波状弯曲的薄层交替出现，如原生条带构造。绿色翡翠硬玉占 75%，霓石 15%，透辉石 7%，钙铁辉石 3%。胶结的白色翡翠有 97% 的硬玉，其余为霓石。该矿区整体翡翠的质量不高，出成率低，缺少高档翡翠。前人研究认为，翡翠岩体由蛇纹岩中的角斑质凝灰岩的构造包体被交代置换而形成。

另外，在矿区有翡翠的冲积砂矿，形成的翡翠漂砾直径可达 1.5 m。

1.3.5.2　利奇湖翡翠矿床

利奇湖翡翠矿床位于门多希诺县。与其他翡翠矿床的明显不同在于，该矿床透辉石－翡翠矿床与软玉矿床共生。

矿区发育有弱变质杂砂岩、粉砂岩和硅质板岩、层状辉绿岩、玄武岩岩颈和岩被及围岩整合产出的蛇纹岩化橄榄岩体。蛇纹岩与围岩呈构造接触，蛇纹岩外接触带有厚度4～5 m的沉积岩。喷出岩发生蓝闪石变质。蛇纹岩和硬砂岩的接触带上形成了浅绿色细粒岩石，由毛毡状阳起石和透辉石－翡翠质辉石残余组成。

1.3.6　危地马拉

危地马拉是翡翠的重要产地之一，有悠久的开发和应用历史。近年来在我国国内市场上出现了大量的以暗绿色绿辉石为主的翡翠，商业上称为“永楚料”，以及灰蓝色翡翠，主要是产自危地马拉的翡翠。

翡翠矿床重新发现于曼札纳尔附近的莫塔瓜河的山谷地区，产在河谷深大断裂的中生代蛇绿岩中。在大地构造上，北美板块与加勒比板块沿着莫塔瓜山谷拼贴碰撞，形成蛇绿岩套，为主缝合带。区内广泛分布蓝闪石硬柱石片岩、阳起石片岩和石榴黑云片麻岩。含翡翠的蛇纹岩受到明显的动力变质作用，产生强烈的片理化。

翡翠矿脉呈透镜状产出，厚度可达3 m。由于钠长石的交代作用，矿体自内向外由硬玉岩逐渐过渡为钠长石岩。翡翠的化学成分中富含钙和镁，矿物组成中绿辉石含量较高。

翡翠的颜色较为丰富，可有白色、绿色、灰绿色、淡蓝紫色、蓝色和黑色(图2－1－6)。个别暗绿色翡翠中含有黄铁矿颗粒，也是较为特殊的类型。翡翠具不等粒变晶结构和碎裂结构，多数为半透明至不透明，蓝色和绿色质量较高者可见透明至半透明。

图2－1－6　危地马拉翡翠原石特征(灰绿色、斑杂状绿色和紫罗兰；据 Ahmadjan et al.，2017)

1.4 翡翠成因

1.4.1 硬玉岩的成因

硬玉自被人们发现以来，便引起了地质学家的广泛关注。截至目前，世界范围内共发现19处硬玉岩产地，而大多数硬玉都不能达到宝石级，不能作为玉石。但由于硬玉的形成过程复杂，硬玉岩/翡翠的成因一直以来都是地质学界的研究热点和前沿科学。

前人针对世界范围内各个产地的硬玉进行了构造地质背景、矿物学、岩石学、年代学的研究，形成了一定的共识：

①除了作为金伯利岩筒捕虏体之外，硬玉岩的产地分布在四个显生宙造山带，分别是加勒比、环太平洋、阿尔卑斯－喜马拉雅、苏格兰和中亚造山带；

②大多数产地的硬玉存在于蛇纹岩混杂岩中；

③硬玉岩常与高压低温岩石共生，如蓝片岩；

④常沿着穿切古弧前或增生楔的主要逆冲断裂分布；

⑤硬玉岩在野外呈现脉状、团块状、透镜状或扁豆状，产于超基性岩体内；

⑥宝石级硬玉，即翡翠经历了成岩和成玉两个阶段的作用过程。

对于翡翠成因的认识，一直以来都存在较大的争议，在不同历史阶段，不同的学者根据自己的研究提出了不同的成因假说，如区域变质成因说、岩浆成因说、交代成因说。

1.4.1.1 区域变质成因说

持区域变质成因观点的学者认为，翡翠与蓝片岩中的硬玉矿物相同，是在300～500 MPa条件下由原生钠长石脱硅分解而形成的：

$$NaAlSi_3O_8 \longrightarrow NaAlSi_2O_6 + SiO_2$$

但是这种观点最大的问题在于，很多目前发现的硬玉岩并没有与石英共生。

1.4.1.2 岩浆成因说

岩浆成因观点的提出者认为，在高压条件下，翡翠是高温残余花岗岩岩浆侵位到超基性岩中，脱二氧化硅，富集Ca、Mg、Fe、Cr等元素而形成具有接触反应边的带状翡翠－钠长石岩。

崔文元(2000)通过显微岩相学研究翡翠结构和翡翠包裹体中的甲烷、水硬玉成分硅酸盐熔体，认为翡翠是岩浆结晶而来，相当于含水的硬玉质硅酸盐熔体结晶而来，形成温度650～800℃，压力大于1.5 GPa。这与前人的花岗岩类岩浆脱硅的岩浆成因观点不同。

当然，虽然发现了一些与岩浆相似的现象，但是岩浆成因观点并不能完全解释硬玉的形成作用过程及存在的地质现象。比如，目前在硬玉中出现的锆石大多数属于热液锆石，显示了热液成因特征。硬玉岩浆的成分也不符合任何已知的岩浆熔融模型。

1.4.1.3　交代成因说

交代成因是指超基性岩中铝硅酸盐岩石发生硬玉岩化的钠质溶液，可能与产生超基性岩的岩浆作用及较新的花岗岩类岩石有成因关系。

Coleman(1961)分析美国加利福尼亚硬玉岩认为，洋壳斜长花岗岩的热液交代作用形成硬玉。斜长花岗岩主要为奥长花岗岩到英安岩成分，富含钠长石和石英的岩石。Dobretsov（1984）在研究俄罗斯西萨彦岭和极地乌拉尔基础上，将上述交代作用进行了扩展，认为还与蛇绿岩有关。

近年来学者针对日本、危地马拉、缅甸等地区硬玉岩中的锆石进行了深入研究，在成因上取得了很大进展，而成因认识也趋于一致，即硬玉岩是流体结晶到交代作用的产物，在俯冲系统环境下，于楔形体边界通道，在富含 Na 质的溶液交代蛇纹石混杂岩体形成(Harlow et al.，2015；Tsujimori and Harlow，2012)，如图 2－1－7 所示。

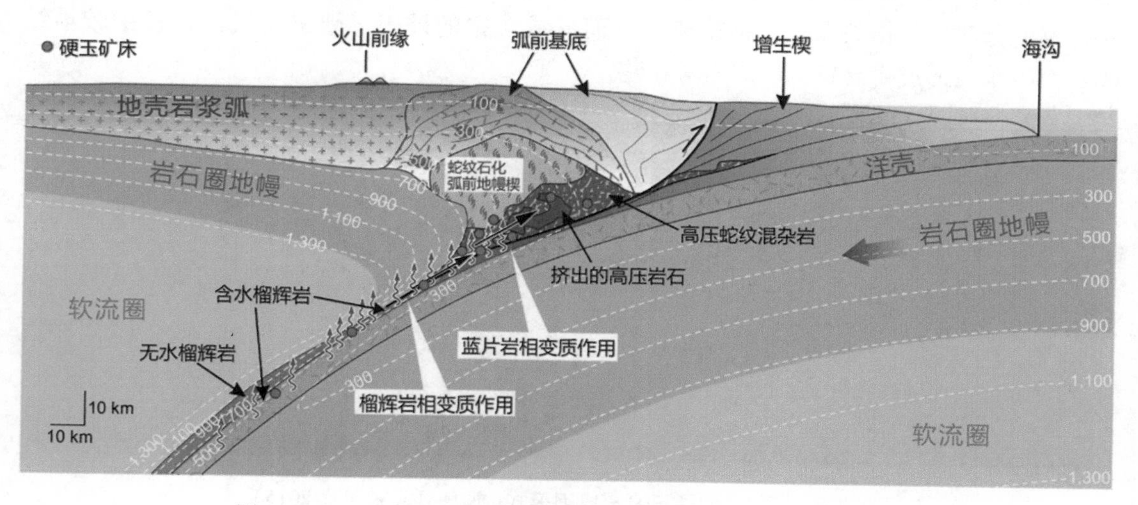

图 2－1－7　硬玉岩的成因构造模式图(据 Harlow et al.，2015)

最新的交代成因观点认为，硬玉的形成主要有两种机制：

①硬玉来自富含 Na－Al－Si 的成矿流体的直接沉淀，在蛇纹石化橄榄岩或高压低温变质岩中的空洞、破裂或微裂隙形成，称为 P 型(precipitation。Tsujimori and Harlow，2012)。流体在俯冲通道内介于最上部分俯冲板片和最下部的地幔楔之间，例如在变基性岩的裂隙/脉体，或者在俯冲通道上部的蛇纹石化超镁铁岩的裂隙和脉体中形成(Harlow et al.，2011；Schertl et al.，2012；Yui et al.，2010)。同时，依据硬玉岩寄主岩石的差异，硬玉又分为了两种不同的亚类，寄主岩石为超镁铁岩(蛇纹岩)的称为 P_S 型；寄主岩石为镁铁质岩(蓝片岩)的称为 P_B 型。

②在俯冲通道或是在蛇纹石杂岩形成的初期，大规模的交代置换镁铁岩到长英质原岩，称为 R 型(metasomatic replacement。Compagnoni et al.，2012；Shigeno et al.，2012)。

P 型硬玉是从富含 Na－Al－Si 的成矿流体中直接沉淀结晶而来的，证据包括硬玉颗粒中含有丰富的流体包裹体，主要为两相气液包裹体，并且经常在晶体中心；小的储藏区域或脉状的空洞充填，硬玉晶体有典型的震荡环带；脆性变形和愈合显微结构组合特征表明硬玉岩形成于开放的脉体，但是遭受强烈的变形。

硬玉赋存在围岩的空洞或裂隙之中，在此过程中使得橄榄岩沿着裂隙而发生蛇纹石化，或者赋存于相应的高压低温岩石中(Tsujimori and Harlow，2012)。P 型硬玉没有原岩的假象、残留等特征证据，而大部分的硬玉矿床属于此种类型。Harlow 等(2015)提出了 P 型硬玉的成因模型，认为弱蚀变或未蚀变的橄榄岩较脆，强度大，在变形过程中，形成石香肠，赋存于较为柔韧的强蚀变蛇纹岩中(图 2－1－8a)。由于构造破坏，而刚性的橄榄岩常常破碎而形成裂隙，这些破碎裂隙为成矿流体提供了通道和赋存空间(图 2－1－8b)。富含 Na－Al－Si 的成矿流体流入裂隙时，橄榄岩则像海绵体一样吸收流体中的 SiO_2，形成蛇纹石。当蛇纹石化到一定程度，成矿溶液沉淀而形成硬玉(图 2－1－8b)。后期构造运动，脉动性的成矿流体再次运移至此，形成了后期的硬玉。伴随着橄榄石蚀变过程中含铬矿物的分解，如铬尖晶石、铬铁矿等，而形成含铬的硬玉。硬玉在成矿过程中较早结晶，而晚阶段形成富含钙的绿辉石等矿物。

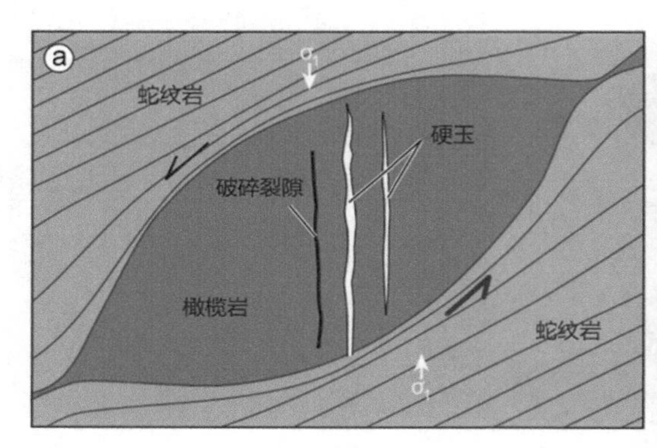

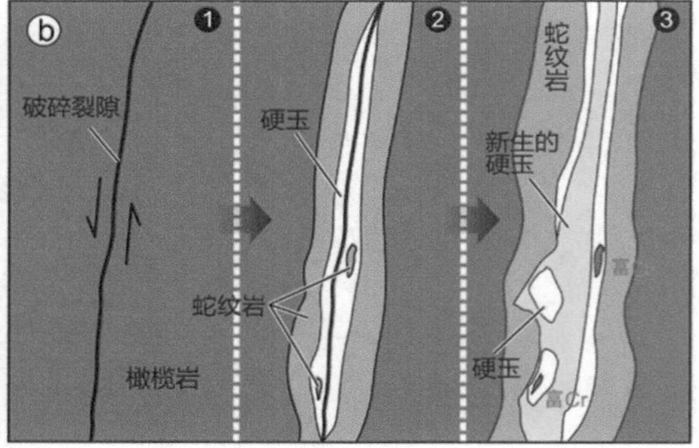

图 2－1－8　P 型硬玉岩的成因模式(据 Harlow et al.，2015)

总之，硬玉岩的形成是流体导致的结晶作用和(或)交代作用，这些很大程度上受到俯冲通道和上覆地幔楔的限制。主要由初始流体沉淀(P 型)渗透进地幔楔，而少量的是交代变质作用(R 型)于斜长花岗岩、变辉长岩或榴辉岩，或是交代上述所有岩石类型。因为矿物共生组合变化极其复杂，硬玉形成的温压条件很难限定。大部分硬玉岩与蓝片岩更加接近，少量的与榴辉岩共生。没有足够的相组合约束的情况下，硬玉是否在榴辉岩相条件下形成则不能被排除。不断发现的证据表明，硬玉的形成可能记录的是一个很长的作用过程，早于被折返若干个百万年，而不是俯冲停止被保留的记录。俯冲的停止可能通过碰撞或者其他开始折返出高压低温杂岩体的作用。

硬玉岩中出现了硬柱石或蓝闪石，说明硬玉形成于蓝片岩相(Tsujimori and Harlow，2012)。比如出现了硬柱石，说明硬玉形成的温度低于下列反应：

$$硬柱石 + 硬玉 = 黝帘石 + 钠云母 + 石英 + H_2O$$

在莫塔高断裂南硬玉岩与叠加了蓝片岩相的榴辉岩密切共生，钠质角闪石岩与硬玉岩密切相关(Shi et al.，2003)，非常少见的硬玉岩含有退变质矿物组合在新伊德里亚榴辉岩中(Tsujimori and Liou，2007)。以上给出了一个很好的岩石学证据：硬玉岩形成于蓝片岩相条件下。

在蒙维索，硬柱石榴辉岩相硬玉岩形成于硬柱石榴辉岩相变质斜长花岗岩。在莫塔高断裂南同样出现含有硬玉的硬柱石榴辉岩，可能指示硬玉岩形成于钙柱石榴辉岩相变质作用过程中。尽管出现新情况差别较大，但是科罗拉多高原出现了硬柱石榴辉岩和硬玉岩捕虏体组合，也是一个其他的例子，显示硬玉岩形成于硬柱石榴辉岩相。在冷俯冲带，俯冲通道可能提供了一个完美的环境，通过俯冲板片主导的流体周期性渗透交代斜长花岗岩，对于洋壳残片转入蓝片岩和硬柱石榴辉岩也会形成硬玉岩的结晶。

另一方面，在东古巴，高温($T>550℃$)硬玉岩的形成也被提出，依据于硬玉－绿辉石可溶性差异(García－Casco et al.，2009)。Garcia－Casco认为塞拉德尔源自俯冲环境下的高温部分熔融。通常硬玉岩含有大量的富含高场强元素的副矿物，如榍石、锆石和金红石，这些矿物指示，当硬玉岩形成时高场强元素在流体中的活动性强。针对含有金红石的硬玉岩热力学矿物平衡计算表明，含金红石硬玉岩形成在比蓝片岩相硬玉岩更高的温度和压力条件下。事实上，在榴辉岩脉中有金红石晶体的沉淀。这一现象常常被报道。考虑到这些因素，硬玉岩的形成会超过之前说的蓝片岩相的条件限制。换句话说，硬玉岩可能不仅仅形成在冷俯冲带，如果足够的俯冲板片主导流体，在足够与超镁铁岩作用的条件下，也可能在更热的俯冲带形成。

R型交代成因与P型明显不同，其硬玉岩局部保留了初始原岩的结构、矿物学和地球化学的证据，如斜长花岗岩或类似于变质杂砂岩的岩石。

1.4.2 硬玉的形成温压条件

对于主要由单矿物组成的岩石形成温压条件的估计，主要依据矿物少量的成分变化、副矿物特征和相关手段。

主要有以下反应(Harlow，1994)：

$$\underset{\text{方沸石}}{NaAlSi_2O_6 \cdot H_2O} \longrightarrow \underset{\text{硬玉}}{NaAlSi_2O_6} + H_2O$$

$$\underset{\text{钠长石}}{NaAlSi_3O_8} \longrightarrow \underset{\text{硬玉}}{NaAlSi_2O_6} + SiO_2$$

$$\underset{\text{硬柱石}}{4CaAl_2Si_2O_7(OH)_2 \cdot H_2O} + \underset{\text{硬玉}}{2NaAlSi_2O_6} \longrightarrow \underset{\text{钠长石}}{NaAlSi_3O_8} + \underset{\text{钠云母}}{Na_2Al[Al_2Si_3O_{10}]} \cdot (OH)_2 + \underset{\text{斜黝帘石}}{2Ca_2Al_3(SiO_4)(Si_2O_7)O \cdot (OH)} + 6H_2O$$

在缺少石英的硬玉岩中，限定的温度、压力的条件上限分别为450℃和1.4 GPa。

硬玉的出现和石英的缺失，是一个压力下限，是由下列反应来限定的。在有水的条件下：

$$\underset{\text{方沸石}}{NaAlSi_2O_6 \cdot H_2O} \rightarrow \underset{\text{硬玉}}{NaAlSi_2O_6} + H_2O$$

而在无水条件下：

$$\underset{\text{硬玉}}{2NaAlSi_2O_6} \rightarrow \underset{\text{钠长石}}{NaAlSi_3O_8} + \underset{\text{霞石}}{NaAlSiO_4}$$

1.4.3 宝石级翡翠的成因

世界范围内发现的多是硬玉岩，未达到宝石级，不能作为饰品。由硬玉岩到宝石级翡翠的转变，还需要经历成玉的作用过程。

硬玉从成矿流体中结晶沉淀或交代围岩而形成硬玉岩后，经历后期糜棱岩化过程，使得重结晶发生，粒度较粗的硬玉经过应力变形，而使得颗粒变得细小，透明度也大大提高。在构造作用下，逐渐变成宝石级翡翠。

思考题

1. 简述世界翡翠资源分布特征及产地。
2. 简述不同产地翡翠的特征及差异。
3. 翡翠属于什么矿物组成？
4. 简述翡翠名称的由来。
5. 翡翠根据其产出的状态，如何划分矿床类型？
6. 翡翠的类型有哪些？划分依据是什么？
7. 翡翠如何评价？
8. 简述翡翠的宝石学和矿物学特征。
9. 简述各种颜色翡翠的成因和影响因素。
10. 翡翠常常与哪些矿物共生？为什么？
11. 翡翠常与什么类型的玉石共生？
12. 翡翠有哪几种成因假说？

2 软玉

早在7000年前的新石器时代，我国古人就开始开采和使用软玉。软玉制品作为日用品、饰品、祭器、礼器甚至葬器，已经成为人们生活中不可或缺的一部分。因此，也就造就了软玉“四大名玉”之首的地位。

软玉(和田玉)以其色泽光洁而柔美、质地细腻而坚韧、温润含蓄而深得人们的喜爱。人们将“仁”“智”“礼”“义”“信”的道德理念赋予软玉，并比德于玉。在历史上的各个时代都有大量的软玉制品，软玉显然成了中华传统文化的载体，而软玉制品则是中华民族五千年文化的重要组成。

2.1 软玉的宝石学特征

软玉的主要矿物为透闪石，次要矿物有阳起石及透辉石、滑石、蛇纹石、绿泥石、绿帘石、白云石、石英、磁铁矿等。透闪石属角闪石族，其化学分子式为 $Ca_2Mg_5Si_8O_{22}(OH)_2$，而Fe可与Mg呈完全类质同象。软玉颜色多样，有白、青、灰、浅至深绿色、黄至褐色、墨色等。光泽为油脂光泽、蜡状光泽或玻璃光泽，一般半透明至不透明，大多微透明，极少数半透明。折射率为1.606～1.632(+0.009，-0.006)，一般点测1.60～1.61。密度2.95(+0.15，-0.05)g/cm^3。莫氏硬度为6.0～6.5。具有两组完全解理，但集合体通常不可见，参差状断口，毛毡状、纤维交织结构。

2.2 软玉的品种划分

软玉的品种根据不同的划分标准可分为不同的类型。较为常用的划分是根据产出状态或环境分类，可分为原生矿和次生矿。次生矿又分为籽料、山流水和戈壁料。另一种是根据颜色划分，可将软玉分为白玉、青白玉、青玉、墨玉、碧玉、黄玉、糖玉。

2.2.0.1 据产出环境分类

(1)原生矿

原生矿与翡翠的原生矿一致，是原始形成的矿体部分，被开采出来一般呈块状、不规则状，有棱有角、棱角分明，无分选、磨圆及皮壳，质量良莠不齐，俗称“山料”。

(2)次生矿

次生矿是从原生矿剥蚀形成的。根据其产出的情况差异，又可以分成籽料、山流水、戈壁料。

籽料从原生矿床自然剥离，经风化、剥蚀，搬运至河流中，距原生矿较远，呈浑圆状、卵石状，磨圆度好，块度大小悬殊，外表可有厚薄不一的皮壳，俗称“仔玉”“仔料”或“子料”。籽料经历了搬运、分选，去除糟粕，留存精华，有带皮色和不带皮色两种。皮色籽料的表皮颜色多样，以红褐色为主，还可以分为秋梨皮、虎皮、枣皮等。

山流水是从原生矿自然剥蚀的残坡积或冰川搬运的软玉，一般距原生矿较近，次棱角状，磨圆相对较差，通常有薄的皮壳，块度较大，俗称“山流水”。

戈壁料是经过风化搬运至戈壁滩上的软玉，一般距原生矿较远，呈次棱角状，磨圆度相对较差，但好于山料，块度不大，表面有风蚀痕，常为较细的砂眼坑，无皮壳，俗称“戈壁料”。

2.2.0.2 按颜色分类

(1)白玉。白玉指白色的软玉，可略泛灰、黄、青等杂色，颜色柔和均匀，有时可带少量糖色或黑色。白玉一般含透闪石95%以上。白玉中品质最好的称为“羊脂玉”或“羊脂白玉”，色如羊脂，白而温润，柔且均匀。羊脂玉含透闪石可达99%。白玉的质地细腻而致密，韧性好，绺裂少，基本无杂质及缺陷。

(2)青白玉。青白玉质地与白玉无明显差别，青白玉的颜色以白色为基础色，泛淡淡的绿色，介于白玉与青玉之间，颜色柔和均匀，有时可带少量糖色或黑色。

(3)青玉。青玉的透闪石含量在90%左右，阳起石6%左右，还有一些次要矿物。青玉颜色有青至深青、灰青、青黄等，柔和均匀，有时可带少量糖色或黑色。

(4)墨玉。墨玉的颜色以黑色为主(占60%以上)，多呈叶片状、条带状聚集，可夹杂少量白或灰白色(占40%以下)，颜色多不均匀，如水墨画一般。而墨玉的墨色是由于鳞片状石墨所致。

(5)碧玉。颜色以绿色为基础色，常见有绿、灰绿，黄绿、暗绿、墨绿等颜色，颜色较柔和均匀。碧玉中常含有黑色点状矿物，常为铬铁矿。碧玉是软玉的重要品种，但它绝非石英质玉石中的“碧玉”。

(6)黄玉。黄玉的颜色淡黄至深黄，可微泛绿色，颜色柔和均匀，产量稀少。

(7)糖玉。软玉中黄色、褐黄色、红色、褐红色的糖色超过80%时，可称为糖玉。如果糖色在30%～80%之间，称为糖羊脂玉、糖白玉、糖青白玉、糖青玉等；当糖色部分占到整件样品30%以下时，名称不予体现。

软玉中糖色属于次生色，是原生矿在地表或近地表受铁的氧化浸染所致。由于糖色为次生，往往可薄可厚，一般沿裂隙或微裂隙、颗粒间隙分布。

2.3 软玉的产地及资源分布

软玉在世界范围内分布较为广泛，主要产出国有中国、俄罗斯、加拿大、澳大利亚、新西兰、美国、韩国、意大利、巴西、缅甸、瑞士等。

中国是重要的软玉产出国，主要分布在新疆和青海地区，另外有辽宁岫岩、江苏溧阳小梅岭、四川汶川龙溪、四川石棉、河南淅川、河南栾川、贵州罗甸、广西河池、福建南平、台湾花莲等。

新疆的软玉矿床分布在昆仑山、阿尔金山一带，另外在天山北坡的玛纳斯产有碧玉。昆仑山、阿尔金山一带分布了多个不同的软玉矿床，产出的软玉也不尽相同，品质差异较大。传统意义上的"和田玉"指的就是昆仑山、阿尔金山一带产出的软玉。

2.3.1　国内软玉产地及特征

2.3.1.1　新疆

中国新疆和田玉矿带分布在新疆境内帕米尔以东、罗布泊以南，成矿带断续达1200 km 左右，玉石矿点有20 余处(崔文元和杨富绪，2002)。

(1)昆仑山软玉矿床

昆仑山一带的软玉矿床主要分布于塔什库尔干－叶城－皮山－和田－策勒和于田一带，该成矿带长1000 多千米，软玉分布在昆仑山的山中和山系河流中。除籽料外，原生矿床有十几处，集中分布在以下4 个区域。

①塔什库尔干－叶城地区。目前已知有塔什库尔干县大同和叶城县库浪那古等原生矿床。所产和田玉主要为青玉，次为青白玉，白玉较少见。矿点有密尔岱山及玛尔胡普山。大同软玉矿床在元代时曾大量开采，已基本采尽。密尔岱是清代最重要的玉矿，清代贡玉也多来于此，如收藏于故宫博物院的"大禹治水图"青白玉山子。

②皮山－和田地区。皮山－和田地区自古以来都是软玉的著名产地，尤其以仔料最为著名。籽料产于著名的玉龙喀什河和喀拉喀什河。在古代，玉龙喀什河以产白玉仔料著名，喀拉喀什河以产墨玉和青玉仔料著名，两河汉语意思就是白玉河和墨玉河。

原生矿床有皮山卡拉大板县赛图拉、铁日克、铁白觅，和田县阿格居改、奥米沙。赛图拉和铁日克地段位于喀拉喀什河上游，产地多，且资源丰富，以青玉为主。阿格居改在玉龙喀什河支流的黑山附近，以盛产白玉和墨玉而闻名。

③策勒－于田地区。原生矿分布于策勒县哈奴约提和于田县阿拉玛斯、依格浪古等地。著名的阿拉玛斯矿床开采于清代，以产白玉闻名，是近百年来出产白玉山料的主要矿山。

④阿尔金山地区。阿尔金山位于昆仑山南段，地跨新疆、青海、甘肃三省区，位于塔里木盆地东南部，柴达木盆地西北部，向东与祁连山相接。软玉主要分布于且末和若羌地区。

且末是阿尔金山地区的主要软玉产区，除河流中的次生矿外，也产出原生矿，分布于且末县东南，海拔在3500 m 以上，有塔什萨依、尤努斯萨依、塔特勒克苏、布拉克萨依、哈达里克奇台等。

塔特勒克苏玉矿是出产软玉原生矿的主要矿山，规模大，有矿脉和矿体多条，主要为青白玉、青玉，并有白玉和糖白玉。塔什萨依矿化带长十几千米，有多个矿体，是另外一个重要产地。

若羌的软玉矿床分布在若羌县城的西南和南部，从瓦石峡到库如克萨依一带。该区以且末县的塔它里克苏最著名，主要产青白玉。库如克萨依矿在古代便有开采，而在20世纪90年代重新开采，是重要软玉矿之一。

(2)玛纳斯地区

新疆玛纳斯碧玉分布于天山北坡，以玛纳斯河产出最著名，被称为玛纳斯碧玉。原生矿床属于透闪石矿床中的超镁铁岩型，与新西兰、俄罗斯、加拿大的碧玉矿床为同一类型。次生矿产于河流中。

新疆昆仑山、阿尔金山一带软玉矿床与青海软玉矿床基本一致，为中酸性岩浆岩与白云石大理岩接触交代而成。

2.3.1.2 青海

目前，在青海地区发现有三处软玉产地。青海省格尔木市西南，距格尔木94 km的纳赤台，矿区位于青藏公路沿线的高原丘陵地区。该地产出的玉料以山料为主，少量山流水、戈壁料，未见典型仔料。产出为白玉、青白玉、烟青玉、翠青玉、糖玉，其中烟青玉(烟灰色中略带紫灰色调)和翠青玉(浅翠绿色)是青海独有的软玉品种。青海软玉的特点是透明度较高且常有细脉状的“水线”。水线的成分多为定向排列的透闪石。

纳赤台西北50 km大灶台，早期开采山流水，现今开采山料，产出品种以青玉为主。这两处矿点属昆仑山脉东沿，距新疆若羌县境约300 km。与新疆且末、和田等玉石矿同属于昆仑造山带，都是热接触交代变质成因。因此，纳赤台软玉与若羌、且末等地的软玉有成因上的联系。

海北藏族自治州门源县及祁连县境内的祁连山脉，主要出产青海碧玉。

2.3.1.3 辽宁岫岩

原生软玉矿床产于岫岩县细玉沟。矿体赋存于元古宙辽河群大石桥组三段的透闪石白云质大理岩中的构造破碎带间，受地层和构造双重控制。矿体呈不规则层状和透镜状产出，矿体与围岩的界线清楚。

岫岩软玉主要为不同形态的透闪石和少量磷灰石、黄铁矿、榍石、透辉石、白云母、方解石、滑石、蛇纹石、石英等。细玉沟外白沙河中及白沙流域冲积物中的透闪石玉料，称为“河磨玉”。

岫岩软玉的颜色有黄绿色、黄白色、绿色、黑色和白色几个基本颜色。

2.3.1.4 广西河池

广西河池软玉矿床重新发现和开采于2012年，矿床地处大化县境内，构造上属于阳山—大明山背斜(走向15°～30°)的西翼。区域岩层为海相碳酸盐，为晚泥盆系至早二叠系地层(362 Ma～290 Ma)，岩浆岩侵位于二叠纪(约295 Ma～250 Ma)(Yin et al.，2014)。

透闪石是岩浆岩交代碳酸盐岩产物，矿体呈带状、脉状分布，与围岩关系截然。玉石主要呈现白色、灰白色、灰绿色、深绿色和黑色，变化多样(图2-2-1)。另外，在风化次生矿中具有树枝状绿泥石包体(Yin et al.，2014)。

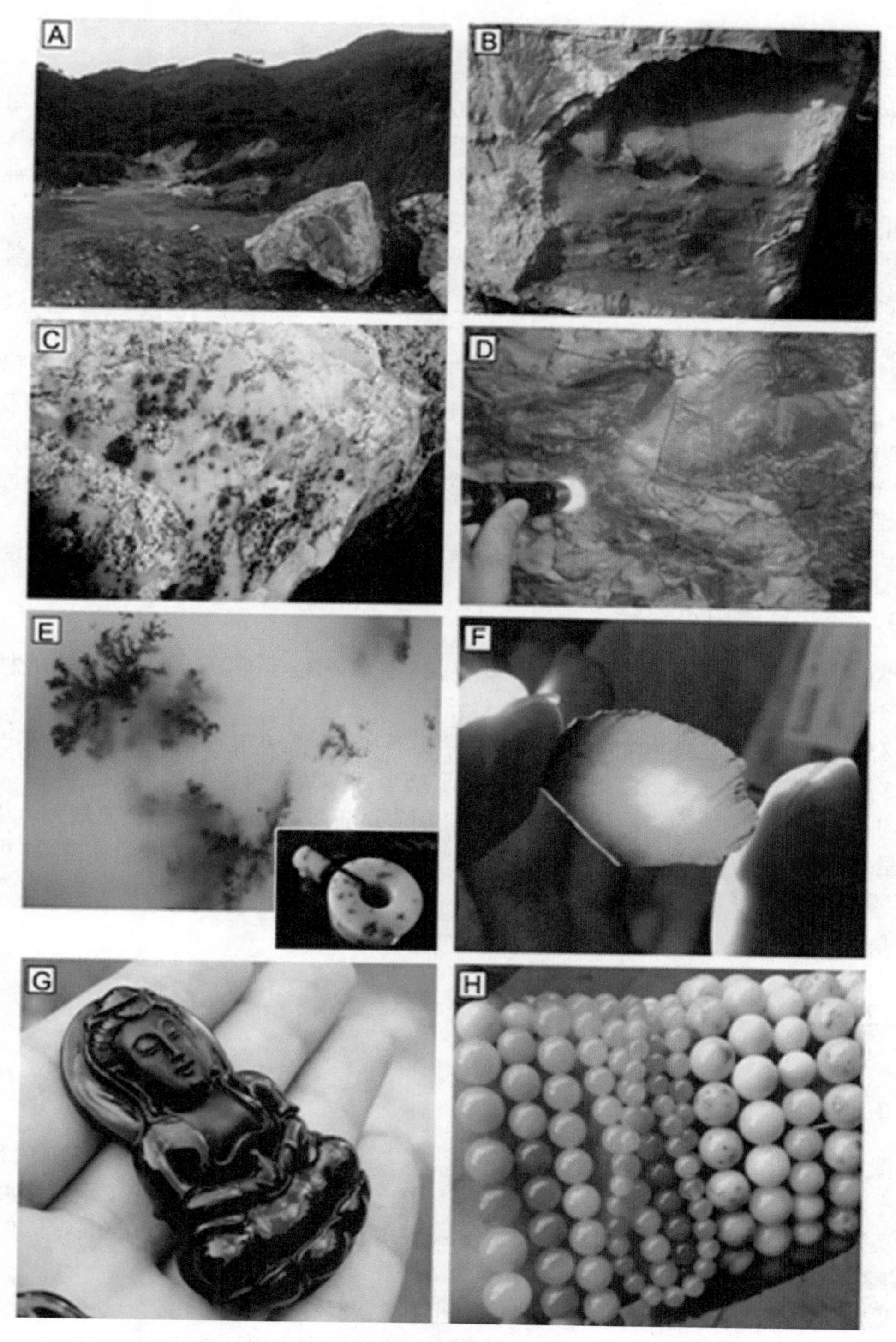

图 2－2－1　河池软玉矿床及软玉特征（据 Yin et al.，2014）

A. 河池软玉矿床，次生矿；B. 灰绿色原石；C. 树枝状斑块软玉，带有风化白云质大理岩围岩；D. 原生矿石中软玉呈暗绿色、白色和灰色带状；E. 树枝状斑块软玉挂件；F. 绿色软玉；G. 黑色软玉；H. 各色的软玉珠链

2.3.1.5 贵州罗甸

贵州罗甸软玉，又称罗甸玉，发现于2009年，分布在贵州省罗甸县和望谟县南部的关固村一带。矿床产于辉绿岩岩床与中下二叠统碳酸盐岩地层的接触带中。矿区总体上是一个由北北西向的冗里背斜和近东西向的峨劳背斜叠加而成的复式背斜，从背斜核部到两翼，出露地层依次为石炭系、二叠系、三叠系。与成矿相关的地层为二叠系四大寨组，岩性以灰岩夹燧石条带或燧石结核为主。贵州罗甸纳水剖面从下石炭统上部至上二叠统出露十分完整。

区内岩浆岩仅有辉绿岩呈岩床侵入，侵位年龄为(255 ±0.62) Ma，属晚二叠世。辉绿岩侵位至二叠系的层滑构造，而引起二叠系下部燧石条带灰岩发生透闪石化和大理岩化。关固矿区的接触交代带厚度接近50 m，灰岩普遍大理岩化，地层中的硅质条带(一般厚度10～20 cm)或结核发生透闪石化形成软玉，呈层状、似层状、结核状产于大理岩化带或透闪石大理岩化带。因此，矿区的矿石类型包括结核状、条带状、似层状矿石。当地开采主要为条带似层状矿石。

玉石按颜色可划分为白玉、青白玉、青玉以及斑点玉和草花玉，其他地区鲜有发现。

2.3.1.6 江苏溧阳小梅岭

小梅岭地区的软玉发现于20世纪90年代初，矿床位于溧阳市平桥乡小梅岭村东南部，俗称“梅岭玉”。

区内出露的地层主要为志留系－泥盆系茅山群、晚泥盆系五通组、石炭系黄龙—船山组、二叠系栖霞组、三叠系青龙灰岩和上侏罗统。区内断裂构造发育，以北北东、北东、北西向为主。岩浆岩为花岗岩和花岗斑岩，花岗岩以庙西花岗岩出露的规模最大。花岗斑岩多呈岩墙状。透闪石玉产于燕山期花岗岩与古生代镁质碳酸盐岩接触的外带中(崔文元等，2002；何明跃等，2002；钟华邦和张洪石，2002)，产出的品种有白玉、青白玉、青玉和碧玉。

2.3.2 国外软玉产地及特征

2.3.2.1 俄罗斯

俄罗斯软玉的品种主要为白玉、青白玉、糖玉、碧玉等。碧玉主要分布在西伯利亚地区的东萨彦岭。东萨彦岭的蛇绿岩带的东部目前已经发现超过10个软玉矿床，其中最大的有奥斯泊(俗称7号矿)、哥力格尔、博尔托科尔、祖诺辛斯克、萨冈萨尔、康德高尔矿床(袁淼等，2014)。

贝加尔湖地区软玉由不同形态的透闪石和少量阳起石、石英、白云石、磷灰石、帘石类矿物、磁铁矿和黏土组成。矿体由于受到定向构造压力作用发生碎裂，细小鳞片状或显微纤维状透闪石大致定向排列，并可见到透镜体的透闪石角砾、构造裂隙、节理缝等，在构造裂隙中还充填有其他矿物。这是贝加尔湖地区软玉中一种较为特殊的结构，这种结构的存在，破坏了毛毡状隐晶变晶结构，不同程度地降低了软玉的品质。

2.3.2.2　加拿大

加拿大的软玉以碧玉为主，主要产在西海岸的不列颠哥伦比亚省。该省分布有50多个软玉矿床。矿床沿科迪勒拉山分布，从北部的阿拉斯加向南延伸至加利福尼亚。随着开采的日趋枯竭，人们相继在不列颠哥伦比亚省南部的弗雷泽河地区、不列颠哥伦比亚中部的奥格登山脉地区，以及位于遥远北方的卡西亚玉石矿区附近发现了次生矿床。

2.3.2.3　意大利

意大利北部瓦尔马伦科地区的阿尔贝马斯塔西亚软玉矿床发现于1995年，这些矿石开始被当作废石扔掉，当滑石矿开采殆尽时，才开始注意到矿区被废弃的透闪石卵石和原石。

该矿床与著名的瑞士斯科塔西奥软玉矿床相距20 km，地处雷帝亚阿尔卑斯，是意大利与瑞士的交界部位，在构造上介于南阿尔卑斯和阿尔卑斯推覆体“根部”之间，主要岩石单元是超基性岩(马伦科单元，阿尔卑斯最大的蛇绿岩套)。该蛇绿岩套岩性为蛇纹石化橄榄岩和残留的二辉橄榄岩和方辉橄榄岩，分布范围达130 km^2。软玉矿床位于蛇绿岩带的南部，围岩主要是中生代正片麻岩和片岩结晶基底，周围是三叠纪白色方解石质到白云质大理石。该区的透闪石、滑石等矿物被认为是阿尔卑斯变质作用过程中的交代变质作用而成。

阿尔贝马斯塔西亚产出的软玉主要是浅黄绿色、白色调的黄绿色和黑色软玉，如图2-2-2所示。白色调黄绿软玉主要是方解石含量的增高所致，黑色软玉主要是含有不透明的硫化物，如方铅矿、辉钼矿所致。

图2-2-2　意大利阿尔贝马斯塔西亚软玉做成的珠子(据 Adamo and Bocchio, 2013)

2.3.2.4　韩国春川

韩国春川软玉矿床位于京畿道板块中北部。京畿道板块是朝鲜半岛主要的三大构造之一(Yui and Kwon，2002)。有30万吨的软玉储量，但是只有四分之一达到玉石级(Yui and Kwon，2002)。

矿区地层主要为寒武纪永杜里片麻杂岩和上覆的古邦散群，地层西部被中生代春川花岗岩侵入，永杜里片麻杂岩和古邦散群岩石均经历绿片岩相到角闪岩相变质作用。永杜里片麻杂岩包含黑云母片岩和花岗片麻岩。春川软玉矿床一般呈透镜状，长度几米，厚度约1 m，产于白云质大理岩与角闪片岩接触带上，属于黑云母片岩的上部。地层接触主要是片理的方向，为东西向，倾角在35°～50°之间(Yui and Kwon，2002)。

热液蚀变带可以分为钙－硅质蚀变带、软玉带和绿泥石带。钙－硅质带呈现块状构造和变晶结构，矿物有钙铝榴石、透辉石、透闪石(粒硅镁石、石英、方解石)靠近白云石大理岩，而透辉石(透闪石、方解石)接近于软玉带。软玉带主要由隐晶质的透闪石和少量的透辉石和绿泥石组成，并未见碳酸盐。绿泥石带主要包含粗粒微定向的斜绿泥石，少量的石英。这些蚀变带或接触带中的透辉石通常被透闪石交代，而透闪石又被绿泥石和石英交代。

春川软玉矿床主要热液来源于大气加水的下渗与岩浆循环热液的混合，热液交代白云质大理岩和角闪石片岩而形成。

2.3.2.5 美国阿拉斯加

美国阿拉斯加软玉矿床发现于爱斯基摩人的科伯克到申纳克地区。软玉主要有暗绿色到浅绿色碧玉。

2.4 软玉的成因类型

前人对于软玉矿床的成因类型划分有不同的认识：

①根据围岩及成因机理分为变质岩型和蛇纹岩型(邓燕华，1992)；

②将软玉成因分为接触交代型、超基性岩交代型和变质岩型；

③根据溶矿围岩的差异可以分为镁质碳酸盐岩型与超镁铁岩型(李凯旋等，2014；唐延龄等，2002)，前者又分为中酸性侵入岩与镁质碳酸盐岩接触交代型和变质岩中镁质碳酸盐岩型；

④根据热液来源可分为岩浆热液型与变质热液型(刘飞和余晓艳，2009)。

中酸性岩浆热液交代碳酸盐岩围岩形成接触交代矽卡岩，硅来自岩浆热液，而镁、钙由碳酸盐岩的围岩提供。超基性岩蚀变为蛇纹岩与围岩交代再进一步形成透闪石，这主要是变质热液，镁和一部分硅来自超基性岩的蚀变，另外一部分硅由硅质围岩提供，而钙来自围岩。

蚀变蛇纹岩变质作用经过两个步骤的化学反应形成透闪石：

$$2CaCO_3 + Mg^{2+} \longrightarrow \underset{\text{白云石}}{CaMg[CO_3]_2} + Ca^{2+}$$

在该类型矿床中，透闪石中往往有透辉石的残余结构。

接触交代变质作用是中酸性岩浆岩交代碳酸盐岩而发生：

$$\underset{\text{白云石}}{5CaMg(CO_3)_2} + 8SiO_2 + H_2O = \underset{\text{透闪石}}{Ca_2Mg_5Si_8O_{22}(OH)_2} + 3CaCO_3 + 7CO_2$$

罗甸软玉在辉绿岩侵入过程中提供了大量的热源，海水通过断裂形成大规模的热传导循环，形成厚大的外接触蚀变带，同时不断将海水的 Mg 循环输送到下部，通过白云石化、透闪石化、透辉石化、滑石化等蚀变反应而形成透闪石玉(李凯旋等，2014)。罗甸软玉的 Cr、Ni、Co 三种元素的含量明显低于交代蛇纹岩型软玉，而与交代白云岩型差别不大。另外，稀土配分显示右倾型轻重稀土分异明显，具有强烈的 Ce 负异常和弱的 Eu 负异常，与辉绿岩明显不同，而与茅口组硅质岩极为相似。

2.5　不同产地软玉的微量元素特征及鉴别

目前市场上的软玉以白玉和碧玉为主。白玉以青海料、俄罗斯料为主，还有和田料和韩国料。碧玉有俄罗斯料、加拿大料、新西兰料等，另外我国台湾花莲主要为碧玉猫眼。

前人通过主微量元素来区分宝石产地进行了大量的尝试，并取得了不错的结果。通过对软玉的微量元素来实现产地的鉴别同样也取得了一定的认识。主要有质子激发 X 射线荧光法(PIXE)(伏修锋等，2007；Zhang et al.，2011)、辉光放电质谱法(GD - MS)(Siqin et al.，2012)、激光剥蚀等离子质谱法(LA - ICP - MS)(钟友萍等，2013)。

前人通过软玉的 $Mg^{2+}/(Mg^{2+}+Fe^{2+(3+)})$($R^*$)或 Fe/(Mg + Fe)值来进行产地区分。由于交代碳酸盐岩形成的软玉其 R^* 值介于0.930～1之间；而与蛇纹石化超基性岩有关的软玉，由于蛇纹石化超基性岩提供了部分铁质，导致 R^* 值降低，往往在0.860～0.930之间(Chen et al.，2004；Zhang et al.，2011)。当然，R^* 值也会受到围岩环境的影响，在靠近围岩的软玉容易发生 Fe 替换 Mg 的现象，导致在交代碳酸盐岩矿床中出现较低的 R^* 值。与蛇纹石化超基性岩蚀变有关的软玉除了有较高的铁含量外，其 Cr、Co、Ni 等元素的含量也较高。Cr^{3+}、Co^{2+} 和 Ni^{2+} 来自超基性岩的蚀变，进入晶格类质同象替代 Fe^{2+}。

另外，江苏小梅岭软玉具有较高的 Sr 含量(约300～500 ppm)，高出其他产地一个数量级(约10～30 ppm)(Siqin et al.，2012；Zhang et al.，2012，2011)，主要是由于方解石中有较多的 Sr^{2+} 替代 Ca^{2+} 而形成类质同象，可能与相距60 km 的爱景山天青石矿床有关。汶川软玉具有大量的锰元素类质同相替代铁元素，导致 Mn/Fe 值(3.298～3.512)较其他产地高，可以作为区分汶川软玉的依据，而这些锰可能与离汶川 80 km 的黑水县锰矿有关。

软玉中经常含有铬铁矿包裹体。碳酸盐岩相关的铬铁矿包体大小一般为几十微米，而蛇纹石化超基性岩有关的软玉中的铬铁矿包裹体一般大于1 mm。铬铁矿中的元素含量不同可以呈现出产地的差异。同样与蛇纹石化超基性岩有关的软玉样品，花莲县软玉铬铁矿较新西兰和玛纳斯铬铁矿包裹体具有更高的 Zn，而有较低的 Mg 和 Al 元素(Zhang and Gan，2011)。

思考题

1. 简述世界范围内软玉矿床的资源分布特征。
2. 简述软玉矿床类型，不同产地的类型特点与差异。
3. 简述软玉的宝石矿物学特征。
4. 简述不同产地的软玉特征与差异。
5. 简述碧玉在世界范围内的资源分布特征。
6. 软玉猫眼有哪些产地？
7. 软玉的“水线”是哪个产地的典型特征？“水线”的成因如何？
8. 不同产地软玉、不同成因类型元素特征有何异同？
9. 碧玉中常常含有黑色矿物。黑色矿物是什么？
10. 软玉的类型有哪些？划分依据是什么？
11. 鹅卵石是软玉吗？籽料是不是鹅卵石？
12. 糖玉是怎么形成的？致色原因是什么？
13. 墨玉的“墨”是什么？为什么会形成黑色？

3 岫玉

蛇纹石玉又称为岫玉，是自然界产量较大的隐晶质集合体玉石。岫玉在我国有着悠久的使用历史，可以追溯到1万多年前。在辽宁海城小孤山文化遗址发现了由岫玉制成的砍凿器，而闻名于世的汉代金缕玉衣多数是由岫玉玉片加工而成。

如今，岫玉与和田玉、独山玉和绿松石并称为我国的“四大名玉”。岫玉质地细腻温润、颜色鲜艳、硬度适中且产量巨大，适合大型玉器雕刻。

岫玉在自然界有着广泛的分布，国内和国外均以产地命名，如广东信宜玉、广西陆川玉、甘肃酒泉玉、新疆昆仑玉，以及新西兰鲍文玉、朝鲜玉等。

3.1 岫玉的宝石学特征

岫玉是一种由蛇纹石(95%以上)组成的矿物集合体，隐晶质结构。次要矿物多为方解石、滑石、磁铁矿、白云石、菱镁矿、绿泥石、透闪石、透辉石、铬铁矿，其质量分数变化很大，对蛇纹石玉的质量有着明显的影响(王时麒和董佩信，2011)。

蛇纹石玉以我国辽宁岫岩最为著名。在珠宝玉石国家标准中规定宝石级蛇纹石均以“蛇纹石玉”或“岫玉”统一命名，因此通常称为“岫玉”。

蛇纹石族矿物是一类含水层状镁硅酸盐，包括纤蛇纹石、叶蛇纹石和利蛇纹石。理想化学式为$Mg_3Si_2O_5(OH)_4$，六次配位的Mg可被Al、Ni、F等元素置换，有时还可有Cu、Cr元素的混入。蛇纹石形成的热条件和地质背景较为广泛(Evans et al.，2013)。

对于岫玉来说，化学成分受其矿物组合的影响。宝石界常说的蛇纹石玉指的是拥有紧密显微结构和观赏价值的宝石级蛇纹石，其特征颜色较多，为蓝绿色、黄绿色、绿色、灰黄色、白色、棕色、黑色及多种颜色组合(O’Donoghue，2006)。蜡状至玻璃光泽，半透明至不透明，点测折射率1.560～1.570。无解理，参差状断口。受组成矿物的影响，莫氏硬度变化于2.5～6。纯蛇纹石玉的硬度较低，为3～3.5，而透闪石等混入物含量增高时，硬度增大，密度为2.57(+0.23，-0.13)g/cm^3。

蛇纹石玉的集合体结构、颜色和外观与软玉和翡翠相似，故常被用作软玉和翡翠的仿制品。蛇纹石玉的特殊光学效应为猫眼效应，但也有学者曾报道过一种具有变彩效应的蛇纹石玉。

3.2 岫玉的品种划分

根据岫玉的产出状态分为原生矿与次生矿。辽宁岫岩的蛇纹石玉根据蛇纹石含量分为：纯蛇纹石玉，蛇纹石含量不低于95%，次要矿物白云石、菱镁矿、水镁矿、绿泥石等不超过5%；透闪石蛇纹石玉，蛇纹石含量超过70%，而次要矿物透闪石含量在20%～30%之间，另可有碳酸盐矿物；绿泥石蛇纹石玉，蛇纹石含量超过65%，次要矿物绿泥石及碳酸盐矿物总量达35%；蛇纹石透闪石玉，透闪石含量超过75%，次要矿物蛇纹石、透辉石约25%。

3.3 岫玉产地及资源分布

我国蛇纹石玉的产地较多，不同产地的蛇纹石玉矿物组合也差别较大，主要表现在颜色和结构上。最为著名的属辽宁岫岩县，其他产地还有甘肃酒泉、广东信宜、广西陆川、台湾花莲。这些玉石均以产地命名，分别是广东信宜产出的南方玉，祁连山产出的祁连玉或酒泉玉，昆仑山产出的昆仑玉。

世界其他国家也有很多著名的产地和名称，如新西兰的鲍文玉、朝鲜的朝鲜玉、墨西哥的雷科石、美国宾夕法尼亚州的威廉玉以及美国加利福尼亚州的加利福尼亚猫眼等。

酒泉玉产于甘肃省祁连山地区，为一种含有黑色斑点或不规则黑色团块的暗绿色蛇纹玉石，又称为祁连玉，往往做成酒壶和酒杯套件。

信宜玉产于广东省信宜市，为一种含有美丽花纹且质地细腻的暗至淡绿色块状蛇纹石玉，俗称“南方玉”，多做成摆件。

陆川玉产于广西陆川县，有两个品种，其一为带浅白色花纹的翠绿－深绿色微透明至半透明的较纯的蛇纹石玉；另一种为青白－白色，具丝绢光泽，微透明的透闪石蛇纹石玉。

台湾蛇纹石玉产于我国台湾花莲县，其内常含有铬铁矿、铬尖晶石、磁铁矿、石榴石、绿泥石等矿物包体，而具黑点或黑色条纹，半透明，油脂光泽，草绿－暗绿色。

国外较著名的蛇纹石玉有新西兰的鲍文玉和美国宾夕法尼亚州的威廉玉。鲍文玉质地较细腻，内部纯净，呈半透明，淡黄绿、淡灰绿色，而威廉玉含斑点状铬铁矿，一般半透明，深绿色。

3.4 岫玉矿床

3.4.1 辽宁岫玉矿床

辽宁岫玉矿床分布在岫岩、宽甸、凤城、丹东和海城一带，其中岫岩储量最大。

该区蛇纹石玉是由富硅热液交代大理岩而成。如蛇纹石量少而大理石成分多时则称为蛇纹石化大理岩。蛇纹石化大理岩并不属于蛇纹石玉的范畴。

岫岩岫玉矿以蛇纹石为主，含少量透闪石、滑石、菱镁矿和白云石等。颜色以淡绿为主，也有深绿色和其他颜色者，多为半透明，油脂光泽。岫岩县境内已知岫玉矿有几十处，著名的矿床有北瓦沟成矿带、南天门成矿带、孙家沟成形带和三家子成矿带，其中北瓦沟玉矿是我国该类玉石矿中规模最大者(李大中等，2013)。

北瓦沟岫岩玉组成以微细纤维状蛇纹石矿物为主，含有极少量的杂质，玉石石料质地光滑细腻，色泽艳丽，透明程度较好。

岫玉在蛇纹石化带中成群出现，分段集中形成矿体，矿体以脉状、似脉或网脉状和透镜状为主，一般延深大于延长，矿体与围岩界线清楚，呈舒缓波状。常具有膨胀收缩、尖灭再现、分支复合现象，并与围岩糜棱岩化岩石厚度和强度变化一致。矿体由膨胀变为狭窄时，糜棱岩化及片理化岩石厚度相应减小。矿体由单脉变为复脉时，由支脉包围的构造透镜体核部还基本保留着原岩的变质结构和矿物特征，比支脉的糜棱岩化程度显著降低。矿脉大多数产于片理化及糜棱岩化发育强烈的部位，尤其是良好的细腻致密玉石，脉幅宽的矿体更是如此。应变弱的糜棱岩化岩石或片理化大理岩中矿体很少，未遭受韧性变形的围岩中没有玉石矿体。

北瓦沟地区韧脆性变形由各种叶理、片理、流线型构造条纹及大小不等的构造透镜体组成分支复合较密集网状构造，宏观上表现为强烈片理化及糜棱岩化大理岩带。

3.4.2　南方玉矿区

南方玉产于广东省信宜市泗流地区，故又称“信宜玉”。南方玉矿区地处粤桂两省交界，属信宜—廉江大断裂的北段，云开大山隆起带内。由于区内片麻状花岗岩大面积分布，构造形迹已不清晰。根据其片麻理及片理、矿体的产状推测，其主要走向为北东向，局部为近南北向、北西向。断裂构造以北东向为主，局部为北西向、南北向、东西向。

区内南方玉矿、滑石矿、透闪石矿三种矿体与云开群的片岩一起，呈不规则的透镜体、长条体，甚至岛屿状囊状体，存在于片麻状花岗岩内或其与片岩接触带附近。其产状一般多与片理、片麻理一致，前人认为矿体有一定的层位控制，是富镁质岩石深变质形成。个别矿体中有残余的大理岩存在，属于变镁质碳酸盐型矿床。

南方玉矿体一般以单体出现，长 20 ～ 280 m 不等，厚度 0.52 ～ 47 m，延深 12 ～ 145 m。一般矿体的长度在 100 m 以内，厚度 5 ～ 47 m，延深最大约 70 m(关崇荣和陈宇，2005)。

3.4.3　山东泰山

泰山玉指产于山东省泰山西麓的蛇纹石质玉，因产于泰山而得名。泰山玉矿位于济南南部约 50 km 的长清与泰安的交界处，地处鲁西隆起北缘。地层、构造等均沿北西 – 南东向展布。区内地层除第四系外，均为太古界泰山群，自下而上可分为雁翎关组和山草峪组，构造以断裂为主，褶皱不发育。早期断裂为与成矿有关的泰山期岩浆活动所产生的断裂，呈明显的张性特征。第二期断裂活动与前期的有明显的继承性，性质相同，多为后期长英脉充填。燕山运动构造形迹明显，有大量的酸性岩脉穿插于蛇纹岩中，使蛇纹岩体受挤压产生揉皱、劈理(程佑法等，2011)。

3.4.4 新疆昆仑山

该地区所产蛇纹石玉称“昆仑玉”，产于昆仑山和阿尔金山白云石大理岩与闪长岩的接触带上，呈脉状产出。昆仑玉以暗绿色为主，也呈淡绿、淡黄、黄、绿、灰、白等色。绿色中往往伴有褐红、橘黄、黄、白、黑等色，质地细腻，油脂光泽。

3.4.5 中国台湾花莲

该地区所产蛇纹石玉称“台湾玉”。矿体与石棉共生，赋存在石灰岩与侵入岩体的接触带上。台湾玉由于含杂质矿物，玉石具黑色或黑色条纹，玉质细腻，半透明，油脂光泽，颜色为草绿色、暗绿色。

3.4.6 意大利瓦尔马伦科

瓦尔马伦科位于意大利阿尔卑斯山脉中段，以产出宝石级的翠榴石、软玉和蔷薇辉石而出名(Adamo et al.，2009；Adamo and Bocchio，2013)。

该区也是意大利宝石级蛇纹石玉的重要产地之一(图2-3-1A)。值得一提的是，比佐特雷莫格是瓦尔马伦科的顶级蛇纹石玉矿床(图2-3-1B)。蛇纹石玉矿被包裹在古生代含镁橄榄石大理岩中。蛇纹石玉的矿层位于海拔2800 m的山峰上(图2-3-1B)，呈300～350 m长，40 m厚断续产出，且开采难度较大(Adamo et al.，2016)。

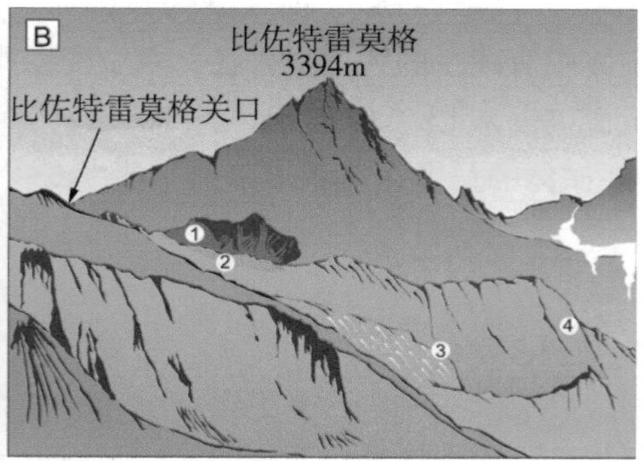

图2-3-1　瓦尔马伦科蛇纹石玉矿床产出位置与地貌图(据 Adamo et al.，2016)

图 2－3－2　比佐特雷莫格蛇纹石玉产状（据 Adamo et al.，2016）

蛇纹石呈黄色、淡绿黄褐色，常做成低档首饰（图 2－3－3）。

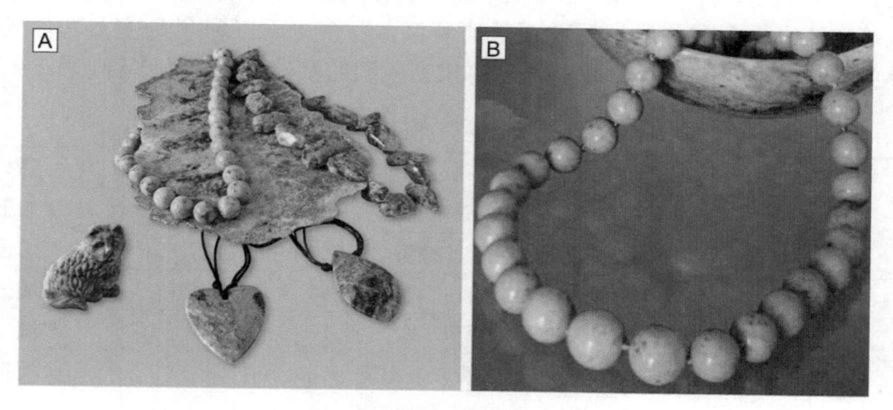

图 2－3－3　瓦尔马伦科产出的蛇纹石玉饰品（据 Adamo et al.，2016）

3.5　岫玉的成因

蛇纹石玉属变质型矿床，有两种成因类型，一种是由富镁碳酸盐岩蚀变而成，如岫玉、信宜玉、大理岩中的白云石、菱镁矿及方解石等矿物经富硅热液蚀变最终形成蛇纹石玉，称为蚀变大理岩型；另一种称为超基性岩自变质，是由富含镁的超基性岩自变质作用形成，为中低温热液矿床，如祁连玉矿床等。

两种类型由于其形成条件不同，因而具有不同的矿物化学成分和物理性质。岫岩玉的质量远优于祁连玉，前者硬度接近5，透明度较好；后者硬度一般为2.4～4.0，透明度也较差。

3.5.1 蚀变大理岩型

从成矿地质背景和测试数据特征分析，其中Mg和Ca来自其赋存的大理岩，即白云石（$CaMg[CO_3]_2$）、菱镁矿（$MgCO_3$）和方解石（$CaCO_3$）矿物组合。其中的Si和H_2O则最可能来自区域变质作用和混合岩化岩浆作用而形成的富硅质热水溶液。在有利的构造条件下，富含硅质的热液沿着大理岩的构造裂隙流动时，与围岩物质之间发生交代反应。在反应过程中，热液萃取了大理岩中的Mg和Ca，与Si进行反应，通过两种反应模式都可形成蛇纹石玉(1)、(2)：

$$\underset{\text{菱镁矿}}{6MgCO_3} + 4SiO_2 + 4H_2O \longrightarrow Mg_6[Si_4O_{10}](OH)_8 + 6CO_2\uparrow \tag{1}$$

$$\underset{\text{白云石}}{6CaMg[CO_3]_2} + 4SiO_2 + 4H_2O \longrightarrow Mg_6[Si_4O_{10}](OH)_8 + 6CaCO_3 + 6CO_2\uparrow \tag{2}$$

富含Si元素的热液沿裂隙进入大理岩或白云岩中并发生接触交代变质作用，再经历上亿年的演化最终形成蛇纹石玉。虽然成矿的条件比较苛刻，但非常多见。

蛇纹石玉的原生矿床产地非常多，不同产地的蛇纹石玉矿物组合都具各自的特点，进而在颜色等特征上也存在差异。蛇纹石玉的颜色多种多样，以绿色为主，其他还有黄色、白色、黑色、青灰色、杂色等，每一种还可根据色调的具体变化分为多种（表2－3－1）。

表2－3－1　蛇纹石玉的颜色分类（据王时麒和董佩信，2011）

色调	浅→深	俗称
绿色	淡绿、浅绿、黄绿、绿、深绿、黑绿	绿岫玉
黄色	浅黄、黄色、柠檬黄	黄岫玉
白色	白色、乳白、黄白、灰白	白岫玉
黑色	灰黑、黑色	黑岫玉
灰色	浅灰色、灰色、青灰、黑灰	火石青
杂色	原色＋红、黄、褐色等次生色	花玉
	绿色＋白色	甲翠

3.5.2 超基性岩自变质型

许多超基性岩蚀变后均可以形成蛇纹石，常产于石棉矿中，不易独立成矿床。矿体少量产在异剥钙榴岩岩体周围，以叶蛇纹石为主，多数产在蛇纹石岩体遭受后期叠加蚀变的区段，形成不规则的透镜状矿体。后期的叠加蚀变可以是叶蛇纹石化，或同时有水镁石化或滑石化，其反应化学式如下：

$$\underset{\text{橄榄石}}{6(Mg,Fe)_2[SiO_4]} + 3CO_2 + H_2O \longrightarrow \underset{\text{蛇纹石}}{Mg_6[Si_4O_{10}](OH)_8} + 3MgCO_2 + Fe_2O_3 \quad (3)$$

$$\underset{\text{橄榄石}}{2Mg_2SiO_4} + 3H_2O \longrightarrow \underset{\text{蛇纹石}}{Mg_3[Si_2O_5](OH)_4} + \underset{\text{水镁石}}{Mg(OH)_2} \quad (4)$$

$$\underset{\text{蛇纹石}}{Mg_3[Si_2O_5](OH)_4} + 1.16SiO_2 \longrightarrow \underset{\text{滑石}}{0.79H_2Mg_3[Si_4O_{12}]} + 0.63MgO + 1.21H_2O \quad (5)$$

由于蛇纹石化和滑石化作用过程中有 MgO 和水带出，常伴有绿泥石化。与后期叠加的构造活动，破坏蛇纹石玉的完整性，因此成因类型的块度远比富镁碳酸盐岩蚀变而成的矿体规模小。

思考题

1. 简述蛇纹石玉的宝石矿物学特征。
2. 简述蛇纹石玉的品种及划分依据。
3. 世界范围内的蛇纹石产地有哪些？
4. 简述我国的蛇纹石玉的分布特征。
5. 简述我国各地区蛇纹石玉的特征与差异。
6. 蛇纹石质玉石的成因有几种类型？分别是什么？
7. 酒泉玉与普通岫玉其特点如何？
8. 蛇纹石玉为什么又称为岫玉？
9. 简述蛇纹石玉的成矿作用过程。
10. 简述蛇纹石玉的颜色特点。

4 独山玉

独山玉又名“南阳玉”，因产自河南省南阳市独山而得名。

4.1 独山玉的宝石学特征

独山玉是一种黝帘石化斜长岩，其矿物成分复杂，主要矿物为斜长石(钙长石)和黝帘石，次要矿物为翠绿色铬云母、浅绿色透辉石、黄绿色角闪石、黑云母，还有少量榍石、金红石、绿帘石、阳起石、白色沸石、葡萄石、绿色电气石、褐铁矿、绢云母等。

钙长石化学式为 $CaAl_2Si_2O_8$，黝帘石化学式为 $Ca_2Al_3(SiO_4)_3(OH)$。由于矿物成分复杂，独山玉颜色非常丰富，有白、绿、紫、蓝绿、黄、褐、黑等颜色，这些颜色常组合出现，少见单一色调。玻璃光泽，半透明至不透明。折射率受组成矿物影响，点测折射率值变化于1.560～1.700。密度为2.70～3.09 g/cm³，一般为2.90 g/cm³。莫氏硬度为6～7。

4.2 独山玉的品种划分

独山玉常以颜色进行分类，可以分为白独山玉、红独山玉、绿独山玉、黄独山玉、褐独山玉、青独山玉、黑独山玉、杂色独山玉等。

①白独山玉。白独山玉总体为白色、乳白色，常为半透明至微透明、不透明。依据透明度和质地的不同又分透水白、油白、干白三种，并以透水白最佳。

②红独山玉。红独山玉表现为粉红色、芙蓉色，颜色深浅变化，常为微透明至不透明。

③绿独山玉。绿独山玉包括绿色、灰绿色、黄绿色，常与白色独玉相伴而生，颜色分布不均，多呈不规则带状、丝状、团块状。透明度为半透明至不透明。其中半透明的蓝绿色独山玉为独山玉的最佳品种，在商业上亦有人称之为“天蓝玉”或“南阳翠玉”。这种优质品种产量渐少，而多为灰绿色不透明，可做成摆件。

④黄独山玉。黄独山玉为黄色或褐黄色，呈深浅变化，常呈半透明，常见白、褐色团块，并与黄色或褐黄色呈过渡关系。

⑤褐独山玉。褐独山玉呈暗褐色、灰褐色、黄褐色，深浅不均，常呈半透明，往往与灰青及绿独玉共生过渡。

⑥青独山玉。青独山玉为青色、灰青色、蓝青色，常为块状、带状，不透明，为独山玉中较为常见的品种。

⑦黑独山玉。黑独山玉为黑色、墨绿色，透明，颗粒较粗大，常为块状、团块状或点

状，与白独山玉相伴。

⑧杂色独山玉。杂色独山玉是最常见的品种，同一块玉石可见两种或两种以上的颜色，在块头较大的玉石中可见四五种颜色组合，如绿、白、褐、青、墨等，这些颜色呈浸染状或渐变过渡。

4.3　独山玉产地及资源分布

独山玉不像岫玉那样分布广泛，在我国能达到工艺要求的独山玉仅产于河南南阳。独山玉由于颜色丰富，成为利用较广的玉雕材料。近几年独山玉的俏色作品多见。

独山玉矿体呈脉状、透镜状及不规则状，产于蚀变辉长岩体中。围岩蚀变作用有透闪石－阳起石化、钠黝帘石化、蛇纹石化和绿泥石化，一般矿脉长 1 ～ 10 m，宽 0.1 ～ 1 m，个别宽 5 m。

近几年，在市场出现了菲律宾产出的独山玉。

4.4　独山玉矿床及成因

东秦岭造山带原为一古秦岭洋壳板块，随之向华北板块俯冲，形成岛弧和橄榄质科马堤岩、辉石岩、辉长岩等。晚加里东期至早海西期，华北与扬子板块相向运动，秦岭洋关闭，造山带形成，地幔岩浆分异形成岩浆房后，岩浆分异出辉长辉石和斜长岩浆，为独山玉形成准备了物质基础。俯冲继续，含斜长石且带有致色元素的后期岩浆热液沿构造通道充填交代，在低压高温(350 ～ 500℃)条件下形成独山玉。燕山期花岗岩浆热液叠加，使岩体和玉石交代蚀变，形成现今玉石级别的独山玉。

思考题

1. 独山玉是什么玉石？所含的矿物有哪些？
2. 简述独山玉的宝石矿物学特征。
3. 简述独山玉的类型和划分依据。
4. 独山玉的成因特点是什么？
5. 南阳玉是什么？跟独山玉有何区别？
6. 简述独山玉的资源分布特征。

5 绿松石

绿松石因其“形似松球、色近松绿”而得名。在国外，因古波斯出产的绿松石经土耳其输入欧洲而被称为“土耳其玉石”。在西方国家，人们认为绿松石是吉祥、幸福的象征，并作为镇妖、避邪的圣物，并将绿松石定为十二月的生辰石。

5.1 绿松石的宝石学特征

绿松石玉主要组成矿物是绿松石，并与埃洛石、高岭石、石英、云母、褐铁矿、磷铝石等共生。绿松石是含水的铜铝磷酸盐，化学式为 $CuAl_6[PO_4]_4(OH)_8 \cdot 5H_2O$。铁在化学成分中可以替代部分铝，使绿松石呈现绿色。水的含量也影响着蓝色色调。绿松石具有独特的天蓝色，人们称之为“绿松石色”。绿松石的常见颜色为浅至中等蓝色、绿蓝色至绿色，常伴有白色细纹、斑点、褐黑色网脉(铁线)或暗色矿物杂质。绿松石的颜色可分为蓝色、绿色、杂色三大类：蓝色包括蔚蓝、蓝，色泽鲜艳；绿色包括深蓝绿、灰蓝绿、绿、浅绿以至黄绿；杂色包括黄色、土黄色、月白色、灰白色。

绿松石是一种自色矿物，Cu^{2+}离子的存在决定了其蓝色的基色，而铁的存在将影响其色调的变化。绿松石中 Fe_2O_3 与 Al_2O_3 的含量呈反消长关系，随着 Fe^{3+}离子含量的增加，绿松石则由蔚蓝色变为绿色、黄绿色。绿松石中水含量一般在15%～20%之间，水以结构水、结晶水及吸附水三种状态存在。随着风化程度的加强，绿松石中结晶水、结构水的含量逐渐降低，结晶水、结构水的脱出与铜的流失一样，将导致绿松石结构完善程度的降低。随着 Cu^{2+}和水的逐渐流失，绿松石的颜色将由蔚蓝色变成灰绿色以至灰白色。

绿松石一般呈蜡状光泽、油脂光泽，少量致密且抛光好的可达玻璃光泽，另外一些浅灰白色的绿松石具土状光泽。绿松石集合体的折射率在1.610～1.650之间，点测常为1.61。莫氏硬度为5～6。硬度与品质有关，高品质硬度高，而灰白、灰黄色硬度最低为3左右。密度为2.76(+0.14，-0.36) g/cm^3，高品质在2.8～2.9 g/cm^3 之间，而多孔绿松石可降到2.40 g/cm^3。

5.2 绿松石产地及资源分布

世界上有多个国家出产绿松石，主要有伊朗、美国、埃及、俄罗斯、中国等。

我国的绿松石主要集中于鄂、豫、陕交界处，并以鄂西北的郧县、竹山县产的绿松石最为著名，其次为陕西的白河产的绿松石。另外，新疆、安徽等地也有绿松石产出。

5.3　绿松石矿床及成因

绿松石矿床的工业类型并不复杂，但对绿松石成因却有不同的观点：

①绿松石是一种内生热液交代的产物；

②绿松石是在外生条件下，被次生矿物交代而成；

③绿松石属于风化壳矿物。

多数学者认为，绿松石是地表地质作用的产物，应属于淋积成因，与含磷、含铜的硫化物岩石的线性风化有关。围岩可以是酸性喷出岩(流纹岩、粗面岩、石英斑岩、二长岩)和含磷灰石的花岗岩，亦可以是含磷的沉积岩或沉积变质岩。绿松石常与褐铁矿、高岭石、蛋白石、玉髓等共生。绿松石矿床的成因类型见表2－5－1。

按照围岩类型，绿松石矿床工业类型可分为三类：

①酸性火山喷出岩型；

②碳质－碳酸盐－硅质岩型；

③含铜、铜－钼或多金属矿床氧化和次生硫化物富集带。

5.3.0.1　酸性火山喷出岩型矿床

该类型绿松石矿床涵盖了世界上大多数绿松石矿床，这些矿床与中酸性喷出岩和含磷沉积变质岩的线性风化有关。

5.3.0.2　碳质－碳酸盐－硅质岩型矿床

该类型是我国绿松石矿床主要类型，另外还有埃及西奈半岛、俄罗斯孜尔库姆、哈萨克斯坦卡拉套地区。

5.3.0.3　含铜、铜－钼或多金属矿床氧化和次生硫化物富集带型矿床

该类型绿松石矿床有美国亚利桑那州绿松石－铜矿床，在俄罗斯的铜、铜－钼矿等硫化物金属矿床中也有属于该类型的绿松石矿点，如卡里马凯尔和阿克图尔帕克。

美国亚利桑那州巨大的铜矿成矿区内的迈阿密、圣里塔、格劳布等浸染状矿床中，发育有很厚的次生硫化物富集带，其中氧化和次生铜矿石里有含绿松石堆集体。

凯斯尔多姆绿松石矿床位于贾伊拉县，迈阿密城以西8 km处，属于大型铜矿的一个矿段。矿区淋滤带发育良好，在这些矿带中能见到绿松石、孔雀石和蓝铜矿。绿松石组成厚可达6 mm细脉和直径可达50 mm，厚13 mm的扁平团块，细脉的脉壁由黏土矿物和绢云母组成。绝大多数绿松石集中在次生硫化物富集带的上部。深部黄铜矿未氧化。致密绿松石呈浅绿色、蔚蓝色到天蓝色，以比较松软的白垩状绿松石为主。这种绿松石组成小细脉或在张裂隙的壁上形成皮壳。

表 2-5-1　绿松石矿床的成因类型(据邓燕华，1992)

矿床类型	围岩特征	含绿松石矿带特征	绿松石堆积体类型	伴生矿物	饰用绿松石特征	矿床实例
酸性火山喷出岩型	流纹岩、粗面岩、二长岩、石英斑岩和安山岩、含副矿物磷灰石的碱性花岗岩	网脉状和细脉状，面积从 6 m×25 m 到(30～80)×200 m 绿松石延深 20～45 m	细脉，厚 0.2～7 cm，团块，直径 7～10 cm	褐铁矿、多水高岭石、高岭石、黄钾铁矾、绢云母	优质天蓝色绿松石，高级绿松石	美国维拉格罗佛、科特兰、布罗山等；伊朗尼沙普尔；俄罗斯比留扎坎等
炭质-碳酸盐-硅质岩型	含磷页岩、砂岩、粉砂岩和碳质硅质板岩	细脉状，长 30～60 m，厚 1～3 m，绿松石延深 30～35 m	细脉，厚 0.2～3 cm	褐铁矿、孔雀石、蓝铜矿、硅孔雀石、银星石、多水高岭石、绢云母、高岭石	浅天蓝色、浅天蓝-绿色、绿色	埃及瓦迪马哈咧、俄罗斯亚卡西、中国湖北
含铜、铜-钼或多金属矿床氧化和次生硫化物富集带型	流纹岩、粗面岩、二长岩、石英斑岩和含副矿物磷灰石的碱性花岗岩	绿松石见整个次生硫化物富集带，主要在它的顶部层位	细脉，厚度可达 6 mm，团块，直径可达 50 mm	辉铜矿、孔雀石、蓝铜矿、多水高岭石、绢云母	浅绿-天蓝色、蔚蓝色	美国鄂尔多姆、俄罗斯卡里马凯尔

思考题

1. 简述绿松石的宝石矿物学特征。
2. 简述绿松石的品种和划分依据。
3. 绿松石的矿床类型有哪些？
4. 简述中国与世界的绿松石资源分布与产地。
5. 绿松石的类型有哪些？如何评价？
6. 绿松石矿床与什么类型的金属矿床密切相关？为什么？
7. 简述美国绿松石与中国绿松石的特征与鉴别。

6 欧泊

欧泊由英文名称“Opal”音译而来，又称为“澳宝”“蛋白石”。高质量的欧泊被誉为宝石的“调色板”，以其具有特殊的变彩效应而闻名于世。欧泊为十月的生辰石。

6.1 欧泊的宝石学特征

欧泊的组成矿物为蛋白石，另有少量石英、黄铁矿等。欧泊化学成分为 $SiO_2 \cdot nH_2O$，含水量不定，一般为4%～9%，最高可达20%，为非晶质体。欧泊体色可有白色、黑色、深灰、蓝、绿、棕色、橙色、橙红色、红色等。光泽为玻璃至树脂光泽，透明至不透明。折射率为1.450(+0.020，-0.080)，通常为1.42～1.43，火欧泊的折射率可低至1.37。均质体，火欧泊常见异常消光。无解理，具贝壳状断口。莫氏硬度5～6，密度2.15(+0.08，-0.90)g/cm^3。

6.2 欧泊的品种划分

欧泊品种多样，有五大类，即黑欧泊、白欧泊、火欧泊和晶质欧泊，以及具有星光效应的星光欧泊。

①黑欧泊。体色为黑色或深蓝、深灰、深绿、褐色的品种。以黑色最理想，因为黑色体色使变彩效应显得更加鲜明夺目。

②白欧泊。在白色或浅灰色体色上出现变彩的欧泊，透明至半透明。

③火欧泊。无变彩或少量变彩的半透明-透明品种，一般呈橙色、橙红色、红色。

④晶质欧泊。具有变彩效应的无色透明至半透明的欧泊。

⑤星光欧泊。具有星光效应的欧泊称为星光欧泊(图2-6-1)，仅澳大利亚昆士兰州爱达荷有产出星光欧泊的报道。与其他宝石的星光效应形成的原因不同，欧泊的星光效应是由于欧泊内部的断裂或硅微粒球堆积缺陷引起的衍射作用引起。

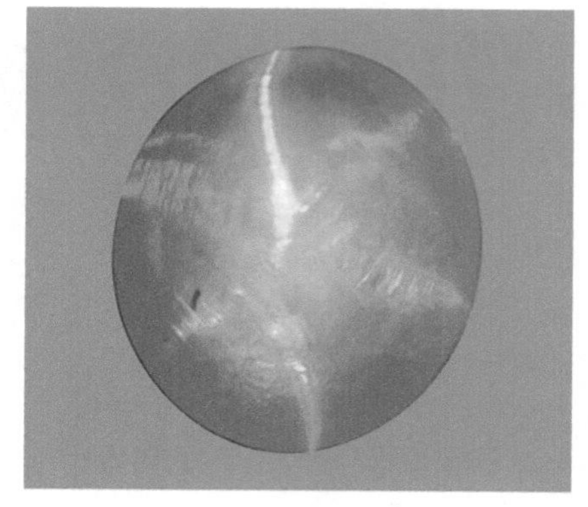

图2-6-1 淡棕黄色体色的星光欧泊
(2.39 ct；据Wasura，2014)

6.3　欧泊产地及资源分布

世界范围内产欧泊的地区相对集中，著名的产地有澳大利亚和埃塞俄比亚，还有巴西、墨西哥、智利、美国西雅图、捷克斯洛伐克。

澳大利亚是世界上最重要的欧泊产出国，占世界宝石级欧泊产量的95%。欧泊均产自澳大利亚的世界第三大盆地——大自流盆地，面积约175 km^2（图2－6－2），跨越了新南威尔士州、南澳大利亚州和昆士兰州。新南威尔士州的欧泊产区主要是闪电岭与白崖，而现在开采活动主要集中在闪电岭，而该矿区是世界公认的最优质黑欧泊的产区。南澳大利亚州的欧泊主要产区包括库伯佩迪、安达穆卡、明塔比和兰比纳，而主要的开采活动集中在库伯佩迪，而此地出产高质量的奶白或浅色白欧泊。昆士兰州是最为富集的欧泊产区，有30多个独立的欧泊矿床。最为富集带砾石（欧泊伴有含铁的围岩）欧泊的矿床当属西昆士兰州奎尔派欧泊矿区的大草垛矿床，并以欧泊闻名遐迩。

墨西哥以产出火欧泊和晶质欧泊而闻名，产于硅质火山熔岩溶洞中。巴西北部的皮奥伊州是重要的欧泊产地。美国主要产区在内华达州。

在20世纪90年代，非洲埃塞俄比亚也陆续发现了多个欧泊矿床，有一些是在2008年之后发现的，主要以白欧泊为主，也有黑欧泊产出，产于新生代火山岩地层中。埃塞俄比亚欧泊中有一部分欧泊由于容易失水而失去变彩，被称为“水欧泊”。

6.4　欧泊矿床及成因

根据欧泊矿床的围岩差异，可将欧泊矿床分为沉积岩型和火山岩型。沉积岩型欧泊产于中生代－新生代沉积岩中的风化壳，多数是由于外生淋滤作用形成。欧泊赋存于风化壳下的蒙脱石化灰岩和浅褐色黏土层中，呈脉状分布，极不均匀。火山岩型欧泊矿床主要产于中－新生代火山岩中，主要以凝灰岩为主。欧泊呈现细脉胶结穿插火山岩碎屑，或者沿着空洞、气孔充填。

澳大利亚欧泊矿床属于典型的沉积岩型。而火山岩型欧泊矿床包括埃塞俄比亚、墨西哥克雷塔罗、美国俄勒冈和比优特。

6.4.1　澳洲欧泊矿床

6.4.1.1　闪电岭欧泊矿床

闪电岭欧泊矿床位于新南威尔士州北部。该地首次发现欧泊是19世纪80年代末，现在仍在开采的分布在周围，主要有羊场、格伦加里、卡特冲。矿床地处苏拉特盆地，属于大自流盆地的一部分。沉积岩大部分是水平岩层。

闪电岭欧泊主要赋存在早白垩世芬奇组泥岩沃伦古拉组砂岩，芬奇组位于沃伦古拉组正下方(图2－6－2)。

图2－6－2　卢纳特科山矿区野外地层剖面露头(据 Hsu et al. , 2015)

芬奇泥岩是蒙脱石质灰色和浅褐色黏土，极软，有时含铁氧化物而呈红色。芬奇泥岩层厚度1.3～7 m，黑欧泊呈瘤状和纹带状赋存在黏土岩中(图2－6－3)，欧泊离地表深度一般小于30 m，通常约6～18 m。沃伦古拉砂岩中含有泥岩透镜体，视厚度4～20 m，偶尔含有欧泊。

闪电岭以黑欧泊为主，是世界黑欧泊的重要产地。黑欧泊变彩丰富，有绿色、橘色、蓝色、红色等(图2－6－3)。

6.4.1.2　昆士兰州砾岩蛋白石矿区

闪电岭欧泊矿床北部就是昆士兰州的欧泊矿床，昆士兰州先后开采有60多个欧泊矿床。该地区主要出产砾岩欧泊，赋存于上白垩世沙漠砂岩组。产自昆士兰州的砾岩欧泊有着非常鲜艳的变彩，之所以被称为砾岩欧泊，是因为它们通常附着在铁矿石围岩中。虽然沉积岩与闪电岭非常相似，但蛋白石主要在铁矿石凝固物中以管道形式而非瘤状的形式产生，有时可以在昆士兰州矿床中找到带状蛋白石。

科洛特矿床是昆士兰州重要的砾岩欧泊产区(图2－6－4)，虽然当地矿工给铁矿石凝固物取了不同的别称，如根据形状称为“核桃石（nuts)”或“睡莲（lily pads)”(图2－6－4A，B)，但它们有相同的同心内部结构。欧泊可能会是“核桃石”的内核，也可能在铁矿石的同心层之间或凝固物的表面(图2－6－4C，D)。

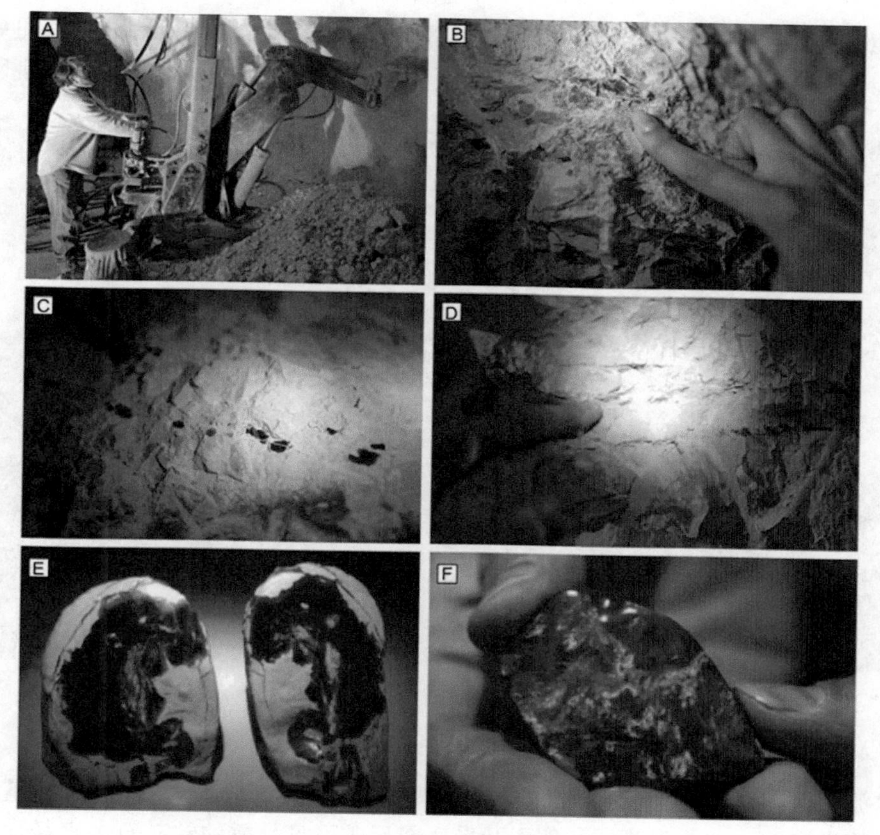

图2-6-3　闪电岭矿区欧泊特征(据 Hsu et al.，2015)

A. 闪电岭井下开采情况；B. 闪电岭矿区欧泊；C. 欧泊呈瘤状，连续成线状；
E. 带有绿色变彩效应的黑欧泊，有皮；F. 具有多种色调变彩的黑欧泊

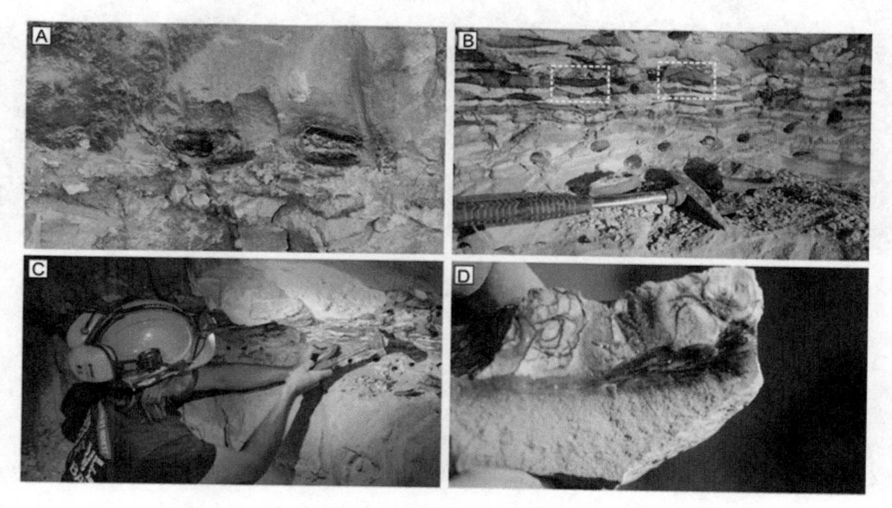

图2-6-4　科洛特矿床欧泊特征(据 Hsu et al.，2015)

A. 科洛特矿床的铁质结核，不含欧泊；B. 科洛特矿床的铁质结核，局部可见欧泊；
C. 科洛特矿床的工人顺层开采欧泊；D. 科洛特矿床的欧泊原石特征

犹瓦欧泊矿床名称来自犹瓦溪，该地在1872年形成了一个大马站，大约同一时间发现了欧泊。该矿区以其“犹瓦核桃石”著称，有时会在铁矿石、核桃石的内核发现欧泊。

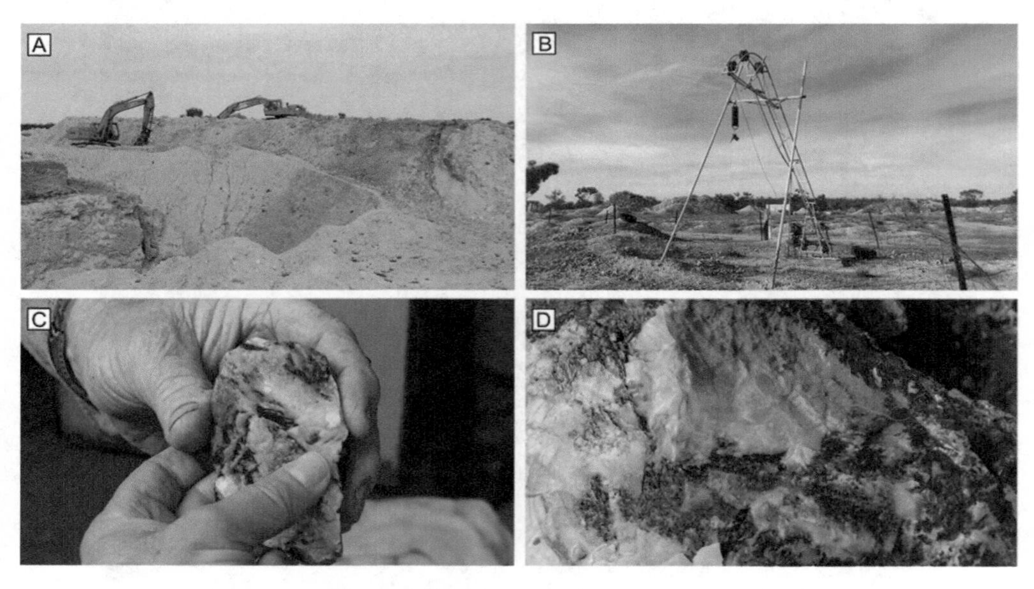

图2-6-5　犹瓦欧泊矿床特征(据 Hsu et al.，2015)

A. 矿床的露天开采；B. 矿床的钻孔和矿区；C. 欧泊原石；D. 欧泊原石局部特征

奎尔派矿区在1885年被发现(图2-6-6)，被称为“砾岩蛋白石之乡”，是此类宝石全球最大的生产地。主要为井下和露天开采。露天矿可见暴露的铁矿石，直径从几厘米到一米。

图2-6-6　奎尔派矿床开采情况(据 Hsu et al.，2015)

6.4.2　埃塞俄比亚欧泊矿床

埃塞俄比亚欧泊最初发现于20世纪90年代(Johnson et al.，1996；Kiefert et al.，2014)，主要是梅泽佐欧泊矿床。在2008年又陆续发现多个欧泊矿床，主要有沃罗、贡德尔、阿法、沃格尔特纳、泽哈伊迈卡、斯德伊斯。这些矿床的发现，使得埃塞俄比亚成为非常重要的欧泊产地。

6.4.2.1　沃格尔特纳矿床

沃格尔特纳发现于2008年，矿床位于沃勒德亚东南，全区包含超过3000 m的火山－沉积层序，主要是玄武岩和流纹质熔结凝灰岩互层。玄武岩和熔结凝灰岩从几米厚到上百米厚度。火山岩层序形成于东非大裂谷形成的新生代，大约3000万年。欧泊产区往往呈现峡谷陡坎，相对高差达到350 m，开采条件非常恶劣(图2－6－7A)，基本依靠手工挖掘(图2－6－7B)。

图2－6－7　沃格尔特纳矿床欧泊地质概况及样品特征(据Rondeau et al.，2010)

A. 欧泊矿床产于水平岩层中的断崖处，欧泊沿特定岩层分布；B. 矿工沿着火山岩层进行手工开采；C. 欧泊通常填充块状胶结火山岩碎块，深色部位为Ba－Mn氧化物，也含有欧泊；D. 带有围岩的“巧克力色”欧泊

欧泊仅产于很薄的层序中，被熔结凝灰岩包裹。欧泊大多数胶结火山碎屑(图2－6－7C，D)，偶尔充填岩石的裂隙和空洞，导致欧泊原石往往呈现不规则状。欧泊延伸比较稳定。在东非大裂谷的断崖上均含有相似地层，而欧泊沿着含矿层顺层延伸可达数千米。

显微观察发现，欧泊中常含有黏土和少量铁氢氧化物等围岩蚀变矿物。有些大颗粒斜长石没有蚀变，有些已经蚀变为黏土矿物。相对而言，在含欧泊层上部几米远的熔结凝灰岩没有蚀变，包含了丰富的石英晶体。

该矿床产出的主要是白欧泊，有的淡黄色，少量为暗橘黄色(火欧泊)到棕红色体色(图2－6－8)，偶见巧克力棕色的体色(图2－6－7D)。质量最好的欧泊当属具有蓝色体色且均匀的品种(图2－6－8E)。在同一块样品中，可以见到不同体色、透明度和变彩程度的变化。欧泊呈现不透明到透明，以半透明多见。有些欧泊浸于水中可呈现更好的透明度和变彩，则表示其为水欧泊。浸泡时间与欧泊厚度有关(图2－6－9)。浸泡水中后，重量提高10%左右。这与美国俄勒冈所产出的水欧泊类似(Koivula and Kammerling，1988)。

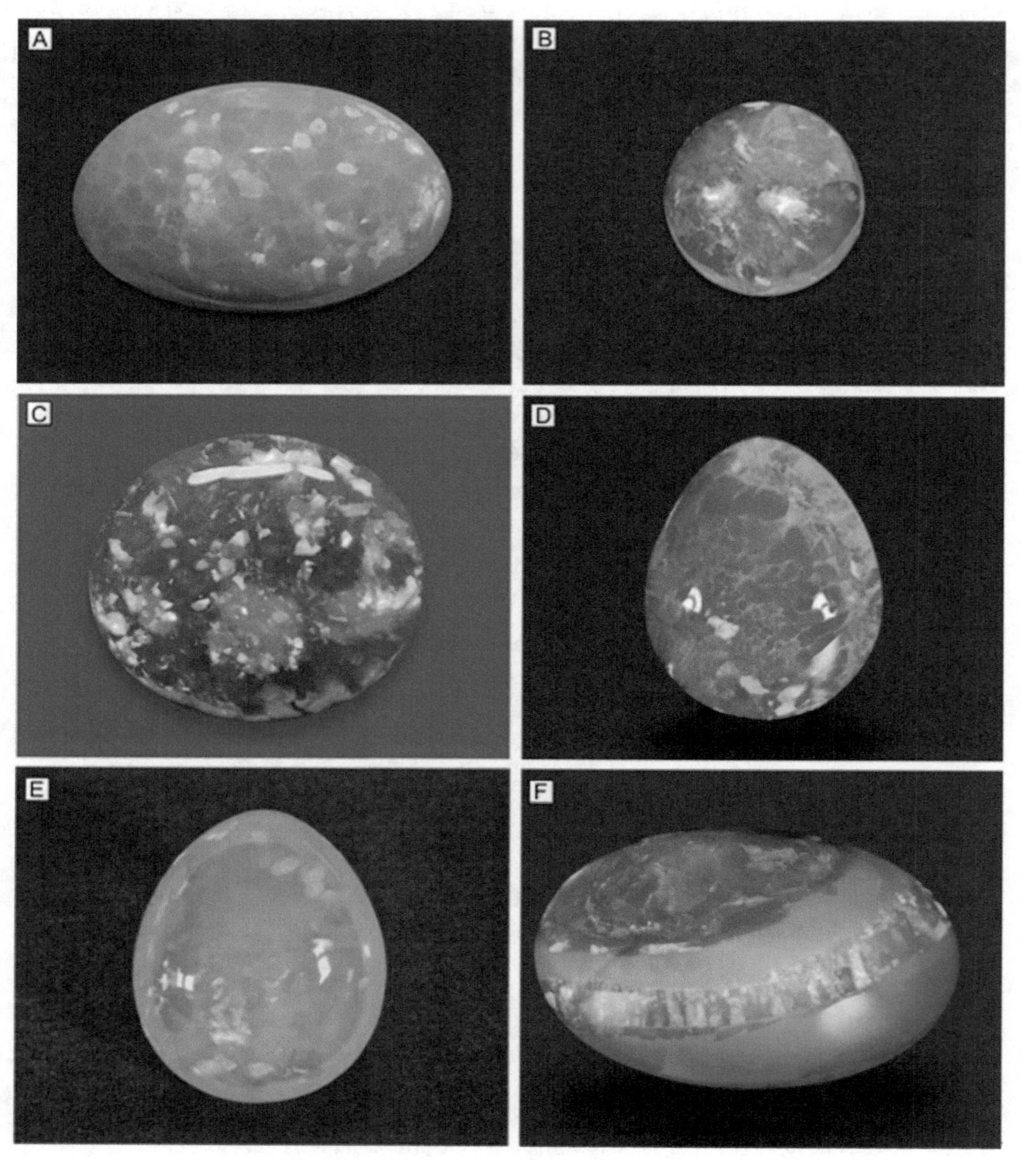

图2－6－8　沃格尔特纳矿床欧泊特征(据Rondeau et al.，2010)

A. 20.95 ct 的白欧泊；B. 14.87 ct 的白欧泊；C. 9.12 ct 的棕色火欧泊；D. 11.91 ct 具有立体变彩效应的欧泊；E. 20.62 ct 的高质量蓝色体色的欧泊；F. 18.68 ct 欧泊中可见棕色－橘色欧泊向白色过渡，并变得不透明，变彩消失，中间具有立体的变彩效应

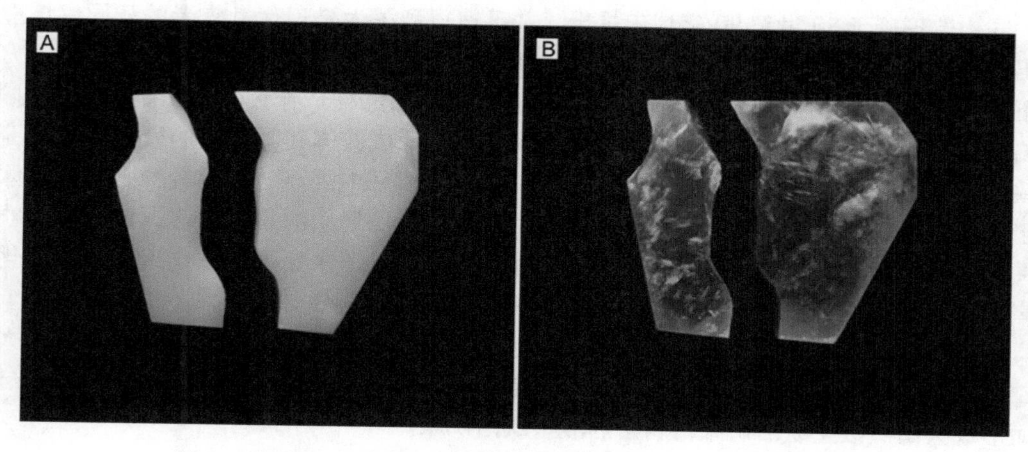

图2-6-9 沃格尔特纳矿区的水欧泊(据 Rondeau et al., 2010)
A. 半透明-不透明白欧泊；B. 水中浸泡后，透明度和变彩效应提高

另外，该矿床还有一种具有立体柱状变彩效应的欧泊，柱横断面呈现圆形或者多边形，立体的变彩柱可以呈现不同的色调，并向无变彩欧泊过渡。立体变彩目前只发现于埃塞俄比亚沃格尔特纳和梅泽佐两个矿区。

6.4.3 欧泊矿床成因

欧泊是表生环境下由硅酸盐矿物风化后产生的二氧化硅胶体溶液凝聚而成，也可由热水中的二氧化硅沉淀而成。

对于澳大利亚欧泊矿床成因有不同的认识和观点，主要是风化理论、微生物理论和同构造理论。

风化成因理论认为，劣质和优质欧泊产生于硅质的再活化作用，硅质进入地下水是长期风化的产物，那时的澳大利亚的气候比现在要潮湿得多。硅质来源于上覆砂岩地层中的长石、蒙脱石分解为高岭石的作用。富含硅质的地下水沿着断裂、微裂隙向下渗透，直到被渗透性差的岩石(如泥质岩)圈闭。这时，假设流体形成硅胶，其中显微硅质球粒慢慢沉淀，最终变硬而形成固态欧泊。尽管该观点一直受到支持，但是仍然有些不能解释，如闪电岭的流体同位素并没有显示出大气降水的特征；另外，也不能解释欧泊成矿流体沉淀形成宝石级欧泊的作用过程和为什么宝石级欧泊如此稀少。当然，最大的问题在于风化理论依旧不能解释复杂的断层、角砾和脉状构造，这些是大多数产自大自流盆地欧泊矿床形成的特征，不能提供很有价值的勘查预测。

微生物成因理论是变异的风化成因理论模型。该理论提出大自流盆地的欧泊矿床是通过沿黏土矿物(如蒙脱石)的颗粒边界生长的微生物而形成。这些微生物分解出酸和酶，导致长石和黏土矿物分解而产生欧泊球粒，最后定格在水平岩层(Behr and Watkins, 2000)。欧泊球粒的大小随着 pH 值的增大而增大。劣质欧泊可能在预先存在的空洞底部形成，而优质欧泊形成于劣质欧泊之上。在劣质欧泊中发现的不寻常的形态解释为这些微生物的化石遗骸，而在优质欧泊中没有发现。

同构造理论于20世纪90年代末提出，并迅速得到了大量现代勘查者的认同。该理论提出，在大自流盆地的欧泊矿床是由富含硅质的流体迅速形成，这些富硅质流体在压力条件下灌入砂岩和泥岩层序，欧泊形成于同构造阶段强烈的构造作用和水压延伸破裂时期。欧泊的沉淀来自这些流体发生了溶解硅的聚合作用，形成胶体和凝胶状的微粒迅速沉淀而导致形成劣质欧泊，而宝石级欧泊被认为是在封闭的体系中沉淀的速度较慢。富硅流体来源于盆地内部热承压水或在强烈挤压断裂作用阶段富泥质岩层的挤出热液。围岩中与欧泊相关的低温黏土二次蚀变矿物组合也支持了盆地内部热承压水热液流体作用。欧泊矿化主要集中在倾斜断裂中，这些断裂是更大的水平和垂向断裂的分支断裂。

对于火山型欧泊的成因相对比较统一，属于热液型，在火山喷发期后热液提供了大量的二氧化硅质成分，灌入火山熔结凝灰岩的空洞、裂隙，形成蛋白石胶结脉体或杏仁体，从而形成火山热液型欧泊矿床，属于热液型欧泊矿床。

思考题

1. 简述欧泊的宝石学特征。
2. 简述世界欧泊资源的主要分布与特征。
3. 欧泊有哪些分类？各种类型的欧泊的特征是什么？说出欧泊类型划分的依据。
4. 简述澳洲欧泊不同产区的特点与差异。如何分辨？
5. 简述埃塞俄比亚欧泊与澳洲欧泊的特征与差异。
6. 欧泊的矿床类型如何划分？简述不同的矿床类型的成因差异。
7. 水欧泊是什么？产地是哪里？
8. 黑欧泊的产地有哪些？这些产地产出的欧泊有什么特征？
9. 欧泊为什么会有变彩效应？它是如何形成的？火山岩型欧泊与沉积岩型欧泊的变彩有何异同点？
10. 欧泊容易失水，应该如何保养？

7　青金石

伊朗和印度在公元前数千年就将青金石作为玉石，具有悠久的历史。青金石因其色蓝如天，在我国也备受历代皇帝器重。据记载，“皇帝朝珠杂饰唯天坛用青金石，地坛用琥珀，日坛用珊瑚，月坛用绿松石；而皇帝朝带，其饰天坛用青金石，地坛用黄玉，日坛用珊瑚，月坛用白玉”。另外，清代四品官员的朝服顶戴为青金石。

青金石还是天然蓝色颜料的主要原料。青金石与绿松石、锆石同为十二月生辰石。

7.1　青金石的宝石学特征

矿物为青金石、方钠石、蓝方石，次要矿物有方解石、黄铁矿，有时含透辉石、云母、角闪石等。青金石的化学成分为$(Na, Ca)_8[AlSiO_4]_6(SO_4, Cl, S)_2$。青金石为等轴晶系，晶形为菱形十二面体，通常呈致密块状，中至深微绿蓝色至紫蓝色，常有铜黄色黄铁矿、白色方解石、墨绿色透辉石、普通辉石的色斑。抛光面呈玻璃光泽至蜡状光泽，半透明至不透明。折射率为1.50左右，有时因含方解石达1.67。莫氏硬度为5～6，密度2.75(±0.25)g/cm^3。

7.2　青金石产地及资源分布

青金石的产地以阿富汗最为著名，其他还有俄罗斯西伯利亚和贝加尔、智利安第斯山、美国洛杉矶东部的圣加布里埃尔山区、意大利维苏威、缅甸、巴基斯坦、安哥拉和加拿大等。

阿富汗东北部地区是世界著名的优质青金石产地，出产的青金石颜色呈略带紫的蓝色，少有黄铁矿和方解石脉，是比较难得的高品质青金石。

俄罗斯贝加尔地区的青金石以不同色调的蓝色出现，通常含有黄铁矿，质量较好。智利安第斯山脉的青金石一般含有较多的方解石并带有绿色色调，价格较便宜。

7.3　青金石矿床

青金石矿床均属接触交代的矽卡岩型矿床。根据交代岩的成分，可以分为镁质矽卡岩型和钙质矽卡岩型。

7.3.0.1 镁质矽卡岩型

青金石矽卡岩化硅酸盐产于深变质碳酸盐岩－片麻岩杂岩的厚层白云质大理岩和斑花大理岩中。根据构造标志和青金石矿化规模，镁质矽卡岩型矿床分为2类：

①青金石成延伸带状分布，由许多小的青金石矿巢(青金石化伟晶岩或脉状花岗岩段)组成；

②青金石呈堆积体，由为数不多的孤立和比较大的青金石化伟晶岩或脉状花岗岩组成。

杂青金石呈巢状、团块状及浸染状，与镁橄榄石、透辉石、方柱石、金云母共生。

7.3.0.2 钙质矽卡岩型

钙质矽卡岩型矿床与镁质矽卡岩型矿床明显不同，该类型矿床仅见于智利科金博省、安托法加斯塔省和阿塔卡马省。

青金石产自智利安第斯中生代褶皱区内巨大南北向复向斜东翼，矿区由晚白垩世轻微变质的砂岩、灰岩粉砂岩、喷发岩和凝灰岩组成。青金石矿床分布在中生代浅色花岗岩体的附近。与花岗岩相邻的陆源碳酸盐沉积岩受到强烈接触变质作用。

青金石矿带分布在大理岩化灰岩的底部，距灰岩与砂岩的接触带不远。其中的青金石矿化以细小浸染体、细脉和巢状堆积体形式出现，矿化呈透镜状，长达几十米，厚度为2～4 m，沿一个方向断续出现。

青金石颜色斑杂，发白，带天蓝和浅蓝色色调，少数为深蓝色，质地较差。智利青金石的矿物成分相对简单，主要为青金石、方解石、黄铁矿颗粒。

青金石矿床成因类型特征见表2－7－1。

表2－7－1 青金石矿床成因类型特征(据邓燕华，1992)

矿床类型	矿体特征	青金石堆积体类型	伴生矿物	价值	矿床实例
镁质矽卡岩	赋存在麻粒岩或角闪岩变质相的白云质大理岩和斑花大理岩中，交代其中花岗岩、伟晶岩而成，偶尔在石英－长石结晶片岩中，矿带长几十米至几百米	青金石呈圆形、椭圆形、扁豆状和透镜状，具同心环带状结构，矿巢长度几厘米至几米；大理岩中的青金石呈细脉状	透辉石、镁橄榄石、金云母、方解石、白云石、钾长石、斜长石、黄铁矿、方柱石、蓝方石、霞石和沸石	饰用青金石具均一深蓝色或天蓝色色带，几乎为隐晶质结构；用于首饰盒玉雕	阿富汗萨雷散格、俄罗斯小贝斯特拉和斯柳甸等
钙质矽卡岩	分布在花岗岩侵入体接触晕内受高温变质作用的碳酸盐－陆源岩系中大理岩化灰岩内，呈脉状和透镜状产出	青金石呈细脉、浸染状和不大的巢状堆积体	方解石和黄铁矿	含方解石和黄铁矿的粒状青金石集合体，颜色由深蓝色至淡蓝色，以大量方解石的白色斑点和条带为特征。品质较差，用于玉雕较多	智利

思考题

1. 简述青金石的矿物宝石学特征。
2. 青金石有哪些类型？划分的依据是什么？
3. 简述世界青金石矿床资源的世界分布。重要的产地有哪些？
4. 青金石矿床的类型有哪些？
5. 青金石中常常与哪些矿物共生？为什么？
6. 青金石中黄色金属矿物是什么？为什么会存在？
7. 青金石与矽卡岩有何关系？为什么会形成青金石？

8　鸡血石

鸡血石是我国珍贵的玉石品种，因地开石中含殷红艳丽的辰砂，宛如鸡血而得名。鸡血石的重要产地有浙江昌化和内蒙古巴林。

昌化鸡血石的发现和开采始于元代，已有六百多年的历史，兴于明代。中华人民共和国成立前由于战乱一度停止开采，而中华人民共和国成立后曾将其作为汞矿进行开采，导致其价值未能真正挖掘。1972 年 9 月，周恩来总理将一副鸡血石“红云图”印章作为国礼，赠予日本总理大臣田中角荣，由此在日本和东南亚掀起了一股鸡血石热潮。

巴林石(巴林产鸡血石)的发现和利用可以追溯到 8000 年前，但其规模化开采较晚。

鸡血石与田黄石、青田灯光冻石被誉为“印石三宝”。鸡血石为中国印章文化的发展做出了独特的贡献，同时在玉雕工艺中形成了“鸡血”雕独特流派，其作品以“瑰丽、精巧、高雅、多姿”著称。

8.1　鸡血石的宝石学特征

鸡血石主要由地开石(质量分数常为 85%～95%)、辰砂(质量分数常为 5%～15%)组成，并含高岭石、珍珠陶土、硬水铝石、明矾石、黄铁矿和石英等矿物。鸡血石的颜色包括“地”的颜色和“血”的颜色两部分。鸡血石的“地”主要由地开石或高岭石与地开石的过渡矿物组成，而“血”由辰砂组成。其中微粒状辰砂被地开石或高岭石所包裹，辰砂呈浸染状分布。

鸡血石的矿物成分与其质地有一定关系。当鸡血石由地开石和辰砂这两种极细粒状矿物组成时，其质地细润，呈半透明状，犹如胶冻，有“冻地鸡血石”之称。当它含有较多的明矾石(莫氏硬度 3.5～4)时，透明度降低以至不透明，光泽减弱，硬度增大，同时脆性也增大。含有较多的石英(莫氏硬度 7)、黄铁矿(莫氏硬度 6～6.5)或次生石英岩化晶屑、玻屑凝灰岩残留物时，由于这些杂质的硬度高于地开石的硬度，因而有碍于鸡血石的美观和不利于雕刻，工艺上称之为“砂钉”。

辰砂的化学式为 HgS。地开石、高岭石、珍珠陶土的化学式同为 $Al_4[Si_4O_{10}](OH)_8$。

“地”通常呈白、灰白、灰黄白、乳白、瓷白、灰、浅灰、深灰、灰黑、黑灰、青灰、红、粉红、紫红、黄、黄灰、褐黄、浅黄绿、深绿、黑褐、黄褐、棕、黑、无色以及它们的混合色。

“血”常呈鲜红、朱红(大红)、暗红和淡红色。血的颜色是由辰砂的颜色、含量、粒度及分布状态所决定的。辰砂的颜色是由微量元素决定的。电子探针分析发现，辰砂中的 Hg、S 均发生类质同象代替，其中少量 Hg^{2+} 被 Fe^{2+}、Zn^{2+} 取代，而少量 S^{2-} 被 Se^{2-}、Te^{2-} 取代，且随着感光元素硒(Se^{2-})、碲(Te^{2-})含量的增加，血的颜色从鲜红向朱红到暗红变化（陈志强和邓燕华，1993）。当辰砂的质量分数小于9%或大于20%时，血色均不够鲜艳，只有其质量分数介于9%～20%之间时，血色才鲜艳。辰砂的粒度越大（超过0.05mm），血色越暗，其粒度越细小（0.005～0.05mm），血色越纯正，辰砂颗粒分布越均匀，血色越明快。另外，辰砂上所覆盖的地开石颜色较深、厚度较大或透明度较差，地开石对光的吸收也较多，致使血色较暗。反之，在辰砂上仅覆盖薄薄一层无色透明的地开石，因地开石对光的吸收也较少，致使血色更鲜艳。

换言之，辰砂的颜色越艳丽，含量越适当，粒度越小，分布越均匀及地开石的颜色浅，厚度薄，透明度好，则血色鲜艳明快纯正无邪，即呈暖色调，工艺上称之为"艳"。

鸡血石原石一般无光泽或呈土状光泽，个别透明度好者呈蜡状或油脂光泽，其抛光面呈蜡状光泽或油脂光泽，个别可呈玻璃光泽，而其中的"血"可呈金刚光泽。

鸡血石呈不透明至近于透明，多呈不透明至微透明，个别冻地鸡血石近于透明。"地"约1.56（点测），"血"超过1.81。高岭石密度为2.60～2.63 g/m^3，地开石密度为2.62 g/cm^3，珍珠陶土密度为2.5 g/m^3，辰砂密度为8.0～8.2 g/m^3，含"血"较少的鸡血石的密度为2.53～2.68 g/m^3。不同产地不同品种鸡血石的密度因血所占的比例大小不同而变化较大。

鸡血石系由多种不同硬度的矿物组成的集合体，但以地开石为主，因而鸡血石的硬度可用地开石的硬度来代替。莫氏硬度为2～3。昌化鸡血石的莫氏硬度略高于巴林鸡血石的硬度。

鸡血石具有极致密的结构，因而韧性极好，具有滑感，并具抗水解性。韧性也有性绵（裂纹或隐裂较少）和性脆（裂纹或隐裂较多）之分。绵性鸡血石硬而不脆，多为水坑鸡血石或靠近地表的鸡血石，石性柔和，雕刻时石屑呈刨花状具有"黏性"。脆性鸡血石多为旱坑鸡血石或地下深处的鸡血石，石性脆裂，有时在雕琢快完工之际碎裂，雕刻时石屑呈渣状或粉状。鸡血石多呈贝壳状至平坦状断口，断面较光滑。

8.2　鸡血石产地及资源分布

鸡血石是我国特产玉石品种，主要产于浙江省临安市昌化区玉岩山至康石岭一带和内蒙古自治区巴林右旗查干沐沦苏木境内的雅玛吐山北侧。据报道，在我国湖北、陕西、四川、云南、贵州以及美国等地也有发现鸡血石，但质量欠佳。

昌化鸡血石产于侏罗系上统劳村组流纹质晶屑玻屑凝灰岩中，巴林鸡血石产于侏罗系上统玛尼吐组紫色流纹岩中。昌化鸡血石和巴林鸡血石均产于中生代交代蚀变酸性火山岩的次级断裂小构造中。当沿次级断裂构造上升的含汞（Hg）火山热液与流纹岩或流纹质凝灰岩等围岩相互作用时，围岩发生脱硅作用，将其中的碱金属或碱土金属淋滤掉，而剩余的铝硅酸盐矿物则转变为地开石、高岭石或珍珠陶土等。由于热液地开石或高岭石形成于受限制的空间环境中，因而其结构极为致密，并具有抗水解性。当其中含汞量大于0.5%时，即有微粒状辰砂析出，从而形成质地致密、细腻如玉、点缀形态各异的血红色的鸡血石。

8.3 鸡血石矿床特征及对比

前人对于昌化鸡血石和巴林鸡血石做了大量工作，取得了一定的认识(程敦模等，1985；邓燕华，1992；郭继春等，2005；蒙奎文等，2011；丘志力等，1999)。

8.3.1 昌化鸡血石矿床

昌化鸡血石矿床位于临安市上溪乡麻车埠，地处中生代火山盆地的西北边缘，属于东南沿海火山岩带(郭继春等，2005)。矿床在区域构造上属于江南古岛弧的东南边缘与华南褶皱系的过渡部位。我国东部大陆边缘在中生代后期由原先的岛弧压性环境向弧后张性环境转变，从而形成在浙江境内北东向展布一系列构造伸展盆地，鸡血石矿床正位于火山盆地边缘。

火山盆地基底为江南岛弧，其上覆盖下白垩统火山岩地层。盆地基底由上寒武统黑色岩系和下奥陶统页岩、粉砂质页岩，其上覆下白垩统地层，自下而上分别为劳村组和黄尖组。劳村组岩性为底砾岩、凝灰质粉砂岩、细砾岩、流纹质晶屑玻屑凝灰岩、流纹质晶屑玻屑熔结凝灰岩，黄尖组岩性有凝灰质粉砂岩、晶屑玻屑熔结凝灰岩。矿区南部出露石英二长斑岩的次火山岩体，它与黄尖组火山岩成侵入接触。

矿区内在劳村组流纹质晶屑玻屑凝灰岩与熔结凝灰岩之间发育北东向层间断裂，是主要控矿构造，鸡血石矿体呈似层状顺层展布。另外，矿区还发育北西向的平移断层，倾角较陡，断距一般在数米至数十米。

围岩蚀变有硅化、地开石化(含少量高岭石)、明矾石化、黄铁矿化、叶蜡石化、绢云母化、伊利石化。蚀变在劳村组流纹质晶屑玻屑凝灰岩的底部表现得更为强烈。地开石化常常残留一些次生石英岩化晶屑玻屑凝灰岩或原来晶屑玻屑凝灰岩中的石英斑晶，硬度大，难雕刻，俗称“砂钉”。

矿体形态受地层和构造裂隙双重控制，即顺层产出和穿插层理产出。顺层产出的矿体多呈层状、透镜状或不规则状，并沿岩层不连续分布。穿切层理沿裂隙分布者，多为脉状或沿裂隙分布的不规则小团块。

成矿具有多阶段性，是在浅成和酸性热液条件下形成的。这种浅成环境必然导致地下水也参与了火山期后热液成矿作用。根据矿石矿物组成和围岩蚀变类型等分析，属火山期后浅成低温热液矿床。

8.3.2 巴林石矿床

巴林鸡血石矿区位于内蒙古巴林右旗境内，属于大兴安岭火山岩带。该火山岩带的基底为古生代褶皱区。矿床地处白音诺－景峰新华夏系断裂构造带与新林镇纬向断裂带交会部位的东南侧，雅玛吐山向斜南西端。

巴林鸡血石矿区出露有上侏罗统马尼吐组中酸性火山岩。自下而上为安山岩－凝灰岩组合(包括辉石安山岩、流纹质晶屑岩屑熔岩－晶屑凝灰石、安山质晶屑凝灰岩、含角砾角闪安山岩)、层凝灰岩－凝灰质泥岩组合(包括层凝灰岩、凝灰质泥岩和粉砂岩)和流纹岩组合。流纹岩组合是矿区最主要的火山岩，而鸡血石就产于其中的紫色流纹岩。矿区中南部出露含角砾流纹斑岩的次火山岩体，它与流纹岩和层凝灰岩呈侵入接触关系。

区内近东西向层间断裂构造形成流纹岩中近东西向展布的含鸡血石蚀变带。蚀变带长达2500 m，宽大于500 m。另外，区内还发育平行的平移断裂，呈南北展布，局部密集形成带状。

围岩蚀变主要集中于流纹岩中，有硅化、地开石化(高岭石化)、明矾石化、叶蜡石化、黄铁矿化、水云母化等。

矿体形态受东西向层间断裂和南北向的平移断裂控制，在层间断裂中的矿体呈似层状、透镜状等产出，而平移断裂中矿体则多呈脉状，其所见的辰砂晶体形态以极细的近等轴状为主。

矿区内火山岩发育，火山活动强烈，矿体在空间上处于火山岩内部，因此认为成矿作用与火山期后热液有关。地开石矿化形成于火山岩浆期后，东西向断裂为热液上升提供了有利通道，南北向断裂则为热液中成矿物质的沉淀提供了有利场所。成矿热液在裂隙中运移，对流纹岩进行渗透，原岩中部分 Si、Fe、K、Na 被淋滤带走，而 Al 和 Si 则重新组合形成瓷白色地开石。

成矿的阶段性作用，后期热液活动再次淋滤先形成的地开石中的杂质，对早期地开石进行纯化，使其成分越来越纯，透明度进一步提高，后期形成的地开石赋存于先期形成的地开石中。随着热液活动的减弱，末期形成很弱的微细脉体。

前人研究发现，在常压下，辰砂在580℃升华，而呈溶解状态的 HgS 在200℃时便开始从溶液中挥发，到315℃时在2 h内便可全部挥发。另外，近等轴状辰砂晶体在成矿温度85℃的碱性溶液中就可形成(郭继春等，2005)。因此，结合地质实际，辰砂沉淀温度较低，形成较晚期的热液阶段。

8.3.3　昌化鸡血石和巴林鸡血石对比

昌化鸡血石与巴林鸡血石在空间上距离较远，但其在地质构造背景、控矿构造、围岩岩性、围岩蚀变与矿床成因都有很大的相似性(表2－8－1)。

表2－8－1　昌化鸡血石与巴林鸡血石的地质特征对比

产地	构造背景	产出的构造位置	构造	含矿围岩	围岩蚀变	成因	参考文献
昌化鸡血石	东南沿海火山岩带	复背斜	层间构造，平移断裂	上白垩统酸性火山岩	主要为次生石英岩化、地开石化、明矾石化；其次为黄铁矿化、叶蜡石化	次火山热液矿床	邓燕华，1992；丘志力等，1999；郭继春等，2005

续表 2-8-1

产地	构造背景	产出的构造位置	构造	含矿围岩	围岩蚀变	成因	参考文献
巴林鸡血石	大兴安岭火山岩带	向斜	层间构造、平移断裂、压性断裂	上侏罗统紫色流纹岩	主要为次生石英岩化、地开石化、明矾石化；其次为叶蜡石化、黄铁矿化、水云母化	次火山热液矿床	邓燕华，1992；丘志力等，1999；郭继春等，2005

思考题

1. 简述鸡血石的宝石矿物学特征。
2. 简述我国鸡血石的资源分布。
3. 我国重要的两个鸡血石产地在哪里？特征有何异同？
4. 鸡血石的“血”是什么矿物？为什么呈现红色特征？
5. 鸡血石的“地”是什么矿物？为什么称为鸡血石？
6. 目前对于鸡血石的成因有哪些认识？
7. 简述巴林鸡血石和昌化鸡血石的成因特征。
8. 鸡血石中常常有硬的颗粒夹杂物，称为“砂钉”。它是什么？为什么会有这些物质？
9. 鸡血石的用途有哪些？

9 碳酸盐玉石

碳酸盐类玉石产量大、产地多，是最常见的玉石品种之一。碳酸盐类玉石硬度较低，导致其耐久性较差，多以集合体出现，常作为玉雕原料或其他宝石的仿制品。常见的玉石品种有方解石(汉白玉、阿富汗玉)、白云石、菱锰矿(红纹石)、蓝田玉等。

9.1 碳酸盐玉石的宝石学特征

9.1.0.1 方解石

方解石属方解石族，是组成大理岩(Marble，俗称汉白玉)的主要矿物成分，化学式为$CaCO_3$，常含 Mg、Fe 和 Mn。三方晶系，晶形多变，常见晶形有柱状、板状和各种状态的菱面体等。

方解石常为无色、白色、浅黄色，可因混入微量 Co、Mn 呈灰色、黄色、浅红色，含微量 Cu 呈绿色或蓝色。玻璃光泽，透明至不透明。无色透明的方解石晶体称为冰洲石，可作为光学元件。方解石为一轴晶负光性，折射率为 1.486 ～ 1.658，双折率为 0.172。三组菱面体解理完全，莫氏硬度为 3，密度为 2.70(±0.05) g/cm^3。

方解石是自然界分布最为广泛的矿物之一，有沉积、热液、风化成因。如石灰岩、鲕状灰岩、白云质灰岩等都是沉积成因，而良好晶形的冰洲石从热液沉淀而来，另外热变质可形成大理岩。在地下水充足的地区形成的喀斯特地貌中的钟乳石、石笋、石柱等均因风化而成。

大理石属于方解石的集合体，质地细腻且透明度较高的品种，俗称“阿富汗玉”。

9.1.0.2 白云石

白云石是沉积岩中广泛分布的矿物之一。白云石很少以单矿物出现，极少成为宝石，而是多以集合体形式出现，称为白云岩。

白云石属方解石族，化学式为 $CaMg(CO_3)_2$，成分中的 Mg 可被 Fe、Mn、Co、Zn 替代。其中 Fe 能与 Mg 完全替代，形成完全类质同象系列。三方晶系，晶体呈菱面体状，晶面常弯曲成马鞍形。常见单形有菱面体、六方柱及平行双面。集合体常呈粒状、致密块状，有时呈多孔状、肾状。颜色呈无色、白带黄色或褐色色调，玻璃光泽至珍珠光泽，多为半透明。一轴晶负光性，常为非均质集合体，折射率为 1.505 ～ 1.743，双折射率为 0.179 ～0.184。三组菱面体解理完全，莫氏硬度为 3 ～4，密度为 2.86 ～ 3.20 g/cm^3。

9.1.0.3 菱锰矿

菱锰矿属方解石族，化学式为 $MnCO_3$，常含有 Fe、Ca、Zn、Mg 等。三方晶系，呈菱面体状，多出现于热液脉空隙中。热液成因多呈现晶质，粒状或柱状集合体；沉积成因多呈隐晶质，为块状、鲕状、肾状、土状等集合体。

菱锰矿颜色粉红，通常有白色、灰色、褐色或黄色条带，也有红、粉相间的条带，透明晶体可呈深红色。菱锰矿含有致色离子 Mn^{2+}，属典型的自色矿物，常呈红色或粉红色，随含 Ca 量增加色变浅，当有 Fe 代替 Mn 时变为黄色或褐色。玻璃光泽 - 亚玻璃光泽，透明至半透明，一轴晶负光性，常以非均质集合体形式出现。折射率为 1.597 ～ 1.817（±0.003），点测常为 1.60，双折射率为 0.220。解理三组菱面体解理完全，莫氏硬度为 3 ～ 5，密度为 3.60（+0.10，-0.15）g/cm^3。

菱锰矿中，颗粒大、透明、颜色鲜艳者可作为宝石，而颗粒细小、半透明的集合体通常作为雕件、手链，俗称“红纹石”。

9.1.0.4 蓝田玉

蓝田玉因产地而得名，是中国古代名玉之一。蓝田玉是蛇纹石化大理岩，主要矿物成分是方解石和蛇纹石。依据蛇纹石化程度由低到高，方解石含量逐渐减少，局部可变为蛇纹石玉。颜色为白色、黄色、米黄色、苹果绿等。光泽为玻璃光泽、油脂光泽、蜡状光泽，微透明至半透明，折射率为 1.5 ～ 1.6。方解石可见三组完全解理，莫氏硬度为 3 ～ 4，密度为 2.6 ～ 2.9 g/cm^3。

9.2 碳酸盐玉石矿床及资源分布

方解石产地有美国、墨西哥，其次是英国、法国、德国、冰岛、意大利、巴基斯坦、罗马尼亚、俄罗斯、中国等。大理岩在世界各地几乎都有产出，我国云南大理所产的条带状大理石最为著名，其间的条带有黑色、绿色和不同的形状，构成了一幅幅形象逼真的山水画，可作为上等装饰材料。北京房山产出的“汉白玉”颜色纯白，是故宫、颐和园、北海等皇家园林常用的建筑和装饰材料。

我国新疆哈密产出的黄色白云岩颜色浅黄至深黄，质地细腻，蜡状光泽，色泽柔和滋润，微透明至半透明，又称为“蜜蜡黄玉”。四川丹巴产出的白云石为含铬云母的白云岩，翠绿色，致密块状，质地细腻，可含少量阳起石、透闪石、绿泥石、黄铁矿，俗称“西川玉”。

菱锰矿主要分布在阿根廷、澳大利亚、德国、罗马尼亚、西班牙、美国、南非等地。我国辽宁瓦房店、赣南、北京密云等地也有产出。

蓝田玉主要产于陕西省西安市东南的古城蓝田。另外，在山东、吉林、辽宁、内蒙古、河北等地也有发现。

10 孔雀石

孔雀石因其颜色类似孔雀羽毛而得名。在我国古代，孔雀石称为“绿青”“石绿”或“铜绿”，用途广泛，可用作炼铜原料、绘画的颜料及中药药物。孔雀石具有质地致密细腻、颜色鲜艳、纹带清晰、块度较大的特点，因此可制作成各种首饰和雕件。正因其具有鲜艳的绿色和精美的花纹，备受人们的喜爱。但是孔雀石性脆，不够坚韧，且产量大，因此价值不高。造型独特且块度较大的孔雀石常常被制作成观赏石。颜色浓绿鲜艳的孔雀石粉末可作为高级颜料。现代首饰设计中，也有将孔雀石巧妙设计镶嵌而制成的首饰作品。

10.1 孔雀石的宝石学特征

孔雀石主要由单矿物孔雀石集合体组成，矿物学上属于孔雀石族。孔雀石化学式为 $Cu_2CO_3(OH)_2$，可含微量 CaO、Fe_2O_3、SiO_2 等机械混入物。孔雀石为单斜晶系，单晶体多呈细长柱状、针状，但十分稀少。常为纤维状集合体，通常具有条纹状、放射状、同心环带状的块状、钟乳状、皮壳状、结核状、葡萄状、肾状等。颜色为微蓝绿、浅绿、艳绿、孔雀绿、深绿和墨绿，常有杂色条纹。玻璃光泽至丝绢光泽，半透明、微透明至不透明，折射率为 1.655～1.909，双折射率为 0.254，集合体不可测。集合体具参差状断口，莫氏硬度为 3.5～4，密度为 3.95(+0.15，-0.70) g/cm^3。

10.2 孔雀石的品种划分

孔雀石按其形态、物质构成、特殊光学效应及用途分为五个品种：

①晶体孔雀石。具有一定晶形(如柱状)的透明至半透明的孔雀石，非常罕见(图 2-10-1A)。

②块状孔雀石。具块状、葡萄状、同心环带状、放射状和带状等多种形态的致密块体。块体大小不等，大者可达上百吨，多用于制作玉雕和首饰的材料(图 2-10-1B，C)。

③青孔雀石。又称“杂蓝银孔雀石”。孔雀石和蓝铜矿紧密结合，构成致密块状或同心圆状，使绿色与深蓝色相映成趣，是名贵的玉雕材料(图 2-10-1D)。

④孔雀石猫眼。具有平行排列的纤维状结构的孔雀石，垂直纤维琢磨成弧面型宝石，可呈现猫眼效应。

⑤孔雀石观赏石。指自然形成的形态奇特的孔雀石，无须人工雕刻，以其天然造型即可作为陈设艺术品。通常可直接用作盆景观赏，因此又称为盆景石或观赏石(图 2-10-E)。

图 2－10－1　不同类型的孔雀石

10.3 孔雀石矿床及资源分布

10.3.1 孔雀石资源分布

世界上出产孔雀石的国家较多，著名产地有赞比亚、津巴布韦、纳米比亚、俄罗斯、扎伊尔、澳大利亚、美国和智利等。孔雀石还是智利的国石。

中国的孔雀石主要产于铜矿的氧化带，主要有广东阳春、湖北大冶、江西西北部等地。另外，内蒙古、西藏、甘肃、云南等地也有产出。

10.3.2 孔雀石矿床

孔雀石产于铜矿床蚀变和氧化带或含铜丰度较高的中基性岩，如玄武岩、英安岩、闪长岩上部氧化带中。孔雀石常与蓝铜矿、辉铜矿、赤铜矿、自然铜等含铜矿物共生。它是由原生含铜硫化物，经氧化作用、淋滤作用和化学沉淀作用而形成的一种次生含铜碳酸盐矿物。孔雀石主要形成于围岩为碳酸盐岩的矽卡岩型铜矿床的氧化带。

孔雀石在氧化带形成的反应如下：

$$\underset{\text{黄铜矿}}{CuFeS_2} + 4O_2 = CuSO_4 + FeSO_4$$

硫酸铜遇到围岩中的方解石则会发生下列反应：

$$2CuSO_4 + 2CaCO_3 + H_2O = Cu_2[CO_3](OH)_2 + 2CaSO_4 + CO_2\uparrow$$

如果硫酸铜遇到矿源体或围岩放出的胶状硅氧，则形成硅孔雀石：

$$CuSO_4 + CaCO_3 + H_2SiO_4 = CuSiO_3H_2O + CaSO_4 + CO_2\uparrow$$

因此，孔雀石属于典型的风化淋滤型矿床。

思考题

1. 碳酸盐玉石品种有哪些类型？有什么俗称？
2. 简述我国碳酸盐玉石的资源分布。
3. 简述蓝田玉的宝石矿物学特征。它为什么被称为蓝田玉？
4. 碳酸盐玉石的矿床类型有哪些？
5. “红纹石”是什么？它的宝石学特征与成因是什么？
6. “阿富汗玉石”是什么？请说出阿富汗玉石的宝石矿物学特征。
7. 简述孔雀石的宝石矿物学特征。
8. 孔雀石有哪些品种？划分依据是什么？
9. 简述孔雀石的矿床成因。孔雀石常常与哪些金属矿床有关？为什么？
10. 孔雀石与绿松石的矿床成因有何相似性？

参考文献

[1] 艾昊，陈涛，张丽娟，等. 黑龙江穆棱地区宝石级锆石成因探讨[J]. 岩石矿物学杂志，2011，30(2)：313 – 324.

[2] 陈颂学. 海南蓬莱锆石的宝石学特征研究[J]. 宝石和宝石学杂志，2006，8(4)：6 – 9.

[3] 陈志强，邓燕华. 鸡血石的宝石学特征及影响其质量的主要因素[J]. 浙江地质，1993，9(1)：55 – 62.

[4] 程敦模，赵定华，汤志凯，等. 浙江昌化鸡血石宝石矿物学及成因的研究[J]. 科学通报，1985，(18)：1409 – 1413.

[5] 程佑法，李建军，范春丽，等. "泰山玉"的宝石学特征[J]. 宝石和宝石学杂志，2011，13(1)：1 – 4.

[6] 崔文元，吴伟娟，刘岩. 江苏溧阳透闪石玉的研究[J]. 岩石矿物学杂志，2002，21(z1)：91 – 98.

[7] 崔文元，杨富绪. 和田玉（透闪石玉）的研究[J]. 岩石矿物学杂志，2002，21(z1)：26 – 33.

[8] 邓燕华. 宝（玉）石矿床[M]. 北京:北京工业大学出版社,1992.

[9] 董心之，亓利剑，钟增球. 内蒙固阳中长石的宝石学特征及成因初探[J]. 宝石和宝石学杂志，2009，11(1)：20 – 24.

[10] 伏修锋，干福熹，马波，等. 几种不同产地软玉的岩相结构和无破损成分分析[J]. 岩石学报，2007，23(5)：1197 – 1202.

[11] 关崇荣,陈宇. 广东省信宜市南方玉矿矿床地质特征[J]. 西部探矿工程，2005，17(12)：152 – 153.

[12] 郭继春，张学云，李加贵，等. 俄罗斯东北部鄂霍次克——楚科奇火山岩带汞矿床与我国鸡血石矿床的对比[J]. 高校地质学报，2005，11(2)：253 – 259.

[13] 何明跃，朱友楠，李宏博. 江苏省溧阳梅岭玉（软玉）的宝石学研究[J]. 岩石矿物学杂志，2002，21(z1)：99 – 104.

[14] 兰延，陈春，陆太进，等. "西藏红色长石"的围岩和表面残留物特征[J]. 宝石和宝石学杂志，2011，13(2)：1 – 5.

[15] 兰延，陆太进，王薇薇. "拉雅神"(Lazasine) 红色长石的"岩石学" 特征[C]. 中国珠宝首饰学术交流会论文集，2009，35 – 40.

[16] 李大中，王泽，于士祥. 辽宁岫岩地区岫玉成矿规律探讨[J]. 地质找矿论丛，2013，28(2)：249 – 255.

[17] 李海负. 内蒙古宝石级拉长石质月光石的初步研究[J]. 珠宝，1992，3(6)：45 – 47.

[18] 李凯旋，姜婷丽，邢乐才，等. 贵州罗甸玉的矿物学及矿床学初步研究[J]. 矿物学报，2014，34(2)：223 – 233.

[19] 廖尚宜. 草莓红绿柱石(Pezzottaite)的微结构研究及其应用[D]. 中山大学博士论文,2009.

[20] 廖尚宜，彭明生. 草莓红"绿柱石"的晶体化学研究[J]. 矿物学报，2004，23(4)：5 – 10.

[21] 林培英. 晶体光学与造岩矿物[M]. 北京：地质出版社,2006.

[22] 刘飞，余晓艳. 中国软玉矿床类型及其矿物学特征[J]. 矿产与地质，2009，23(4)：375 – 380.

[23] 蒙奎文，宋乐平，布日格德，等. 巴林鸡血石与昌化鸡血石地质特征及矿床形成机制的比较[J]. 西部资源，2011，125 – 126.

[24] 潘兆橹. 结晶学及矿物学[M]. 北京:地质出版社,1996.

[25] 丘志力，龚盛玮，于庆媛，等. 福建明溪锆石巨晶中的斜锆石、锆石矿物包裹体及其成因启示[J]. 中山大学学报:自然科学版，2004，43(6)：135 – 139.

[26] 丘志力，杨进辉，杨岳衡，等. 黑龙江穆棱新生代玄武岩锆石巨晶的微量元素及 Hf 同位素研究[J]. 岩石学报，2007，23(2)：481－492.

[27] 丘志力，秦社彩，龚盛玮. 我国与火山作用有关的宝玉石资源研究[J]. 地质论评，1999，45(sup.)：123－132.

[28] 汤德平. 福建明溪锆石的改色研究[J]. 矿物学报，2001，21(3)：521－524.

[29] 唐延龄，刘德权，周汝洪. 新疆玛纳斯碧玉的成矿地质特征[J]. 岩石矿物学杂志，2002，21(z1)：22－25.

[30] 王立新，张湘江. 阿富汗主要宝玉石矿产[J]. 新疆地质，2009，27(2)：176－179.

[31] 王时麒，董佩信. 岫岩玉的种类、矿床地质特征及成因[J]. 地质与资源，2011，20(5)：321－331.

[32] 王薇薇，兰延，陆太进，等. NGTC 赴西藏野外考察"红色长石"纪实[J]. 宝石和宝石学杂志，2011，13(1)：1－5.

[33] 袁淼，吴瑞华，张锦洪. 俄罗斯奥斯泊(7 号)矿碧玉的宝石学及致色离子研究[J]. 岩石矿物学杂志，2014，33(sup.)：48－54.

[34] 张海萍，李福堂，李津. 山东省昌乐宝石级锆石的研究[J]. 宝石和宝石学杂志，2001，3(4)：30－32.

[35] 钟华邦，张洪石. 江苏梅岭玉的基本特征[J]. 岩石矿物学杂志，2002，21(z1)：105－109.

[36] 钟友萍，丘志力，李榴芬，等. 利用稀土元素组成模式及其参数进行国内软玉产地来源辨识的探索[J]. 中国稀土学报，2013，6：100－110.

[37] Abdalla, H. M., F. H. Mohamed. Mineralogical and Geochemical Investigation of Emerald and Beryl Mineralisation, Pan-African Belt of Egypt: Genetic and Exploration Aspects[J]. Journal of African Earth Sciences, 1999, 28(3): 581－598.

[38] Abduriyim, A. A Mine Trip to Tibet and Inner Mongolia: Gemological Study of Andesine Feldspar[J]. GIA News from Research, 2009.

[39] Abduriyim, A, Hiroshi Kitawaki, Masashi Furuya, et al. "Paraiba"-Type Copper-Bearing Tourmaline From Brazil, Nigeria, and Mozambique: Chemical Fingerprinting by LA-ICP-MS[J]. Gems & Gemology 2006, 42(1), 4－21.

[40] Abduriyim, A., Kazuko S., Yusuke K. Japanese Jadeite: History, Characteristics, and Comparison with Other Sources[J]. Gems & Gemology, 2017, 53(1), 48－67.

[41] Abduriyim, A., Kitawaki, H. Cu- and Mn-Bearing Tourmaline More Production from Mozambique[J]. Gems & Gemology, 2005, 41(4): 360－361.

[42] Adamo, I., Pavese, A., Prosperi, L., et al. Aquamarine, Maxixe-Type Beryl, and Hydrothermal Synthetic Blue Beryl: Analysis and Identification[J]. Gems & Gemology, 2008, 44(3): 214－226.

[43] Adamo, I., Bocchio, R., Diella, V., et al. Demantoid from Val Malenco, Italy: Review and Update[J]. Gems & Gemology, 2009, 45(4): 280－287.

[44] Adamo, I., Bocchio, R., Diella, V., et al. Demantoid from Balochistan, Pakistan: Gemmological and Mineralogical Characterization. The Journal of Gemmology, 2015, 34(5): 428－433.

[45] Adamo, I., Bocchio R. Nephrite Jade from Val Malenco, Italy: Review and Update[J]. Gems & Gemology, 2013, 49(2): 98－106.

[46] Adamo, I., Bocchio, R., Diella, V., et al. Characterization of Peridot from Sardinia, Italy[J]. Gems & Gemology, 2009, 45(2): 130－133.

[47] Adamo, I., Diella, V., Pezzotta, F. Tsavorite and Other Grossulars from Itrafo, Madagascar[J]. Gems & Gemology, 2012, 48(3): 178 - 187.

[48] Adamo, L., Diella, V., Bocchio, R., et al. Gem-Quality Serpentine from Val Malenco, Central Alps, Italy[J]. Gems & Gemology, 2016, 52(1): 38 - 49.

[49] Andrianjakavah, P. R., Salvi, S., Béziat, D., et al. Proximal and Distal Styles of Pegmatite-Related Metasomatic Emerald Mineralization at Ianapera, Southern Madagascar[J]. Mineralium Deposita, 2009, 44(7): 817 - 835.

[50] Aulbach, S., Stachel, T., Creaser, R. A., et al. Sulphide Survival and Diamond Genesis during Formation and Evolution of Archaean Subcontinental Lithosphere: A Comparison between the Slave and Kaapvaal Cratons[J]. Lithos, 2009, 112(Supp. 2): 747 - 757.

[51] Aurisicchio, C., Fioravanti, G., Grubessi, O., et al. Genesis and Growth of the Red Beryl from Utah (USA) [J]. Rendiconti Lincei, 1990, 1(4): 393 - 404.

[52] Baker, D. W. Montana Sapphires—The Value of Color[J]. Northwest Geology, 1994, 23: 61 - 75.

[53] Barot, N., Boehm E. Gem-Quality Green Zoisite[J]. Gems & Gemology, 1992, 28(1): 4 - 15.

[54] Barton, M. D., Young S. Non-Pegmatitic Deposits of Beryllium: Mineralogy, Geology, Phase Equilibria and Origin[J]. Reviews in Mineralogy and Geochemistry, 2002, 50(1): 591 - 691.

[55] Beesley, C. R. Record-Breaking Emerald Discovered in Hiddenite, North Carolina. 2010.

[56] Bertrand, G., Rangin, C., Maluski, H., et al. Diachronous Cooling along the Mogok Metamorphic Belt (Shan Scarp, Myanmar): The Trace of the Northward Migration of the Indian Syntaxis[J]. Journal of Asian Earth Sciences, 2001, 19(5): 649 - 659.

[57] Dias, M. B., Wilson, W. E. The Alto Ligonha Pegmatites, Mozambique[J]. Mineralogical Record, 2000, 31(6): 459 - 497.

[58] Beus, A. A. Geochemistry of Beryllium and Genetic Types of Deposits [Transl. from the Russian by F. Lachman]. WH Freeman and Co, San Francisco, 1966.

[59] Blauwet, D., Quinn, E. P., Muhlmeister, S. New Emerald Deposit in Xinjiang, China[J]. Gems & Gemology, 2005, 41(1): 56 - 57.

[60] Bocchio, R., Adamo I., Diella V. The Profile of Trace Elements, Including the Ree, in Gem-Quality Green Andradite from Classic Localities[J]. The Canadian Mineralogist, 2010, 48(5): 1205 - 1216.

[61] Bocchio, R., Adamo, I., Caucia, F. Aquamarine from the Masino-Bregaglia Massif, Central Alps, Italy[J]. Gems & Gemology, 2009, 45(3): 204 - 207.

[62] Bowersox, G., Snee, L. W., Foord, E. E., et al. Emeralds of the Panjshir Valley, Afghanistan[J]. Gems & Gemology, 1991, 27(1): 26-39.

[63] Branquet, Y., Laumonier, B., Cheilletz, A., et al. Emeralds in the Eastern Cordillera of Colombia: Two Tectonic Settings for One Mineralization[J]. Geology, 1999, 27(7): 597 - 600.

[64] Breeding, C. M., Rockwell, K., Laurs, B. M. New Cu-Bearing Tourmaline from Nigeria[J]. Gems & Gemology, 2007, 43(4): 384 - 385.

[65] Brownlow, A. H., Komorowski, J. C.. Geology and Origin of the Yogo Sapphire Deposit, Montana[J]. Economic Geology, 1988, 83(4): 875 - 880.

[66] Bulanova, G. P., Walter, M. J., Smith, C. B., et al. Mineral Inclusions in Sublithospheric Diamonds from

Collier 4 Kimberlite Pipe, Juina, Brazil: Subducted Protoliths, Carbonated Melts and Primary Kimberlite Magmatism[J]. Contributions to Mineralogy and Petrology, 2010, 160(4): 489 – 510.

[67] Burt, D. M., Sheridan, M. F., Bikun, J. V., et al. Topaz Rhyolites—Distribution, Origin, and Significance for Exploration[J]. Economic Geology, 1982, 77(8): 1818 – 1886.

[68] Cade, A., Groat L. A. Garnet Inclusions in Yogo Sapphires[J]. Gems & Gemology, 2006, 42(3): 106.

[69] Cairncross, B., Campbell, I. C., Huizenga, J. M. Topaz, Aquamarine and Other Beryls from Klein Spitzkoppe, Namibia[J]. Gems & Gemology, 1998, 34(2): 114 – 125.

[70] Cassedanne, J. P., Sauer D. A. The Santa Terezinha de Goiás Emerald Deposit. Gems & Gemmology, 1984, 20(1): 4 – 13.

[71] Chapin, M., Pardieu, V., Lucas, A. Mozambique: A Ruby Discovery for the 21st Century[J]. Gems & Gemology, 2015, 51(1): 44 – 54.

[72] Chauviré, B., Rondeau, B., Fritsch, E., et al. Blue Spinel from the Luc Yen District of Vietnam[J]. Gems & Gemology, 2015, 51(1): 2 – 17.

[73] Cheilletz, A., Giuliani, G. The Genesis of Colombian Emeralds: A Restatement[J]. Mineralium Deposita, 1996, 31(5): 359 – 364.

[74] Chen, T. H., Calligaro, T., Pages-Camagna, S., et al. Investigation of Chinese Archaic Jade by PIXE and μRaman Spectrometry[J]. Applied Physics A: Materials Science and Processing, 2004, 79(2): 177 – 180.

[75] Chen, T., Ai, H., Yang, M., et al. Brownish Red Zircon from Muling, China[J]. Gems & Gemology, 2011, 47(1) 36 – 41.

[76] Christiansen, E. H., Burt, D. M., Sheridan, M. F., et al. The Petrogenesis of Topaz Rhyolites from the Western United States[J]. Contributions to Mineralogy and Petrology, 1983, 83(1 – 2): 16 – 30.

[77] Christiansen, E. H, Keith, J. D., Thompson, T. J. Origin of Red Beryl in Utah's Wah Wah Mountains [J]. Mining Engineering, 1997, 49(2): 37 – 41.

[78] Clabaugh, S. E. Corundum Deposits of Montana[M]. Geological Survey, Bulletin 983, 1952, 1 – 99.

[79] Clifford, T. N. Tectono-Metallogenic Provinces[J]. Earth and Planetary Science Letters, 1966, 1: 421 – 434.

[80] Coleman, R. G. Jadeite Deposits of the Clear Creek Area, New Idria District, San Benito County, California [J]. Journal of Petrology, 1961, 2(2): 209 – 247.

[81] Compagnoni, R., Rolfo, F., Castelli, D. Jadeitite from the Monviso Meta-Ophiolite, Western Alps: Occurrence and Genesis[J]. European Journal of Mineralogy, 2012, 24(2): 333 – 343.

[82] Dahy, J. P. Geology and Igneous Rocks of the Yogo Sapphire Deposit[J]. Little Belt Mountains, Montana: Montana Bureau of Mines and Geology Special Publication, 1991, 100: 45 – 54.

[83] Devouard, B., Devidal L. L., Lulzac Y. Pezzottaite from Myanmar[J]. Gems & Gemology, 2007, 43(1): 70 – 71.

[84] Dharmaratne, P. G., Premasiri, H. M., Dillimuni, D., Sapphires From Thammannawa, Kataragama Area, Sri Lanka[J]. Gems & Gemology, 2012, 48(2): 98 – 107.

[85] Dupuy, C., Dostal, J., Dautria, J. M., et al. Geochemistry of Spinel Peridotite Inclusions in Basalts from Sardinia[J]. Mineralogical Magazine, 1987, 51(362): 561 – 568.

[86] Estrade, G., Salvi, S., Béziat, D., et al. REE and HFSE Mineralization in Peralkaline Granites of the

Ambohimirahavavy Alkaline Complex, Ampasindava Peninsula, Madagascar[J]. Journal of African Earth Sciences, 2014a, 94: 141 - 155.

[87] Estrade, G., Béziat, D., Salvi, S., et al. Unusual Evolution of Silica-under-and-Oversaturated Alkaline Rocks in the Cenozoic Ambohimirahavavy Complex (Madagascar): Mineralogical and Geochemical Evidence [J]. Lithos, 2014b, 206: 361 - 383.

[88] Evans, B. W., Hattori, K., Baronnet A. Serpentinite: What, Why, Where? [J] Elements, 2013, 9(2): 99 - 106.

[89] Faulkner, M., Tames E., Shigley. Harts Range, Northern [J]. Gems & Gemology, 1989, 25 (3): 207 - 215.

[90] Feneyrol, J., Giuliani, G., Ohnenstetter, D., et al. New Aspects and Perspectives on Tsavorite Deposits [J]. Ore Geology Reviews, 2013, 53: 1 - 25.

[91] Fritsch, E. Red Andesine Feldspar from Congo[J]. Gems & Gemology, 2002, 38(1): 94 - 95.

[92] Fritsch, E., Shigley, J. E., Rossman, G. R., et al. Gem-Quality Cuprian-Elbaite Tourmalines from São José Da Batalha, Paraíba, Brazil[J]. Gems & Gemology, 1990, 26(3): 189 - 205.

[93] Frost, D. J., Catherine A. M. The Redox State of Earth's Mantle [J]. Annual Review of Earth and Planetary Sciences, 2008, 36(1): 389 - 420.

[94] Fuhrbach, J. R. Kilbourne-Hole-Peridot[J]. Gems & Gemology, 1992, 28(1): 16 - 28.

[95] Furuya, M., Furuya, M. Paraiba Tourmaline-Electric Blue Brilliance Burnt into Our Minds[J]. Japan Germany Gemmological Laboratory, Kofu, Japan, 2007, 24PP.

[96] Furuya, M. Copper-Bearing Tourmalines from New Deposits in Paraiba State, Brazil. Gems & Gemology, 2007, 43(3): 236 - 239.

[97] García-Casco, A., Vega, A. R., Párraga, J. C., et al. A New Jadeitite Jade Locality (Sierra Del Convento, Cuba): First Report and Some Petrological and Archeological Implications[J]. Contributions to Mineralogy and Petrology, 2009, 158(1): 1 - 16.

[98] Garnier, V., Giuliani, G., Ohnenstetter, D., et al. Pb Ages of Marble-Hosted Ruby Deposits from Central and Southeast Asia[J]. Canadian Journal of Earth Sciences, 2006, 43(4): 509 - 532.

[99] Garnier, V., Giuliani, G., Maluski, H., et al. Ar-Ar Ages in Phlogopites from Marble-Hosted Ruby Deposits in Northern Vietnam: Evidence for Cenozoic Ruby Formation[J]. Chemical Geology, 2002, 188 (1): 33 - 49.

[100] Garnier, V., Ohnenstetter, D., Giuliani, G., et al. Age and Significance of Ruby-Bearing Marble from the Red River Shear Zone, Northern Vietnam[J]. Canadian Mineralogist, 2005, 43(4): 1315 - 1329.

[101] Garnier, V., Giuliani, G., Ohnenstetter, D., et al. Marble-Hosted Ruby Deposits from Central and Southeast Asia: Towards a New Genetic Model[J]. Ore Geology Reviews, 2008, 34(1 - 2): 169 - 191.

[102] Giuliani, G., Dubessy, J., Banks, D., et al. CO_2-H_2S-COS-S_8-AlO(OH)-Bearing Fluid Inclusions in Ruby from Marble-Hosted Deposits in Luc Yen Area, North Vietnam[J]. Chemical Geology, 2003, 194(1 - 3): 167 - 185.

[103] Giuliani, G., Boiron, M. C., Morlot, C., et al. Demantoid Garnet with Giant Fluid Inclusion[J]. Gems & Gemology, 2015, 51(4): 446 - 448.

[104] Giuliani, G., Dubessy, J., Ohnenstetter, D., et al. The Role of Evaporites in the Formation of Gems

during Metamorphism of Carbonate Platforms: A Review[J]. Mineralium Deposita, 2018, 53(1): 1-20.

[105] Giuliani, G., Cheilletz, A., Dubessy, J., et al. Chemical Composition of Fluid Inclusions in Colombian Emerald Deposits[C]. In Proceedings 8th Quadriennal IAGOD Symposium, 1993,159-168.

[106] Graham, I., Sutherland, L., Zaw, K., Nechaev, V., Khanchuk, A. Advances in Our Understanding of the Gem Corundum Deposits of the West Pacific Continental Margins Intraplate Basaltic Fields[J]. Ore Geology Reviews, 2008, 34(1-2): 200-215.

[107] Groat, L. A., Giuliani, G., Marshall, D. D., et al. Emerald Deposits and Occurrences: A Review[J]. Ore Geology Reviews, 2008, 34(1): 87-112.

[108] Grundmann, G., and Morteani, G. Emerald Mineralization during Regional Metamorphism; the Habachtal (Austria) and Leydsdorp (Transvaal, South Africa) Deposits[J]. Economic Geology, 1989, 84(7): 1835-1849.

[109] Gübelin, E. J. Zabargad: The Ancient Peridot Island in the Red Sea[J]. Gems & Gemology, 1981, 17(1): 2-8.

[110] Gübelin E. J. Gemological Characteristics of Pakistani Emeralds[J]. Van Nostrand Reinhold, New York, 1989, 75-92.

[111] Guo, J., O'Reilly, S. Y., Griffin, W. L. Corundum from Basaltic Terrains: A Mineral Inclusion Approach to the Enigma[J]. Contributions to Mineralogy and Petrology, 1996, 122(4): 368-386.

[112] Haggerty, S. E. A Diamond Trilogy: Superplumes, Supercontinents, and Supernovae[J]. Science, 1999, 285(5429): 851-860.

[113] Hänni, H. A. A. Contribution to the Separability of Natural and Synthetic Emeralds[J]. Journal of Gemmology, 1982, 18(2): 138-144.

[114] Hänni, H. A. A., Krzemnicki, M. S. Casium-Rich Morganite from Afghanistan and Madagascar[J]. Journal of Gemmology, 2003, 28(7): 417-429.

[115] Harding, R. R. A Note on Red Beryl[J]. Journal of Gemmology, 1995, 24(8): 581-583.

[116] Hargett, D. Jadeite of Guatemala: A Contemporary View[J]. Gems & Gemology, 1990, 26(2): 134-141.

[117] Harlow, G. E., Sisson, V. B., Sorensen, S. S. Jadeitite from Guatemala: New Observations and Distinctions among Multiple Occurrences[J]. Geologica Acta, 2011, 9(3): 363-387.

[118] Harlow, G. E. Jadeitites, Albitites and Related Rocks from the Motagua[J]. Journal of Metamorphic Geology, 1994, 12(1): 49-68.

[119] Harlow, G. E., Pamukcu, A., Thu, U. K. Mineral Assemblages and the Origin of Ruby in the Mogok Stone Tract, Myanmar[J]. Gems & Gemology, 2006, 42(3): 147.

[120] Harlow, G. E., Tsujimori, T., Sorensen, S. S. Jadeitites and Plate Tectonics[J]. Annual Review of Earth and Planetary Sciences, 2015, 43(1): 105-138.

[121] Harte, B. Diamond Formation in the Deep Mantle: The Record of Mineral Inclusions and Their Distribution in Relation to Mantle Dehydration Zones[J]. Mineralogical Magazine, 2010, 74(2): 189-215.

[122] Hillebrand, W. F. Red Beryl from Utah[J]. American Journal of Science, 1905, 19: 330-331.

[123] Hoa, T. T., Izokh, A. E., Polyakov, G. V., et al. Permo-Triassic Magmatism and Metallogeny of Northern Vietnam in Relation to the Emeishan Plume[J]. Russian Geology and Geophysics, 2008, 49

(7): 480 - 491.

[124] Hoang, N., Flower, M. Petrogenesis of Cenozoic Basalts from Vietnam: Implication for Origins of a "Diffuse Igneous Province"[J]. Journal of Petrology, 1998, 39(3): 369 - 395.

[125] Hosaka, M., Tubokawa, K., Hatushika, T., et al. Observations of Red Beryl Crystals from the Wah Wah Mountains, Utah[J]. Journal of Gemmology, 1993, 23(7): 409 - 411.

[126] Hsu, T., Lucas, A. Update on the Scorpion Tsavorite Mine[J]. Gems & Gemology, 2016, 52(2): 89 - 91.

[127] Hughes, R. W., Galibert, O., Bosshart, G., et al. Burmese Jade: The Inscrutable Gem[J]. Gems & Gemology, 2000, 36(1): 2 - 26.

[128] Huong, L. T. T., Hofmeister, W., Häger, T., et al. Aqumarine from the Thuong Xuan District, Thanh Hoa Province, Vietnam [J]. Gems & Gemology, 2011, 47(1): 42 - 48.

[129] Huong, L. T. T., Häger, T., Hofmeister, W., et al. Gemstones from Vietnam: An Update[J]. Gems & Gemology, 2012, 48(3): 158 - 176.

[130] Jan, M. Q., Khan, M. A. Petrology of Gem Peridot from Sapat Mafic-Ultramafic Complex, Kohistan, NW Himalaya[J]. Geological Bulletin of the University of Peshawar, 1996, 29: 17 - 26.

[131] Johnson, M. L., Koivula, J. I. Gem News: Demantoid Garnet from Russia and from Namibia[J]. Gems & Gemology, 1997, 33(3): 222 - 223.

[132] Johnson, M. L., Eds Koivula, J. I. Gem News: Update on Namibian Spessartine[J]. Gems & Gemology, 1996a, 32(1): 56 - 57.

[133] Johnson, M. L., Eds Koivula, J. I. Gem News:Spessartine from Pakistan[J]. Gems & Gemology, 1996b, 32(3): 218 - 219.

[134] Johnson, M. L., Eds Koivula, J. I., McClure, S. F., et al. Gem News:Spessartine from Zambia[J]. Gems & Gemology, 1999, 35(4): 217 - 218.

[135] Johnson, M. L., Kammerling, R. C., DeGhionno, D. G., et al. Opal from Shewa Province, Ethiopia [J]. Gems & Gemology, 1996, 32(2): 112 - 120.

[136] Johnston, C. L., Gunter, M. E., Knowles, C. R. Sunstone Labradorite from the Ponderosa Mine, Oregon [J]. Gems & Gemology, 1991, 27(4): 220 - 233.

[137] Kammerling, R. C., Koivula, J. I. A Preliminary Investigation of Peridot from Vietnam[J]. Journal of Gemmology, 1995, 24(5): 355 - 361.

[138] Kan-Nyunt, H. P., Karampelas, S., Link, K., et al. Blue Sapphires from the Baw Mar Mine in Mogok [J]. Gems & Gemology, 2013, 49(4): 223 - 232.

[139] Kane, R. E., Kampf, A. R., Krupp, H. Well-Formed Tsavorite Gem Crystals from Tanzania[J]. Gems & Gemology, 1990, 26(2): 142 - 148.

[140] Karampelas, S., Gaillou, E., Fritsch, E., et al. Les Grenats Andradites-Démantöides d'Iran: Zonage de Couleur et Inclusions[J]. Revue de Gemmologie, 2007, 160: 14 - 20.

[141] Keith, J. D., Christiansen, E. H., Tingey, D. G. Geological and Chemical Conditions of Formation of Red Beryl, Wah Wah Mountains, Utah[J]. Utah Geological Association Publication, 1994, 23: 155 - 169.

[142] Keller, P. C., Wang F. Q. A Survey of the Gemstone Resources of China[J]. Gems & Gemology, 1986, 22(1): 3 - 13.

[143] Khoi, N. N. , Sutthirat, C. , Tuan, D. A. , et al. Ruby and Sapphire from the Tan Huong-Truc Lau Area, Yen Bai Province, Northern Vietnam[J]. Gems & Gemology, 2011, 47(3): 182 - 195.

[144] Khoi, N. N. , Hauzenberger, C. A. , Anh Tuan, D. , et al. Mineralogy and Petrology of Gneiss Hosted Corundum Deposits from the Day Nui Con Voi Metamorphic Range, Ailao Shan-Red River Shear Zone (North Vietnam) [J]. Neues Jahrbuch für Mineralogie - Abhandlungen Journal of Mineralogy and Geochemistry, 2016, 193(2): 161 - 181.

[145] Kiefert, L. , Hardy, P. , Sintayehu, T. , et al. New Deposit of Black Opal from Ethiopia[J]. 2014, 49 (4): 303 - 304.

[146] King, J. , Shigley, J. E. , Jannucci, C. Exceptional Pink to Red Diamonds: A Celebration of the 30th Argyle Diamond Tender[J]. Gems & Gemology, 2015, 50(4): 268 - 279.

[147] Kjarsgaard, B. A. , Levinson, A. A. Diamonds in Canada[J]. Gems & Gemology, 2002, 38(3): 208 - 238.

[148] Koivula, J. I. San Carlos Peridot[J]. Gems & Gemology, 1981, 17(4): 205 - 214.

[149] Koivula, J. I, R C Kammerling, E Eds Fritsch. Gem News: Spessartine Garnet from Africa[J]. Gems & Gemology, 1993, 29(1): 61 - 62.

[150] Koivula, J. I. , Fryer, C. W. The Gemological Characteristics of Chinese Peridot[J]. Gems & Gemology, 1986, 22(1): 38 - 40.

[151] Konovalenko, S. A. , Ananyev, S. I. Morphological and Gemmological Features of Gem-Quality Spinel from the Goron Deposit, Southwestern Pamirs, Tajikistan[J]. Journal of Gemmology, 2012, 33(1): 15 - 18.

[152] Kramers, J. D. Lead, Uranium, Strontium, Potassium and Rubidium in Inclusion-Bearing Diamonds and Mantle-Derived Xenoliths from Southern Africa[J]. Earth and Planetary Science Letters, 1979, 42(1): 58 - 70.

[153] Krzemnicki, M. S. Red and Green Labradorite Feldspar from Congo[J]. Journal of Gemmology, 2004, 29 (1): 15 - 24.

[154] Laurs, B. M. Geochemical Evolution of Topaz Rhyolites from the Thomas Range and Spor Mountain, Utah [J]. American Mineralogist, 1984, 69(3 - 4): 223 - 236.

[155] Laurs, B. M. Demantoid Garnet from Iran[J]. Gems & Gemology, 2002, 50(1): 96.

[156] Laurs, B. M. Aquamarine and Heliodor from Indochina[J]. Gems and Gemology, 2010, 46(4): 311 - 312.

[157] Laurs, B. M. , Knox, K. Spessartine Garnet from Ramona, San Diego County, California[J]. Gems & Gemology, 2001, 37(4): 278 - 295.

[158] Laurs, B. M. Saturated Blue Aquamarine from Nigeria[J]. Gems & Gemology, 2005, 41(1): 56.

[159] Laurs, B. M. , Quinn, E. P. Hessonite from Afghanistan[J]. Gems & Gemology, 2004, 40(3): 258 - 259.

[160] Laurs, B. M. , Quinn, E. P. , Simmons, W. B. , et al. A Faceted Pezzottaite from Afghanistan[J]. Gems & Gemology, 2005, (1): 61 - 62.

[161] Laurs, B. M. , Simmons, W. B. , Rossman, G. R. , et al. Pezzottaite from Ambatovita, Madagascar: A New Gem Mineral[J]. Gems & Gemology, 2003, 39(4): 284 - 301.

[162] Laurs, B. M. , Zoysa, E. G. , Quinn, E. P. Aquamarine from a New Primary Deposit in Sri Lanka[J].

Gems & Gemology, 2006, 42(3): 63 - 64.

[163] Laurs, B. M., Simmons, W. B., Rossman, G. R., et al. Yellow Mn-Rich Tourmaline from the Canary Mining Area, Zambia[J]. Gems & Gemology, 2007, 43(4): 314 - 331.

[164] Laurs, B. M., Zwaan, J. C., Breeding, C. M., et al. Copper-Bearing (Paraíba-Type) Tourmaline from Mozambique[J]. Gems and Gemology, 2008, 44(1): 294 - 320.

[165] Leloup, P. H., Arnaud, N., Lacassin, R., Kienast, J. R., et al. New Constraints on the Structure, Thermochronology, and Timing of the Ailao Shan-Red River Shear Zone, SE Asia[J]. Journal of Geophysical Research, 2006, 106(B4): 6683 - 6732.

[166] Lepvrier, C., Van Vuong, N., Maluski, H., et al. Indosinian Tectonics in Vietnam[J]. Comptes Rendus Geoscience, 2008, 340(2 - 3): 94 - 111.

[167] Long, P. V., Pardieu V., Giuliani G. Update on Gemstone Mining in Luc Yen, Vietnam[J]. Gems & Gemology, 2013, 49(4): 233 - 245.

[168] Lucas, A., Sammoon, A., Jayarajah, A. P., et al. Sri Lanka: Expedition to the Island of Jewels [J]. Gems & Gemology, 2014, 50(3): 174 - 201.

[169] Lum, J. E., Viljoen, K. S., Cairncross, B. Mineralogical and Geochemical Characteristics of Emeralds from the Leydsdorp Area, South Africa[J]. South African Journal of Geology, 2016, 119(2): 359 - 378.

[170] Manning, P. G. Effect of Second Nearest Neighbour Interaction on Mn^{3+} Absorption in Pink and Black Tourmalines[J]. Canadian Mineralogist, 1973, 11: 971 - 977.

[171] Marshall, D., Pardieu, V., Loughrey, L., et al. Conditions for Emerald Formation at Davdar, China: Fluid Inclusion, Trace Element and Stable Isotope Studies[J]. Mineralogical Magazine, 2012, 76(1): 213 - 226.

[172] Mattson, S. M., Rossman G. R. Fe^{2+} - Fe^{3+} Interactions in Tourmaline[J]. Physics and Chemistry of Minerals, 1987, 14(2): 163 - 171.

[173] Miley, F. An Examination of Red Beryl[J]. Gems & Gemology, 1980, 16(12): 405 - 408.

[174] Millsteed, P. W. Faceting Transparent Rhodonite from Broken Hill, New South Wales, Australia[J]. Gems & Gemology, 2006, 42(2): 151 - 158.

[175] Millsteed, P. W., Mernagh, T. P., Otieno-Alego, V., et al. Inclusions in Transparent Gem Rhodonite From Broken Hill, New South Wales, Australia [J]. Gems & Gemology, 2005, 41(3) 246 - 254.

[176] Mizukami, T., Wallis, S., Enami, M., et al. Forearc Diamond from Japan[J]. Geology, 2008, 36(3): 219 - 222.

[177] Moroz, I., Vapnik, Y., Eliezri, I., et al. Mineral and Fluid Inclusion Study of Emeralds from the Lake Manyara and Sumbawanga Deposits, Tanzania[J]. Journal of African Earth Sciences, 2001, S 33(2): 377 - 390.

[178] Moss, S., Russell, J. K., Andrews, G. D. M. Progressive Infilling of a Kimberlite Pipe at Diavik, Northwest Territories, Canada: Insights from Volcanic Facies Architecture, Textures, and Granulometry. Journal of Volcanology and Geothermal Research, 2008, 174(1 - 3): 103 - 116.

[179] Mychaluk, K. A. The Yogo Sapphire Deposit[J]. Gems & Gemology, 1995, 31(1): 28 - 41.

[180] Nassau, K., Wood, D. L. An Examination of Red Beryl from Utah[J]. American Mineralogist, 1968, 53 (5 - 6): 801.

[181] Nguyen, H. , Flower, M. F. , Carlson, R. W. Carlson. Major, Trace Element, and Isotopic Compositions of Vietnamese Basalts: Interaction of Hydrous EM1-Rich Asthenosphere with Thinned Eurasian Lithosphere [J]. Geochimica et Cosmochimica Acta, 1996, 60(22): 4329 - 4351.

[182] Nguyen, T. M. T. , Hauzenberger, C. , Khoi, N. N. , et al. Peridot from the Central Highlands of Vietnam: Properties, Origin, and Formation[J]. Gems & Gemology, 2016, 52(3): 276 - 287.

[183] Nguy Tuyet Nhung, Le Thi Thu Huong, Nguyen Thi Minh Thuyet, et al. An Update on Tourmaline from Luc Yen, Vietnam[J]. 2017, 53(2): 190 - 203.

[184] Okrusch, M. , Bunch, T. E. , Bank, H. Paragenesis and Petrogenesis of a Corundum-Bearing Marble at Hunza (Kashmir) [J]. Mineralium Deposita, 1976, 11(3): 278 - 297.

[185] Ostrooumov, Mikhail. Mexican Demantoid from New Deposits[J]. Gems & Gemology, 2015, 51(4): 450 - 452.

[186] Ottaway, T. L. , Wicks, F. J. , Bryndzia, L. T. , et al. Formation of the Muzo Hydrothermal Emerald Deposit in Colombia[J]. Nature, 1994, 369(6481): 552 - 554.

[187] Pal'Yanov, Y. , Borzdov, Y. , Kupriyanov, I. , et al. High-Pressure Synthesis and Characterization of Diamond from a Sulfur-Carbon System[J]. Diamond and Related Materials, 2001, 10(12): 2145 - 2152.

[188] Palke, A. C. , Pardieu, V. Demantoid from Baluchistan Province in Pakistan[J]. Gems & Gemology, 2014, 50(4): 302 - 303.

[189] Palyanov, Y. N. , Kupriyanov, I. N. , Borzdov, Y. M. , et al. Diamond Crystallization from a Sulfur-Carbon System at HPHT Conditions[J]. Crystal Growth and Design, 2009, 9(6): 2922 - 2926.

[190] Palyanov, Y. N. , Borzdov, Y. M. , Khokhryakov, A. F. , et al. Sulfide Melts-Graphite Interaction at HPHT Conditions: Implications for Diamond Genesis[J]. Earth and Planetary Science Letters, 2006, 250 (1 - 2): 269 - 280.

[191] Pardieu, V. , Dubinsky, E. V. Sapphier Rush Near Kataragama, Sri Lanka (February-March, 2012) [J]. GIA: News from Research, 2012.

[192] Pardieu, V. , Hughes, R. W. , Boehm, E. Spinel: Resurrection of a Classic[J]. InColor, 2008, 10 - 18.

[193] Pardieu, V. , Sangsawong, S. , Chauviré, B. , et al. Rubies from the Montepuez area (Mozambique) [J]. GIA: News from Research, 2013,1 - 84.

[194] Pardieu, V. , Rakotosaona N. Ruby and Sapphire Rush near Didy, Madagascar[J]. GIA: News from Research, 2012.

[195] Pardieu, V. , Supharart, S. , Jonathan, M. ,et al. Blue Sapphires from the Mambilla Plateau, Taraba State, Nigeria[J]. Research on Humanities and Social Sciences, 2014, 5(1): 54 - 60.

[196] Pay, D. Large Namibian Demantoid Garnet[J]. 2015, 51(2): 210 - 211.

[197] Pay, D. , Weldon R. , McClure, S. , et al. Three Occurrences of Oregon Sunstone [J]. Gems & Gemology, 2013, 49(3): 162 - 171.

[198] Pesetti, A. , Schmetzes, K. , Bernhadt, H. J. , et al. Rubies from Mong Hsu[J]. Gems & Gemology, 1995, 31(1): 2 - 23.

[199] Pezzotta, F. Andradite Form Antetezambato, North Madagascar[J]. The Mineralogical Record, 2010a, 41 (3): 209 - 230.

[200] Pezzotta, F. Demantoid Und Topazolith Aus Antetezambato, Nord Madagaskar[J]. Lapis Die Aktuelle Monatsschrift Fuer Liebhaber Und Sammler Von Mineralien Und, 2010b, 35(10): 31.

[201] Pezzotta, F., Adamo, I., Diella, V. Demantoid and Topazolite from Antetezambato, Northern Madagascar: Review and New Data[J]. Gems & Gemology, 2011, 47(1): 2 – 14.

[202] Phillips, W. R., Talantsev, A. Russian Demantoid, Czar of the Garnet Family[J]. Gems and Gemology, 1996, 32(2): 100 – 111.

[203] Prider, R. T. The Leucite Lamproites of the Fitzroy Basin, Western Australia[J]. Journal of the Geological Society of Australia, 1959, 6(2): 71 – 118.

[204] Proyer, A., Mposkos, E., Baziotis, I., et al. Tracing High-Pressure Metamorphism in Marbles: Phase Relations in High-Grade Aluminous Calcite-Dolomite Marbles from the Greek Rhodope Massif in the System CaO-MgO-Al_2O_3-SiO_2-CO_2 and Indications of Prior Aragonite[J]. Lithos, 2008, 104(1 – 4): 119 – 130.

[205] Quinn, E. P., Muhlmeister, S. Albitic "moonstone" from the Morogoto Region, Tanzania[J]. Gems & Gemology, 2005, 41(1): 60 – 61.

[206] Reinitz, I. M., Rossman, G. R. Role of Natural Radiation in Tourmaline Coloration[J]. Am. Mineral, 1988, 73: 822 – 825.

[207] Renfro, N., Laurs, B. M. Spinel from Bawma, Myanmar[J]. Gems & Gemology, 2010, 46(2): 154.

[208] Renfro, N., Sun Z. Y, Nemeth M., et al. A New Discovery of Emeralds from Ethiopia[J]. Gems & Gemology , 2017, 53(1): 114 – 116.

[209] Ringsrud, Ron. The Coscuez Mine: A Major Source of Colombian Emeralds[J]. Gems & Gemology, 1986, 22(2): 67 – 79.

[210] Ringwood, A. E. The Principles Governing Trace-Element Behaviour during Magmatic Crystallization[J]. Geochimica et Cosmochimica Acta, 1955, 7(5 – 6): 242 – 254.

[211] Rohrbach, A., Ballhaus, C., Golla-Schindler, U., et al. Metal Saturation in the Upper Mantle. Nature, 2007, 449(7161): 456 – 458.

[212] Rohrbach, A., Max, W. Schmidt. Redox Freezing and Melting in the Earth's Deep Mantle Resulting from Carbon-iron Redox Coupling[J]. Nature, 2011, 472(7342): 209 – 12.

[213] Rohtert, William R., Elizabeth P Quinn, et al. Blue Beryl Discovery in Canada[J]. 2003, (30110): 327 – 329.

[214] Rondeau, B., Fritsch, E., Peucat, J. J., et al. Characterization of Emeralds from a Historical Deposit: Byrud (Eidsvoll), Norway[J]. Gems & Gemology: The Quarterly Journal of the Gemological Institute of America, 2008, 44(2): 108 – 122.

[215] Rondeau, Benjamin. Play-of-Color Opal from Wegeltena, Wollo Province, Ethiopia[J]. Gems & Gemology, 2010, 46(2): 90 – 105.

[216] Rossman, G. The Red Feldspar Project[J]. GIA News from Research, 2009:1 – 8.

[217] Rossman, G. R., S. M. Mattson. Yellow, Mn-Rich Elbaite with Mn-Ti Intervalence Charge Transfer[J]. American Mineralogist, 1986, 71(3 – 4): 599 – 602.

[218] Rossman, G. R. Color in Gems: The New Technologies[J]. Gems and Gemology, 1981, 17(2): 60 – 71.

[219] Saeseaw, S., Pardieu V., Supharart Sangsawong. 2014. Three-Phase Inclusions in Emerald and Their

Impact on Origin Determination[J]. Gems & Gemology, 2012, 50(2): 114 - 132.

[220] Schertl, H. P. , Maresch, W. V. , Stanek, K. P. , et al. New Occurrences of Jadeitite, Jadeite Quartzite and Jadeite-Lawsonite Quartzite in the Dominican Republic, Hispaniola: Petrological and Geochronological Overview[J]. European Journal of Mineralogy, 2012, 24(2): 199 - 216.

[221] Schmetzer, K. , Bank, H. East African Tourmalines and Their Nomenclature[J]. Journal of Gemmology, 1979, 16(5): 310 - 311.

[222] Schmetzer, K. , Bernhardt, H. J ,Biehler, R. Emeralds from the Ural Mountains, USSR[J]. Gems & Gemology, 1991, 27(2): 86 - 99.

[223] Schwarz, D. Australian Emeralds[J]. Australian Gemmologist, 1991, 17: 488 - 497.

[224] Schwarz, D. , Pardieu, V. , John, M. S. , et al. Rubies and Sapphires from Winza, Central Tanzania[J]. Gems & Gemology, 2008, 44(4): 322 - 347.

[225] Schwarz, D. , Henn, U. Emeralds from Madagascar[J]. Journal of Gemmology, 1992,23(3): 140 - 149.

[226] Seifert, A. V. , Hyrsl, J. Sapphire and Garnet from Kalalani, Tanga Province, Tanzania[J]. Gems & Gemology, 1999. 35(1): 108 - 120.

[227] Seifert, A. V. , žáček, V. , Vrána, S. , et al. Emerald Mineralization in the Kafubu Area, Zambia[J]. Bulletin of Geosciences, 2004, 79(1): 1 - 40.

[228] Shen, A. H, Koivula. J. I. , Shigley, J. E. Identification of Extraterrstrial Peridot bytrace elements[J]. Gems & Gemology, 2011, 47(3): 208 - 213.

[229] Shi, G. H. , Cui, W. Y. , Tropper, P. , et al. The Petrology of a Complex Sodic and Sodic-Calcic Amphibole Association and Its Implications for the Metasomatic Processes in the Jadeitite Area in Northwestern Myanmar, Formerly Burma[J]. Contributions to Mineralogy and Petrology, 2003, 145(3): 355 - 376.

[230] Shigeno, M. , Yasushi, M. , Kazuhiko, S. , et al. Jadeitites with Metasomatic Zoning from the Nishisonogi Metamorphic Rocks, Western Japan: Fluid-tectonic Block Interaction during Exhumation[J]. European Journal of Mineralogy, 2012, 24(2): 289 - 311.

[231] Shigley, J. E. , Kane, R. E. , Manson, D. V. A Notable Mn-Rich Gem Elbaite Tourmaline and Its Relationship to "Tsilaisite" [J]. American Mineralogist, 1986, 71(9 - 10): 1214 - 1216.

[232] Shigley, J. E. , Chapman, J. , Ellison, R. K. Discovery and Mining of the Argyle Diamond Deposit, Australia[J]. Gems & Gemology, 2001, 37(1): 26 - 41.

[233] Shigley, J. E. , Foord E. E. Gem-Quality Red Beryl from the Wah Wah Mountains, Utah[J]. Gems & Gemology, 1984, 20(4): 208 - 221.

[234] Shigley, J. E. , Thompson T. J. , Keith J. D. Red Beryl from Utah: A Review and Update[J]. Gems & Gemology, 2003, 39(4): 302 - 313.

[235] Shigley, J. E. , Shor, R. , Padua, P. , et al. Mining Diamonds in the Canadian Arctic: The Diavik Mine [J]. Gems & Gemology, 2016, 52(2): 104 - 131.

[236] Shigley, J. E. , McClure, S. F. , Cole, J. E. ,et al. Hydrothermal Synthetic Red Beryl from the Institute of Crystallography, Moscow[J]. Gems & Gemology, 2001, 37(1): 42 - 55.

[237] Shigley, J. E. , Cook, B. C. , Laurs, B. M. , et al. An Update on "Paraíba" Tourmaline from Brazil[J].

Gems & Gemology, 2001, 37(4): 260 -276.

[238] Shirey, S. B., Cartigny, P., Frost, D. J., et al. Diamonds and the Geology of Mantle Carbon[J]. Reviews in Mineralogy and Geochemistry, 2013, 75(1): 355 -421.

[239] Shirey, S. B., Shigley, J. E. Recent Advances in Understanding the Geology of Diamonds[J]. Gems & Gemology, 2013, 49(2): 188 -222.

[240] Shor, R., Weldon, R., Janse, A. B., et al. Letseng's Unique Diamond Proposition[J]. Gems & Gemology, 2015, 51(3): 280 -299.

[241] Shor, R., Weldon, R. Ruby and Sapphire Production and Distribution: A Quarter Century of Change[J]. Gems & Gemology, 2009, 45(4): 236 -259.

[242] Simonet, Cédric, Emmanuel, F., et al. A Classification of Gem Corundum Deposits Aimed towards Gem Exploration[J]. Ore Geology Reviews, 2008, 34(1 -2): 127 -133.

[243] Siqin, B., Qian, R., Zhuo, S., et al. Glow Discharge Mass Spectrometry Studies on Nephrite Minerals Formed by Different Metallogenic Mechanisms and Geological Environments[J]. International Journal of Mass Spectrometry, 2012, 309: 206 -211.

[244] Smit, K. V., Shirey, S. B., Richardson, S. H., et al. Re-Os Isotopic Composition of Peridotitic Sulphide Inclusions in Diamonds from Ellendale, Australia: Age Constraints on Kimberley Cratonic Lithosphere[J]. Geochimica et Cosmochimica Acta, 2010, 74(11): 3292 -3306.

[245] Smith, C. P., Bosshart, G., Schwarz D. GNI: Nigeria as a New Source of Copper-Manganese-Bearing Tourmaline[J]. Gems & Gemoloy, 2001, 37(3): 239 -240.

[246] Sokol, A. G., Palyanova, G. A., Palyanov, Y. N., et al. Fluid Regime and Diamond Formation in the Reduced Mantle: Experimental Constraints[J]. Geochimica et Cosmochimica Acta, 73(19): 5820 -5834.

[247] Sorokina, E. S., Litvinenko, A. K., Hofmeister, W., et al. Rubies and Sapphires from Snezhnoe, Tajikistan[J]. Gems & Gemoloy, 2015, 51(2): 160 -175.

[248] Stachel, T., Banas, A., Muehlenbachs, K., et al. Archean Diamonds from Wawa (Canada): Samples from Deep Cratonic Roots Predating Cratonization of the Superior Province[J]. Contributions to Mineralogy and Petrology, 2006, 151(6): 737 -750.

[249] Stachel, T., Brey, G. P., Harris J. W. Inclusions in Sublithospheric Diamonds: Glimpses of Deep Earth [J]. Elements, 2005, 1(2): 73 -78.

[250] Stockton, C. M., Manson, D. V. Peridot-from-Tanzania[J]. Gems & Gemology, 1983, 19(2): 103 -109.

[251] Taran, M. N., Lebedev, A. S., Platonov, A. N. Optical Absorption Spectroscopy of Synthetic Tourmalines [J]. Physics and Chemistry of Minerals, 1993, 20(3): 209 -220.

[252] Toit, G. D., Mayerson, W., Van Der Bogert, C., et al. Demantoid from Iran[J]. Gems & Gemology, 2006, 42(3): 131.

[253] Trommsdorff, V., Montrasio, A., Hermann, J., et al. The Geological Map of Valmalenco[J]. Schweizerische Mineralogische Und Petrographische Mitteilungen, 2005, 85: 1 -13.

[254] Tsujimori, T., Liou, J. G. Significance of the Ca-Na Pyroxene-Lawsonite-Chlorite Assemblage in Blueschist-Facies Metabasalts: An Example from the Renge Metamorphic Rocks, Southwest Japan[J].

International Geology Review, 2007, 49(1983): 416 – 430.

[255] Tsujimori, T., Harlow, G. E. Petrogenetic Relationships between Jadeitite and Associated High-Pressure and Low-Temperature Metamorphic Rocks in Worldwide Jadeitite Localities: A Review[J]. European Journal of Mineralogy, 2012, 24(2): 371 – 390.

[256] Vapnik, Y. E., Moroz, I., Roth, M., et al. Formation of Emeralds at Pegmatite-Ultramafic Contacts Based on Fluid Inclusions in Kianjavato Emerald, Mananjary Deposits, Madagascar[J]. Mineralogical Magazine, 2006, 70(2): 141 – 158.

[257] Weiss, Y., McNeill, J., Pearson, D. G., et al. Highly Saline Fluids from a Subducting Slab as the Source for Fluid-Rich Diamonds[J]. Nature, 2015, 524: 339 – 342.

[258] Westerlund, K. J., Shirey, S. B., Richardson, S. H., et al. A Subduction Wedge Origin for Paleoarchean Peridotitic Diamonds and Harzburgites from the Panda Kimberlite, Slave Craton: Evidence from Re-Os Isotope Systematics[J]. Contributions to Mineralogy and Petrology, 2006, 152(3): 275 – 294.

[259] Wiclcersheim, K. A., Buchanan R. A. The Near Infrared Spectrum of Beryl[J]. American Mineralogist, 1959, 44(3/4): 440 – 445.

[260] Wiclcersheim, K. A., Buchanan. R. A. The Near Infrared Spectrum of Beryl: A Correction[J]. American Mineralogist, 1968, 53(1/2): 347.

[261] Wilson, B. S., Wight, W. Gem Andradite Garnet from Black Lake, Quebec[J]. Canadian Gemmologist, 1999, 20(1): 19 – 20.

[262] Wood, S. A. Theoretical Prediction of Speciation and Solubility of Beryllium in Hydrothermal Solution to 300℃ at Saturated Vapor Pressure: Application to Bertrandite/phenakite Deposits[J]. Ore Geology Reviews, 1992, 7(4): 249 – 278.

[263] Yin, Z. W, Jiang, C., Santosh, M., et al. Nephrite Jade from Guangxi Province, China[J]. Gems & Gemology, 2014, 50(3): 228 – 235.

[264] Yui, T. F., Maki, K., Usuki, T., et al. Genesis of Guatemala Jadeitite and Related Fluid Characteristics: Insight from Zircon[J]. Chemical Geology, 2010, 270(1 – 4): 45 – 55.

[265] Yui, Tzen-Fu ,Kwon, Sung-Tack. Origin of a Dolomite-Related Jade Deposit at Chuncheon, Korea[J]. Economic Geology, 2002, 97(3): 593 – 601.

[266] Yui, Tzen-Fu, Zaw K., Limtrakun, P. Oxygen Isotope Composition of the Denchai Sapphire, Thailand: A Clue to Its Enigmatic Origin[J]. Lithos, 2003, 67(1 – 2): 153 – 161.

[267] Zang, J., Schoder, K., Luhn, M. Gem News: Spessartine from Nigeria[J]. Gems & Gemology, 1999, 35(4): 216.

[268] Zaw K., Sutherland, L., Yui Tzen-Fu, et al. Vanadium-Rich Ruby and Sapphire within Mogok Gemfield, Myanmar: Implications for Gem Color and Genesis[J]. Mineralium Deposita, 2015, 50(1): 25 – 39.

[269] Zhang, Z. W, Gan, F. X. Analysis of the Chromite Inclusions Found in Nephrite Minerals Obtained from Different Deposits Using SEM-EDS and LRS[J]. Journal of Raman Spectroscopy, 2011, 42(9): 1808 – 1811.

[270] Zhang, Z. W., Gan, F. X., Cheng, H. S. PIXE Analysis of Nephrite Minerals from Different Deposits [J]. Nuclear Instruments and Methods in Physics Research Section B: Beam Interactions with Materials and Atoms, 2011, 269(4): 460 – 465.

[271] Zhang, Z. W., Xu, Y. C., Cheng, H. S., et al. Comparison of Trace Elements Analysis of Nephrite Samples from Different Deposits by PIXE and ICP-AES[J]. X-Ray Spectrometry, 2012. 41(6): 367-370.

[272] Zwaan, C. J., Jan K., Eckehard, J. P. Update on Emeralds From the Sandawana Mines, Zimbabwe[J]. Gems & Gemology, 1997, 33(2): 80-100.

[273] Zwaan, J. C., Seifert, A. V., Vrána, S., et al. Emeralds from the Kafubu Area, Zambia[J]. Gems & Gemology, 2005, 41(2): 116-148.

[274] Zwaan, J. C. Gemmology, Geology and Origin of the Sandawana Emerald Deposits, Zimbabwe[J]. Scripta geologica, 2006, 131: 1-211.

[275] Zwaan, J. C., Jacob, D. E., Häger, T., et al. Emeralds from the Fazenda Bonfim Region, Rio Grande Do Norte, Brazil[J]. Gems & Gemology, 2012, 48(1): 2-17.

[276] Zwaan, J. C., Buter, E., Mertz-Kraus, R., et al. Alluvial Sapphires from Montana: Inclusions, Geochemistry, and Indications of a Metasmatic Origin[J]. Gems & Gemology, 2015, 51(4): 370-391.